U0803489

"十二五"职业教育国家规划教材
经全国职业教育教材审定委员会审定

获中国石油和化学工业优秀教材奖一等奖

无 机 化 学

第四版

古国榜　李　朴　编

化学工业出版社
·北京·

本书在第三版的基础上修订编写而成，全书共16章，包括无机化学基本知识、原理和元素以及反映无机化学在材料、能源、环保、生命科学、化学化工、冶金等方面的渗透和应用等内容。在保持上一版框架不变的基础上，对部分内容进行了调整、更新和补充，力求反映无机化学的基础性、系统性、应用性和先进性。在一些重要的章节中穿插了“思考题”，方便学生及时对所学内容进行复习总结。本教材内容丰富，信息量较多，语言精练，通俗易懂。书中采用了现行国家标准规定的术语、符号和单位，采用了IUPAC建议的元素周期表新版本。

本书可作为高职高专化工、材料、轻工、冶金、环保、纺织、生物等专业的教材，也可作为从事化学、化工及相关专业技术人员的参考资料。

图书在版编目（CIP）数据

无机化学/古国榜，李朴编. —4版. —北京：化学工业出版社，2014.7 （2025.1重印）
“十二五”职业教育国家规划教材
ISBN 978-7-122-20444-8

Ⅰ.①无… Ⅱ.①古…②李… Ⅲ.①无机化学-高等职业教育-教材 Ⅳ.①O61

中国版本图书馆CIP数据核字（2014）第077262号

责任编辑：陈有华　　文字编辑：刘志茹
责任校对：徐贞珍　　装帧设计：史利平

出版发行：化学工业出版社（北京市东城区青年湖南街13号　邮政编码100011）
印　　装：河北延风印务有限公司
710mm×1000mm　1/16　印张19½　彩插1　字数383千字　2025年1月北京第4版第13次印刷

购书咨询：010-64518888　　售后服务：010-64518899
网　　址：http://www.cip.com.cn
凡购买本书，如有缺损质量问题，本社销售中心负责调换。

定　　价：48.00元

版权所有　违者必究

前 言

为适应高职高专教学改革的需要，结合高职高专无机化学课程的教学特点，及教材更新的要求，本教材在第三版的基础上做如下修订：

1. 本教材在符合高职高专无机化学教学的基本要求，保持其科学性、系统性的基础上，精选教材内容，强化无机化学在化学教学中的基础作用。同时对与后续的物理化学、分析化学的内容有重复的部分，进行合理删节，注意衔接。并对原有版本中编排不甚合理的内容或章节进行调整。

在元素化学部分突出“典型、应用”的特色，对原第11章p区元素内容进行合理编排，将原来较为分散的内容进行调整，如碳、硅、硼，铝、锡、铅，氮族元素，氧和硫，卤素，拟卤素，稀有气体各自形成一节的内容，卤素含氧酸及其盐着重介绍氯的含氧酸及其盐。

2. 充分体现理论与实际相结合的原则。在化学原理中结合元素化学内容，在元素化学中注重化学原理的应用。一方面体现化学原理在实际生产中的运用，另一方面使化学原理与元素化学两部分内容有机地结合在一起，相辅相成。为使学生进一步了解化学的实用性，增加含砷废水的处理，含铅废水的处理，含镉、汞废水的处理；在大气污染及其防治一节中增加含硫氧化物、含氮氧化物废气的处理；增加贵重金属回收等内容。

3. 教材内容具有先进性、时代性。拓宽知识范畴，充分反映化学学科发展的新成果。增加NO的生物活性、石墨烯及其应用、复杂化学体系的多尺度模型等新知识、新技术。

4. 在一些重要的章节中穿插了“思考题”，有助于学生及时对所学内容进行复习总结，提高学习效率。

5. 教材在内容组织、编排、各部分衔接上合理、灵活，能够适应不同专业对无机化学课程的要求，同时也便于学生自学。

本教材在修订过程中得到了华南理工大学化学化工学院无机化学教研室全体同仁的大力支持和帮助。深圳金骏玮资源综合开发有限公司的彭章平先生对本书也提出了很多宝贵的意见。许多使用本教材的院校也给予了很有价值的建议。化学工业出版社对本书的出版提供大量的帮助，在此向他们致以诚挚的谢意。

本书在编写过程中参考和借鉴了有关的教材和书刊，在此对相关作者和出版社表示由衷的感谢。

由于我们水平有限，书中难免有不妥之处，恳请同行和读者批评指正。

编 者

2014年3月

第一版前言

本书是根据《高等学校工程专科无机化学课程教学基本要求》编写的。编写时我们努力做到如下几点。

1. 以1991年修订的全日制中学高中化学教学大纲为起点，内容上避免与中学化学重复。

2. 认真贯彻使用《中华人民共和国法定计量单位》规定的符号和单位。

3. 注意理论与实际相结合，努力反映本课程的工程专科特点。

4. 在确保教学基本要求基础上，内容做到少而精，加大新知识新技术的信息量，反映近代无机化学在材料、能源、环保、生命、化工和冶金等方面的应用。

5. 考虑到20世纪90年代出版的一些国内外无机化学教材已采用1988年IUPAC建议的新的元素周期表，编者认为这是元素周期表的新发展。因此，本书也采用了这种新式元素周期表的体系，但为兼顾国内现行使用的元素周期表，在新的分族号上，用括号注明原族号。例如第11族，用第11(ⅠB)族表示。括号内的罗马数字即为现行周期表的族号。

6. 介绍了几位在近代化学中有卓越贡献的科学家、诺贝尔化学奖获得者。他们的共同点是年轻时就勤奋好学，努力求索，30岁左右就发表成名之作。

全书包括化学原理和元素化学两大部分，共十七章。元素化学是无机化学的主要内容，本书按周期表的分区，依s区、p区、d区和f区的顺序编排内容。内容的取舍反映了工程高职高专的特色，以点带面。有关新的知识信息及应用大多渗透到其中。

本书的编写得到化学工业出版社和华南理工大学化工学院有关领导的支持和帮助；华南理工大学无机化学教研室同仁提供了不少素材；中山大学蔡少华教授仔细审阅了全书，并提出了许多宝贵的修改意见，为本书的质量提高作出了贡献；化学工业出版社梁虹为责任编辑，为本书的润色、加工作出了努力，在此谨向他们表示深切的谢意。

此外，本书编写过程中，曾参考了兄弟院校的教材，在此也深表谢意。

本书的绪言，第1、2、7、8、9、11、12、17章由古国榜编写，第3、4、5、6、10、13、14、15章和第16章由谷云骊编写。全书由古国榜统稿。

限于编者水平，难免有不妥之处，敬请同行和读者批评指正。

编　者

1997年9月

第二版前言

《无机化学》（第一版）自 1997 年出版以来，承蒙各有关院校教师的大力支持，作为化学化工类主要参考教材使用，值此第二版出版之际，编者表示衷心的感谢。根据使用者反馈的信息和编者几十年的编写体会，在编写第二版时，仍保留了初版的系统和基本格局，结合大化工类高职高专的教学特点，对内容及其深广度做了适当的调整，对化学中新的知识增长点和信息的采集采用为无机化学所用的原则进行了扩充。第二版与第一版比较，改动较大的内容如下。

① 书中标有“*”的部分是供选用内容。这部分内容主要是为扩大学生的视野、增加新的知识信息，以培养学生的创新精神。

② 加强了化学中常用物理量和单位的内容，删去了与中学重复的物质的聚集状态的内容。

③ 增加的新内容：与元素性质有关的钛和铂系元素的内容；与新能源有关的化学能源；与环境保护有关的超临界 CO_2、超临界水、纳米 TiO_2、绿色化学。

本书的编写得到了华南理工大学化学科学学院无机化学教研室同仁的支持。湖南化工职业技术学院林俊杰等对第二版的编写提出了宝贵意见。在此谨向他们致以诚挚的谢意。

此外，本书在编写过程中也参考了部分院校的教材和公开出版的书刊中的有关内容，在此对有关的作者表示衷心的感谢。

限于编者的水平，难免有不妥之处，敬请同行和读者批评指正。

编　者

2005 年 5 月

第三版前言

《无机化学》（第二版）自2006年问世以来，承蒙各有关院校教师的关注和支持，将本书作为高职高专的化学教材或主要参考书，在此编者表示衷心的感谢。为适应科技发展，与时俱进，教材需在3～5年内更新的要求，对本书第二版进行修订，出版第三版。

与第二版比较，修订变动较大的内容如下：

(1) 对一些单质和化合物的物化数据进行了更新。如标准摩尔生成焓；水溶液中弱电解质的标准解离常数、难溶电解质的标准溶度积、配合物的标准不稳定常数和氧化还原电对的标准电极电势，以及由此关联的例题的运算。

(2) 在p区元素内容中增加了自然界碳、氮元素的循环，以加深对化学平衡是动态平衡概念的进一步理解；同时了解近50年来大气中二氧化碳浓度逐年增加而引起的地球平均气温上升的温室效应，以及提倡节能减排的低碳生活、低碳经济的理念。

(3) 适当精选和调整了部分内容。如反应的耦合，绿色化学和清洁生产技术，稀土分离与应用等。

书中标有“*”的是供选用的内容。

本书的编写修订得到了华南理工大学化学与化工学院无机化学教研室同仁的支持，也参考了兄弟院校的教材和公开出版的书刊中的有关内容，在此对有关的作者和出版社表示诚挚的谢意。化学工业出版社为本书的编辑出版做了大量的工作，在此表示诚挚的谢意。

在修订过程中，编者对文字进一步地精练和规范，并对出现的疏漏进行了纠正。但限于编者的水平，难免有不妥之处，敬请同行和读者批评指正。

编者

2010年10月

目　录

本书常用的符号意义和单位

符　号	意　　义	单　　位
p	压力	Pa
V	体积	m^3,L
n_B	物质B的物质的量	mol
R	摩尔气体常数	本书取 $8.314Pa \cdot m^3 \cdot K^{-1} \cdot mol^{-1}$ $8.314 \times 10^3 Pa \cdot L \cdot K^{-1} \cdot mol^{-1}$
T	热力学温度	K
M	摩尔质量	$g \cdot mol^{-1}$
p_B	物质B气体在混合气中的分压	Pa
$p_{总}$	系统的总压力	Pa
φ_B	物质B的体积分数	无量纲
w_B	物质B的质量分数	无量纲
V_B	混合气体中气体B的分体积	L
$V_{总}$	混合气体总体积	L
m_B	物质B的质量	g,kg
x_B	物质B的摩尔分数	无量纲
r_B	溶质B与溶剂的摩尔比	无量纲
b_B	物质B的质量摩尔浓度	$mol \cdot kg^{-1}$
c_B	物质B的物质的量浓度	$mol \cdot L^{-1}$
$m^{\ominus}$	溶质标准质量摩尔浓度	$1mol \cdot kg^{-1}$
$c^{\ominus}$	溶质标准浓度	$1mol \cdot L^{-1}$
A_r	元素的相对原子质量	无量纲
M_r	物质的相对分子质量	无量纲
$p^{\ominus}$	气体标准压力	100kPa
ξ	反应进度	mol
Q	反应热	$kJ \cdot mol^{-1}$
Q_V	恒容反应热	$kJ \cdot mol^{-1}$
Q_p	恒压反应热	$kJ \cdot mol^{-1}$
$\Delta_r H_m^{\ominus}$	标准摩尔反应焓变	$kJ \cdot mol^{-1}$
$\Delta_f H_m^{\ominus}$	标准摩尔物质生成焓	$kJ \cdot mol^{-1}$
$\dot{\xi}$	反应速率	$mol \cdot t^{-1}$
v	恒容反应速率	$mol \cdot L^{-1} \cdot t^{-1}$
t	时间	s,min,h
ν_B	物质B的化学计量系数	
E_a	活化能	$kJ \cdot mol^{-1}$
k	反应速率常数	视反应速率表达式而定
A	指前因子或频率因子	

续表

符　号	意　　义	单　　位
K	实验平衡常数或经验平衡常数	视其表达式而定
K_c	浓度平衡常数	视其表达式而定
K_p	压力平衡常数	视其表达式而定
$K^{\ominus}$	(热力学)平衡常数或标准平衡常数	无量纲
[B]	物质 B 的相对浓度$[B]=c_B/c^{\ominus}$	无量纲
$[p_B]$	气体 B 的相对分压$[p_B]=p_B/p^{\ominus}$	无量纲
Q_c	反应浓度商	视其表达式而定
Q_p	反应压力商	视其表达式而定
$K_w^{\ominus}$	水的离子积	无量纲
pH	$pH=-lg[H^+]$	无量纲
pOH	$pOH=-lg[OH^-]$	无量纲
$K_a^{\ominus}$	酸的解离(平衡)常数	无量纲
$K_b^{\ominus}$	碱的解离(平衡)常数	无量纲
α	解离度	无量纲
$K_h^{\ominus}$	水解(平衡)常数	无量纲
h	水解度	无量纲
$K_{sp}^{\ominus}$	溶度积(常数)	无量纲
Q_i	离子积	无量纲
E	能量	J,eV
ν	频率	s^{-1}
h	普朗克常数 6.626×10^{-34} J·s	
r	原子(离子)半径	pm
a_0	波尔半径	pm
λ	波长	
P	动量	
φ	波函数	
n	主量子数	
l	角量子数	
m	磁量子数	
m_s	自旋量子数	
Z	有效核电荷	
I	电离能	$kJ\cdot mol^{-1}$
E_A	电子亲和能	$kJ\cdot mol^{-1}$
l	键长	pm
E_B	键能	$kJ\cdot mol^{-1}$
θ	键角	
μ	偶极矩	$10^{-30}C\cdot m$
q	电荷	
$\Delta_s H_m^{\ominus}$	标准摩尔物质升华焓	$kJ\cdot mol^{-1}$
U	晶格能	$kJ\cdot mol^{-1}$
E	电池电动势	V
$E^{\ominus}$	标准电极电势	V
$E_A^{\ominus}$	酸性介质标准电极电势	V
$E_B^{\ominus}$	碱性介质标准电极电势	V

绪　论

世界是物质的，物质是运动的。时间和空间是物质存在的形式。哪里有时间、空间，哪里便有物质。从以光年为单位计算庞大的星系到地球上的宏观物体，再到肉眼看不到的分子、原子、离子、电子等，都以其不同的运动形式存在着。人类本身也是物质运动、演化的产物。在生存与发展的过程中，人类不断地认识自然界，建立和发展了自然科学。各门科学在不同的物质层次、不同的范围内研究物质和物质的运动。化学的研究对象就是化学物质和化学运动，也就是针对一百多种元素以及由它们组成的几百万种化合物，从宏观上描述这些化学物质的性质，总结化学反应的规律；从微观上探讨与之相对应的物质结构和反应机理。化学主要是集中在原子、分子这一物质层次，围绕原子结合成分子、原子与原子的分分合合的过程进行研究，并由此拓展其研究范围。由于组成宏观物体并决定宏观物体的表观性能的基本单位是分子，因此，化学是其他许多学科的基础。例如，生物学中研究遗传与变异，首先要了解基因的分子结构及其变化规律；材料科学中，材料的力学性能决定于组成材料的分子结构和分子间的结构。20 世纪 70 年代以来，在人类所面临的能源、粮食、环境、人口与资源的五大问题中，诸如天然能源的有效利用、新能源的开发、环境保护、肥料、农药、人口的控制与资源的合理开采与利用，都离不开化学这门学科。材料、能源、信息是现代文明社会的三大支柱，而材料又是能源和信息工业技术的物质基础。例如，信息工程中的信息采集、处理和执行等都需要各种功能材料，而功能材料的获得又需依靠化学提供原材料。可以肯定，现代工程技术所面临的课题，需要的化学知识将会越来越广泛。

化学在其发展过程中逐步形成了许多分支学科，如无机化学、有机化学、分析化学、物理化学、结构化学等，这些都属于纯粹的化学。随着化学在不同领域中的应用，又产生了许多应用化学，如制革化学、酿造化学、陶瓷化学、材料化学等。碳氢化合物及其衍生物称为有机（化合）物。除有机物以外的所有物质（也包括所有元素）统称为无机物。无机化学的内容，主要是研究无机物的组成、结构、性质、制备、应用以及其变化的基本原理。由于现代科学技术的进步和工农业生产的发展，目前无机化学又被细分成许多分支，例如，普通元素化学、稀有元素化学、稀土元素化学、配位化学、金属间化合物化学、无机高分子化学、无机合成化学、同位素化学等。同时与其他学科的相互渗透，产生了不少新的边缘学科，例如，无机生物化学、无机材料化学、无机物理化学、金属有机化学、金属酶化学等。本门课程的任务，就是介绍无机化学的基本知识、基本理论和基本技能，为进一步学习无机化学和其他化学分支学科打下基础。

1 化学反应中质量和热量计量关系

本章首先简述化学中常用来计量的物理量，以巩固高中化学中的有关概念，在此基础上引入化学计量系数、反应进度，以阐明化学反应中的质量关系，在中学化学和大学化学之间起到承上启下的作用。本章重点要求是会应用物质的量概念进行有关的计算、热化学反应方程式的写法和从物质的标准摩尔生成焓计算标准摩尔反应焓变。

化学反应中经常要发生质量和热量的变化，如何计算这种变化呢？这就关系到计量的物理量和单位的问题。

1.1 计量单位和术语

1.1.1 元素的相对原子质量和相对分子质量

1984 年 2 月 27 日国务院发布《国务院关于在我国统一实行法定计量单位的命令》以来，书刊均采取法定计量单位名称。

元素的相对原子质量　自然界中各种元素都存在一定比例的同位素❶。例如，氢在自然界中 ^1_1H 和 ^2_1H 的比例为 6700∶1。因此，元素的相对原子质量（A_r）定义为元素的平均原子质量与核素 ^{12}C 原子质量的 1/12 之比。例如，氯原子的相对原子质量 $A_r(Cl)=35.453$。

物质的相对分子质量（M_r）　定义为物质的分子或特定单元的平均质量与核素 ^{12}C 原子质量的 1/12 之比。例如，氯分子的相对分子质量 $M_r(Cl_2)=A_r(Cl)\times 2=35.453\times 2=70.906$；$M_r(ClO)=A_r(Cl)+A_r(O)=35.453+15.999=51.452$。

1.1.2 物质的量及其单位

在物理学中，常用质量来描述物质量的多少。在化学中，由于参加化学反应的各物种的分子（或特定粒子）之间存在一定的简单比例关系。例如：

$$2H_2+O_2 \longrightarrow 2H_2O$$

上述反应式中，2 个 H_2 分子与 1 个 O_2 分子结合成 2 个 H_2O 分子，它们之间在分子数量上存在 2∶1∶2 的关系。因此化学中引用数量来表示物质的量的概念。化学中的物质的量的单位采用摩尔（mol）。

---

❶ 质子数相同而中子数不同的原子，在周期表中占同一位置，称为同位素。同位素的表示方法为，元素符号的左上角表示质量数，左下角表示质子数，即核电荷数。质量数减去质子数即为中子数。

摩尔是一系统的物质的量所包含的基本单元数与 0.012kg（即 12g）^{12}C 的原子数目相等。在使用摩尔时，基本单元应予指明，可以是原子、分子、离子、电子及其他粒子，或是这些粒子的特定组合。经实验准确测定，12g ^{12}C 所含的 ^{12}C 原子数目就是阿伏加德罗（Avogadro）常数 N_A，因此，如果某物质系统中所含的基本单元的数目为 N_A 时，即称为某物质 1mol。又根据相对原子质量或相对分子质量的概念，可以引申出摩尔质量 M 的概念。例如：

1mol ^{12}C 表示有 N_A 个 ^{12}C 原子，其质量为 12g，则摩尔质量 $M(^{12}C)=12g \cdot mol^{-1}$。

1mol H_2 表示有 N_A 个 H_2 分子，H_2 的相对分子质量为 2.016，其质量为 2.016g，则摩尔质量 $M(H_2)=2.016g \cdot mol^{-1}$。

1mol $\frac{1}{2}H_2$ 表示有 N_A 个 $\frac{1}{2}H_2$ 基本单元，$\frac{1}{2}H_2$ 的相对分子质量为 1.008，则摩尔质量 $M\left(\frac{1}{2}H_2\right)=1.008g \cdot mol^{-1}$。

由此可知，某物质的摩尔质量在数值上等于其基本单元的相对分子质量。

某物质 B 的物质的量 n_B 可定义为 B 的质量 m_B 除以摩尔质量 M_B，即

$$n_B=\frac{m_B}{M_B} \tag{1-1}$$

【例 1-1】 H_2SO_4 的相对分子质量为 98.0。10.0g 硫酸，以 H_2SO_4 表示时的物质的量为：

$$n(H_2SO_4)=\frac{10.0g}{98.0g \cdot mol^{-1}}=0.102mol$$

如果特定的基本单元为 $\frac{1}{2}H_2SO_4$，则其物质的量为：

$$n=\left(\frac{1}{2}H_2SO_4\right)=\frac{10.0g}{49.0g \cdot mol^{-1}}=0.204mol$$

由此可知，同样质量的一种物质，以不同的基本单元表示物质的量时其数值是不同的，所以物质的量必须注明其基本单元，才有真实含义。

当具体指明了物质 B 的基本单元后，为书写方便常在量的名称后用括号（B）注明。

1.1.3 物质的量浓度

某物质 B 的物质的量浓度 c_B 化学上也可简称为物质 B 的浓度，它被定义为物质 B 的物质的量 n_B 除以混合物的体积 V，即

$$c_B=\frac{n_B}{V} \tag{1-2}$$

其单位为 $mol \cdot m^{-3}$ 或 $mol \cdot L^{-1}$。

【例 1-2】 98.0g H_2SO_4 溶解在水中成 1L 溶液时，其浓度为多少？

解

$$n(H_2SO_4)=\frac{98.0g}{98.0g \cdot mol^{-1}}=1.00mol$$

则 $$c(H_2SO_4)=\frac{n(H_2SO_4)}{1.0L}=\frac{1.00mol}{1.00L}=1.00mol \cdot L^{-1}$$

1.1.4 质量摩尔浓度

物质B的质量摩尔浓度 b_B，被定义为溶液中溶质B的物质的量 n_B 除以溶剂的质量 m。即

$$b_B=\frac{n_B}{m} \tag{1-3}$$

其单位为 $mol \cdot kg^{-1}$。

【例 1-3】 1mol H_2SO_4 溶解在 0.5kg 水中，则 H_2SO_4 的质量摩尔浓度为：

$$b(H_2SO_4)=\frac{n(H_2SO_4)}{m(H_2O)}=\frac{1mol}{0.5kg}=2mol \cdot kg^{-1}$$

1.1.5 摩尔分数和摩尔比

物质B的摩尔分数 x_B 是指物质B的物质的量与混合物的物质的量之比。例如，某一系统含有 1mol N_2 和 3mol H_2，则有

N_2 的摩尔分数 $$x(N_2)=\frac{1mol}{(1+3)mol}=0.25$$

H_2 的摩尔分数 $$x(H_2)=\frac{3mol}{(1+3)mol}=0.75$$

溶质B的摩尔比 r_B 是指溶质B的物质的量与溶剂的物质的量之比。例如，1mol$\left(\frac{1}{2}H_2SO_4\right)$溶于 500mol H_2O 中则有

$\frac{1}{2}H_2SO_4$ 的摩尔比 $$r\left(\frac{1}{2}H_2SO_4\right)=\frac{1mol}{500mol}=\frac{1}{500}$$

1.1.6 质量分数

物质B的质量分数 w_B 是指物质B的质量与混合物的质量之比。例如，5g NaCl 溶于 95gH_2O 中而成的混合物，则有

NaCl 的质量分数 $$w(NaCl)=\frac{5g}{(5+95)g}=0.05$$

1.1.7 体积分数

物质B的体积分数 φ_B 是指纯物质B与混合物在相同温度和压力下的体积比。工业上常用各组分气体的体积分数表示混合气体的组成。例如，某一煤气贮罐中各组分气体的体积分数为 $\varphi(CO)=0.600$，$\varphi(H_2)=0.100$，其余气体的体积分数为 0.300。

根据 $pV=nRT$ 理想气体状态方程式，在同温同压下，气体的物质的量与其体积成正比，可以导出混合物气体中组分气体B的体积分数等于其摩尔分数，即

$$\varphi_B = x_B \quad 或 \quad \frac{V_B}{V_{总}} = \frac{n_B}{n_{总}} \tag{1-4}$$

思考题 1.1 解释下列化学名词的含义：

物质的量 摩尔分数 质量分数 体积分数

思考题 1.2 物质的量浓度与质量摩尔浓度的表示方法，两者有何不同？

1.2 化学反应中物质的量关系

1.2.1 应用化学方程式的计算

化学反应中物质的量关系，可以根据已配平的化学方程式进行计算。例如，硫酸与氢氧化钠中和生成硫酸钠和水的反应，可用下列化学方程式表示：

$$H_2SO_4 + 2NaOH \longrightarrow Na_2SO_4 + 2H_2O$$

由此可知，1 分子 H_2SO_4 与 2 分子 NaOH 反应生成 1 分子 Na_2SO_4 和 2 分子 H_2O。亦即各物质的量关系为：1mol H_2SO_4 与 2mol NaOH 反应生成 1mol Na_2SO_4 和 2mol H_2O。

【例 1-4】 现欲制备 100kg Na_2SO_4，问理论上需要多少 H_2SO_4 和 NaOH？

解 已知各物质的摩尔质量：$M(Na_2SO_4) = 142g \cdot mol^{-1}$，$M(H_2SO_4) = 98g \cdot mol^{-1}$，$M(NaOH) = 40g \cdot mol^{-1}$。依题意先把 100kg Na_2SO_4 的质量转算成物质的量为：

$$n(Na_2SO_4) = \frac{m(Na_2SO_4)}{M(Na_2SO_4)} = \frac{100 \times 10^3 g}{142g \cdot mol^{-1}} = 0.704 \times 10^3 mol$$

根据反应式，则理论上需 $n(H_2SO_4)$ 为 0.704×10^3 mol，即需 H_2SO_4 的质量：

$$\begin{aligned} m(H_2SO_4) &= n(H_2SO_4)M(H_2SO_4) = 0.704 \times 10^3 mol \times 98g \cdot mol^{-1} \\ &= 69 \times 10^3 g = 69kg \end{aligned}$$

理论上需 $n(NaOH)$ 为 $2 \times 0.704 \times 10^3 mol = 1.408 \times 10^3$ mol，即需 NaOH 的质量：

$$\begin{aligned} m(NaOH) &= n(NaOH)M(NaOH) = 1.408 \times 10^3 mol \times 40g \cdot mol^{-1} \\ &= 56.32 \times 10^3 g = 56.32kg \end{aligned}$$

如果从原料出发，经过多步反应才能得到产品时，也可以从产品的化学式推算出所需的原料量。

【例 1-5】 某硫酸厂以黄铁矿（FeS_2）为原料生产 H_2SO_4，现需生产 1 万吨 98%H_2SO_4，问理论上需含 S 40%的黄铁矿多少吨？

解 从 H_2SO_4 与 S 的化学式可知，理论上 $n(H_2SO_4) : n(S) = 1 : 1$，现生产 1 万吨 98%$H_2SO_4$，即含纯 H_2SO_4 为 0.98 万吨。

$$n(H_2SO_4) = \frac{m(H_2SO_4)}{M(H_2SO_4)} = \frac{0.98 \times 10^4 \times 10^6 g}{98g \cdot mol^{-1}} = 1 \times 10^8 mol$$

因为 $$n(H_2SO_4) = n(S)$$

即需

$$n(\mathrm{S})=1\times10^{8}\,\mathrm{mol}$$

需 S 的质量 $m(\mathrm{S})=n(\mathrm{S})M(\mathrm{S})=1\times10^{8}\,\mathrm{mol}\times32\mathrm{g}\cdot\mathrm{mol}^{-1}=3.2\times10^{9}\,\mathrm{g}=3.2\times10^{3}\,\mathrm{t}$

已知 FeS_2 含 40% S，则生产 1 万吨 98%H_2SO_4 理论上所需原料 FeS_2

$$m(\mathrm{FeS_2})=\frac{3.2\times10^{3}\,\mathrm{t}}{0.40}=8.0\times10^{3}\,\mathrm{t}$$

由以上计算可知，应用化学反应中物质的量关系，可以简化化学中的有关计算。

1.2.2 化学计量系数

在研究化学反应的过程，常需要了解物质的量的变化情况。例如，在合成氨反应中：

$$N_2+3H_2 \longrightarrow 2NH_3 \tag{1-5}$$

如果 N_2 消耗了 0.1mol，H_2 就消耗 0.3mol，而 NH_3 则增加 0.2mol。反应式中，分子式前面的系数称为化学计量系数（以下简称计量系数），对反应物来讲是量的减少，取负值；对生成物来讲则是量的增加，取正值。因而在表示反应过程中量的变化时，用不同的物质来表示时将有不同的值。

1.2.3 反应进度

国际纯粹与应用化学联合会（IUPAC）推荐使用比利时化学家德唐德（T. de. Donder）提出的“反应进度”这一概念。

对于反应：

$$N_2+3H_2 \longrightarrow 2NH_3$$

可做如下变换：

$$0=2NH_3+(-N_2)+(-3H_2)$$

一般的化学反应均可进行这一变换，得到反应通式：

$$0=\sum_{\mathrm{B}}\nu_{\mathrm{B}}\mathrm{B} \tag{1-6}$$

式中，B 表示参与反应的反应物和生成物；ν_{B} 为其计量系数，对反应物取负值，生成物取正值；$\sum_{\mathrm{B}}$表示各项相加。

反应进度的符号是 ξ（读音：克赛），其定义为：对于某一反应 $0=\sum_{\mathrm{B}}\nu_{\mathrm{B}}\mathrm{B}$，当物质的量从开始的 $n_{\mathrm{B}}(0)$ 变为 $n_{\mathrm{B}}(\xi)$ 时：

$$\xi=\frac{n_{\mathrm{B}}(\xi)-n_{\mathrm{B}}(0)}{\nu_{\mathrm{B}}}=\frac{\Delta n_{\mathrm{B}}}{\nu_{\mathrm{B}}} \tag{1-7}$$

由于 ν_{B} 是一个纯数，所以 ξ 的量纲是 mol。

由于反应进度 ξ 是将反应式中某物质的变化量除以其计量系数，这样就消除了因计量系数不同而引起的差异。因此，用不同物质的变化计算出的反应进度都是一样的。例如，反应式(1-5) 中，消耗了 0.1mol N_2 和 0.3mol H_2，生成了 0.2mol NH_3，其反应进度用 N_2、H_2、NH_3 表示都是一样的值：

$$\xi=\frac{\Delta n(N_2)}{\nu(N_2)}=\frac{-0.1\text{mol}}{-1}=0.1\text{mol}$$

$$\xi=\frac{\Delta n(H_2)}{\nu(H_2)}=\frac{-0.3\text{mol}}{-3}=0.1\text{mol}$$

$$\xi=\frac{\Delta n(NH_3)}{\nu(NH_3)}=\frac{0.2\text{mol}}{2}=0.1\text{mol}$$

因此，反应中只要测量出某一物质的量变化，就可以计算出该反应的进度。

值得注意的是，ξ 的数值与反应方程式的写法有关，在上例中，如果合成氨的方程式写成：

$$\frac{1}{2}N_2+\frac{3}{2}H_2 \longrightarrow NH_3$$

即 $$0=NH_3+\left(-\frac{1}{2}\right)N_2+\left(-\frac{3}{2}\right)H_2$$

则 $$\nu(N_2)=-\frac{1}{2},\ \nu(H_2)=-\frac{3}{2},\ \nu(NH_3)=1$$

反应进度为：

$$\xi=\frac{-0.1\text{mol}}{-\frac{1}{2}}=\frac{-0.3\text{mol}}{-\frac{3}{2}}=\frac{0.2\text{mol}}{1}=0.2\text{mol}$$

所以反应进度的数值必须对应于某一具体的反应式才有意义。

利用反应进度可以进行化学方程式有关的计算。

【例 1-6】 50mL、$c(H_2SO_4)=0.20\text{mol}\cdot L^{-1}$ 恰能与 40mL NaOH 溶液完全中和，试求 NaOH 溶液的浓度。

解　依题意，已知 $c(H_2SO_4)=0.20\text{mol}\cdot L^{-1}$，$V(H_2SO_4)=50\text{mL}=0.050\text{L}$，$V(NaOH)=40\text{mL}=0.040\text{L}$，求 $c(NaOH)=?$

设反应方程式为：

$$H_2SO_4+2NaOH \longrightarrow Na_2SO_4+2H_2O$$

因有 $$\xi=\frac{\Delta n(H_2SO_4)}{\nu(H_2SO_4)}=\frac{\Delta n(NaOH)}{\nu(NaOH)}$$

上式中

$$\Delta n(H_2SO_4)=0-c(H_2SO_4)V(H_2SO_4)=-c(H_2SO_4)V(H_2SO_4)$$

$$\Delta n(NaOH)=0-c(NaOH)V(NaOH)=-c(NaOH)V(NaOH)$$

又从反应式知：　$\nu(H_2SO_4)=-1$　　$\nu(NaOH)=-2$

代入上式得

$$\frac{-c(H_2SO_4)V(H_2SO_4)}{\nu(H_2SO_4)}=\frac{-c(NaOH)V(NaOH)}{\nu(NaOH)}$$

$$\frac{-0.20\text{mol}\cdot L^{-1}\times 0.050\text{L}}{-1}=\frac{-c(NaOH)\times 0.040\text{L}}{-2}$$

解得 $$c(NaOH)=0.50\text{mol}\cdot L^{-1}$$

思考题 1.3　何为化学计量系数？

思考题 1.4 反应进度在化学计算中有何优点？

1.3 化学反应的焓变

化学反应中常常伴随着能量的变化。例如，有些反应是放热的，有些反应则是吸热的。为了能定量地讨论反应中的热量变化。我们必须先明确一些概念和术语。

1.3.1 系统、环境和相

化学上，为了研究问题的方便，常常把研究的对象，从周围环境中划分出来。当以一定种类和质量的物质所组成的整体作为研究对象时，这个整体就称为系统。系统以外的一切称为该系统的环境。例如，为研究水的蒸发情况，就把水和蒸汽所组成的整体作为一个系统，而把盛装溶液的容器及其周围空间称为环境。

根据系统中物质的形态和分布的不同，又将系统分为不同的相。把系统中任何具有相同物理性质和相同化学性质的均匀部分称为相。相与相之间存在明显的界面。所有的气体都是一个相。无论它含有多少种成分，只要是气态，它们就构成一个相。均匀的液体是一个相。例如，纯水是一个相；氯化钠水溶液也是一个相。油和水放在一起则形成两个相。这是因为两者互不相溶，它们之间存在着界面，且界面两边的物理、化学性质也不相同。系统中同一物质如果处于不同的聚集状态也形成不同的相，气体部分称为气相，液体部分称为液相，固体部分称为固相。

我们研究化学反应，反应物和生成物就可以组成一个系统。如果在该系统中反应物和生成物都是气体，则称为单相反应系统，也称为均相反应系统；如果反应在溶液中进行，且没有第二相（如气、液、固）生成也称为单相反应系统。如果固体之间的反应或有气体、液体参与的反应则称为多相反应系统，也称为非均相反应系统。

1.3.2 化学反应热和焓变

化学反应时，如果系统不做非体积功[❶]，那么当反应终了（终态）的温度恢复到反应前（始态）的温度时，系统所吸收或放出的热量，称为该反应的反应热(Q)。反应热一般可由实验测定，也可通过计算求得。通常化学反应是在恒容（密闭容器）或在恒压（敞口容器）的条件下进行的。前者称为恒容反应热（Q_V），后者称为恒压反应热（Q_p）。恒压摩尔反应热等于摩尔反应焓变（$\Delta_r H_m$）[❷]。现规定某反应过程若系统把热量传递给周围环境，即为放热反应，Q_p 或 $\Delta_r H_m$ 取负值；若热量从环境传递给系统，即为吸热反应，Q_p 或 $\Delta_r H_m$ 取正值。

---

❶ 系统因体积变化反抗外力所做的功称为体积功。除体积功以外，其他形式的功统称为非体积功，如机械功、电功、表面功等。

❷ 恒压摩尔反应热等于摩尔反应焓变的推导，将在物理化学课程中学习。

1.3.2.1 标准摩尔反应焓变

在不同条件下测量的摩尔反应焓变 $\Delta_r H_m$ 往往不同，因此需要规定一个统一的条件，在该条件下测得的不同反应的焓变值就可以进行比较和运算。

下面是合成氨反应的热化学方程式：

$$N_2(g)+3H_2(g) \longrightarrow 2NH_3(g)$$
$$\Delta_r H_m^{\ominus}(298.15K)=-92.2kJ \cdot mol^{-1}$$

热化学方程式由一个标明各物质聚集状态的反应方程式和反应热值所组成。这里在 ΔH 符号上附加了四个标志。

r 表示进行化学反应，它是 reaction 的缩写。

m 表示按该反应方程式进行反应，其反应进度为 1mol。

(298.15K) 表示反应系统的始态和终态的温度为 298.15K。

$\ominus$表示反应系统中各物质均处于标准态。即规定气体的标准态 $p^{\ominus}$是气体在标准压力 $p^{\ominus}$ (100kPa) 下，处于具理想气体状态的纯气体；溶液的标准状态是指在标准压力 ($p^{\ominus}$) 下该溶质的浓度$c^{\ominus}=1mol \cdot L^{-1}$的状态❶；液体或固体的标准状态是在标准压力 ($p^{\ominus}$) 下的纯净液体或固体。

$\Delta_r H_m^{\ominus}$ (298.15K) 的意义是在 298.15K 下的标准摩尔反应焓变。在没有标明温度时，一般也指温度为 298.15K。

因为 $\Delta_r H_m^{\ominus}$ 是反应进度为 1mol 的反应焓变，而反应进度与方程式书写方式有关，所以 $\Delta_r H_m^{\ominus}$ 值也应与反应方程式相关。也就是说 $\Delta_r H_m^{\ominus}$ 值必须与具体的反应式联系起来才有准确的含义。例如，前例中的合成氨的反应方程式如果写成：

$$\frac{1}{2}N_2(g)+\frac{3}{2}H_2(g) \longrightarrow NH_3(g)$$

则对应的 $$\Delta_r H_m^{\ominus}(298.15K)=-46.1kJ \cdot mol^{-1}$$

另外在热化学反应式中必须标明各物质的聚集状态，g 表示气态 (gas)，l 表示液态 (liquid)，s 表示固态 (solid)，aq 表示水溶液 (aqueous solution)。这是因为物质聚集状态变化过程包含有能量的变化，所以反应中某物质处于不同的聚集状态时，相对应的 $\Delta_r H_m^{\ominus}$ 也会不同。例如：

$$H_2(g)+\frac{1}{2}O_2(g) \longrightarrow H_2O(g) \qquad \Delta_r H_m^{\ominus}=-241.82kJ \cdot mol^{-1}$$

$$H_2(g)+\frac{1}{2}O_2(g) \longrightarrow H_2O(l) \qquad \Delta_r H_m^{\ominus}=-285.83kJ \cdot mol^{-1}$$

一个反应中，其正反应与逆反应的 $\Delta_r H_m^{\ominus}$ 绝对值相同，但符号相反。

值得指出的是，对于可逆反应，$\Delta_r H_m^{\ominus}$ 值不能认为按反应式指示的摩尔比混合

---

❶ 严格说来应是 $b^{\ominus}=1mol \cdot kg^{-1}$，但对水为溶剂的溶液，常用 $c^{\ominus}$ 为 $1mol \cdot L^{-1}$ 作为标准态。

后，反应放出（或吸收）的热量值。这是因为存在逆反应，反应结果不可能生成按反应式指示的物质的量。例如，1molN_2 和 3molH_2 混合后，反应放出的热量必定少于 92.2kJ。这是因为它不可能生成 2molNH_3。所以 $\Delta_r H_m^{\ominus}$ 值是指完成了反应进度为 1mol 时的热效应值。

1.3.2.2 物质的标准摩尔生成焓（生成热）

规定在热力学标准态条件下，由指定的稳定单质生成 1mol 纯物质的反应焓变称为该物质的标准摩尔生成焓。以 $\Delta_f H_m^{\ominus}$ 符号表示，"f" 表示 "生成"（formation）的意思。例如：

$$H_2(g)+\frac{1}{2}O_2(g)\longrightarrow H_2O(l) \qquad \Delta_f H_m^{\ominus}=-285.83\text{kJ}\cdot\text{mol}^{-1}$$

$$C(\text{石墨})+O_2(g)\longrightarrow CO_2(g) \qquad \Delta_f H_m^{\ominus}=-393.5\text{kJ}\cdot\text{mol}^{-1}$$

分别表示液态 H_2O 和 CO_2 气体的标准摩尔生成焓为 $-285.83\text{kJ}\cdot\text{mol}^{-1}$ 和 $-393.5\text{kJ}\cdot\text{mol}^{-1}$。也分别表示生成 1mol 水和 1mol CO_2 气体时放出热量（生成热）为 285.83kJ 和 393.5kJ。

按定义，指定的稳定单质的标准摩尔生成焓等于零，但碳的稳定单质有石墨和金刚石，当指定石墨的标准摩尔生成焓等于零后，那么金刚石的标准摩尔生成焓就不等于零了。指定白磷 $\Delta_f H_m^{\ominus}=0$。

各种化合物的 $\Delta_f H_m^{\ominus}$ 在化学手册中可以查到。本书附录Ⅱ中列出了一些常见化合物的 $\Delta_f H_m^{\ominus}$ 值。利用这些 $\Delta_f H_m^{\ominus}$ 值就可以计算一般化学反应的 $\Delta_r H_m^{\ominus}$。即标准态下的恒压反应热。

对于反应

$$0=\sum_B \nu_B B$$

$$\Delta_r H_m^{\ominus}=\sum_B \nu_B \Delta_f H_m^{\ominus}(B) \qquad (1\text{-}8)$$

这就是利用各物质的 $\Delta_f H_m^{\ominus}$ 值计算反应的 $\Delta_r H_m^{\ominus}$ 的通式。例如：

$$aA+cC\longrightarrow dD+eE$$

即

$$0=dD+eE-aA-cC=dD+eE+(-a)A+(-c)C$$

$$\Delta_r H_m^{\ominus}=d\Delta_f H_m^{\ominus}(D)+e\Delta_f H_m^{\ominus}(E)+(-a)\Delta_f H_m^{\ominus}(A)+(-c)\Delta_f H_m^{\ominus}(C)$$

【例 1-7】 计算下列乙醇燃烧反应的 $\Delta_r H_m^{\ominus}$。

$$C_2H_5OH(l)+3O_2(g)\longrightarrow 2CO_2(g)+3H_2O(l)$$

解 查表得 $\Delta_f H_m^{\ominus}(C_2H_5OH,l)=-277.6\text{kJ}\cdot\text{mol}^{-1}$

$\Delta_f H_m^{\ominus}(CO_2,g)=-393.5\text{kJ}\cdot\text{mol}^{-1}$

$\Delta_f H_m^{\ominus}(H_2O,l)=-285.83\text{kJ}\cdot\text{mol}^{-1}$

$$\begin{aligned}\Delta_r H_m^{\ominus}&=2\times\Delta_f H_m^{\ominus}(CO_2)+3\times\Delta_f H_m^{\ominus}(H_2O,l)+(-1)\times\Delta_f H_m^{\ominus}(C_2H_5OH,l)+\\&\quad(-3)\times\Delta_f H_m^{\ominus}(O_2,g)\\&=2\times(-393.5)+3\times(-285.83)+(-1)\times(-277.6)+(-3)\times 0\\&=-1366.9\text{kJ}\cdot\text{mol}^{-1}\end{aligned}$$

计算结果表明，在标准状态下，燃烧 1mol C_2H_5OH 可放出 1366.9kJ 热量。

1.3.2.3 黑斯定律及其应用

1840年黑斯[1]从大量的实验事实中总结出一条规律：某一化学反应不论其是一步完成，还是分多步完成，其总热效应都是相同的。换言之，化学反应的热效应，只决定于反应物的始态和生成物的终态，而与其过程的途径无关。对于恒压过程的化学反应，黑斯定律可表述为：化学反应的焓变，决定于反应物的始态和生成物的终态，而与过程的途径无关。

利用黑斯定律，可以间接计算一些难以测定的化合物的 $\Delta_f H_m^\ominus$。例如，碳燃烧时有两种产物，即 CO 和 CO_2。CO_2 的 $\Delta_f H_m^\ominus$ 容易直接测定，而 CO 的 $\Delta_f H_m^\ominus$ 却很难直接测定。这是因为炭在不充足的氧气中燃烧时，生成 CO 的同时可能还有 CO_2 生成。现通过黑斯定律可间接计算。

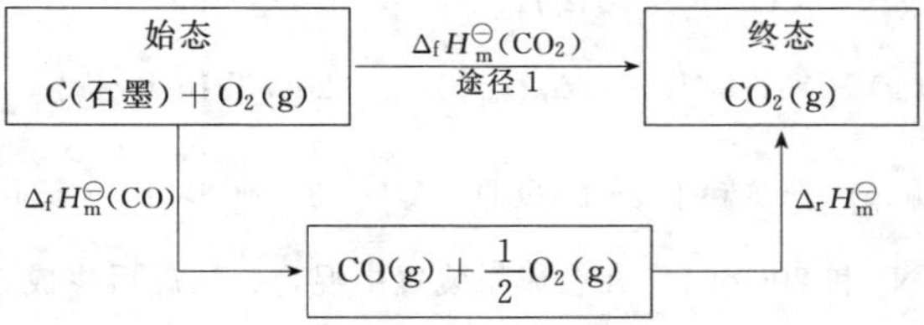

途径 2

途径 1　$C(石墨)+O_2(g) \longrightarrow CO_2(g)$　　$\Delta_f H_m^\ominus(CO_2)$

途径 2　$C(石墨)+O_2(g) \longrightarrow CO(g)+\frac{1}{2}O_2(g)$

即　$C(石墨)+\frac{1}{2}O_2(g) \longrightarrow CO(g)$　　$\Delta_f H_m^\ominus(CO)$

+）$CO(g)+\frac{1}{2}O_2(g) \longrightarrow CO_2(g)$　　$\Delta_r H_m^\ominus$

$C(石墨)+O_2(g) \longrightarrow CO_2(g)$　　$\Delta_f H_m^\ominus(CO)+\Delta_r H_m^\ominus$

所以　$\Delta_f H_m^\ominus(CO_2) \longrightarrow \Delta_f H_m^\ominus(CO)+\Delta_r H_m^\ominus$

由上式可知，通过查表查出 $\Delta_f H_m^\ominus(CO_2)$ 和实验测定出 $CO(g)+\frac{1}{2}O_2(g) \longrightarrow CO_2(g)$ 反应焓变 $\Delta_r H_m^\ominus$，即可求出 $\Delta_f H_m^\ominus$（CO，g）。

思考题 1.5　下列说法是否正确？为什么？

（1）由于 $CaCO_3$ 分解需要吸热，所以它的 $\Delta_f H_m^\ominus$ 小于零。

（2）同一反应的反应方程式的写法不同，则该反应的 $\Delta_r H$ 也不相同。

习　题

1.1　计算下列物质的量：

① $53gNa_2CO_3$　② 80gNaOH　③ 9gAl　④ $14gN_2$　⑤ $98gH_2SO_4$

---

[1] 黑斯（G. H. Hess），俄国籍的瑞士人。以前根据俄文译为盖斯。

1.2 利用反应进度的概念，计算 80gNaOH 能完全中和多少升 0.20mol·L^{-1} H_2SO_4？

1.3 燃烧 18g 铝粉，可得多少克 Al_2O_3？

1.4 燃烧 64g 硫黄，可得多少升 SO_2（标准状况下）？

1.5 根据附录 2 提供的数据（表中 cr 即下式中的 s 态），计算下列反应的 $\Delta_r H_m^{\ominus}$。

① $N_2(g)+O_2(g) \longrightarrow 2NO(g)$

② $CaO(s)+H_2O(l) \longrightarrow Ca(OH)_2(s)$

③ $4NH_3(g)+5O_2(g) \xrightarrow{Pt} 4NO(g)+6H_2O(l)$

④ $Fe_2O_3(s)+3CO(g) \longrightarrow 2Fe(s)+3CO_2(g)$

⑤ $2SO_2(g)+O_2(g) \xrightleftharpoons{V_2O_5} 2SO_3(g)$

1.6 已知下列反应的 $\Delta_r H_m^{\ominus}$，求 C_2H_2 的 $\Delta_f H_m^{\ominus}$？

① $C(石墨)+O_2(g) \longrightarrow CO_2(g)$ $\quad \Delta_r H_m^{\ominus}(1)=-394kJ \cdot mol^{-1}$

② $H_2(g)+\frac{1}{2}O_2(g) \longrightarrow H_2O(l)$ $\quad \Delta_r H_m^{\ominus}(2)=-285.8kJ \cdot mol^{-1}$

③ $C_2H_2(g)+\frac{5}{2}O_2(g) \longrightarrow 2CO_2(g)+H_2O(l)$ $\quad \Delta_r H_m^{\ominus}(3)=-1301kJ \cdot mol^{-1}$

1.7 设有 10mol N_2 和 20mol H_2 在合成氨装置中混合，反应后生成 5mol NH_3，试计算用下列反应式表示时的反应进度。

① $N_2(g)+3H_2(g) \longrightarrow 2NH_3(g)$

② $\frac{1}{2}N_2(g)+\frac{3}{2}H_2(g) \longrightarrow NH_3(g)$

1.8 根据附录 2 提供的数据，计算乙烷的标准摩尔燃烧焓 $\Delta_c H_m^{\ominus}(C_2H_6)$。

2 化学反应速率

不同的化学反应进行的速率很不相同。有些反应几乎在瞬间就能完成，如炸药的爆炸、酸碱中和等。也有些反应进行得很慢，如将氢、氧的混合气体置于室温下，可以长久保持而不发生显著的化学变化。许多有机化合物之间的反应也进行得比较缓慢。此外，即使是同一反应，在不同条件下，反应速率也不相同。在化工生产中往往需要增大反应速率以缩短生产时间。另一方面，对于一些不利的反应，如对设备腐蚀、塑料老化的反应等，又要设法抑制其进行。因此，研究化学反应速率的问题是很有意义的。

2.1 化学反应速率的表示方法

习惯上，化学反应速率是用单位时间内反应物浓度的减少或生成物浓度的增加来表示的。浓度单位常以 $mol \cdot L^{-1}$ 表示，而时间单位则根据反应的快慢用 s（秒）、min（分）或 h（小时）表示。因此，反应速率的单位为：$mol \cdot L^{-1} \cdot s^{-1}$、$mol \cdot L^{-1} \cdot min^{-1}$ 或 $mol \cdot L^{-1} \cdot h^{-1}$。

反应速率可选用反应系统中任一物质浓度（或分压）的变化来表示，因为反应过程中各物质变化量之间的关系与化学反应式中的计量系数间的关系是一定的。例如，N_2O_5 分解为 NO_2 和 O_2 的反应：

$$2N_2O_5 \rightleftharpoons 4NO_2 + O_2$$

其反应速率可分别表示为：

$$\bar{v}(N_2O_5) = \frac{-\Delta c(N_2O_5)}{\Delta t} \tag{2-1}$$

$$\bar{v}(NO_2) = \frac{\Delta c(NO_2)}{\Delta t} \tag{2-2}$$

$$\bar{v}(O_2) = \frac{\Delta c(O_2)}{\Delta t} \tag{2-3}$$

式中，Δt 表示时间间隔；$\Delta c(N_2O_5)$、$\Delta c(NO_2)$、$\Delta c(O_2)$ 分别表示 Δt 期间内反应物 N_2O_5 浓度和生成物 NO_2、O_2 浓度的变化。当用反应物浓度的变化表示反应速率时，因为 $\Delta c(N_2O_5)$ 为负值，所以在浓度变化之前加上负号，以使反应速率为正值。

在上述反应速率表达式中，所表示的是在时间间隔 Δt 内的平均速率 $\bar{v}$ 。由于化学反应绝大部分不是等速进行的，系统中各组分的浓度和反应速率都是随时间变化的。因此若要准确地表示 t 时刻的反应速率，只有使 Δt 趋于 0，即用微分式表示为：

$$v(N_2O_5)=\lim_{\Delta t\to 0}\frac{-\Delta c(N_2O_5)}{\Delta t}=-\frac{dc(N_2O_5)}{dt} \tag{2-4}$$

$$v(NO_2)=\lim_{\Delta t\to 0}\frac{\Delta c(NO_2)}{\Delta t}=\frac{dc(NO_2)}{dt} \tag{2-5}$$

$$v(O_2)=\lim_{\Delta t\to 0}\frac{\Delta c(O_2)}{\Delta t}=\frac{dc(O_2)}{dt} \tag{2-6}$$

在上面的例子中，三个式子都表示同一化学反应的速率。显然，由于不同物质的计量系数不同，采用不同物质的浓度变化来表示速率时，其数值不一定相同。即 $v(N_2O_5)=2v(O_2)$，$v(NO_2)=4v(O_2)$。

根据 IUPAC 的推荐及近年我国国家标准，化学反应速率以反应进度随时间的变化率来表示，其符号为$\dot{\xi}$。当系统发生一微变化时，反应进度 ξ 随时间的变化率为：

$$\dot{\xi}=\frac{d\xi}{dt}$$

又

$$d\xi=\frac{dn_B}{\nu_B}$$

所以

$$\dot{\xi}=\frac{dn_B}{\nu_B dt} \tag{2-7}$$

在恒容、均相反应情况下，以浓度变化表示的反应速率则为：

$$v=\frac{\dot{\xi}}{V}=\frac{1}{V}\times\frac{d\xi}{dt}=\frac{1}{V}\times\frac{dn_B}{\nu_B dt}=\frac{dc_B}{\nu_B dt} \tag{2-8}$$

此处的 v 是单位体积内反应进度随时间的变化率，与前面的 $v(N_2O_5)$、$v(NO_2)$ 及 $v(O_2)$ 是有区别的。联系前面的例子，其反应速率为：

$$v=-\frac{dc(N_2O_5)}{2dt}=\frac{dc(NO_2)}{4dt}=\frac{dc(O_2)}{dt}$$

使用反应速率$\dot{\xi}$或 v 时，必须同时给出或注明相应的反应方程式，因为反应进度 ξ 及计量系数 ν_B 与反应方程式的书写方法有关。此点应引起注意。

思考题 2.1 什么是平均反应速率？什么是瞬时反应速率？如何表示化学反应速率？

思考题 2.2 分别用 O_2 和 CO_2 的浓度变化（Δc）表示下列反应的平均速率：

$$2CO(g)+O_2(g)\longrightarrow 2CO_2(g)$$

2.2 反应速率理论概要

化学反应如何得以发生？外界因素如温度、浓度以及催化剂等，何以能够影响反应速率？为解释这些问题，前人已建立了有关理论，这里作简单介绍。

2.2.1 碰撞理论

按照碰撞理论，反应物分子间的碰撞，是发生化学反应的先决条件。

但是，并非所有的分子间的碰撞都能发生反应。这是因为发生反应的反应物分子间既要克服价电子云之间的斥力，又要打破反应物分子内旧的化学键。因此，只有那些具有足够高能量的反应物分子按一定的方位进行碰撞，才能够发生化学反应。

把能发生化学反应的碰撞称作有效碰撞。具有较高能量能发生有效碰撞的分子称作活化分子。

在一定温度下，分子具有一定的平均动能，但并不一定所有分子都具有这样的能量，实际上有的分子能量高一些，有的分子能量低些。如图 2-1 所示为分子能量分布示意图。横坐标表示分子能量 E；纵坐标表示具有一定能量的分子百分率。图中 $\bar{E}$ 表示在一定温度下的分子平均能量；E_0 是活化分子必须具有的最低能量，只有能量高于 $\bar{E}_0$ 的分子才可能产生有效碰撞。$\bar{E}_{活化}$ 是活化分子的平均能量。图中阴影面积为活化分子的数目。因此，活化能可被定义为：

$$E_a = \bar{E}_{活化} - \bar{E} \tag{2-9}$$

由图 2-1 可知，如果 E_a 越大，E_0 的位置越向右移，活化分子的数目就越小，反应速率就越慢。

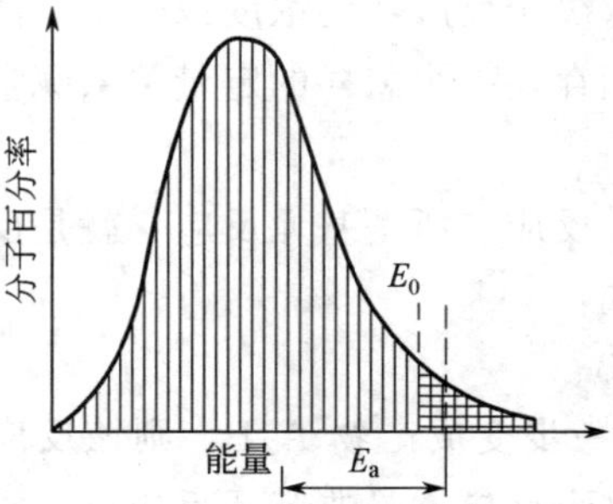

图 2-1 分子能量分布示意图

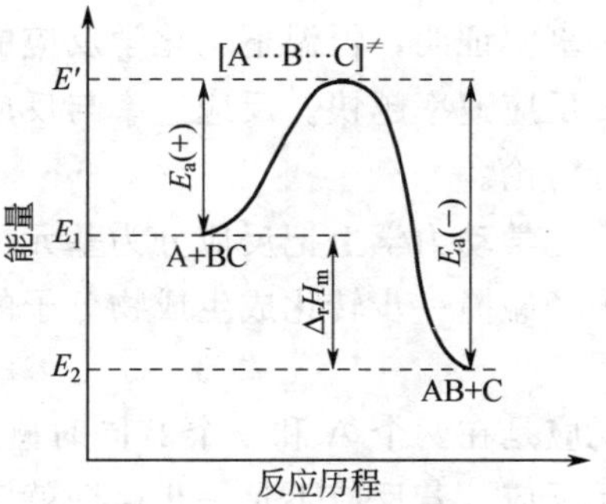

图 2-2 反应系统中的能量变化

*2.2.2 过渡状态理论

按照过渡状态理论，反应物分子变为产物分子，中间经过了一个高势能的、不稳定的过渡状态。设有反应：

$$A + BC \longrightarrow AB + C$$

当反应物的活化分子按符合反应要求的空间取向（此例中 A 与 BC 沿 A···B—C 的直线方向）相互碰撞时，新的 A···B 键部分地形成，而旧的 B—C 键部分地破裂，形成一个活化体［A···B···C］$^{\neq}$。这种状态称为过渡状态。过渡状态是一个高能态，很不稳定，易转化为产物分子而降低势能。该过程可以用简式描述：

$$A+B-C \longrightarrow [A\cdots B\cdots C]^{\neq} \longrightarrow A-B+C$$

过渡状态

从反应物到过渡状态再到产物，过程的能量变化如图 2-2 所示。其中反应前的状态为始态，能量为 E_1；反应后的状态为终态，能量为 E_2；$\Delta_r H_m$ 为反应的焓变。如果$E_2<E_1$，则 $\Delta_r H_m<0$，反应是放热的；如果上述反应向逆反应方向进行，也要先形成 A…B…C 活化体，然后再分解为 A 和 BC，因 $E_2>E_1$，则 $\Delta_r H_m>0$，反应是吸热的。图中 $E_a(+)$、$E_a(-)$ 分别为正、逆反应的活化能。正、逆反应的中间活化体相同，过渡态的能量为 E'。吸热反应活化能 $E_a(-)$ 大于放热反应活化能 $E_a(+)$。

思考题 2.3 解释下列化学名词的含义：

有效碰撞　活化分子　活化能

思考题 2.4 活化能的大小和化学反应速率之间有何关系？

2.3 影响反应速率的因素

化学反应速率首先决定于反应物本身的性质。此外，温度、反应物浓度或分压及催化剂等，均对反应速率有影响。

2.3.1 浓度或分压对反应速率的影响

事实证明，恒温下，化学反应的速率主要取决于反应物的浓度或分压。浓度越大，反应速率越快。反应速率与反应物浓度之间存在一个怎样的定量关系呢？以下进行讨论。

化学动力学上把反应分为基元反应和非基元反应。所谓基元反应，就是反应物分子经碰撞一步转化成生成物分子的反应。例如：

$$2A+B \longrightarrow A_2B$$

若反应是在两个 A 和一个 B 同时碰撞的过程中一步变成产物 A_2B，则该反应就称基元反应。若反应不是一步碰撞就完成的，则这个反应就是非基元反应。

大量的实验事实证明，对于基元反应，均相反应的反应速率与反应物浓度幂（以反应物的计量系数的绝对值为方次）的乘积成正比。这就是质量作用定律或速率方程。比如反应：

$$NO_2+CO \xrightarrow{>225℃} CO_2+NO$$

$$v \propto c(NO_2)c(CO)$$

即

$$v=kc(NO_2)c(CO)$$

比例系数 k 称为速率常数。显然，在上式中，当 $c(NO_2)=c(CO)=1\text{mol}\cdot\text{L}^{-1}$ 时，$v=k$。因此，k 的物理意义是，单位浓度时的反应速率。k 的大小取决于反应的本性，且随温度而变化。

对于任一化学反应，都有其特定的反应速率方程。

$$dD+eE \longrightarrow 生成物$$

反应速率方程式为：

$$v=kc^{\alpha}(D)c^{\beta}(E) \tag{2-10}$$

式中，各反应物浓度的幂之和称为反应的级数 n，即 $n=\alpha+\beta$。就具体反应物而言，该反应对 D 是 α 级，而对于 E 为 β 级。各反应物的指数 α、β 均由实验测定确定，而不是像基元反应那样由化学计量系数确定。如表 2-1 所示。

表 2-1　一些反应及其反应速率方程和反应级数

反应方程式	反应速率方程	反应级数
$N_2O \xrightarrow{Au} N_2+\frac{1}{2}O_2$	$v=kc^0(N_2O)$	0
$2N_2O_5 \longrightarrow 4NO_2+O_2$	$v=kc(N_2O_5)$	1
$CHCl_3+Cl_2 \longrightarrow CCl_4+HCl$	$v=kc(CHCl_3)c^{\frac{1}{2}}(Cl_2)$	1.5
$2NO_2 \longrightarrow 2NO+O_2$	$v=kc^2(NO_2)$	2
$2NO+2H_2 \longrightarrow N_2+2H_2O$	$v=kc^2(NO)c(H_2)$	3

反应级数可以是正整数、分数或零，也可能是负数。对于零级反应，反应物浓度不影响反应速率。

有关反应速率与反应物浓度关系的定量计算，请看下面的例子。

【例 2-1】 340K，N_2O_5 浓度为 0.160mol·L^{-1}时，其分解反应（一级反应）的速率为 0.056mol·L^{-1}·min^{-1}，计算该反应的速率常数及 N_2O_5 浓度为 0.100mol·L^{-1}时的反应速率。

解　(1) 求 k

$$v=kc(N_2O_5)$$

$$k=\frac{v}{c(N_2O_5)}=\frac{0.056\text{mol}\cdot\text{L}^{-1}\cdot\text{min}^{-1}}{0.16\text{mol}\cdot\text{L}^{-1}}=0.35\text{min}^{-1}$$

(2) 求 N_2O_5 浓度为 0.100mol·L^{-1}时的反应速率

$$v=kc(N_2O_5)=0.35\text{min}^{-1}\times0.100\text{mol}\cdot\text{L}^{-1}=0.035\text{mol}\cdot\text{L}^{-1}\cdot\text{min}^{-1}$$

【例 2-2】 上例中，当 N_2O_5 浓度为 0.200mol·L^{-1}时，反应速率为多少？

解　$v=kc(N_2O_5)=0.35\text{min}^{-1}\times0.200\text{mol}\cdot\text{L}^{-1}=0.070\text{mol}\cdot\text{L}^{-1}\cdot\text{min}^{-1}$

可见，在上述例子中，当反应物浓度增大 1 倍时，反应速率也相应增大了 1 倍。这是当反应物浓度增大时，单位体积内反应物的活化分子数目增大，有效碰撞次数增多，因而反应速率加快。相反，若反应物浓度降低，则反应速率减慢。对于有气体参加的反应，由于气体的分压与浓度成正比（$p_B=c_BRT$），因而增加反应物气体的分压，反应速率加快；反之，则减慢。

2.3.2　温度对反应速率的影响

温度是影响反应速率的重要因素。这可从化学实验过程中体会到。往往有些反应在常温下短时间内观察不到反应的发生，稍稍加热，就能立即观察到反应的发生。经验表明，对于一些反应，在一定的温度范围内，温度每升高 10℃，反应速率一般增加到为原来的 2～4 倍[1]。温度对于反应速率的影响表现为对速率常数 k 的影响。由表 2-2 中数据可知，对于反应 $NO_2 + CO \longrightarrow NO + CO_2$，当温度从 600K 升高到 800K 时，速率常数 k 几乎增大上千倍。

表 2-2 温度与速率常数的关系（$NO_2 + CO \longrightarrow NO + CO_2$）

T/K	600	650	700	750	800
k/L·mol^{-1}·s^{-1}	0.028	0.22	1.3	6.0	23

早在 1889 年，阿伦尼乌斯（S. A. Arrhenius）在总结大量实验事实的基础上指出，很多反应的速率常数与热力学温度成指数关系：

$$k = A e^{-E_a/RT} \tag{2-11}$$

式中，A 为给定反应的特征常数，或称频率因子；E_a 为反应的活化能；R 为理想气体常数（8.314J·mol^{-1}·K^{-1}）。该式称为阿伦尼乌斯公式。其指数项表示温度对速率常数的影响，由于 E_a 和 A 不随温度变化，故速率常数仅决定于温度。再者，由于 k 与 T 的关系是一个指数函数，T 的微小变化将会导致 k 值发生较大的变化。

根据碰撞理论，温度对反应速率的影响也容易理解。当温度升高时，反应物分子获得能量，使得一部分非活化分子变为活化分子，提高了活化分子百分率，从而增加了活化分子的数目，反应速率便增加。

2.3.3 催化剂对反应速率的影响

催化剂可以改变化学反应的速率，这一事实对于我们来说，已不陌生。在现今的化工生产中，使用催化剂的现象已十分普遍。如 NH_3 的合成，SO_2 转化为 SO_3，聚乙烯、聚氯乙烯等高分子材料的合成等，都离不开催化剂。据统计，现代化学工业中，使用催化剂的反应占 85%。许多进行得很慢以致在生产上无实用价值的反应，在使用良好的催化剂后，就可以在生产中实现。如 V_2O_5 能使 SO_2 氧化为 SO_3 的速率大大加快，使接触法生产 H_2SO_4 的工业得以迅速发展。又如，石油中大量存在的甲基环己烷 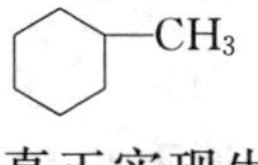，可用来脱氢生产甲苯 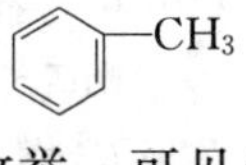。在发现 Ni-Cu 催化剂后，该反应才能真正实现生产。这样的例子不胜枚举。可见催化剂在现代化工工业中的重要性。

催化剂的定义为，凡能改变反应速率而其本身的组成和质量在反应前后保持不变的物质，称为催化剂。

---

[1] 这里是指一般情况，也有特殊的反应，如爆炸反应，当温度达到某一温度时，反应速率急剧增大，也有些反应的速率随温度升高而减慢。

催化剂改变反应速率的作用称为催化作用。能增大反应速率的催化剂称为正催化剂，能降低反应速率的催化剂称为负催化剂。例如为防止橡胶老化而掺入的防老剂，为延缓金属腐蚀的缓蚀剂，均可视为负催化剂。通常所说的催化剂都是指正催化剂。

催化剂为什么能改变化学反应速率呢？许多实验结果证明，催化剂之所以能加速反应，是因为它参与了变化过程，改变了反应的途径，降低了反应的活化能。对于反应

$$A+B \longrightarrow AB$$

无催化剂存在时是按照图 2-3 中的途径Ⅰ进行的，其活化能为 E_a。当催化剂 K 存在时，其反应机理发生了改变，反应按照途径Ⅱ分两步进行。

$$A+K \longrightarrow AK \qquad \text{活化能为 } E_1$$

$$AK+B \longrightarrow AB+K \qquad \text{活化能为 } E_2$$

E_1、E_2 均小于 E_a。所以当反应按途径Ⅱ进行时，由于活化能降低，使得一部分非活化分子转化为活化分子，提高了活化分子百分率，因而活化分子数目增加，加快了反应速率。

由上述分析可以看出，催化剂在反应过程中是参与反应的。它先与反应物生成某种不稳定的中间化合物，该中间化合物继续反应生成产物并析出原催化剂。

关于催化剂对反应速率的影响，尚有几点值得注意。

① 由图 2-3 可以看出，催化剂并不影响产物和反应物的相对能量，它不改变反应的始态和终态。

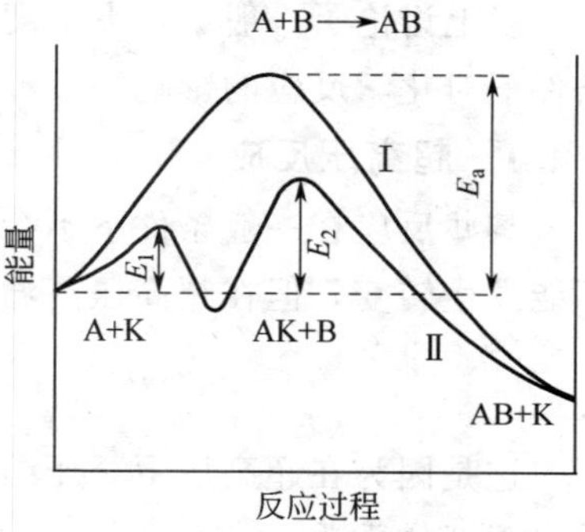

图 2-3　催化剂改变反应途径的示意图

② 由图 2-3 同样可看出，如果产物 AB 又可分解为 A 和 B，则催化剂同等程度地降低了正、逆（生成 AB 的反应称为正反应，则 AB 分解称为逆反应）反应的活化能，因此，同等程度地加快了正、逆反应的速率。在一定条件下，正反应的优良催化剂也必然是逆反应的优良催化剂。

③ 催化剂应具有选择性。即一个反应使用的催化剂往往对其他反应没有催化性能。例如，合成氨使用的铁催化剂对 SO_2 的氧化毫无作用。目前，寻找新催化剂除从催化理论上考虑外，还要通过实验进行筛选。

2.3.4　影响多相反应速率的因素

前面所讨论的多种不同条件对反应速率的影响，大多都是就单相系统而言的。对于多相系统的反应，除去前述的影响因素外，比表面的大小、扩散速率等，也对反应速率有影响。

对于多相系统中的反应，由于反应物处于不同的相，反应只能在相与相的界面上进行。因此，反应速率还与相界面的大小（比表面 $cm^2 \cdot g^{-1}$）有关。例如，煤粉的燃烧速率要比块状煤的燃烧速率快；锌粉和酸的反应要比锌粒与酸的反应快。

此外，扩散速率也是影响多相反应速率的一个重要因素。由于分子的扩散，反应物分子不断地进入界面，生成物分子不断地离开界面。扩散过程本身具有一定的速率。当扩散速率比界面的化学反应速率小得多时，整个过程的速率便由扩散速率来决定。这时，搅拌、摇动等可以加快分子的扩散，也就能加快多相反应的速率。工业上用鼓风机鼓风加快煤的燃烧，沸腾炉焙烧粉状硫铁矿制取 SO_2 等，都是加快扩散速率的例子。

思考题 2.5 为什么反应速率通常随反应时间的增加而减慢？

思考题 2.6 浓度、温度、催化剂是如何影响化学反应速率的？

*2.4 超常条件下对化学反应的影响

以上讨论了一般条件下浓度、温度、催化剂对化学反应的影响。下面介绍超常条件下对化学反应的影响。

2.4.1 超高压反应

某些反应在一般条件下不会发生，例如，石墨转变为金刚石，在任何温度下都不能发生转变，但在超高压高温下则能进行。

$$\text{石墨(s)} \xrightarrow[3000K]{12.5GPa} \text{金刚石(s)}$$

这是因为在超高压下，压缩了石墨晶体结构中碳原子之间的距离，以致原子轨道出现新的重叠。

2.4.2 光化学反应

反应的分子、原子或离子在光的辐照下因吸收光子而引发的反应称为光化学反应。例如，植物没有光照就不会发生植物的光合作用，大气环境中出现的光化烟雾就是因为排入大气中的碳氢化合物和氮氧化物（第一次污染物），在太阳光紫外线照射下，发生光化学反应，衍生出多种二次污染物形成的大气烟雾污染现象。

在通常的反应条件下，H_2O 是不能分解成 H_2 和 O_2 的，但水分子吸收小于 190nm 的光子后，则可以光解。

$$H_2O(l) \xrightarrow[<190nm]{h\nu} H_2(g) + \frac{1}{2}O_2(g)$$

由于到达地球表面的太阳光基本上不存在小于 190nm 的光子。实验表明在有催化剂的存在下，低能量的光子也可以引起水的催化分解产生氢和氧。当前利用太阳光催化光解水的研究是一项很热门的课题。

2.4.3 等离子体化学反应

等离子体被认为是物质第四态。它是由大量带电粒子所组成的正、负电荷总量相等的电中性物系。等离子体在组成上和固、液、气三态最明显的不同之处，在于后者都是由电中性的分子或原子组成的，而前者有相当份额的电离了的原子和分子以及自由电子，同时还存在着大量的激发态、亚稳态粒子。因此处于等离子态的物系具有特殊的反应活性。气体中含有大量可以自由运动的粒子，在实验室可以通过使气体电离的方法来获得等离子体。例如，用甲烷和氢气为原料人工合成金刚石薄膜的反应，就是在低压和较低的温度条件下采用等离子体合成技术实现的。

$$CH_4(g)+H_2(g)\xrightarrow[\text{激发}]{\text{等离子体技术}}\text{等离子态}\xrightarrow[T<273K]{p<0.1\times10^4Pa}\text{金刚石薄膜}$$

等离子体技术，作为一项高新技术，几十年来已在化学合成、新材料研制、表面处理等领域内创造出一系列的新工艺、新技术。

2.4.4 摩擦化学反应

19 世纪末科学家们相继发现经过摩擦、研磨过的某些反应物系，其化学反应方向与一般热化学反应有所不同。例如，铜与二氧化碳物系经过摩擦可以反应。

$$2Cu(s)+CO_2(g)\longrightarrow 2CuO(s)+C(s)$$

另一种情况是同一种物质经摩擦反应所得的产物与经热化学反应所得的产物不同，例如：

通过研磨的反应　　$HgCl_2(s)\longrightarrow Hg(s)+Cl_2(g)$

通过加热则升华　　$HgCl_2(s)\longrightarrow HgCl_2(g)$

由此可知，摩擦作用对于化学过程的影响不能简单地归功于摩擦“生热”。

2.4.5 超声化学反应

超声是指振动频率高于 20kHz 的声波。在超声作用下引起的化学反应称为超声化学反应。随着超声波声压的变化，溶剂受到压缩和稀疏作用，使流体急剧运动而产生含大量振动能的微气泡——气穴，这些微气泡在长大以至突然爆裂时产生的冲击波在微小的空间内相当于营造了高压（局部空间可产生高达 10^5 MPa 压力）和高温（气穴中心温度可高达 $10^4\sim10^6$ K）的反应条件。例如，超声波可使水分解为羟基自由基（·OH）和氢原子。

$$2H_2O\xrightarrow{\text{超声波}}2\cdot OH+2H$$

$$2\cdot OH\longrightarrow H_2O_2$$

$$+)\quad 2H\longrightarrow H_2$$

$$2H_2O\xrightarrow{\text{超声波}}H_2O_2+H_2$$

2.4.6 微波化学反应

微波是频率约为 300MHz～300GHz，即波长在 0.1mm～1m 范围内的电磁波，在微波场作用下引起的化学反应称为微波化学反应。例如：

$$\underset{\text{(黑色)}}{4CuO(s)}\longrightarrow \underset{\text{(砖红色)}}{2Cu_2O(s)}+O_2(g)$$

$$\underset{\text{(黑色)}}{2Ni_2O_3(s)}\longrightarrow \underset{\text{(绿色)}}{4NiO(s)}+O_2(g)$$

微波技术已成为材料制备中一种高效、简便的手段而为科学工作者所采用。我国的稀土储量居世界首位。稀土元素是良好的发光材料激活剂，已广泛应用于彩色电视、照明或印刷光源、三基色节能灯等方面。通常制备这类发光材料的方法是采用高温固相反应方法，若利用微波辐射新技术制备以 Y^{3+}、La^{3+} 稀土离子的磷酸盐为基质，以某些稀土离子和钒为激活剂，在 20%～70%微波功率下作用 7～10min，一步法即可合成晶态、微晶态和玻璃态稀土磷酸盐发光体。

习　题

2.1 用金属锌和稀硫酸制取氢气时，在反应开始后的一段时间内反应速率加快，后来速率又变慢。试从浓度、温度（联系反应放热）等因素解释该现象。

2.2 在 387℃，对反应 $2NO+O_2 \longrightarrow 2NO_2$ 测定不同初始浓度下的反应速率数据如下。

初始浓度/$mol \cdot L^{-1}$		初始速率/$mol \cdot L^{-1} \cdot s^{-1}$
$c(NO)$	$c(O_2)$	
0.010	0.010	2.5×10^{-3}
0.010	0.020	5.0×10^{-3}
0.030	0.020	4.5×10^{-2}

（1）试写出该反应的速率方程式；

（2）计算反应速率常数；

（3）当初始 $c(NO)=0.015mol \cdot L^{-1}$，$c(O_2)=0.030mol \cdot L^{-1}$时，反应速率为多少？

2.3 $A(g) \longrightarrow B(g)$ 为二级反应。当 A 的浓度为 $0.050mol \cdot L^{-1}$时，其反应速率为 $1.2mol \cdot L^{-1} \cdot min^{-1}$。

（1）写出该反应的速率方程；

（2）计算速率常数；

（3）温度不变时，欲使反应速率加倍，A 的浓度应是多少？

2.4 气体 A 的分解反应 $A(g) \longrightarrow$ 产物，当 A 浓度等于 $0.50mol \cdot L^{-1}$时，反应速率为 $0.014mol \cdot L^{-1} \cdot s^{-1}$，若该反应为：

（1）零级反应；

（2）一级反应；

（3）二级反应。

A 浓度等于 $1mol \cdot L^{-1}$时，该反应速率分别是多少？

2.5 反应 $D(g) \longrightarrow$ 产物，当 D 浓度为 $0.150mol \cdot L^{-1}$时，反应速率为 $0.030mol \cdot L^{-1} \cdot min^{-1}$，如该反应为：

（1）零级反应；

（2）一级反应；

（3）二级反应。

反应速率常数分别是多少？

2.6 假定一个多相反应，其本身的反应速率远小于扩散速率。试问搅拌速度的快慢对反应系统速率的影响程度如何？

2.7 举例说明如何由反应级数决定反应速率常数 k 的单位。

3 化学平衡

在上一章，我们讨论了化学反应的速率问题。化学工作者在研究物质的化学变化时，不仅注意反应的速率问题，还十分关心一个化学反应能进行的程度，即有多少反应物可以转化为生成物。这就是化学平衡的问题。

3.1 可逆反应与化学平衡

在日常生产中，常常可以看到水变成水蒸气，水蒸气冷凝又变成水。同样，化学反应也都能够向两个相反的方向进行。例如，水煤气中的一氧化碳在高温下与水蒸气作用可以得到二氧化碳和氢气：

$$CO + H_2O \longrightarrow CO_2 + H_2$$

与此同时，所生成的二氧化碳和氢气也可以相互作用生成一氧化碳和水蒸气：

$$CO_2 + H_2 \longrightarrow CO + H_2O$$

以上两个反应式实际上可写为：

$$CO + H_2O \rightleftharpoons CO_2 + H_2$$

一般把按反应方程式从左到右进行的反应称为正反应，而把从右到左进行的反应称为逆反应。

在同一条件下，既能向正反应方向进行又能向逆反应方向进行的反应，称为可逆反应。

有些反应其逆反应倾向比较弱，从整体上看，反应实际上是朝着一个方向进行的。例如 Ag^+ 与 Cl^- 生成 AgCl 沉淀的反应就是这样的例子。但是，即使像 AgCl 这样的难溶物，它在水溶液中也会解离出极少量的 Ag^+ 和 Cl^- 而形成可逆反应：

$$Ag^+ + Cl^- \rightleftharpoons AgCl(s)$$

只是逆反应进行的程度非常小而已。这样的反应习惯上称为不可逆反应。

可以这样说，几乎所有的化学反应都是可逆的，但是各种化学反应的可逆程度却有很大的差别。如一氧化碳与水蒸气的反应，其可逆性比较显著，而 AgCl 沉淀的反应其可逆性就较小，其正反应占优势。

可逆反应的特点可通过反应：

$$H_2 + I_2 \underset{\text{逆反应}}{\overset{\text{正反应}}{\rightleftharpoons}} 2HI$$

来进行讨论。

将氢和碘置于密闭容器中，维持温度在425℃进行反应。开始时，H_2 和 I_2 分子相互反应的速率 $v_正$ 最大，如图 3-1 所示。随着正反应的进行，反应物的浓度逐渐降低，因而反应速率 $v_正$ 也逐渐变小。可以说 $v_正$ 随着反应物浓度降低而变小或 $v_正$ 随反应时间的增长而变小。另一方面，正反应一经开始，便有少量 HI 分子形成，逆反应也就开始了。此时，逆反应的速率 $v_逆$ 很小。随着正反应的进行，HI 的浓度不断升高，因而逆反应速率 $v_逆$ 便逐渐增大。亦即 $v_逆$ 随生成物浓度升高而增大或 $v_逆$ 随反应时间的增长而增大。经过一定的反应时间，$v_正$ 与 $v_逆$ 达到相等。此时反应物和生成物的浓度都不再随时间而变化。

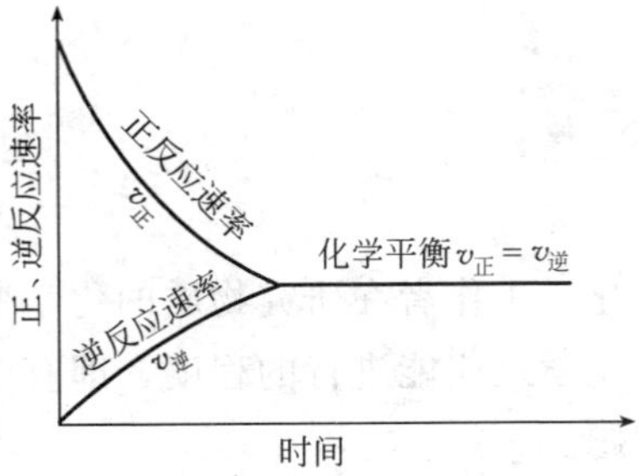

图 3-1 正、逆反应速率与时间的关系

对于可逆反应，当正、逆反应速率相等时，系统所处的状态称为平衡状态。

如果条件不改变，这种状态可以维持下去。从表观上看，反应好像已经停止，实际上正、逆反应都在进行，只不过是它们的速率相等、方向相反，两个反应的结果相互抵消，使整个系统处于动态平衡。若外界条件改变，正、逆反应速率则会发生改变，原有的平衡将被破坏，直到建立新的动态平衡。

思考题 3.1 解释下列化学名词的含义：

可逆反应 不可逆反应 化学平衡

思考题 3.2 如何判断化学反应是否达到了平衡？

3.2 平衡常数

3.2.1 实验平衡常数

对于前述的可逆反应：

$$H_2 + I_2 \rightleftharpoons 2HI$$

做进一步的研究，就会发现可逆反应的另一特点。如表 3-1 所示，当在系统中引入不同起始浓度的 $c(H_2)$ 和 $c(I_2)$，并在同一温度下反应达到平衡时，各物质的浓度并不相同。但是，生成物浓度幂和反应物浓度幂的乘积之比 $[c^2(HI)/c(H_2)c(I_2)]$ 近乎相等。亦即此比值为一常数。这个常数就是该反应在指定温度下的浓度实验平衡常数 K_c（或称浓度经验平衡常数）。

表 3-1 平衡系统 $H_2+I_2 \rightleftharpoons 2HI$ 各物质的浓度（425℃）

实例	反应前浓度/mol·L^{-1}			平衡时浓度/mol·L^{-1}			平衡时比值
	$c(H_2)\times10^3$	$c(I_2)\times10^3$	$c(HI)\times10^3$	$c(H_2)\times10^3$	$c(I_2)\times10^3$	$c(HI)\times10^3$	$c^2(HI)/c(H_2)c(I_2)$
1	11.3367	7.5098	0	4.5647	0.7378	13.544	54.468
2	10.6773	10.7610	0	2.2523	2.3360	16.850	53.964
3	10.6663	11.9642	0	1.8313	3.1292	17.671	54.492

对于任一可逆反应：

$$dD+eE \rightleftharpoons gG+hH$$

在一定温度下达到平衡时，反应物D、E和产物G、H的平衡浓度均有如下关系：

$$\frac{c^g(G)c^h(H)}{c^d(D)c^e(E)}=K_c \tag{3-1}$$

在一定温度下，不论起始浓度如何，也不管反应从哪个方向开始进行，达到平衡状态时，上述关系总是成立的。

对于有气体参与的可逆反应，由于温度一定时，气体的压力与浓度成正比。平衡常数表达式中常以平衡时气体的分压来代替气体物质的浓度。此种表达的平衡常数称为分压实验平衡常数或压力实验平衡常数 K_p。如化学平衡：

$$2SO_2(g)+O_2(g) \rightleftharpoons 2SO_3(g)$$

其平衡常数表达式为：

$$K_c=\frac{c^2(SO_3)}{c^2(SO_2)c(O_2)} \quad 或 \quad K_p=\frac{p^2(SO_3)}{p^2(SO_2)p(O_2)}$$

显然，实验平衡常数的单位由其平衡常数表达式决定。K_c 的单位为（$mol \cdot L^{-1})^{(g+h)-(d+e)}$，$K_p$ 的单位为 $Pa^{(g+h)-(d+e)}$（如用大气压则应做相应换算）。但该常数往往只给出数值而不标出单位。K_c 与 K_p 均属于实验平衡常数 K。K 值越大，表示反应愈完全。

3.2.2 标准平衡常数

标准平衡常数 $K^{\ominus}$ 是根据标准热力学函数计算得来的，所以又称为热力学平衡常数。热力学上规定平衡常数表达式中有关物质的浓度（或分压）都要分别除以其标准态。溶液的标准态 $c^{\ominus}$ 为 $1mol \cdot L^{-1}$，而气体分压的标准态 $p^{\ominus}$ 为 100kPa。例如，下列反应

$$dD(g)+eE(g) \rightleftharpoons gG(g)+hH(g)$$

$$K_p^{\ominus}=\frac{[p(G)/p^{\ominus}]^g[p(H)/p^{\ominus}]^h}{[p(D)/p^{\ominus}]^d[p(E)/p^{\ominus}]^e} \tag{3-2}$$

$$dD(aq)+eE(aq) \rightleftharpoons gG(aq)+hH(aq)$$

$$K_c^{\ominus}=\frac{[c(G)/c^{\ominus}]^g[c(H)/c^{\ominus}]^h}{[c(D)/c^{\ominus}]^d[c(E)/c^{\ominus}]^e} \tag{3-3}$$

对于有固体参与的可逆反应，$K^{\ominus}$ 表达式中不列入固体物质。例如：

$$dD(aq)+eE(s) \rightleftharpoons gG(s)+hH(g)$$

$$K^{\ominus}=\frac{[p(H)/p^{\ominus}]^h}{[c(D)/c^{\ominus}]^d} \tag{3-4}$$

对于有液体参与的可逆反应，如果该液体不是溶剂，则在 $K^{\ominus}$ 表达式中应出现。例如：

$$C_2H_5OH(l)+CH_3COOH(l) \rightleftharpoons CH_3COOC_2H_5(l)+H_2O(l)$$

$$K^{\ominus}=\frac{[c(CH_3COOC_2H_5)/c^{\ominus}][c(H_2O)/c^{\ominus}]}{[c(C_2H_5OH)/c^{\ominus}][c(CH_3COOH)/c^{\ominus}]} \tag{3-5}$$

本书为了简化书写，以下均用方括号［ ］表示物质的相对浓度或相对压力。即

B 的相对浓度 $[B]=c(B)/c^{\ominus}$

B 气体的相对分压 $[p(B)]=\frac{p(B)}{p^{\ominus}}$

这样，式(3-4)、式(3-5) 便可分别简写为：

$$K^{\ominus}=\frac{[p(H)]^h}{[D]^d}$$

$$K^{\ominus}=\frac{[CH_3COOC_2H_5][H_2O]}{[C_2H_5OH][CH_3COOH]}$$

由此可知，$K^{\ominus}$是无量纲的，这与 K（K_c 或 K_p）不同；气体在 $K^{\ominus}$表达式中均用相对分压表示。

思考题 3.3 平衡常数有何意义？

思考题 3.4 实验平衡常数（K_c、K_p）与标准平衡常数（$K^{\ominus}$）之间有何关系？

3.3 多重平衡规则

如果一个反应是其他两个或更多反应的总和，则这个总反应的平衡常数等于其他各个反应的平衡常数的乘积。这就是多重平衡规则。如 700℃时，下述两个反应：

反应 1 $$SO_2(g)+\frac{1}{2}O_2(g)\rightleftharpoons SO_3(g)$$

$$K_{c_1}=\frac{c(SO_3)}{c(SO_2)c^{\frac{1}{2}}(O_2)}=20$$

反应 2 $$NO_2(g)\rightleftharpoons NO(g)+\frac{1}{2}O_2(g)$$

$$K_{c_2}=\frac{c(NO)c^{\frac{1}{2}}(O_2)}{c(NO_2)}=0.012$$

把反应 1、反应 2 相加得：

反应 3 $$SO_2(g)+NO_2(g)\rightleftharpoons SO_3(g)+NO(g)$$

$$K_{c_3}=K_{c_1}K_{c_2}=\frac{c(SO_3)}{c(SO_2)c^{\frac{1}{2}}(O_2)}\times\frac{c(NO)c^{\frac{1}{2}}(O_2)}{c(NO_2)}$$

$$=\frac{c(SO_3)c(NO)}{c(SO_2)c(NO_2)}=20\times0.012=0.24$$

推广至一般情况：

若 反应 N＝反应 A＋反应 B＋…

则 $$K_c(N)=K_c(A)K_c(B)\cdots \tag{3-6}$$

思考题 3.5 根据在某温度下的平衡常数，推断该温度时氧化物 SO_3、CO_2、NO 的分解倾向最强的是哪一个？

$$2SO_2(g)+O_2(g)\rightleftharpoons 2SO_3(g) \qquad K^{\ominus}=3.16\times10^{25}$$
$$2CO_2(g)\rightleftharpoons 2CO(g)+O_2(g) \qquad K^{\ominus}=4.05\times10^{-92}$$
$$N_2(g)+O_2(g)\rightleftharpoons NO(g) \qquad K^{\ominus}=1.1\times10^{-30}$$

3.4 有关化学平衡的计算

化学反应一旦在一定条件下达到平衡，平衡系统中各物质浓度之间的数量关系则因制约于平衡常数而被确定下来。实验和工业生产中正是根据这种平衡关系来计算有关物质的平衡浓度、平衡常数以及反应物的转化率。下面以实例来说明这些计算。

【例 3-1】 在某温度下，反应 $A+B\rightleftharpoons G+D$ 在溶液中进行，平衡后各物质的浓度如下。

$$c(A)=0.33mol\cdot L^{-1} \qquad c(B)=3.33mol\cdot L^{-1}$$
$$c(G)=0.67mol\cdot L^{-1} \qquad c(D)=0.67mol\cdot L^{-1}$$

求（1）在该温度下反应的平衡常数；（2）反应开始前 A、B 的浓度；（3）A 的转化率。

解 （1）求平衡常数

该反应的平衡常数表达式为：

$$K_c=\frac{c(G)c(D)}{c(A)c(B)}$$

将各物质的平衡浓度代入上式，得

$$K_c=\frac{0.67\times0.67}{0.33\times3.33}=0.41$$

（2）求反应前 A、B 的浓度

由反应方程式可知，每生成 1mol G 就同时生成 1mol D，相应消耗 1mol A 和 1mol B。反应开始前系统中无 G 和 D，至平衡时，每升溶液中共生成 0.67mol G 和 0.67mol D，相应消耗 0.67mol A 和 0.67mol B，余下的 A 浓度为 $0.33mol\cdot L^{-1}$。所以反应前 A 的浓度＝消耗的浓度＋平衡时的浓度＝0.67＋0.33＝1.00（$mol\cdot L^{-1}$）。同理，反应前 B 的浓度＝0.67＋3.33＝4.00（$mol\cdot L^{-1}$）。

（3）求转化率

反应中反应物的转化量（即消耗量）与反应前该物质的量之比即为该物质的转化率。

$$A\text{的转化率}=\frac{0.67}{0.67+0.33}\times100\%=67\%$$

【例 3-2】 在上例中若反应开始前 A 的浓度仍为 $1mol\cdot L^{-1}$，而 B 的浓度降低为 1mol·L^{-1}。求（1）平衡时各物质的浓度；（2）A 的转化率。

解（1）求平衡时各物质的浓度

设平衡时 $c(G)=x\text{mol}\cdot L^{-1}$

	A	+	B	$\rightleftharpoons$	G	+	D
反应前浓度/mol·L^{-1}	1		1		0		0
平衡时浓度/mol·L^{-1}	$1-x$		$1-x$		x		x

将平衡浓度代入 $$K_c=\frac{c(G)c(D)}{c(A)c(B)}=0.41$$

得 $$\frac{xx}{(1-x)(1-x)}=0.41$$

解此方程，得 $x=0.4\text{mol}\cdot L^{-1}$，则平衡时：

$$c(G)=c(D)=0.4\text{mol}\cdot L^{-1}；c(A)=c(B)=0.6\text{mol}\cdot L^{-1}$$

（2）求转化率：A 的转化率$=\frac{0.4}{1}\times100\%=4.0\%$

比较例 3-1 和例 3-2 可知，提高反应物 B 的浓度，可以提高另一反应物 A 的转化率。

在许多实际工作中，经常会遇到 K_c 与 K_p 之间的换算问题。在举出这类实例之前，先推导出 K_c 与 K_p 的关系式。

设在一定温度下，容积为 V 的密闭容器内有下述化学平衡系统：

$$dD+eE \rightleftharpoons gG+hH$$

D、E、G、H 均视为理想气体，以 p_D、p_E、p_G、p_H 分别代表它们的分压。根据理想气体状态方程：

$$p=\frac{n}{V}RT=cRT$$

则
$$p_D=c(D)RT \qquad p_E=c(E)RT$$
$$p_G=c(G)RT \qquad p_H=c(H)RT$$

代入平衡常数关系式：

$$K_p=\frac{p_G^g p_H^h}{p_D^d p_E^e}=\frac{c^g(G)c^h(H)}{c^d(D)c^e(E)}(RT)^{(g+h)-(d+e)}$$

令 $\Delta n=(g+h)-(d+e)$

得 $$K_p=K_c(RT)^{\Delta n} \tag{3-7}$$

式中，当压力单位取 Pa，体积单位取 L，浓度取 mol·L^{-1}时，R 的值为 $8.314\times10^3\text{Pa}\cdot L\cdot \text{mol}^{-1}\cdot K^{-1}$。

【例 3-3】 已知 1000K 时反应 $2SO_2+O_2 \rightleftharpoons 2SO_3$ 的 $K_p=3.45\times10^{-2}$ Pa^{-1}，求 K_c。

解 依 $$K_c=K_p(RT)^{-\Delta n}$$

已知 $$\Delta n=2-(2+1)=-1$$

所以 $K_c = K_p(RT)^{-1}$

$= 3.45\times10^{-2}\,Pa^{-1}\times8.314\times10^{3}\,Pa\cdot L\cdot mol^{-1}\cdot K^{-1}\times1000K$

$= 2.87\times10^{5}\,L\cdot mol^{-1}$

【例 3-4】 已知某温度时，反应 $CO+H_2O \rightleftharpoons CO_2+H_2$ 的 K_c 为 0.8，求 K_p。

解 依 $K_p = K_c(RT)^{\Delta n}$

已知 $\Delta n = (1+1)-(1+1) = 0$

所以 $K_p = K_c(RT)^0 = K_c = 0.8$

在工业生产中，对于有气态物质参与的反应，运用 K_p 进行计算比较方便。

3.5 化学平衡的移动

在介绍化学平衡时，已经指出，化学平衡状态并不意味着反应停止进行，只是正反应速率等于逆反应速率，反应物的浓度和产物的浓度不再随时间改变。这是一种动态平衡。实际上这种平衡是有条件的、相对的、暂时的。一旦条件改变，平衡状态就遭到破坏，可逆反应从暂时的平衡变成不平衡，经过一定的时间，在新的条件下又建立了新的、暂时的平衡状态。新的平衡建立时，反应物和生成物的浓度与原平衡状态时的浓度已经不相同了。

因为条件改变，旧的平衡被破坏，引起反应系统中各物质的量随之改变，从而达到新平衡状态的过程称为化学平衡的移动。

化学平衡的移动，在工业生产中有着重要的意义，我们研究化学平衡，就是要做平衡的转化工作，使化学平衡尽可能向着有利于生产需要的方向转化。

浓度、压力和温度等因素都可以引起化学平衡的移动。下面分别讨论。

3.5.1 浓度（或分压）变化对化学平衡的影响

以合成氨的反应为例，来讨论浓度改变对平衡移动的影响。

$$3H_2+N_2 \rightleftharpoons 2NH_3$$

该反应在一定温度下达到平衡时，$K_c=\dfrac{c^2(NH_3)}{c^3(H_2)c(N_2)}$。当加大 N_2 和（或）H_2 的浓度时，$c^3(H_2)$ 和 $c(N_2)$ 的乘积增大，系统不再处于平衡状态，平衡向正反应方向移动。随着反应进行，系统又达到一个新的平衡状态。新的平衡建立后，$c(NH_3)$、$c(H_2)$ 和 $c(N_2)$ 已和前一平衡状态下各自的浓度不同了，其中 $c(NH_3)$ 的浓度比前一平衡态时增加了。若减少反应物浓度，情况恰好相反。

浓度对化学平衡的影响可概括为：在其他条件不变的情况下，增加反应物浓度或减少生成物浓度，化学平衡向正反应方向移动；增加生成物浓度或减少反应物浓度，化学平衡向逆反应方向移动。

对于有气体物质参与的反应，增大（或减小）某一气体物质的分压就是增大（或减小）该气体物质的浓度，结果与以上讨论的情况是一致的。

根据浓度或分压对化学平衡的影响，在化工生产上，为了提高反应物（原料）的转化率，可根据具体情况采用增大或降低某一物质的浓度或分压来实现。例如，在高温下由石灰石烧制生石灰的反应：

$$CaCO_3 \rightleftharpoons CaO + CO_2$$

实际生产中就是使生成的 CO_2 不断地从平衡体系中排出，平衡不断地向右移动，使石灰石完全转化为 CaO 和 CO_2。

3.5.2 系统总压力变化对化学平衡的影响

对于有气体物质参与的反应，系统总压力改变时，有可能引起化学平衡的移动。平衡移动的方向由反应物气体分子与产物气体分子计量系数之差 Δn 决定。以下先以合成氨反应作一分析。

$$N_2(g) + 3H_2(g) \rightleftharpoons 2NH_3(g)$$

当反应在一定温度下达到平衡时，各组分的平衡分压力分别为 $p(N_2)$、$p(H_2)$、$p(NH_3)$。那么

$$\frac{p^2(NH_3)}{p^3(H_2)p(N_2)} = K_p$$

如果平衡系统的总压力增加到原来的 2 倍（即体积缩小 1 倍），这时，各组分的分压也相应增加到原来的 2 倍，分别为 $2p(H_2)$、$2p(N_2)$、$2p(NH_3)$。分母增加的倍数大于分子，此时系统已不再处于平衡状态。这时原平衡向着生成氨（气体分子总数减少）的正反应方向进行。随着反应的进行，$p(NH_3)$ 不断增大，$p(H_2)$ 和 $p(N_2)$ 不断下降。最后重新等于 K_p 时，系统在新的条件下达到新的平衡。

如果将平衡系统的压力降低到原来的一半（即体积增大 1 倍），这时，各组分的分压也分别减小到原来的一半，分别为 $\frac{1}{2}p(H_2)$、$\frac{1}{2}p(N_2)$、$\frac{1}{2}p(NH_3)$。此时，系统也已不再处于平衡状态，反应逆向进行，即平衡向氨分解为氮和氢的方向（即气体分子总数增加的方向）移动。在反应进行的过程中，随着 NH_3 不断分解，$p(NH_3)$ 不断下降；$p(H_2)$、$p(N_2)$ 不断增大。最后系统在新的条件下达到新的平衡。

在上述例子中，$\Delta n = 2 - (3+1) = -2$，即反应物的气体分子总数大于产物气体分子总数。增大系统总压力时，平衡向气体分子数少的方向（生成 NH_3 的方向）移动。同理，如果 $\Delta n > 0$，则情形恰与上面相反。那么，$\Delta n = 0$ 时的情形又如何呢？例如，下列反应：

$$CO(g) + H_2O(g) \rightleftharpoons CO_2(g) + H_2(g)$$

在一定温度下达到平衡时，各组分的平衡分压为 $p(CO)$、$p(H_2O)$、$p(CO_2)$、$p(H_2)$，则有：

$$\frac{p(CO_2)p(H_2)}{p(CO)p(H_2O)} = K_p$$

当系统总压力增大到原来的 2 倍时，各组分的分压力亦为原来的 2 倍，分别为 $2p(CO)$、$2p(H_2O)$、$2p(CO_2)$ 及 $2p(H_2)$。由于压力平衡常数表达式的分子与分母总是同倍数地增大或减小，所以，总压力变化对平衡没有影响。至此，总压力对平衡移动的影响可归结为以下两点。

对于有气体参与的反应，如果气体反应物的总分子数与气体生成物总分子数不相等（即 $\Delta n \neq 0$），等温下增大总压力，平衡向气体分子数减少的方向移动；降低总压力，则平衡向气体分子数增加的方向移动。如果 $\Delta n = 0$，则增大或降低总压力对平衡没有影响。

对于在溶液中进行的反应，改变总压力对平衡几乎没有影响。因为压力对液体的体积影响极小。

3.5.3 温度变化对化学平衡的影响

温度对化学平衡的影响与前两种情况有本质的区别。改变浓度或压力只能使平衡点改变，而温度的变化，却导致平衡常数数值的改变。平衡常数 $K^{\ominus}$ 与热力学温度 T 的关系如下。

$$\lg K^{\ominus} = \frac{-\Delta_r H_m^{\ominus}}{2.303RT} + B \tag{3-8}$$

式中，$\Delta_r H_m^{\ominus}$ 是（正）反应的热效应；对于确定的反应，B 为常数。在温度变化不大时，$\Delta_r H_m^{\ominus}$ 可视为常数。若 $\Delta_r H_m^{\ominus}$ 为负值，即正反应为放热反应，若温度升高，由式(3-8) 可知，$\lg K^{\ominus}$ 变小，即在达到新的平衡时，生成物浓度减少，也就是说，平衡向逆反应方向移动；当 $\Delta_r H_m^{\ominus}$ 为正值，即正反应为吸热反应，若温度升高，由式(3-8) 可知，$\lg K^{\ominus}$ 的负值变小，即 $\lg K^{\ominus}$ 增大，在达到新的平衡时，生成物浓度增大，也就是说平衡向正反应方向移动（吸热反应方向移动）。

综上所述，温度对化学平衡的影响为：温度降低时，平衡向放热反应方向移动；温度升高时，平衡向吸热反应方向进行。

温度对平衡常数数值的影响是很大的。例如反应：

$$N_2(g) + O_2(g) \rightleftharpoons 2NO(g)$$

在 298K，$K_c = 1 \times 10^{-30}$，而在 2273K 时，$K_c = 0.10$。这就是说，常温下几乎不能进行的反应，在高温时则部分 N_2 可转化为 NO。这就是雷雨后大气中可生成 NO 及电弧法制 HNO_3 的道理。

3.5.4 平衡移动的总规律——勒夏特列原理

综合以上影响平衡移动的各种结论，可以得出一个更为概括的规律。这就是法国科学家勒夏特列（Le Chatelier）在 1887 年提出的原理：假如改变平衡系统的条件之一，如温度、压力或浓度，平衡就向减弱这个改变的方向移动。根据该原理，可得出以下结论。

当增加反应物浓度时，平衡就向能减少反应物浓度的方向（正反应方向）移动。减少生成物浓度时，平衡就向能增加生成物浓度的方向移动。

当增大压力时，平衡就向能减小压力（即减小气体分子数目）的方向移动。减小压力时，平衡就向能增大压力（即增加气体分子数目）的方向移动。

当升高温度时，平衡就向能降低温度（即吸热）的方向移动。降低温度时，平衡就向能升高温度（即放热）的方向移动。

勒夏特列原理是一条普遍的规律，它对于所有的动态平衡（包括物理平衡）都是适用的。必须指出的是，它只能应用于已经达到平衡的系统，对于尚未达到平衡的系统是不适用的。

思考题 3.6 为了在较短时间内达到化学平衡，对于大多数气相化学反应来说，适宜的方式是：

(1) 减少产物的浓度；

(2) 提高温度和增加压力；

(3) 使用催化剂；

(4) 降低温度和减少反应物浓度。

思考题 3.7 设有可逆反应：$A+B \rightleftharpoons C+D$，已知在某温度下，$K_c=2$，问反应达平衡时，生成物浓度幂的乘积大还是反应物浓度幂的乘积大？

思考题 3.8 下列说法是否正确？为什么？

(1) 催化剂不但可以加快化学反应速率，还大大增加了反应的转化率。

(2) 有气体参加的反应达平衡时，改变总压后，不一定使平衡产生移动，而改变其中任一气体的分压，则一定引起平衡移动。

(3) 当可逆反应达到平衡时，系统中反应物的浓度等于生成物的浓度。

(4) 勒夏特列原理是一普遍规律，可适用于任何过程。

3.6 化学反应速率和化学平衡在工业中综合应用的举例

我们学习化学反应速率和化学平衡的知识，除对于化学反应本身有一个更全面的了解外，其最根本的目的，是能运用这些知识解决化工生产中的实际问题。在生产实际中，化学反应速率和化学平衡以及外界条件对它们的影响总是错综复杂的，要解决生产问题，必须综合分析并抓住关键。以下是有关化工生产实际中的应用举例。

3.6.1 接触法制硫酸的生产中反应速率与化学平衡的问题

接触法（催化法）制 H_2SO_4 的主要过程是：先焙烧硫铁矿或硫磺制得 SO_2：

$$4FeS_2(s)+11O_2(g) \rightleftharpoons 8SO_2(g)+2Fe_2O_3(s)$$

$$S(s)+O_2(g) \rightleftharpoons SO_2(g)$$

然后借助催化剂，使 SO_2 与 O_2 化合生成 SO_3。生成的 SO_3 再用硫酸来吸收。

$$2SO_2(g)+O_2(g) \xrightleftharpoons{\text{催化剂}} 2SO_3(g) \qquad (\Delta_r H_m^{\ominus}<0)$$

这个反应是一个可逆的放热反应，而且反应后气体分子总数减少。根据化学平衡移动的原理可以判断，降低温度和增大压力对提高 SO_3 产率是有利的。

表 3-2 $2SO_2+O_2 \rightleftharpoons 2SO_3$ 在不同温度下的平衡常数

温度/℃	400	425	450	475	500	525	550	575	600
$K_p=\dfrac{p^2(SO_3)}{p^2(SO_2)p(O_2)}$	440	241	138	81.8	50.2	31.8	20.7	13.9	9.41

由表 3-2 可知，温度变化对该反应影响很大，因此，温度的控制是关键问题。至于压力，因在常压下操作已能达到较高的转化率，所以工业生产中采取常压操作。

在 SO_2 的转化反应中，为了加快 SO_2 的转化速率，本应可以采取升高温度的办法，但从表 3-2 中可看出，升高温度会降低转化率，因此必须使用催化剂使反应在较低的温度下迅速进行。已经知道有许多物质能加速 SO_2 的氧化反应。铂和某些金属氧化物对 SO_2 转化反应的催化活性如图 3-2 所示。

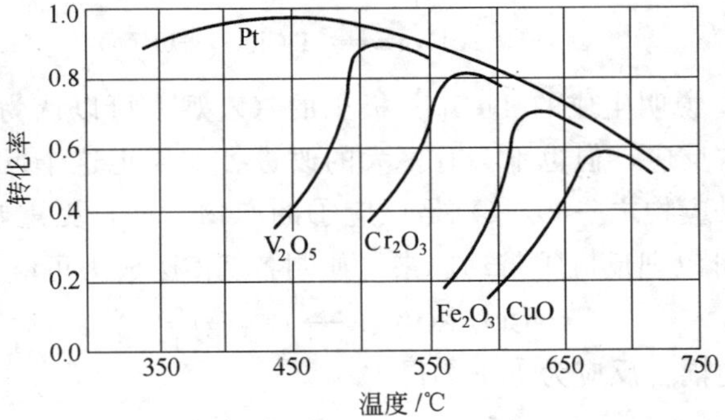

图 3-2 SO_2 的转化率

利用催化剂虽然能显著增加反应速率，但由图 3-2 可知，在 SO_2 转化为 SO_3 的反应中，温度升高，转化率下降，应用铂催化剂可以在较低的温度下得到很高的转化率，但铂价格昂贵，而且易中毒。从图中所列四种金属氧化物来看，V_2O_5（五氧化二钒）不管是从反应速率或是从化学平衡来说，都是一种较好的催化剂。因此，现在生产中大多采用 V_2O_5。

生产中为了使 SO_2 达到较高的转化率，一般采取以下几个措施。

① 加大反应物中的 O_2 配比。由反应可知，SO_2 与 O_2 分子数之比为 2∶1。但在实际配比时采用 7%的 SO_2 和 11%的 O_2 原料气（其余约 80%为 N_2）。这样 SO_2 与 O_2 分子数之比即为 1∶1.6。因此氧是大大过量的。这样对 SO_2 的转化是有利的。

② 二次转化，二次吸收。即 SO_2 通过转化炉后（转化率可达 90%），进入吸收塔将其中的 SO_3 吸收掉，余下气体（含未转化的 SO_2）再次进入转化炉内。这

时由于已从平衡体系中将反应产物 SO_3 取走了，因此，有利于反应继续向生成 SO_3 的方向进行，使余下的 SO_2 进一步转化为 SO_3。再经吸收塔吸收。这样 SO_2 的总转化率大大提高，可达到 99.7%。

③ 将此放热反应产生的热量不断取走，使反应一直被控制在适当的温度下进行。为此，生产上采用多段催化氧化过程，在每一段都采取热交换措施，可使 SO_2 转化反应一直控制在最适宜的温度（420～450℃）下进行，保证取得足够高的转化率，而且也能充分利用热量。

3.6.2 反应的耦合

前面讨论的是系统中只发生一个反应的平衡问题。它的平衡组成极大地受平衡常数所制约。对于平衡常数 $K^\ominus \ll 1$ 的可逆反应，改变影响平衡的因素如反应物配比、温度等来提高平衡转化率的效果实际上是微乎其微。但是若在系统中加进另一反应，使前一反应的产物是后一反应的反应物之一，则这两个反应便可耦合（联）起来，影响反应的平衡位置，甚至使原本不能进行的反应得以通过另外的途径而进行。例如，从 TiO_2 制备 $TiCl_4$。

① $$TiO_2(s) + 2Cl_2(g) \rightleftharpoons TiCl_4(l) + O_2(g)$$

此反应的 $K^\ominus \ll 1$，说明生成的 $TiCl_4$ 是极少的（宏观上可以认为不能进行）。提高温度虽有利于向右反应，但也不会有多大的改进。如果把这个反应和反应②耦合，则由于反应②的反应物之一 $O_2(g)$ 是反应①的产物之一，更重要的是反应②的平衡常数 $K^\ominus \gg 1$，可以把反应①带动起来，使制备 $TiCl_4$ 成为可能。

② $$C(s) + O_2(g) \rightleftharpoons CO_2(g)$$

①和②反应的耦合反应为①＋②得

③ $$C(s) + TiO_2(s) + 2Cl_2(g) \rightleftharpoons TiCl_4(l) + CO_2(g)$$

这就说明了 TiO_2 氯化法制 $TiCl_4$ 必须加 C 的原因。

又如，C_4H_9OH（正丁醇）与 CH_3COOH（乙酸）的反应，生成 $CH_3COOC_4H_9$（乙酸正丁酯）的直接酯化反应：

$$CH_3COOH + C_4H_9OH \xrightleftharpoons{H^+} CH_3COOC_4H_9 + H_2O$$

在温度 428K 时，平衡常数为 4.24。为了提高酯化反应的产率，可以采用两种方法：其一，改变醇和酸原料的配比，廉价的原料可以过量，以提高酯的收率。图 3-3 中表示了不同 $K^\ominus$ 值时，醇和酸原料配比与酯收率的关系。由图可见，只有在 $K^\ominus$ 值较大时，原料配比对收率才有较大的影响。但是，在高物料配比时，存在着反应器的利用效率低，以及后续分离过程中

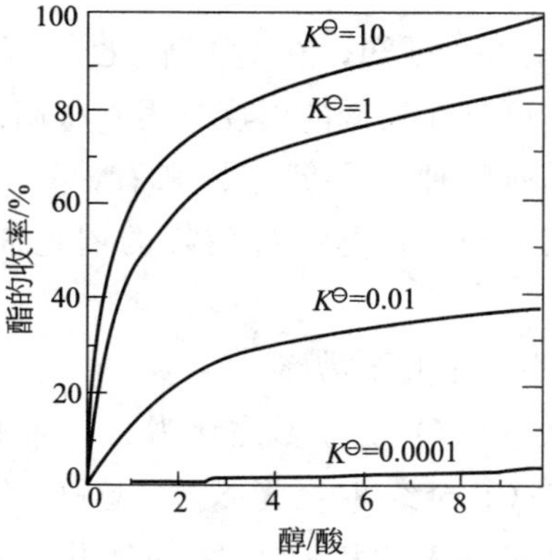

图 3-3 不同的平衡常数值下酯的收率与原料配比的关系

因分离太过量的原料而造成能耗大等问题。其二是通过不断蒸出反应中生成的酯或水，打破酯化反应的化学平衡，使酯化反应趋于完全。这种方法较前者有效。随着膜分离技术的发展，人们利用渗透汽化膜的选择性，将酯化反应过程中生成的水连续不断地分离出反应系统，从而实现渗透汽化-酯化反应耦合的工艺流程。

利用耦合反应，使原先不能进行的反应或反应性很小的反应，在耦合另一反应后，可以获得或提高我们所需要的产物和产量。因而耦合反应日益受到化学工作者的重视和研究。在生物体系中所进行的反应有许多也是靠耦合反应才得以进行。

习　题

3.1 写出下列可逆反应的实验平衡常数（K_c）和 $K^\ominus$ 表达式：

(1) $SO_2(g)+\frac{1}{2}O_2(g) \rightleftharpoons SO_3(g)$

(2) $SiCl_4(l)+2H_2O(g) \rightleftharpoons SiO_2(s)+4HCl(g)$

(3) $2N_2O_5(g) \rightleftharpoons 4NO_2(g)+O_2(g)$

(4) $3Fe(s)+4H_2O(g) \rightleftharpoons Fe_3O_4(s)+4H_2(g)$

3.2 计算下列反应在 1773K 时的平衡常数 K_c 和 K_p。已知达到平衡时：$c(N_2)=0.05mol\cdot L^{-1}$；$c(O_2)=0.05mol\cdot L^{-1}$；$c(NO)=0.00055mol\cdot L^{-1}$。

$$2NO(g) \rightleftharpoons N_2(g)+O_2(g)$$

3.3 反应 $2NO(g)+Br_2(g) \rightleftharpoons 2NOBr(g)$ 在 623K 时建立平衡，测得平衡混合物中各物质的浓度为 $c(NO)=0.30mol\cdot L^{-1}$；$c(Br_2)=0.11mol\cdot L^{-1}$；$c(NOBr)=0.046mol\cdot L^{-1}$，求 K_c、K_p 和 $K^\ominus$。

3.4 设有可逆反应：$A(aq)+B(aq) \rightleftharpoons C(aq)+D(aq)$，已知在某温度下 $K_c=2$。问

(1) 平衡时，生成物浓度幂的积大还是反应物浓度幂的积大？

(2) 当 A、B、C、D 四种物质的浓度均为 $1mol\cdot L^{-1}$时，该反应系统是否处于平衡状态？正、逆反应速率哪一方较快？

3.5 已知在 937℃时，下列两化学平衡的 K_c 值：

(1) $Fe(s)+CO_2(g) \rightleftharpoons FeO(s)+CO(g)$　$K_{c_1}=1.47$

(2) $FeO(s)+H_2(g) \rightleftharpoons Fe(s)+H_2O(g)$　$K_{c_2}=0.420$

问在该温度下，反应 $CO_2(g)+H_2(g) \rightleftharpoons CO(g)+H_2O(g)$ 的 K_c 为多少？

3.6 原料气 N_2、H_2 在某温度下反应达到平衡时，设 $c(N_2)=3mol\cdot L^{-1}$，$c(H_2)=9mol\cdot L^{-1}$，$c(NH_3)=4mol\cdot L^{-1}$。求反应 $N_2(g)+3H_2(g) \rightleftharpoons 2NH_3(g)$ 的 K_c 并计算氮的转化率。

3.7 在某温度下，设有 3mol 乙醇与 3mol 乙酸反应［$C_2H_5OH(l)+CH_3COOH(l) \rightleftharpoons CH_3COOC_2H_5(l)+H_2O(l)$］，平衡时，它们的转化率均为 0.667。求 K_c。

3.8 已知在某温度下反应：$CO(g)+H_2O(g) \rightleftharpoons H_2(g)+CO_2(g)$ 的 K_c 为 1.0。若反应前 $c(CO)=2mol\cdot L^{-1}$，$c(H_2O)=3mol\cdot L^{-1}$。问平衡时，CO 转化为 CO_2 的转化率为多少？

3.9 N_2O_4 按下式解离：

$$N_2O_4(g) \rightleftharpoons 2NO_2(g)$$

已知 52℃解离平衡时有一半的 N_2O_4 解离，并知平衡系统的压力为 101kPa。问 $K^\ominus$ 为多少？

3.10 已知在某温度下反应：$CaCO_3(s) \rightleftharpoons CaO(s)+CO_2(g)$ 的 K_p 值为 49kPa。问在该温

度下，下列各种情况哪些能建立化学平衡？哪些不能建立化学平衡？

（1）密闭容器中有 CaO、CO_2；$p(CO_2)=101kPa$。

（2）密闭容器中有 $CaCO_3$、CaO。

（3）密闭容器中有 $CaCO_3$、CO_2；$p(CO_2)=10kPa$。

（4）密闭容器中有 $CaCO_3$、CO_2；$p(CO_2)=101kPa$。

（5）密闭容器中有 CaO、CO_2；$p(CO_2)=10kPa$。

3.11 在一密闭容器中，反应：$CO(g)+H_2O(g) \rightleftharpoons CO_2(g)+H_2(g)$ 的平衡常数 $K_c=4.89$（500℃），求：

（1）当起始 H_2 和 CO 的物质的量之比为 1，达到平衡时 CO 的转化率为多少？

（2）当起始 H_2O 和 CO 的物质的量之比为 3，达到平衡时，CO 的转化率为多少？

（3）根据计算结果，能得到什么结论。

3.12 已知 $2SO_2(g)+O_2(g) \rightleftharpoons 2SO_3(g)$ 在温度 723℃ 达到平衡时，$p(SO_3)=36.17kPa$，$p(SO_2)=49.04kPa$，$p(O_2)=16.72kPa$，求 K_p 和 $K^{\ominus}$。

4 酸碱反应

多数化学变化都属于酸碱反应。不仅如此，其他许多化学反应也常与酸、碱有关或受系统酸、碱性的影响，因此，掌握酸碱反应的本质和有关规律，就显得十分重要。

4.1 酸碱的解离理论

人类很早就发现并使用了酸和碱。盐酸、硫酸、硝酸等强酸是炼金术士在公元1100～1600年间发现的。但是当时人们并不知道酸、碱的组成以及酸碱反应的实质。人们对于酸、碱的认识经历了一个由浅入深、由低级到高级的过程。最初，人们是根据物质的性质来区分酸和碱的。如有酸味，能使蓝色石蕊变成红色的是酸；有涩味、滑腻感，使红色石蕊变成蓝色的是碱。酸、碱能相互反应，反应后酸、碱性质便消失了。后来，人们又认为凡是酸的组成中均含有氢元素，它们共同的酸性是由氢元素产生的。然而，许多含氢的化合物并不具有酸性。

以上是人们对于酸、碱的低层次上的认识。随着生产和科学的发展以及人们对于酸、碱认识的经验积累，19世纪后期，解离理论[1]产生以后，便形成了近代的酸碱理论。

酸碱的解离理论是1887年瑞典科学家阿伦尼乌斯[2]从他的电离学说观点出发提出的，故称为阿伦尼乌斯酸碱理论（简称阿氏理论）。

阿伦尼乌斯解离理论的基本要点如下。

4.1.1 酸碱的定义

在水中能解离出的阳离子全部都是H^+的化合物称作酸；能解离出的阴离子全部都是OH^-的化合物称作碱。

---

[1] 解离理论即电离理论，因法定计量单位规定量的名称中用“解离度”而不用“电离度”，故现改为解离理论。

[2] 阿伦尼乌斯（S. A. Arrhenius），1859年2月出生于瑞典乌普萨拉附近的威克。17岁时以数学和物理的优异成绩进入乌普萨拉大学，读完大学后又攻读博士学位。1881年9月，在瑞典皇家科学院的物理教授德伦德（E. Edlund）的实验室工作，从此开始了他的电解质电离理论的研究。24岁时，在他的博士论文中初步提出电解质在溶液中解离的见解。这是一篇很有见地的学术超前文章，论文答辩时引起评委的不满，答辩只得了三等。经过4年的努力，28岁时他因提出完整的电离理论而成名。1903年44岁的阿伦尼乌斯因此荣获诺贝尔化学奖。除此之外，他还提出了温度对反应速率的影响，研究过“免疫化学”、天体物理学等，曾被德皇封为“全能教授”。

按照上述定义，HCl、HNO_3、H_2SO_4、CH_3COOH、HF 等都是酸，而 NaOH、$Ca(OH)_2$、$Ba(OH)_2$、KOH、$Fe(OH)_2$等都是碱。

4.1.2 酸碱反应

酸或碱的性质主要是 H^+ 或 OH^- 的性质。酸碱反应实质上就是 H^+ 和 OH^- 化合成 H_2O 的反应，亦即中和反应：

$$H^+ + OH^- \longrightarrow H_2O \quad (4\text{-}1)$$

除中和反应之外，其他有关酸、碱参与的反应，均可认为是 H^+ 或 OH^- 参与的反应。例如，酸与活泼金属的反应：

$$2H^+ + Zn \longrightarrow Zn^{2+} + H_2\uparrow$$

酸与金属氧化物和氢氧化物的反应：

$$2H^+ + FeO \longrightarrow Fe^{2+} + H_2O$$

$$2H^+ + Fe(OH)_2 \longrightarrow Fe^{2+} + 2H_2O$$

碱与非金属硅的反应：

$$2OH^- + H_2O + Si \longrightarrow SiO_3^{2-} + 2H_2\uparrow$$

碱与铵盐的反应：

$$OH^- + NH_4^+ \longrightarrow H_2O + NH_3\uparrow$$

4.1.3 酸碱的强度

酸、碱的强度由它们在水溶液中的解离情况来决定。一般分为强、中强、弱三类。

例如，HCl、HBr、HI、HNO_3、H_2SO_4、$HClO_4$ 等是强酸；NaOH、KOH、$Ba(OH)_2$等是强碱。它们在水溶液中完全解离，属于强电解质。

H_3PO_4、HNO_2、H_2SO_3 等是中强酸；在水溶液中的解离较强酸要小，仅部分解离。

CH_3COOH（乙酸又名醋酸，常用符号 HAc 表示）、H_2S（氢硫酸）、HCN 等是弱酸；$NH_3 \cdot H_2O$ 是弱碱。它们在水溶液中仅微弱解离，其解离过程是可逆的，属于弱电解质。

酸碱的解离理论从物质的化学组成上揭示了酸碱的本质，明确指出 H^+ 是酸的特征，OH^- 是碱的特征。从而揭示了中和反应的实质就是 H^+ 与 OH^- 反应而生成 H_2O。它很好地解释了酸碱反应的中和热都基本相同的实验事实。在此，酸碱解离理论是人们对酸碱的认识由现象到本质的一次飞跃，对化学科学发展起到了积极的推动作用，直至今日仍然普遍应用。

思考题 4.1 在酸碱的解离理论中如何定义酸和碱？酸碱反应的实质是什么？

思考题 4.2 在酸碱的解离理论中如何判断酸或碱的强弱？

4.2 水溶液中酸或碱的解离平衡

强酸、强碱在水溶液中是完全解离的。弱酸、弱碱则是部分解离的，其解离过程是可逆的，存在着分子与已解离的离子间的解离平衡。在这一节中，将讨论这种解离平衡所遵循的规律。

4.2.1 水的离子积和溶液的 pH

水是重要的溶剂，本章所讨论的离子平衡都是在水溶液中建立的。众所周知，纯水有微弱的导电能力，说明 H_2O 能够解离，其解离过程可表示为：

$$2H_2O \rightleftharpoons H_3O^+ + OH^- \tag{4-2}$$

亦可简化为：

$$H_2O \rightleftharpoons H^+ + OH^- \tag{4-3}$$

实验测定得知，295K 时，1L 纯水仅有 10^{-7} mol 水分子解离，所以 $c(H^+) = c(OH^-) = 10^{-7} mol \cdot L^{-1}$。因为 $[H^+] = \frac{c(H^+)}{c^{\ominus}}$，$[OH^-] = \frac{c(OH^-)}{c^{\ominus}}$，故根据平衡原理有：

$$K^{\ominus} = K_w^{\ominus} = [H^+][OH^-] = 1.0 \times 10^{-14} \tag{4-4}$$

$K_w^{\ominus}$ 称为水的离子积常数，简称为水的离子积。

$K_w^{\ominus}$ 的意义是，一定温度时，水溶液中 $[H^+]$ 和 $[OH^-]$ 之积为一常数。

水的解离是吸热反应，温度升高，$K_w^{\ominus}$ 增大，但常温时一般可以认为 $K_w^{\ominus} = 1.0 \times 10^{-14}$。

$K_w^{\ominus}$ 反映了水溶液中 H^+ 浓度和 OH^- 浓度间的相互制约关系。这是一个非常重要的关系，它说明只要是水溶液，不管加入何种物质，也不管加入多少，溶液中总是存在 H^+ 和 OH^-，且 $[H^+]$ 和 $[OH^-]$ 之积一定是 $K_w^{\ominus}$。亦即已知 H^+ 浓度，就可以算出 OH^- 浓度；反之亦然。

【例 4-1】 纯水中加入盐酸，使其浓度为 $0.10 mol \cdot L^{-1}$。求该溶液的 OH^- 浓度？

解 盐酸为强电解质，在水中完全解离，所以由 HCl 提供的 H^+ 浓度为 $0.1 mol \cdot L^{-1}$。由于 H^+ 浓度增大，使水的解离平衡向左移动，H_2O 本身所产生的 H^+ 浓度比 $10^{-7} mol \cdot L^{-1}$ 还要小，这与 HCl 产生的 H^+ 浓度 $0.1 mol \cdot L^{-1}$ 相比较可忽略不计。因此，平衡时水溶液中总的 $c(H^+) \approx 0.10 mol \cdot L^{-1}$，即 $[H^+] = 0.10$。

因为 $$[H^+][OH^-] = 1.0 \times 10^{-14}$$

所以 $$[OH^-] = \frac{1.0 \times 10^{-14}}{0.10} = 1.0 \times 10^{-13}$$

即 $$c(OH^-) = 1.0 \times 10^{-13} mol \cdot L^{-1}$$

根据 H^+ 和 OH^- 相互依存、相互制约的关系，可以统一用 $[H^+]$ 或 $[OH^-]$ 来表示溶液的酸碱性。在室温范围内

$c(H^+) = c(OH^-) = 1 \times 10^{-7} mol \cdot L^{-1}$ 时，溶液显中性；

$c(H^+) > 1 \times 10^{-7} mol \cdot L^{-1}$，即 $[H^+] > [OH^-]$ 时，溶液显酸性；

$c(H^+)<1\times10^{-7}mol\cdot L^{-1}$，即 $[H^+]<[OH^-]$ 时，溶液显碱性。

我们常使用一些 H^+ 浓度很小的溶液，如果直接用 H^+ 浓度表示溶液的酸碱性，使用和记忆都很不方便，这时常采用 pH 来表示溶液的酸碱性。pH 的定义为：

$$pH=-\lg[H^+] \tag{4-5}$$

【例 4-2】 $0.10mol\cdot L^{-1}$ HAc 溶液的 $c(H^+)=1.33\times10^{-3}mol\cdot L^{-1}$，求该溶液的 pH。

解

$$[H^+]=\frac{c(H^+)}{c^\ominus}=1.33\times10^{-3}$$

$$pH=-\lg[H^+]$$

$$pH=-\lg1.33\times10^{-3}=3-\lg1.33=2.88$$

【例 4-3】 已知某溶液的 pH 为 8.8，求算该溶液的 $c(H^+)$。

解

$$-\lg[H^+]=pH=8.8$$

$$\lg[H^+]=-8.8$$

$$[H^+]=1.58\times10^{-9} \text{ 即 } c(H^+)=1.58\times10^{-9}mol\cdot L^{-1}$$

由以上计算可以看出，pH 是溶液酸碱性的量度。在室温下，pH＝7，溶液为中性；pH＜7，溶液为酸性；pH＞7，溶液为碱性。

也可以用 pOH 来表示溶液的酸碱性：

$$pOH=-\lg[OH^-] \tag{4-6}$$

因为 $[H^+][OH^-]=10^{-14}$，两边取负对数：

$$-\lg[H^+]+(-\lg[OH^-])=14$$

即

$$pH+pOH=14 \tag{4-7}$$

因此，pH 也间接地表示了 $c(OH^-)$ 的浓度。如 pH＝5 的溶液，pOH＝14－5＝9。则其 $c(OH^-)=1\times10^{-9}mol\cdot L^{-1}$。

通常，溶液的 $c(H^+)$ 在 $1\sim10^{-14}mol\cdot L^{-1}$ 之间时，使用 pH 表示，这时 pH 在0～14 之间。更强的酸性溶液 pH 可小于 0，如 $10mol\cdot L^{-1}$ HCl 的 pH＝－1。更强的碱性溶液 pH 可大于 14，如 $10mol\cdot L^{-1}$ NaOH 溶液的 pH＝15。在这种情况下，用物质的量浓度表示更为方便，通常就不再用 pH 表示了。

测定溶液 pH 的方法很多，酸度计是最常用的准确测定溶液 pH 的仪器。如若只需大致了解溶液的 pH，使用 pH 试纸或酸碱指示剂则十分方便。

4.2.2 一元弱酸、弱碱的解离平衡

4.2.2.1 解离常数

前已述及，弱酸、弱碱的解离过程是可逆的，这种分子-离子可逆反应一般很快达到平衡，而反应的方向和程度完全可用化学平衡的一般原理予以解决。

乙酸为一元弱酸，其解离过程为：

$$HAc \rightleftharpoons H^+ + Ac^-$$

其平衡常数关系式为：

$$K_a^{\ominus}=\frac{[H^+][Ac^-]}{[HAc]}$$

$K_a^{\ominus}$ 称为弱酸的解离平衡常数，简称酸的解离常数（K 的下标 a，是英文“酸”acid 的缩写）。式中，$[H^+]$、$[Ac^-]$ 表示 H^+ 和 Ac^- 平衡时的相对浓度；$[HAc]$ 表示平衡时未解离乙酸分子的相对浓度。

同理，一元弱碱氨水的解离过程为：

$$NH_3 \cdot H_2O \rightleftharpoons NH_4^+ + OH^-$$

平衡常数关系式为：

$$K_b^{\ominus}=\frac{[NH_4^+][OH^-]}{[NH_3 \cdot H_2O]} \qquad K_b^{\ominus}=1.78\times10^{-5}$$

$K_b^{\ominus}$ 简称为碱的解离常数（K 的下标 b，是英文“碱”base 的缩写）。

$K_a^{\ominus}$、$K_b^{\ominus}$ 是化学平衡常数的一种形式，根据其大小，可以判断弱电解质解离的趋势，$K^{\ominus}$ 值越大，解离程度越大。常见弱酸、弱碱的解离常数见附录 4。

解离常数与弱酸、弱碱的浓度无关，但随温度而变化。由于解离过程的热效应较小，温度对解离常数影响不大，其数量级一般不变，所以在室温范围内忽略温度对解离常数的影响。

4.2.2.2 解离度

在实际工作中，常需知道电解质的解离程度而引入解离度的概念。解离度 α 是解离平衡时弱电解质的解离百分率：

$$\alpha=\frac{\text{已解离的分子数}}{\text{解离前分子总数}}\times100\% \qquad (4\text{-}8)$$

实验测定 $0.10\text{mol}\cdot L^{-1}$ HAc 溶液的解离度 $\alpha=1.32\%$，表明每 10000 个乙酸分子中有 133 个分子发生解离。

解离度实际上就是转化率的一种表示形式，在一定条件下，随弱电解质的浓度而变化。后述推导将证实，解离度与解离常数 $K^{\ominus}$ 及弱电解质浓度 c 之间的定量关系为：

$$\alpha=\sqrt{\frac{K_a^{\ominus}}{c}} \qquad (4\text{-}9)$$

式(4-9) 表明，弱电解质的浓度越小，解离度则越大。这就是溶液的稀释定律。不同浓度的乙酸溶液的解离度及解离常数见表 4-1。

表 4-1 不同浓度的乙酸溶液的解离度及解离常数（298K）

溶液浓度 $c/\text{mol}\cdot L^{-1}$	解离度 $\alpha/\%$	解离常数 $K_a^{\ominus}$	溶液浓度 $c/\text{mol}\cdot L^{-1}$	解离度 $\alpha/\%$	解离常数 $K_a^{\ominus}$
0.2	0.935	1.75×10^{-5}	0.02	2.96	1.75×10^{-5}
0.1	1.32	1.75×10^{-5}	0.001	13.2	1.75×10^{-5}

4.2.2.3 常数的应用

对于弱酸、弱碱，我们最关心的是 H^+ 或 OH^- 的浓度以及解离度，应用解离平衡关系，即可求取。下面以实例说明。

【例 4-4】 试计算 25℃时 0.10mol·L^{-1}乙酸溶液的 H^+ 浓度和解离度。

解 查表得，$K_a^{\ominus}=1.76\times10^{-5}$。在 HAc 的水溶液当中存在如下两个解离平衡：

$$H_2O \rightleftharpoons H^+ + OH^-$$

$$HAc \rightleftharpoons H^+ + Ac^-$$

亦即 H^+ 有两个来源。因此在做这类计算时，做合理的近似处理是非常重要的。否则，计算将十分复杂。通常当酸解离出的 H^+ 浓度远大于 H_2O 解离出的 H^+ 浓度时，水的解离可以忽略。即溶液中 $c(H^+)\approx c(Ac^-)$。设 $c(H^+)=x$mol·L^{-1}

	$HAc \rightleftharpoons$	$H^+ +$	Ac^-
起始浓度/mol·L^{-1}	0.10	0	0
平衡浓度/mol·L^{-1}	$0.10-x$	x	x

$$K_a^{\ominus}=\frac{[H^+][Ac^-]}{[HAc]}=\frac{x^2}{0.10-x}$$

解上面这个方程比较麻烦，可进一步做近似处理。通常，当$\frac{c_{酸}}{K_a^{\ominus}}\geqslant 500$[1]时，有 $c_{酸}\gg x$mol·L^{-1}，即 $0.10-x\approx0.10$。

所以

$$K_a^{\ominus}=\frac{x^2}{0.10}=1.75\times10^{-5}$$

$$c(H^+)=x\text{mol}\cdot L^{-1}=\sqrt{1.75\times10^{-5}\times0.10}\text{mol}\cdot L^{-1}=1.32\times10^{-3}\text{mol}\cdot L^{-1}$$

$$\alpha=\frac{c(H^+)}{c_{酸}}=\frac{1.32\times10^{-3}}{0.10}\times100\%=1.32\%$$

将上述近似计算推广到一般，则对于浓度为 $c_{酸}$ 的一元弱酸，有

$$c(H^+)=\sqrt{K_a^{\ominus}c_{酸}} \tag{4-10}$$

$$\alpha=\sqrt{\frac{K_a^{\ominus}}{c_{酸}}}$$

同理，对于一元弱酸，有

$$c(OH^-)=\sqrt{K_b^{\ominus}c_{酸}} \tag{4-11}$$

必须注意，上述近似计算公式只有当弱电解质的解离度较小，即$\frac{c}{K^{\ominus}}\geqslant500$才能使用，否则，将造成较大的误差。例如当 HAc 浓度为 1.0×10^{-5}mol·L^{-1}时，$\frac{c}{K^{\ominus}}=0.57\ll500$。若由于溶液极稀，HAc 的解离度很大，上述近似公式不能

---

[1] 此简化计算结果，相对误差约 2%。

应用，应通过解一元二次方程求解。

4.2.3 多元弱酸的解离平衡

无机酸中的许多弱酸都是多元酸，如 H_2CO_3、H_2S、H_3PO_4、H_3AsO_4 等。

多元弱酸在水溶液中是分级解离的，以 H_2S 为例：

第一步解离
$$H_2S \rightleftharpoons H^+ + HS^-$$
$$K_1^\ominus = \frac{[H^+][HS^-]}{[H_2S]} = 9.1\times10^{-8}$$

第二步解离
$$HS^- \rightleftharpoons H^+ + S^{2-}$$
$$K_2^\ominus = \frac{[H^+][S^{2-}]}{[HS^-]} = 1.1\times10^{-12}$$

根据多重平衡规则，总的过程为：
$$H_2S \rightleftharpoons 2H^+ + S^{2-}$$
$$K^\ominus = \frac{[H^+]^2[S^{2-}]}{[H_2S]} = K_1^\ominus K_2^\ominus = 1.0\times10^{-19}$$

可以看出，多元酸的解离常数是逐级减小的，而且数量级相差甚大。这是因为从带负电的离子中解离出带正电荷的 H^+，要比从中性分子中解离出 H^+ 困难得多。

当上述多级解离同时达到平衡时，所有物种的浓度就确定下来了。有些离子（如 H^+、HS^- 等）的浓度需同时制约于多个平衡，由于 $K_2^\ominus \ll K_1^\ominus$，溶液中的 H^+ 主要由第一级解离产生，计算时可做近似处理。以下以实例说明多元弱酸溶液中各种离子浓度的求取方法。

【例 4-5】 室温下，饱和 H_2S 水溶液中，$c(H_2S)=0.10\text{mol}\cdot L^{-1}$。求该溶液的 $c(H^+)$、$c(HS^-)$ 及 $c(S^{2-})$。

解 H^+ 主要由第一级解离产生，忽略第二级解离，则有 $c(H^+)\approx c(HS^-)$，设$c(H^+)\approx c(HS^-)$，设 $c(H^+)=x\text{mol}\cdot L^{-1}$

	$H_2S \rightleftharpoons$	H^+ +	HS^-
起始浓度/$\text{mol}\cdot L^{-1}$	0.10	0	0
平衡浓度/$\text{mol}\cdot L^{-1}$	$0.10-x$	x	x

由于$\frac{0.10}{9.1\times10^{-8}}\gg500$，于是
$$x=\sqrt{K_1^\ominus c(H_2S)}=\sqrt{9.1\times10^{-8}\times0.10}\text{mol}\cdot L^{-1}=9.54\times10^{-5}\text{mol}\cdot L^{-1}$$

所以
$$c(H^+)\approx c(HS^-)=9.54\times10^{-5}\text{mol}\cdot L^{-1}$$

第二步解离
$$HS^- \rightleftharpoons H^+ + S^{2-}$$
$$K_2^\ominus = \frac{[H^+][S^{2-}]}{[HS^-]} = 1.1\times10^{-12}$$

由于第二步解离度非常小，$[H^+]\approx[HS^-]$，所以
$$[S^{2-}]\approx K_2^\ominus = 1.1\times10^{-12}$$

即
$$c(S^{2-})=1.1\times10^{-12}\text{mol}\cdot L^{-1}$$

由上述计算可知，如果多元弱酸的 $K_1^{\ominus} \gg K_2^{\ominus} \gg K_3^{\ominus}$，求算其 $[H^+]$ 时，可将其作为一元弱酸处理。$K_1^{\ominus}$ 可作为衡量多元弱酸酸强度的标志。对于二元弱酸，酸根的浓度近似等于 $K_2^{\ominus}$。

【例 4-6】 在 0.24mol·L^{-1}的 HCl 溶液中通入 H_2S 至饱和（饱和 H_2S 溶液中 H_2S 浓度为 0.1mol·L^{-1}），求算溶液中 S^{2-} 的浓度。

解

$$K^{\ominus}=K_1^{\ominus}K_2^{\ominus}=\frac{[H^+]^2[S^{2-}]}{[H_2S]}$$

$$[S^{2-}]=\frac{K_1^{\ominus}K_2^{\ominus}[H_2S]}{[H^+]^2}$$

由于 HCl 为强酸，它解离出的 H^+ 将抑制 H_2S 的解离，因此，由 H_2S 解离出的 H^+ 可忽略不计，即将溶液的$[H^+]=0.24$ 代入上式：

$$[S^{2-}]=\frac{9.1\times10^{-8}\times1.1\times10^{-12}\times0.10}{(0.24)^2}=1.74\times10^{-19}$$

即

$$c(S^{2-})=1.74\times10^{-19}\,\text{mol}\cdot\text{L}^{-1}$$

思考题 4.3 什么是水的离子积？溶液中 $c(H^+)$ 和 $c(OH^-)$ 的相对大小与溶液酸碱性有何关系？

思考题 4.4 影响解离度和解离常数的因素有哪些？解离度和解离常数有何联系和区别？

思考题 4.5 弱电解质的解离度随溶液的稀释而增大，溶液中离子的浓度是否也增大？

4.3 同离子效应和缓冲溶液

4.3.1 同离子效应

弱电解质的解离平衡就是一种化学平衡。根据平衡移动原理，当改变平衡离子的浓度时，必然会引起解离平衡的移动。例如，在乙酸溶液中加入强电解质 NaAc，由于 NaAc 全部解离为 Na^+ 和 Ac^-，所以溶液中 Ac^- 的浓度突然增大，Ac^- 大量结合 H^+ 生成 HAc 分子，平衡向左移动，HAc 的解离度降低。

这种在弱电解质溶液中由于加入与其相同的离子，而使弱电解质的解离度降低的作用，称为同离子效应。

【例 4-7】 在 0.10 mol·L^{-1} HAc 溶液中加入少量 NaAc，使其浓度为 0.10mol·L^{-1}，求该溶液的 H^+ 浓度和解离度。

解 忽略水电离产生的 H^+，设 $c(H^+)=x$mol·L^{-1}，由于同离子效应，HAc 的解离度很小，可做如下的近似处理。

$$HAc \rightleftharpoons H^+ + Ac^-$$

起始浓度/mol·L⁻¹　　0.10　　0　　0.10

平衡浓度/mol·L⁻¹　$0.10-x$　　x　　$0.10+x$

　　　　　　　　　≈ 0.10　　　≈ 0.10

$$\frac{[H^+][Ac^-]}{[HAc]}=K_a^{\ominus}$$

$$\frac{[H^+]\times 0.10}{0.10}=1.75\times 10^{-5}$$

解得
$$[H^+]=1.75\times 10^{-5}$$

即
$$c(H^+)=1.75\times 10^{-5}\,\text{mol}\cdot\text{L}^{-1}$$

$$\alpha=\frac{c(H^+)}{0.10}=\frac{1.75\times 10^{-5}}{0.10}\times 100\%=0.0175\%$$

比较例 4-4 和例 4-7 的结果可知，加入 NaAc 后，HAc 的解离度大大降低。

由上例的计算可导出，有共同离子存在时，一元弱酸溶液中 $c(H^+)$ 的计算公式。

设酸的（HA）的浓度为 $c_{酸}$，盐（A^-）的浓度为 $c_{盐}$。

$$HA \rightleftharpoons H^+ + A^-$$

起始浓度　　$c_{酸}$　　0　　$c_{盐}$

平衡浓度　　$c_{酸}-x$　　x　　$c_{盐}+x$

　　　　　　$\approx c_{酸}$　　　$\approx c_{盐}$

代入平衡公式：
$$\frac{[H^+][A^-]}{[HA]}=\frac{xc_{盐}}{c_{盐}}=K_a^{\ominus}$$

$$x=K_a^{\ominus}\frac{c_{酸}}{c_{盐}}$$

即
$$c(H^+)=K_a^{\ominus}\frac{c_{酸}}{c_{盐}} \tag{4-12}$$

同理，可以推导出弱碱及其盐溶液中 $c(OH^-)$ 的计算公式：

$$c(OH^-)=K_b^{\ominus}\frac{c_{碱}}{c_{盐}} \tag{4-13}$$

4.3.2 缓冲溶液

在前面分析同离子效应时，已经知道，当在 HAc 溶液中加入 NaAc 时，溶液的 H^+ 浓度的近似计算公式为：

$$c(H^+)=K_a^{\ominus}\frac{c_{酸}}{c_{盐}}$$

此时 $c(H^+)$ 除取决于 $K_a^{\ominus}$ 外，还取决于酸、盐浓度的比值。设想在溶液中加入少量碱，如 NaOH，则与等物质的量的 HAc 作用变为 Ac^-：

$$HAc+OH^- \longrightarrow H_2O+Ac^-$$

此时 $c_{酸}$ 略有减小而 $c_{盐}$ 略有增大。但由于加入的碱的量相对 HAc 而言小得多，故引起 $c_{酸}/c_{盐}$ 的比值改变是很微小的，因而根据式(4-12)，溶液的 $c(H^+)$ 或 pH 基

本保持不变。同样，若在溶液中加入少量酸，如 HCl，则

$$H^+ + Ac^- \longrightarrow HAc$$

溶液中 Ac^- 及 HAc 的浓度稍有改变，所引起的 $c_{酸}/c_{盐}$ 比值的改变亦很小，溶液的 $c(H^+)$ 或pH 仍基本保持不变，不仅如此，当将 HAc-NaAc 组成的溶液有限度地稀释时，由于 $c_{酸}/c_{盐}$ 比值并不改变，故溶液的 $c(H^+)$ 或 pH 亦基本不会改变。

这种能够抵抗外加酸、碱或适度稀释，而本身 pH 不发生显著变化的溶液称为缓冲溶液。

由上述讨论可知，缓冲溶液是一个具有同离子效应的体系。因此，具有共轭酸碱对的物质[1]均可组成缓冲溶液。例如：

酸 $\rightleftharpoons H^+ +$ 碱	缓冲溶液的组成举例
$HAc \rightleftharpoons H^+ + Ac^-$	HAc ＋ NaAc （弱酸）（弱酸盐）
$NH_4^+ \rightleftharpoons H^+ + NH_3$	$NH_4Cl + NH_3 \cdot H_2O$ （弱碱盐）（弱碱）
$HCO_3^- \rightleftharpoons H^+ + CO_3^{2-}$	$NaHCO_3 + Na_2CO_3$ （酸式盐）（弱酸正盐）
$H_2PO_4^- \rightleftharpoons H^+ + HPO_4^{2-}$	$NaH_2PO_4 + Na_2HPO_4$ （酸式盐）　（酸式盐）
$CO_2 \cdot H_2O \rightleftharpoons H^+ + HCO_3^-$	$CO_2 \cdot H_2O + NaHCO_3$ （弱酸）　（酸式盐）

必须指出的是，缓冲溶液的缓冲作用是有一定限度的。只有当外加入的强酸或强碱的量与缓冲溶液中的共轭碱或共轭酸的量相对较小的情况下，溶液才会有缓冲作用。否则，缓冲作用将会受到破坏甚至失去缓冲作用。

给定的弱酸及其盐所配制的缓冲溶液的 pH 有一定的范围，将式(4-12) 取负对数得：

$$pH = pK_a^{\ominus} - \lg \frac{c_{酸}}{c_{盐}}$$

当 $c_{酸}/c_{盐}=1$ 时，$pH=pK_a^{\ominus}$。当 $c_{酸}/c_{盐}$ 的值从 0.1 改变到 10 时，$pH=pK_a^{\ominus}\pm1$。如 HAc+NaAc 缓冲溶液的 pH 范围为：$pH=pK_a^{\ominus}\pm1=-\lg(1.75\times10^{-5})\pm1=4.76\pm1$。即 pH 范围为 3.75～5.77。

【例 4-8】 设缓冲溶液的组成是 $1.0mol \cdot L^{-1} NH_3$ 和 $1.0mol \cdot L^{-1} NH_4Cl$，试计算：

（1）缓冲溶液的 pH；

（2）将 1.0mL、$1.0mol \cdot L^{-1}$ NaOH 加入到 50mL 缓冲溶液中引起的 pH 变化，另将 1.0mL NaOH 加入到 50mL 纯水中引起的 pH 变化。

解　（1）$NH_3 \cdot H_2O$ 的 $K_b^{\ominus}=1.78\times10^{-5}$

---

[1] 参见 * 4.5 酸碱质子理论的 4.5.1 酸碱的定义。

$$c(OH^-)=K_b^{\ominus}\frac{c_{碱}}{c_{盐}}=1.78\times10^{-5}\times1=1.78\times10^{-5}mol\cdot L^{-1}$$

$$pOH=-\lg(1.78\times10^{-5})=4.75$$

$$pH=14-pOH=14-4.75=9.25$$

(2) 50mL 溶液中含 NH_3 和 NH_4^+ 各为 0.050mol。加入 1.0mL、1.0 mol·L^{-1}NaOH 相当于加入 0.0010mol OH^-。它将消耗 0.0010mol NH_4^+，相应生成 0.0010mol NH_3，即

$$NH_3\cdot H_2O \rightleftharpoons NH_4^+ + OH^-$$

物质的量/mol　　0.050+0.0010　　0.050−0.0010

溶液的总体积变为 51mL 即 0.051L，则 NH_3 和 NH_4^+ 的浓度变为：

$$c(NH_3)=\frac{0.051mol}{0.051L}=1.0mol\cdot L^{-1}$$

$$c(NH_4^+)=\frac{0.049mol}{0.051L}=0.96mol\cdot L^{-1}$$

所以

$$c(OH^-)=1.78\times10^{-5}\times\frac{1.0}{0.96}=1.85\times10^{-5}(mol\cdot L^{-1})$$

$$pOH=-\lg(1.85\times10^{-5})=4.73$$

$$pH=14-4.73=9.27$$

1.0mL、1.0mol·L^{-1}NaOH 加入 50mL 纯水中，OH^-浓度为：

$$c(OH^-)=\frac{0.0010mol}{0.051L}=2.0\times10^{-2}mol\cdot L^{-1}$$

$$pOH=-\lg(OH^-)=-\lg(2.0\times10^{-2})=1.70$$

$$pH=14-1.70=12.30$$

由上例的计算可以看出，在缓冲溶液中加入少量 NaOH，pH 只改变约 0.02 个单位，即从 9.25 升至 9.27。而将同量的 NaOH 加至纯水中，pH 改变了 5.30 个单位，从 7.00 升至 12.30。缓冲溶液的缓冲作用是十分明显的。

缓冲溶液应用十分广泛。实际工作中，在许多情况下需要保持系统的 pH 基本不变化，可借助缓冲溶液达到这样的目的。因此，在分析化学、生物化学以及化工生产中经常使用某些缓冲溶液。土壤中含有的 $CO_2\cdot H_2O$-HCO_3^- 缓冲体系可使其保持在 pH 为 4～7.5 之间，以利于植物生长。

思考题 4.6　什么是同离子效应？如何应用平衡移动原理进行解释？

思考题 4.7　配制一定 pH 的缓冲溶液，应如何选择弱电解质及其盐？

思考题 4.8　在下列情况下，溶液的 pH 会发生什么变化？

(1) 1.0mol·L^{-1}醋酸溶液中加入少量醋酸铵固体；

(2) 1.0mol·L^{-1}氨水溶液中加入少量氯化铵固体；

(3) 1.0mol·L^{-1}盐酸溶液中加入少量氯化钠固体；

(4) 1.0mol·L^{-1}醋酸和 1.0mol·L^{-1}醋酸钠混合溶液中加入少量的水。

4.4 盐类的水解

盐大多为强电解质，在水中溶解后完全解离。但所解离出的离子有可能与水分子发生作用而生成弱电解质。如 NaAc 溶于水后，溶液显碱性。这是因为：

$$NaAc \longrightarrow Na^{+} + Ac^{-}$$
$$+$$
$$H_2O \rightleftharpoons OH^{-} + H^{+}$$
$$\Downarrow$$
$$HAc$$

总反应式为：

$$Ac^{-} + H_2O \rightleftharpoons HAc + OH^{-}$$

由于 HAc 的生成，破坏了水的电离平衡，使 $[OH^{-}]>[H^{+}]$，溶液呈碱性。

这种盐的离子与溶液中水解离出的 H^{+} 或 OH^{-} 作用生成弱酸或弱碱的反应，称为盐的水解。

不同的盐，其水溶液的酸碱性是不同的。这与盐的类型有关，下面分别讨论。

4.4.1 弱酸强碱盐

以 NaAc 为例，水解反应式为：

$$Ac^{-} + H_2O \rightleftharpoons HAc + OH^{-}$$

前已分析，这一总反应由下面两个平衡组成：

$$H_2O \rightleftharpoons H^{+} + OH^{-} \qquad K_w^{\ominus} = [H^{+}][OH^{-}]$$

$$H^{+} + Ac^{-} \rightleftharpoons HAc \qquad 1/K_a^{\ominus} = \frac{[HAc]}{[H^{+}][Ac^{-}]}$$

令水解平衡常数（简称水解常数）为 $K_h^{\ominus}$，则有

$$K_h^{\ominus} = \frac{[HAc][OH^{-}]}{[Ac^{-}]}$$

根据多重平衡规则，则有

$$K_h^{\ominus} = \frac{K_w^{\ominus}}{K_a^{\ominus}} \qquad (4\text{-}14)$$

对于 NaAc 而言

$$K_h^{\ominus} = \frac{1.0\times10^{-14}}{1.75\times10^{-5}} = 5.71\times10^{-10}$$

由式(4-14) 知，酸越弱，$K_h^{\ominus}$ 越大，亦即该弱酸与强碱生成的盐的水解程度越大。这里引入水解度 h：

$$h = \frac{\text{已水解了的浓度}}{\text{盐的初始浓度}} \times 100\% \qquad (4\text{-}15)$$

【例 4-9】 试计算 $0.10\text{mol}\cdot L^{-1}$ NaAc 溶液的 pH 和 h。已知 $K_a^{\ominus}(HAc)=1.75\times$

10^{-5}，$c(HAc)=1.75\times10^{-5}$。

解 (1) 求 pH

忽略水的电离，可认为 $[OH^-]=[HAc]$。设溶液中 $[OH^-]=x$

$$Ac^- + H_2O \rightleftharpoons HAc + OH^-$$

平衡时相对浓度 $\quad 0.10-x \qquad x \qquad x$

由于 $K_h^{\ominus}$ 很小，可认为 $0.10-x\approx0.10$。即 $[Ac^-]\approx c_{盐}$

$$K_h^{\ominus}=\frac{[HAc][OH^-]}{[Ac^-]}=\frac{x^2}{0.10-x}=\frac{x^2}{0.10}$$

$$[OH^-]=x=\sqrt{K_h^{\ominus}\times0.10}=\sqrt{\frac{1.0\times10^{-14}}{1.75\times10^{-5}}\times0.10}$$

$$=7.6\times10^{-6}$$

$$pOH=-\lg(7.6\times10^{-6})=5.12$$

$$pH=14-5.12=8.88$$

(2) 求 h

$$h=\frac{c(OH^-)}{c_{盐}}\times100\%=\frac{7.6\times10^{-6}}{0.10}\times100\%=0.0076\%$$

由例 4-9 的计算可知，一元弱酸强碱盐溶液的 OH^- 相对浓度的近似计算公式为：

$$[OH^-]=\sqrt{K_h^{\ominus}c_{盐}}=\sqrt{\frac{K_w^{\ominus}}{K_a^{\ominus}}c_{盐}} \tag{4-16}$$

4.4.2 弱碱强酸盐

NH_4Cl 为弱碱强酸盐，NH_4^+ 可部分地与水解离出的 OH^- 作用生成 NH_3 和 H_2O。水解平衡为：

$$NH_4^+ + H_2O \rightleftharpoons NH_3\cdot H_2O + H^+$$

该水解平衡亦是由水的解离平衡和弱碱的解离平衡组成，采用与前述同样的方法可以导出：

$$K_h^{\ominus}=\frac{K_w^{\ominus}}{K_b^{\ominus}} \tag{4-17}$$

$$[H^+]=\sqrt{K_h^{\ominus}c_{盐}} \tag{4-18}$$

4.4.3 弱酸弱碱盐

弱酸和弱碱组成的盐，阴离子和阳离子都能发生水解。以 NH_4Ac 的水解反应为例：

$$NH_4^+ + H_2O \rightleftharpoons NH_3\cdot H_2O + H^+$$

$$Ac^- + H_2O \rightleftharpoons HAc + OH^-$$

实际上，溶液中同时存在水、弱酸、弱碱三个解离平衡，水解反应是这三个平衡的总结果：

$$H_2O \rightleftharpoons H^+ + OH^- \qquad K_w^\ominus = [H^+][OH^-]$$

$$NH_4^+ + OH^- \rightleftharpoons NH_3 \cdot H_2O \qquad \frac{1}{K_b^\ominus} = \frac{[NH_3 \cdot H_2O]}{[NH_4^+][OH^-]}$$

$$+)\quad Ac^- + H^+ \rightleftharpoons HAc \qquad \frac{1}{K_a^\ominus} = \frac{[HAc]}{[H^+][Ac^-]}$$

$$H_2O + NH_4^+ + Ac^- \rightleftharpoons NH_3 \cdot H_2O + HAc \qquad K_h^\ominus$$

同理，根据多重平衡规则：

$$K_h^\ominus = \frac{K_w^\ominus}{K_a^\ominus K_b^\ominus} \tag{4-19}$$

由上式可知，弱酸弱碱盐的水解常数通常较大，因处于分母的 $K_a^\ominus$、$K_b^\ominus$均是较小的数。亦即弱酸弱碱盐的水解倾向通常较大。

弱酸弱碱盐溶液的酸碱性，取决于 $K_a^\ominus$、$K_b^\ominus$的相对大小。

当 $K_a^\ominus = K_b^\ominus$ 时，$[H^+] = \sqrt{K_w^\ominus} = 10^{-7}$，溶液为中性；

当 $K_a^\ominus > K_b^\ominus$时，$[H^+] > 10^{-7}$，溶液为酸性；

当 $K_a^\ominus < K_b^\ominus$时，$[H^+] < 10^{-7}$，溶液为碱性。

4.4.4 影响盐类水解的因素

盐类水解程度的大小，首先决定于盐中参与水解的离子的本性。水解离子对 H^+ 或 OH^- 的亲和性越强，则水解程度越大。这种倾向可由 $K_h^\ominus$或 $K_a^\ominus$、$K_b^\ominus$来度量。除此之外，外部因素诸如盐的浓度、温度、酸度等均对水解有影响，下面分别讨论。

4.4.4.1 盐浓度对水解的影响

由式(4-16) 可知，弱酸强碱盐溶液中

$$[OH^-] = \sqrt{K_h^\ominus c_{盐}}$$

则水解度

$$h = \frac{[OH^-]}{c_{盐}} = \sqrt{\frac{K_b^\ominus}{c_{盐}}} \tag{4-20}$$

式(4-20) 说明，盐的水解度与盐的浓度 $c_{盐}$ 的平方根成反比。亦即盐的浓度越小，水解度就越大。

4.4.4.2 温度对水解的影响

盐的水解反应，实际是中和反应的逆反应，如

$$Ac^- + H_2O \underset{中和}{\overset{水解}{\rightleftharpoons}} HAc + OH^-$$

由于中和反应是放热反应，所以盐的水解是吸热反应。故升高温度，平衡会向水解度增大的方向移动。因此在工业生产和实验室中，凡涉及水解反应时，常利用加热使水解进行完全。

4.4.4.3 酸度对水解的影响

盐类水解既然会改变溶液原来的酸度，那么根据平衡移动原理，通过调节酸度便可以控制水解平衡。如配制 KCN 溶液时，需加入适量的碱抑制 CN^- 的水解：

$$CN^- + H_2O \rightleftharpoons HCN + OH^-$$

由于 HCN 具有挥发性且剧毒，故必须抑制其生成。此外，在配制一些试剂如氯化亚锡以及铁、铝、铅等盐的溶液时，常利用加入相应酸的蒸馏水，以防它们在水中发生水解而产生沉淀。如

$$SnCl_2 + H_2O \rightleftharpoons Sn(OH)Cl\downarrow + HCl$$

$$Bi(NO_3)_3 + H_2O \rightleftharpoons BiO(NO_3)\downarrow + 2HNO_3$$

$$SbCl_3 + H_2O \rightleftharpoons SbOCl\downarrow + 2HCl$$

$$Fe^{3+} + 3H_2O \rightleftharpoons Fe(OH)_3\downarrow + 3H^+$$

思考题 4.9 影响盐类水解的因素有哪些？

思考题 4.10 向 $0.1mol \cdot L^{-1}$ NaAc 溶液中加入 1 滴酚酞试液时，溶液将呈现怎样的颜色？当把溶液加热至沸腾时，溶液的颜色又将如何变化？为什么？

*4.5 酸碱质子理论

阿伦尼乌斯酸碱解离理论虽然有上述的诸多优点，但也有其局限性。其主要缺点是把酸和碱限制在以水为溶液的系统中。近几十年来，科学实验中越来越多地使用非水溶剂（如液氨、乙醇、乙酸、苯、丙酮等），按照解离理论，离开水溶液就没有酸、碱概念及酸碱反应，也不能用 H^+ 浓度和 OH^- 浓度的相对大小来衡量物质在非水溶剂中的酸碱性强弱。也就是说，解离理论无法说明物质在非水溶液中的酸碱性问题。此外，解离理论把碱局限为氢氧化物，因而对氨水表现碱性这一事实也无法说明。这曾使人们长期错误地认为氨溶于水生成强电解质 NH_4OH。但实际上氨水是一种弱碱，经过长期实验也未分离出 NH_4OH 这种物质。这些事实都说明解离理论尚不完善，需要进一步补充和发展。

1923 年，布朗斯特和劳莱（Bronsted-Lowry）提出了酸碱质子理论。该理论克服了阿氏理论的局限性，它不仅适用于以水为溶剂的系统，而且适用于非水系统和无溶剂系统，大大扩大了酸碱的范围。

酸碱质子理论的要点如下。

4.5.1 酸碱的定义

质子理论认为，凡能给出质子（H^+）的物质都是酸；能接受质子的物质都是碱。如 HCl、NH_4^+、HSO_4^-、$H_2PO_4^-$ 等都是酸，因为它们都能给出质子；Cl^-、NH_3、HSO_4^-、SO_4^{2-}、NaOH 等都是碱，因为它们都能接受质子。

质子理论脱离溶剂而从物质的组成来定义酸碱概念。这是它同阿氏理论的一个重要区别，而且酸和碱不局限于分子，还可以是阴、阳离子。按照酸碱质子理论，酸和碱不应是孤立的。酸给出质子后变成碱，碱接受质子后就生成酸。这种关系可用下面的式子表示：

$$酸 \rightleftharpoons 质子 + 碱$$

$$HCl \longrightarrow H^+ + Cl^-$$

$$NH_4^+ \rightleftharpoons H^+ + NH_3$$

$$H_2PO_4^- \rightleftharpoons H^+ + HPO_4^{2-}$$

$$H_2SO_4 \longrightarrow H^+ + HSO_4^-$$

$$HSO_4^- \rightleftharpoons H^+ + SO_4^{2-}$$

这种对应关系称作共轭关系。右边的碱是左边酸的共轭碱；左边的酸又是右边碱的共轭酸。值得注意的是，这种关系还体现在，酸越强，它的共轭碱就越弱；酸越弱，它的共轭碱越强。从上面的式子中还可以看出，有些离子在某个共轭酸碱对中是碱，但在另一个共轭酸碱对中却是酸，如 HSO_4^-、$H_2PO_4^-$ 等。而且，质子理论中没有盐的概念，解离理论中的盐，在质子理论中都是离子酸或离子碱。如 NH_4Cl 中的 NH_4^+ 是酸，Cl^- 是碱。根据质子理论的酸碱定义，酸碱的关系可归纳为：酸中有碱、碱可变酸、知酸便知碱、知碱便知酸。

4.5.2 酸碱反应

根据质子理论，酸碱反应的实质就是两个共轭酸碱对之间质子传递的反应。如

$$\underset{\text{酸(1)}}{HCl} + \underset{\text{碱(2)}}{NH_3} \rightleftharpoons \underset{\text{酸(2)}}{NH_4^+} + \underset{\text{碱(1)}}{Cl^-}$$

阿氏理论中的酸在水中的解离作用可看作是水分子与酸分子传递质子的反应：

$$\underset{\text{强酸(1)}}{HCl} + \underset{\text{强碱(2)}}{H_2O} \rightleftharpoons \underset{\text{弱酸(2)}}{H_3O^+} + \underset{\text{弱碱(1)}}{Cl^-}$$

强酸给出质子的能力很强，其共轭碱则极弱，几乎不能结合质子，因此反应几乎进行到底（相当于解离理论的完全解离）。而弱酸给出质子的能力较弱，其共轭碱则较强。因此反应不能进行完全而为可逆反应：

$$\underset{\text{弱酸(1)}}{HAc} + \underset{\text{弱碱(2)}}{H_2O} \rightleftharpoons \underset{\text{强酸(2)}}{H_3O^+} + \underset{\text{强碱(1)}}{Ac^-}$$

氨和水反应时，H_2O 给出质子，由于 H_2O 是弱酸，所以反应进行得很不完全，是可逆反应：

$$\underset{\text{弱酸(1)}}{H_2O} + \underset{\text{弱碱(2)}}{NH_3} \rightleftharpoons \underset{\text{强酸(2)}}{NH_4^+} + \underset{\text{强碱(1)}}{OH^-}$$

由以上反应可知，H_2O 是两性物质，既能给出质子，又能结合质子。在水的

自偶解离过程中，也体现了酸碱的共轭关系：

$$H_2O + H_2O \rightleftharpoons H_3O^+ + OH^-$$

弱酸(1)　弱碱(2)　强酸(2)　强碱(1)

由于 H_3O^+ 是强酸，OH^- 是强碱，平衡强烈向左移动。

其他有关 H_2O 的质子反应，如

$$H_2O + Ac^- \rightleftharpoons HAc + OH^-$$

弱酸(1)　弱碱(2)　强酸(2)　强碱(1)

$$NH_4^+ + H_2O \rightleftharpoons H_3O^+ + NH_3$$

弱酸(1)　弱碱(2)　强酸(2)　强碱(1)

这两个反应相当于解离理论中盐的水解反应。

通过上述分析可以看出，酸碱质子理论扩大了酸碱的含义和酸碱反应的范围，摆脱了酸碱必须在水中发生反应的局限性，解释了一些非水溶剂或气体间的酸碱反应，并把水溶液中进行的各种离子反应系统地归纳为质子传递的酸碱反应。关于酸碱的定量标度问题，质子理论也能像解离理论一样，应用平衡常数来定量地衡量在某溶剂中酸或碱的强度，这就使质子理论得到广泛应用。

但是，质子理论只局限于质子的释放和接受，对于不含氢的一类化合物的反应，就不能给予解释。美国化学家路易斯（G. N. Lewis）提出的酸碱电子理论，可以解释这类反应。

习　题

4.1 $c(H^+)$ 换成 pH 或将 pH 换成 $c(H^+)$。

(1) $c(H^+)$：$3.2\times10^{-1}mol\cdot L^{-1}$；$2.6\times10^{-5}mol\cdot L^{-1}$；$5.9\times10^{-10}mol\cdot L^{-1}$；$7.3\times10^{-7}mol\cdot L^{-1}$；$2.0\times10^{-12}mol\cdot L^{-1}$；$5.0\times10^{-2}mol\cdot L^{-1}$

(2) pH：0.00；0.34；2.61；6.26；9.58；13.8

4.2 $0.2mol\cdot L^{-1}$ HCl 和 $0.2mol\cdot L^{-1}$ HCN 溶液的 $[H^+]$ 是否相等，通过计算说明。

4.3 $0.01mol\cdot L^{-1}$ HAc 溶液的解离度为 4.2%，求 HAc 的解离常数和该溶液的 $[H^+]$。

4.4 已知 HClO 的解离常数 $K_a^{\ominus}=2.95\times10^{-2}$，计算 $0.05mol\cdot L^{-1}$ HClO 溶液中 $[H^+]$、$[ClO^-]$ 和 HClO 的解离度。

4.5 $0.1mol\cdot L^{-1}$ HAc 溶液 50mL 和 $0.1mol\cdot L^{-1}$ NaOH 溶液 25mL 混合后，溶液的 $[H^+]$ 有何变化？

4.6 欲使 H_2S 饱和溶液中 $c(S^{2-})=1.0\times10^{-18}mol\cdot L^{-1}$，该溶液的 pH 应为多大？

4.7 写出下列离子水解反应的离子方程式：

CO_3^{2-}；HPO_4^{2-}；F^-；Fe^{3+}

4.8 按盐水解为酸性、中性、碱性，将下列盐分类：

KCN；$NaNO_3$；$FeCl_3$；NH_4NO_3；$Al_2(SO_4)_3$；$CuSO_4$；NH_4Ac；Na_2CO_3；$NaHCO_3$

4.9 计算下列溶液的 pH 和水解度：

（1）0.02mol·L^{-1}　NH_4Cl

（2）0.1mol·L^{-1}　KCl

4.10 要制备 2L、pH=9.40 的 NaAc 溶液。需多少摩尔 NaAc？

4.11 回答下列问题：

（1）为什么 Al_2S_3 在水溶液中不能存在？

（2）配制 $SnCl_2$、$FeCl_3$ 溶液为什么不能用蒸馏水而要用盐酸溶液配制？

（3）为什么 $Al_2(SO_4)_3$ 和 Na_2CO_3 溶液混合立即产生 CO_2 气体？

4.12 在 100mL、0.1mol·L^{-1}氨水中加入 1.07g 氯化铵，溶液的 pH 为多少？在此溶液中再加入 100mL 水，pH 有何变化？

4.13 要配制 pH=5 的缓冲溶液，需称取多少克 NaAc·3H_2O 固体溶解于 300mL、0.5 mol·L^{-1}乙酸中？

4.14 欲配制 pH=3 的缓冲溶液。现有下列物质，选择哪种合适？

（1）HCOOH　$K_a^{\ominus}=1.78\times10^{-4}$

（2）HAc　$K_a^{\ominus}=1.75\times10^{-5}$

（3）$NH_3\cdot H_2O$　$K_b^{\ominus}=1.78\times10^{-5}$

5 沉 淀 反 应

沉淀反应是一类在实际工作中非常重要的反应。许多化工产品的生产都涉及沉淀反应，如 $CaCO_3$、ZnS、$BaSO_4$、$MgCO_3$ 等的制备。分析化学中的沉淀分离及重量分析等，也都与沉淀反应有关。这一章中讨论有关难溶电解质沉淀反应的问题。

5.1 难溶电解质沉淀的生成与溶解

5.1.1 溶度积

严格地说，在水中没有绝对不溶解的物质，物质的溶解度只有大小之分。难溶电解质如 $BaSO_4$、AgCl 等，是强电解质，它们在水溶液中已溶解的部分是完全解离的。如 $BaSO_4$ 的饱和溶液中存在下列平衡：

AB 型　　$BaSO_4(s) \rightleftharpoons Ba^{2+}(aq) + SO_4^{2-}(aq)$

按照化学平衡表达式有：

$$K^{\ominus} = K_{sp}^{\ominus} = [Ba^{2+}][SO_4^{2-}]$$

$K_{sp}^{\ominus}$ 称为溶度积常数或溶度积。溶度积是难溶电解质沉淀-溶解平衡的平衡常数，它反映了难溶电解质的溶解能力。再如：

AB_2 型　　$PbCl_2(s) \rightleftharpoons Pb^{2+}(aq) + 2Cl^-(aq)$　　$K_{sp}^{\ominus} = [Pb^{2+}][Cl^-]^2$

AB_3 型　　$Fe(OH)_3(s) \rightleftharpoons Fe^{3+}(aq) + 3OH^-(aq)$　　$K_{sp}^{\ominus} = [Fe^{3+}][OH^-]^3$

$K_{sp}^{\ominus}$ 既表示难溶强电解质在溶液中溶解趋势的大小，也表示生成该难溶电解质沉淀的难易。任何难溶电解质，不管它的溶解度多么小，其饱和溶液中总有与其达成平衡的离子；一般沉淀反应，不管其进行得多么完全，溶液中总还存在其组分离子，它们的关系符合溶度积表达式，只是溶解能力不同，$K_{sp}^{\ominus}$ 值不同而已。难溶电解质的溶度积见附录 5。

和其他平衡常数一样，$K_{sp}^{\ominus}$ 也随温度而改变。由表 5-1 可知，$BaSO_4$ 的溶解度和 $K_{sp}^{\ominus}$ 是随温度的升高而增大的。但温度对 $K_{sp}^{\ominus}$ 的影响一般不大，在实际工作中，常用室温 25℃时的常数。

5.1.2 溶度积和溶解度的相互换算

一般来说溶度积本身就代表难溶电解质的溶解能力，只是与溶解度的表达方式不同而已。因此，两者之间是有一定关系的，可以相互换算。由于溶解度很小，换算时，可以近似认为它们饱和溶液的密度和纯水的一样。下面以实例说明。

表 5-1 溶解度和溶度积随温度的变化

温度/℃	0	10	25	50	100
$BaSO_4$ 的溶解度/$mol \cdot L^{-1}$	8.2×10^{-6}	9.4×10^{-6}	1.1×10^{-5}	1.5×10^{-5}	1.7×10^{-5}
$BaSO_4$ 的溶度积 $K_{sp}^{\ominus}$	6.7×10^{-11}	8.9×10^{-11}	1.1×10^{-10}	2.1×10^{-10}	2.8×10^{-10}

【例 5-1】 25℃时已知 $BaSO_4$ 的溶解度为 $0.000242g \cdot (100g)^{-1}$ 水。求 $BaSO_4$ 的溶度积。

解 先把 $BaSO_4$ 的溶解度换算成物质的量的浓度。已知 $BaSO_4$ 的相对分子质量为 233.4，所以其溶解度可换算为：

$$c(BaSO_4)=0.000242\times\frac{1000}{100}\times\frac{1}{233.4}mol \cdot L^{-1}=1.04\times10^{-5}mol \cdot L^{-1}$$

已溶解的 $BaSO_4$ 是完全电离的，故 $[Ba^{2+}]=[SO_4^{2-}]=\frac{c(BaSO_4)}{c^{\ominus}}=1.04\times10^{-5}$

$$BaSO_4(s) \rightleftharpoons Ba^{2+}(aq)+SO_4^{2-}(aq)$$

$$K_{sp}^{\ominus}=[Ba^{2+}][SO_4^{2-}]=(1.04\times10^{-5})^2$$

$$=1.08\times10^{-10}$$

【例 5-2】 铬酸银在 298K 时的溶解度为 $6.54\times10^{-5}mol \cdot L^{-1}$，试计算其溶度积。

解

$$Ag_2CrO_4(s) \rightleftharpoons 2Ag^+(aq)+CrO_4^{2-}(aq)$$

$$c(Ag^+)=2\times6.54\times10^{-5}mol \cdot L^{-1}=1.31\times10^{-4}mol \cdot L^{-1}$$

即 $$[Ag^+]=1.31\times10^{-4}$$

$$c(CrO_4^{2-})=6.54\times10^{-5}mol \cdot L^{-1}，即[CrO_4^{2-}]=6.54\times10^{-5}$$

$$K_{sp}^{\ominus}(Ag_2CrO_4)=[Ag^+]^2[CrO_4^{2-}]$$

$$=(1.31\times10^{-4})^2\times6.54\times10^{-5}$$

$$=1.12\times10^{-12}$$

【例 5-3】 $Mg(OH)_2$ 的 $K_{sp}^{\ominus}=5.61\times10^{-12}$ (298K)，试求此温度下 $Mg(OH)_2$ 的溶解度。

解

$$Mg(OH)_2(s) \rightleftharpoons Mg^{2+}(aq)+2OH^-(aq)$$

设 $Mg(OH)_2$ 的溶解度为 x $mol \cdot L^{-1}$，则饱和溶液中

$$c(Mg^{2+})=x mol \cdot L^{-1},[Mg^{2+}]=\frac{c(Mg^{2+})}{c^{\ominus}}=\frac{x}{1}=x$$

$$c(OH^-)=2x mol \cdot L^{-1},[OH^-]=\frac{c(OH^-)}{c^{\ominus}}=\frac{2x}{1}=2x$$

$$K_{sp}^{\ominus}[Mg(OH)_2]=[Mg^{2+}][OH^-]^2=x(2x)^2=5.61\times10^{-12}$$

解得 $x=1.12\times10^{-4}$ $(mol\cdot L^{-1})$

从以上三例计算可见，对 AB 型难溶电解质是假定饱和溶液中 $c(A)=c(B)$；对 AB_2 型难溶电解质是假定饱和溶液中 $c(B)=2c(A)$，显然如果溶液中离子发生显著水解或其他原因使其溶解下来的离子之间不能互为正比关系，则上述溶度积与溶解度换算关系不成立。例如 ZnS 溶解下来 Zn^{2+} 和 S^{2-}，由于 S^{2-} 强烈水解，$c(Zn^{2+})\neq c(S^{2-})$。

通常溶度积的数值可用来估计和比较难溶电解质溶解度的大小。但必须注意，只有相同类型（如同是 AB 型或 AB_2 型）的难溶电解质才能以 $K_{sp}^{\ominus}$值来做比较。类型不同，则不能这样比较。例如 Ag_2CrO_4 的溶解度（6.54×10^{-5} $mol\cdot L^{-1}$）比 $BaSO_4$（1.08×10^{-5} $mol\cdot L^{-1}$）大，而 Ag_2CrO_4 的溶度积（1.12×10^{-12}）却比 $BaSO_4$（1.08×10^{-10}）小。这是因为有关离子浓度的方次不同之故。

5.1.3 溶度积规则

在实际工作中，经常需要判断难溶电解质沉淀或溶解反应进行的方向。这里引入离子积 Q_i，如 Ag_2CrO_4 的 Q_i 为：

$$Q_i=c^2(Ag^+)c(CrO_4^{2-})$$

式中，c 表示离子的任意浓度。对于某一给定的溶液，比较溶度积 $K_{sp}^{\ominus}$和离子积 Q_i，即可得知沉淀生成或溶解进行的方向：

若 $Q_i=K_{sp}^{\ominus}$，溶液是饱和溶液，无沉淀析出，沉淀与溶解过程达到动态平衡；

若 $Q_i<K_{sp}^{\ominus}$，为不饱和溶液，无沉淀析出，如果系统中有相应的固体存在，反应将向沉淀溶解的方向进行，直到饱和为止；

若 $Q_i>K_{sp}^{\ominus}$，为过饱和溶液，此时反应向生成沉淀的方向进行，直到形成饱和溶液为止。

以上是难溶电解质多相离子平衡移动的规律，称为溶度积规则。从中不难看出，离子的浓度是沉淀生成或溶解所依据的条件，控制离子的浓度，便可使反应向人们需要的方向转化。

【例 5-4】 将等体积的 4×10^{-3} $mol\cdot L^{-1}$ 的 $AgNO_3$ 和 4×10^{-3} $mol\cdot L^{-1}$ K_2CrO_4 混合，判断能否析出 Ag_2CrO_4 沉淀。

解 混合后： $c(Ag^+)=2\times10^{-3}$ $mol\cdot L^{-1}$

$c(CrO_4^{2-})=2\times10^{-3}$ $mol\cdot L^{-1}$

$$Q_i=c^2(Ag^+)c(CrO_4^{2-})=(2\times10^{-3})^2\times2\times10^{-3}=8\times10^{-9}$$

查得 Ag_2CrO_4 的 $K_{sp}^{\ominus}=1.12\times10^{-12}$，$Q_i>K_{sp}^{\ominus}$，有沉淀析出。

思考题 5.1 什么是溶度积？什么是溶解度？两者之间有何关系？

思考题 5.2 什么是溶度积规则？如何应用它来判断沉淀的生成和溶解？

5.2 同离子效应和盐效应

5.2.1 同离子效应

我们已经知道，在 $BaSO_4$ 的饱和溶液中，存在如下平衡：

$$BaSO_4(s) \rightleftharpoons Ba^{2+}(aq) + SO_4^{2-}(aq)$$

如果在上述饱和溶液中加入适量 Na_2SO_4，则 SO_4^{2-} 浓度增大。当 $Q_i > K_{sp}^{\ominus}$ 时，上述平衡向生成 $BaSO_4$ 沉淀的方向移动。达到新的平衡时，$[Ba^{2+}]$ 与 $[SO_4^{2-}]$ 之积仍然等于 1.08×10^{-10}，但此时 Ba^{2+} 的平衡浓度比原来小了，而 SO_4^{2-} 的平衡浓度则因加入 Na_2SO_4 而增大了。$BaSO_4$ 的溶解度可用达到新的平衡时 Ba^{2+} 的浓度来衡量。因此，$BaSO_4$ 在外加 SO_4^{2-} 存在时，溶解度比在纯水中要小。这种因加入适量含共同离子的强电解质而使难溶电解质溶解度降低的作用，称同离子效应。

【例 5-5】 计算 $BaSO_4$ 在 $0.1mol\cdot L^{-1}$ Na_2SO_4 溶液中的溶解度，并与它在纯水中的溶解度做比较。

解 设 x 为 $BaSO_4$ 在 $0.1mol\cdot L^{-1}Na_2SO_4$ 溶液中的溶解度，有

$$[Ba^{2+}]=x,\ [SO_4^{2-}]=x+0.1\approx0.1(x\ll0.1)$$

所以

$$x\times0.1=1.08\times10^{-10}$$

$$x=1.08\times10^{-9}$$

即 $BaSO_4$ 在 $0.1mol\cdot L^{-1}Na_2SO_4$ 溶液中的溶解度为 $1.1\times10^{-9}mol\cdot L^{-1}$，而由例 5-1 的计算已知它在纯水中的溶解度为 $1.04\times10^{-5}mol\cdot L^{-1}$，两者相比约 1 万倍。

从以上计算可明显看出同离子效应对难溶电解质溶解度的影响。同离子效应在沉淀溶解平衡中有许多实际应用。例如，沉淀某种离子时，常加入过量的沉淀剂，以使被沉淀离子沉淀完全。通常，在定性分析中，当溶液中被沉淀离子浓度小于 $10^{-5}mol\cdot L^{-1}$，或在定量分析中，当溶液中被沉淀的离子浓度小于 $10^{-6}mol\cdot L^{-1}$ 时，即可认为沉淀完全。所以沉淀剂一般过量 20%～25%即可。加入的沉淀剂过多时，一方面引起不必要的浪费，另一方面还可能引起副反应以及下面将讨论的盐效应等，反而使沉淀的溶解度增大。同离子效应的另一应用，是在定量分析中分离沉淀时，常以含有共同离子的溶液洗涤沉淀，以避免沉淀的溶解损失。如洗涤 $BaSO_4$ 沉淀时，一般用稀的 H_2SO_4 溶液而不用纯水作洗涤剂。

5.2.2 盐效应

实验指出，如果在难溶电解质的饱和溶液中加入不含相同离子的强电解质，难溶电解质的溶解度就会增大。该现象称为盐效应。例如，在一定温度下，$BaSO_4$、AgCl 等难溶电解质在 KNO_3 溶液中的溶解度比在纯水中要大，而且 KNO_3 的浓度越大，难溶电解质的溶解度也变得越大。

盐效应的产生，是由于溶液中离子强度增大而使有效浓度（活度）减小所造成的。例如，在饱和 $BaSO_4$ 溶液中加入 KNO_3，由于后者完全电离为 K^+ 和 NO_3^-，结果使溶液中的离子总数骤增。由于带正、负电荷的离子之间的相互吸引，Ba^{2+} 和 SO_4^{2-} 的活动性有所降低，因而 Ba^{2+} 和 SO_4^{2-} 能起作用的浓度（活度）降低，沉淀析出的趋势减弱，促使下面的平衡：

$$BaSO_4(s) \rightleftharpoons Ba^{2+} + SO_4^{2-}$$

向右移动，从而增加了 $BaSO_4$ 的溶解度。

盐效应的大小与外加电解质的浓度和离子电荷有关。外加电解质的浓度越大，离子所带电荷越多，盐效应就越显著。当外加可溶性强电解质的浓度不大，例如离子总浓度不超过 0.01mol·L^{-1}时，可以不考虑盐效应。

思考题 5.3 同离子效应和盐效应对难溶电解质沉淀-溶解平衡各有何影响？

思考题 5.4 在室温下，往 $MgCO_3$ 的饱和溶液中分别加入：

(1) 2.0mol·L^{-1} NaCl；

(2) 1.0mol·L^{-1} $MgCl_2$；

(3) 2.0mol·L^{-1} Na_2CO_3；

(4) 纯水。

溶液中 Mg^{2+} 和 HCO_3^- 的浓度将如何变化？$MgCO_3$ 的溶度积常数是否发生变化？

5.3 分步沉淀和沉淀的转化

5.3.1 分步沉淀

在科学实验和生产实际中，常常遇到这样的情况：溶液中同时含有几种离子，当加入某种试剂时，可能生成多种难溶化合物而沉淀。例如，在含有相同浓度的 Cl^- 和 I^- 的溶液中，逐滴加入 $AgNO_3$ 溶液，可能发生如下的反应：

$$Ag^+ + Cl^- \longrightarrow AgCl\downarrow$$

$$Ag^+ + I^- \longrightarrow AgI\downarrow$$

我们所关心的是，这两种难溶物质是同时析出还是先后析出呢？根据溶度积规则，显然是溶度积较小的 AgI 首先析出。

这种由于溶度积大小不同而分先后沉淀的现象称为分步沉淀。

假如溶液中含有 0.10mol·L^{-1}的 Cl^- 和 0.10mol·L^{-1} I^-，AgCl 和 AgI 开始产生沉淀所需的 Ag^+ 浓度可由它们各自的溶度积计算：

$$K_{sp}^{\ominus}(AgCl) = [Ag^+][Cl^-] = 1.77\times10^{-10}$$

$$K_{sp}^{\ominus}(AgI) = [Ag^+][I^-] = 8.52\times10^{-17}$$

所以，Cl^- 开始沉淀需要的 $[Ag^+]$ 为：

$$[Ag^+]=\frac{1.77\times10^{-10}}{0.10}=1.77\times10^{-9}，即\ c(Ag^+)=1.77\times10^{-9}mol\cdot L^{-1}$$

I^- 开始沉淀需要的 $[Ag^+]$ 为：

$$[Ag^+]=\frac{8.52\times10^{-17}}{0.10}=8.52\times10^{-16}，即\ c(Ag^+)=8.52\times10^{-16}mol\cdot L^{-1}$$

当逐滴加入 $AgNO_3$ 溶液时，显然是产生沉淀所需 Ag^+ 浓度低得多的 AgI 先析出。那么，待 AgCl 开始析出时，溶液中的 I^- 是否已经沉淀完全了呢？

由前面的计算已知，AgI 沉淀开始析出时，Ag^+ 浓度为 $8.52\times10^{-16}mol\cdot L^{-1}$，随着 Ag^+ 的不断加入，AgI 不断析出，此时，溶液中 I^- 浓度不断减小，而 Ag^+ 浓度不断增大。当 Ag^+ 增大至 $1.77\times10^{-9}mol\cdot L^{-1}$ 时，AgCl 开始析出。此时，溶液中 I^- 的相对浓度为：

$$[I^-]=\frac{K_{sp}^{\ominus}(AgI)}{1.77\times10^{-9}}=\frac{8.52\times10^{-17}}{1.77\times10^{-9}}=4.81\times10^{-8}$$

即 $$c(I^-)=4.81\times10^{-8}mol\cdot L^{-1}$$

这就是说，当 AgCl 开始沉淀时，I^- 早已沉淀完全了。所以，利用分步沉淀原理，可使两种离子分离，而且两种沉淀的溶度积相差越大，分离将越完全。

【例 5-6】 某溶液中含有 $0.10mol\cdot L^{-1}\ Cd^{2+}$ 和 $0.10mol\cdot L^{-1}\ Zn^{2+}$。若加入 S^{2-} 使两者分离，S^{2-} 的浓度应控制在什么范围？

解 查得 $K_{sp}^{\ominus}(CdS)=8.0\times10^{-27}$；$K_{sp}^{\ominus}(ZnS)=1.6\times10^{-24}$

沉淀 Cd^{2+} 时所需 S^{2-} 的最低相对浓度为：

$$[S^{2-}]=\frac{K_{sp}^{\ominus}(CdS)}{[Cd^{2+}]}=\frac{8.0\times10^{-27}}{0.10}=8.0\times10^{-26}$$

不使 ZnS 析出的最高 S^{2-} 的相对浓度为：

$$[S^{2-}]=\frac{K_{sp}^{\ominus}(ZnS)}{[Zn^{2+}]}=\frac{1.6\times10^{-24}}{0.10}=1.6\times10^{-23}$$

所以，当 $c(S^{2-})$ 控制在 $8.0\times10^{-26}\sim1.6\times10^{-23}mol\cdot L^{-1}$ 之间时可使 CdS 沉淀，而 Zn^{2+} 则留在溶液中。

当 $[S^{2-}]=1.6\times10^{-23}$ 时，溶液中残留的 $[Cd^{2+}]$ 为：

$$[Cd^{2+}]=\frac{8.0\times10^{-27}}{1.6\times10^{-23}}=5.0\times10^{-4}$$

即 $$c(Cd^{2+})=5.0\times10^{-4}mol\cdot L^{-1}$$

说明此时 Cd^{2+} 基本沉淀完全。

5.3.2 沉淀的转化

在一定条件下，可以使一种沉淀转化为另一种沉淀。例如，在盛有白色 $BaCO_3$ 粉末的烧杯中逐滴加入黄色的 K_2CrO_4 溶液，并不断搅拌，便可观察到白色的 $BaCO_3$ 逐渐变为黄色的 $BaCrO_4$ 沉淀，而溶液则由黄色变为无色。其反应式如下：

$$BaCO_3(s)+CrO_4^{2-} \rightleftharpoons BaCrO_4(s)+CO_3^{2-}$$

（白色）　（黄色）　（黄色）　（无色）

这种由一种沉淀转化为另一种沉淀的过程称为沉淀的转化。上述反应能够向右进行，可通过计算说明。

【例 5-7】 要溶解 0.10mol 的 $BaCO_3$，问需要 1.0L 多少浓度的 K_2CrO_4？

解

$$BaCO_3(s) \rightleftharpoons Ba^{2+}+CO_3^{2-} \qquad K_{sp}^{\ominus}(BaCO_3)=2.58\times10^{-9}$$

$$+)\ BaCrO_4(s) \rightleftharpoons Ba^{2+}+CrO_4^{2-} \qquad K_{sp}^{\ominus}(BaCrO_4)=1.17\times10^{-10}$$

$$BaCO_3(s)+CrO_4^{2-} \rightleftharpoons BaCrO_4(s)+CO_3^{2-}$$

$$K^{\ominus}=\frac{K_{sp}^{\ominus}(BaCO_3)}{K_{sp}^{\ominus}(BaCrO_4)}$$

$$K^{\ominus}=\frac{[CO_3^{2-}]}{[CrO_4^{2-}]}=\frac{K_{sp}^{\ominus}(BaCO_3)}{K_{sp}^{\ominus}(BaCrO_4)}=\frac{2.58\times10^{-9}}{1.17\times10^{-10}}=22$$

设溶解后溶液体积不变，则平衡时，$c(CO_3^{2-})=0.10mol\cdot L^{-1}$

即 $[CO_3^{2-}]=0.10$，所以

$$[CrO_4^{2-}]=\frac{[CO_3^{2-}]}{22}=\frac{0.10}{22}=0.0045$$

即平衡时 $c(CrO_4^{2-})=0.0045mol\cdot L^{-1}$。因溶解 0.10mol $BaCO_3$ 需消耗 0.10mol K_2CrO_4，所以 K_2CrO_4 最初浓度 $c(K_2CrO_4)=0.10+0.0045\approx0.10mol\cdot L^{-1}$。由此可见，这种沉淀转化是容易的。

此例说明由一种难溶的物质转化为更难溶的物质是很容易的。反之，则转化比较困难。

沉淀不仅可以转化，在一定的条件下还可以溶解。如 $CaCO_3$ 可以溶解在酸中，是因为溶液中的 CO_3^{2-} 与 H^+ 反应放出 CO_2 而使溶液中的 CO_3^{2-} 浓度降低，结果溶液中$[Ca^{2+}][CO_3^{2-}]<K^{\ominus}{}_{sp}(CaCO_3)$，所以沉淀就会溶解。推而广之，凡在沉淀中加入一种能降低其有关离子浓度的试剂均可使沉淀溶解。

应该指出，沉淀-溶解平衡是暂时的，有条件的。只要条件改变，沉淀和溶解这对矛盾就能相互转化。

思考题 5.5 什么是分步沉淀？影响沉淀次序的因素有哪些？

思考题 5.6 能否用 $(NH_4)_2S$ 溶液来处理黄色的 AgI 沉淀，使之转化为黑色的 Ag_2S 沉淀？

5.4 沉淀反应的应用举例

沉淀反应在化工生产中有许多实际应用。除应用于 $CaCO_3$、$MgCO_3$ 等的生产外，另一个重要的应用是利用沉淀的生成除去某些杂质离子。如提纯无机盐的一个突出问题，往往是在除去杂质离子的同时不再引入其他的杂质离子进入溶液。亦即既要把已有

的杂质离子以某种形式分离出来，又不使所用的分离试剂进入溶液。在提纯无机盐溶液和分离少量杂质离子的工作中，溶度积原理得到了很好的应用。以下着重介绍。

5.4.1 除去杂质 Fe^{3+}

在无机盐工业中，Fe^{3+} 是最常遇到的一种杂质，除铁是一个典型的除杂问题。在实际工作中，除 Fe^{3+} 的主要方法是调节溶液的 pH，使 Fe^{3+} 生成 $Fe(OH)_3$ 沉淀而除去。下面先来看看 Fe^{3+} 沉淀与溶液 pH 的关系。

设溶液中 $c(Fe^{3+})=0.01mol\cdot L^{-1}$，即 $[Fe^{3+}]=10^{-2}$，已知 $K_{sp}^{\ominus}[Fe(OH)_3]=2.79\times10^{-39}$，则 Fe^{3+} 开始沉淀的 pH 可如下求取：

$$Fe(OH)_3(s) \rightleftharpoons Fe^{3+}+3OH^-$$

$$[Fe^{3+}][OH^-]^3=K_{sp}^{\ominus}[Fe(OH)_3]$$

$$(10^{-2})[OH^-]^3=2.79\times10^{-39}$$

解得

$$[OH^-]=0.65\times10^{-12}$$

$$pOH=-\lg[OH^-]=-\lg0.65\times10^{-12}=12.2$$

因

$$pH+pOH=14$$

所以

$$pH=14-12.2=1.8$$

即当溶液的 pH 调至 1.8 时，Fe^{3+} 开始沉淀。设沉淀完全时，$c(Fe^{3+})=1\times10^{-5}mol\cdot L^{-1}$，即 $[Fe^{3+}]=1\times10^{-5}$，代入关系式中，有

$$1\times10^{-5}\times[OH^-]^3=2.79\times10^{-39}$$

解得

$$[OH^-]=0.65\times10^{-11}$$

$$pOH=-\lg[OH^-]=-\lg0.65\times10^{-11}=11.2$$

$$pH=14-11.2=2.8$$

所以，$0.01mol\cdot L^{-1}$ 的 Fe^{3+} 溶液中 $Fe(OH)_3$ 开始沉淀的 pH 为 5，完全沉淀的 pH 为 2.8。

按照上面相同的方法，将一些金属氢氧化物沉淀的 pH 做计算，结果见表5-2。

表 5-2 一些金属氢氧化物沉淀的 pH

金属离子 $(0.01mol\cdot L^{-1})$	pH		氢氧化物的 $K_{sp}^{\ominus}$
	开始沉淀	沉淀完全	
Fe^{3+}	1.8	2.8	2.79×10^{-39}
Al^{3+}	3.7	4.7	1.3×10^{-33}
Cr^{3+}	4.9	5.9	6.3×10^{-31}
Cu^{2+}	5.2	6.7	2.2×10^{-20}
Zn^{2+}	6.7	8.2	3.0×10^{-17}
Co^{2+}	7.9	9.3	5.42×10^{-15}
Ni^{2+}	7.4	8.9	5.48×10^{-16}
Fe^{2+}	6.8	8.3	4.87×10^{-17}
Mn^{2+}	8.6	10.3	1.9×10^{-13}
Mg^{2+}	9.4	10.9	5.61×10^{-12}

表5-2的结果只是理论计算值。实际生产中，由于溶液的浓度往往较大，实际情况要复杂得多。就pH而言，理论计算和实际情况往往有出入。因此，生产中的条件尚需通过实践来确定。尽管如此，表中的计算值仍有重要的参考价值。

5.4.1.1 氯化铜制备中的除铁

工业上制备氯化铜，是将浓盐酸用蒸汽加热至80℃左右，再加入粗制的氧化铜粉，充分搅拌，使之溶解。由于粗制的CuO含有杂质FeO，故反应如下：

$$CuO+2HCl \longrightarrow CuCl_2+H_2O$$

$$FeO+2HCl \longrightarrow FeCl_2+H_2O$$

因此，溶液中含有一定量的Fe^{2+}。

从表5-2可知，为了除去Fe^{2+}，直接调节pH将Fe^{2+}以$Fe(OH)_2$形成沉淀是不行的。因为Fe^{2+}沉淀完全的pH为8.3，而Cu^{2+}沉淀完全的pH为6.7。但是，Fe^{3+}沉淀完全的pH为2.8。所以，工业上先用次氯酸钠将Fe^{2+}氧化为Fe^{3+}，然后加入纯净的CuO。CuO与料液中的HCl反应，pH会升高。当pH调至3～4，便可达到除去杂质铁的目的。采用纯净的CuO调节pH，一方面可调节pH而不引入杂质，另一方面可增加料液中$CuCl_2$的浓度。

5.4.1.2 氯化铵制备中的除铁

工业氯化铵含有杂质铁。欲制备纯的氯化铵，必须除去其中的铁。从前面的讨论可知，调节pH可除去Fe^{3+}。选择合适的物质来调节pH，可以避免引入新的杂质。在这里，显然氨水是最合适的pH调节剂。$NH_3 \cdot H_2O$在调节pH的过程中生成NH_4Cl。若$NH_3 \cdot H_2O$过量，还可与盐酸中和而生成NH_4Cl，且不会引入杂质。在这里，可将pH调至8～9，此时，Fe^{3+}将除得相当干净。

尚有其他许多化工过程需要除去杂质铁，这里就不一一介绍了。除铁的原理几乎都是一样的，即选择合适的pH调节剂，既能调节pH，又不引入新的杂质。

5.4.2 制备锰盐时除去Cu^{2+}、Pb^{2+}、Cd^{2+}等杂质

从锰的矿物原料（常是软锰矿MnO_2）制备锰盐（如硫酸锰）时，首先得到粗制品溶液，其中主要是锰盐，此外常含有Cu^{2+}、Pb^{2+}、Cd^{2+}等杂质离子。工业生产中常以新制备的MnS来除去这些杂质离子。首先，来看看这些离子的硫化物的$K_{sp}^{\ominus}$值：

硫化物	MnS	PbS	CuS	CdS
$K_{sp}^{\ominus}$	2.5×10^{-10}	8.0×10^{-28}	6.3×10^{-36}	8.0×10^{-27}

从上面的数据可知，MnS的溶解度相对其他硫化物要大得多。利用沉淀转化原理，在料液中加入新制备的MnS（新沉淀的MnS活性高，容易转化），即可实现下述反应：

$$MnS+Pb^{2+} \longrightarrow PbS\downarrow+Mn^{2+}$$

$$MnS+Cd^{2+} \longrightarrow CdS\downarrow+Mn^{2+}$$

$$MnS+Cu^{2+} \longrightarrow CuS\downarrow+Mn^{2+}$$

生成的 Mn^{2+} 进入溶液，不会引入杂质离子。多余的固体 MnS 可随杂质一起过滤除去。

以上所介绍的除去杂质离子的方法，都巧妙地运用了溶度积原理。由此可知，溶度积原理是一项重要的化学原理，它在化工生产及科学实验中有极广泛的应用。

习　题

5.1 写出难溶电解质：$PbCl_2$、AgCl、Ag_2S、$Ba_3(PO_4)_2$、$Al(OH)_3$ 的溶度积表达式。

5.2 已知下列物质的溶度积，试计算饱和溶液中各种金属离子的浓度。

(1) $BaCrO_4$　　$K_{sp}^{\ominus}=1.17\times10^{-10}$

(2) MgF_2　　$K_{sp}^{\ominus}=5.16\times10^{-11}$

5.3 已知下列物质的溶解度 S，计算其溶度积（忽略有关离子的水解）。

(1) $CaCO_3$　　$S(CaCO_3)=5.3\times10^{-3}\,g\cdot L^{-1}$

(2) Ag_2CrO_4　　$S(Ag_2CrO_4)=2.1\times10^{-2}\,g\cdot L^{-1}$

5.4 已知 $Ca(OH)_2$ 的溶度积 $K_{sp}^{\ominus}=5.02\times10^{-6}$，试计算饱和 $Ca(OH)_2$ 溶液的 pH。

5.5 $PbCl_2$ 在 $0.130mol\cdot L^{-1}$ $PbAc_2$（易溶物）溶液中的溶解度是 $5.7\times10^{-3}mol\cdot L^{-1}$，计算此时 $PbCl_2$ 的 $K_{sp}^{\ominus}$。

5.6 100mL、$0.120mol\cdot L^{-1}$ $AgNO_3$ 溶液与 100mL、pH=1.5 的 HCl 溶液混合，试计算溶液中各离子的浓度。

5.7 通过计算说明下列各组溶液以等体积混合时，是否会产生沉淀。各混合液中 Ag^+ 和 Cl^- 的浓度分别是多少？

(1) $1.5\times10^{-6}mol\cdot L^{-1}$ $AgNO_3$ 和 $1.5\times10^{-5}mol\cdot L^{-1}$ NaCl

(2) $1.5\times10^{-4}mol\cdot L^{-1}$ $AgNO_3$ 和 $1.5\times10^{-4}mol\cdot L^{-1}$ NaCl

(3) $1.0\times10^{-2}mol\cdot L^{-1}$ $AgNO_3$ 和 $1.0\times10^{-3}mol\cdot L^{-1}$ NaCl

5.8 10mL、$0.1mol\cdot L^{-1}$ $MgCl_2$ 和 10mL、$0.01mol\cdot L^{-1}$ 氨水混合，是否有 $Mg(OH)_2$ 沉淀？[$Mg(OH)_2$ 的 $K_{sp}^{\ominus}=5.61\times10^{-11}$]

5.9 一种溶液中含有 Fe^{3+} 和 Fe^{2+}，它们的浓度都是 $0.05mol\cdot L^{-1}$。已知 $K_{sp}^{\ominus}[Fe(OH)_3]=2.79\times10^{-39}$，$K_{sp}^{\ominus}[Fe(OH)_2]=4.87\times10^{-17}$。如果只要求 $Fe(OH)_3$ 沉淀，应如何控制溶液的 pH？

5.10 $Ca(NO_3)_2$ 是通过 CaO 和 HNO_3 作用而制得的。为了除铁，要控制 pH 为 5～6，试问用 NaOH 还是用 $CaCO_3$ 调 pH 为好？说明理由。

5.11 $MgCl_2$ 溶液加氨水调节 pH 为 8～9，并加热至沸，除去杂质 Fe^{3+}。问为什么 pH 要调到8～9？pH 过大有什么影响？

5.12 现有 100mL 溶液，其中含有 0.001mol 的 NaCl 和 0.001mol 的 K_2CrO_4。当逐滴加入 $AgNO_3$ 溶液时，产生沉淀的次序如何？

6 原子结构与元素周期表

自然界中包含着种类繁多的物质，这些物质有着不同的性质，并且还会发生各种各样的物理变化或化学变化，究其原因就在于物质的组成及其微观结构的不同。物质是由原子组成的，原子又是由原子核和核外电子组成的。在一般的化学变化中，原子核并不发生变化，只是核外电子的数目和运动状态发生变化。因此，了解原子的结构及其核外电子的运动状态，有助于进一步了解物质的性质及其变化规律。

6.1 人类对原子结构的认识过程

“原子”一词是由古希腊哲学家德谟克里特（Demokritos）提出的，意为“不可分割”。19 世纪初，道尔顿（J. Dalton）建立了近代原子论，他认为原子是有质量的，原子不可再分，同一种元素的原子相同，不同元素的原子则不同。然而，19 世纪末、20 世纪初，电子及原子核的发现，则推翻了原子不可分割的观点。1897 年，汤姆逊（Thomson）测定了电子的荷质比（e/m），并发现电子普遍存在于原子中。1911 年卢瑟福（Rutherford）通过 α 粒子散射实验证实了原子中存在着质量较重、带正电荷的原子核，提出了行星系式核型原子模型：原子中存在一个原子核，它集中了原子的全部正电荷和几乎全部的质量，带负电荷的电子在核外空间绕核高速运动。卢瑟福的原子模型在当时能解释一些实验现象，但无法解释当时已经发现的线状原子光谱。按照经典电动力学理论，带负电荷的电子在绕核旋转时，必然会发射电磁波，即要不断地释放出能量，电子绕核旋转的轨道半径将越来越小，最后电子将会掉到原子核上而毁灭。这与原子客观存在的事实不符。另外，根据卢瑟福的原子模型，电子绕核高速运动，其放出的能量是连续的，如此得到的原子光谱应是连续的带状光谱，但实验得到的原子光谱却是线状的。如最简单的氢原子光谱，在可见光区可观察到四条分立的谱线，如图 6-1所示。从谱线的位置可以确定发射光的波长和频率，从而确定发射光的能量。

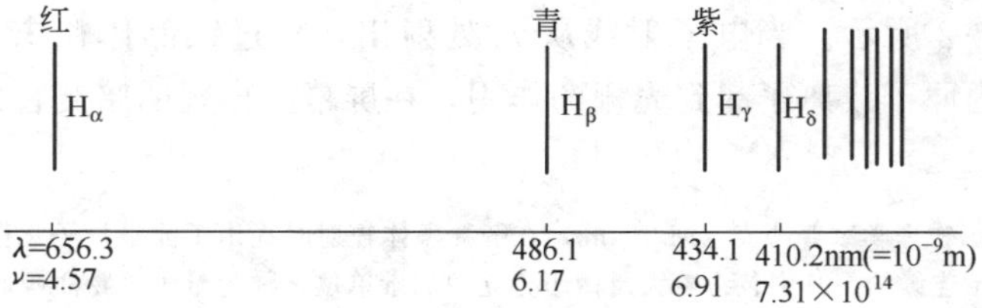

图 6-1　氢原子光谱

为了解释氢原子光谱，1913 年玻尔（N. Bohr）提出了关于原子结构的假设，即玻尔模型。其中心思想是：原子中的电子只能在有确定半径和能量的轨道（能级）上绕原子核做圆周运动，此时原子既不吸收能量，也不放出能量，原子处于稳定的状态，只有当其在不同的轨道上发生跃迁时才放出或吸收能量。在此基础上，玻尔引入普朗克能量量子化❶的概念，并运用牛顿力学定律，推算出了氢原子的轨道半径和能量 E，以及电子从高能量轨道跃迁至低能量轨道时辐射光的频率 ν。它们都与正整数 n 有关，可以分别表示如下：

$$r = a_0 n^2 \tag{6-1}$$

$$E = -B\frac{1}{n^2} \tag{6-2}$$

$$\nu = \frac{B}{h}\left(\frac{1}{n_1^2} - \frac{1}{n_2^2}\right) \tag{6-3}$$

式中，n 为正整数，$n=1$，2，3，…，$n_1 < n_2$；$a_0 = 52.9\text{pm}$，通常称为玻尔半径，即 $n=1$ 时的氢原子轨道半径；$B = 13.6\text{eV}$ 或 $2.179\times10^{-18}\text{J}$。

当氢原子中的电子从 $n_2 = 3$，4，5，6 能级跳回到第二级（$n_1 = 2$）时，在可见光区就可以观察到分立的四条谱线。

由此可见，玻尔模型较成功地解释了氢原子光谱。但人们对原子结构的进一步研究发现玻尔模型还存在着局限性，如它不能解释多电子原子发射的原子光谱，也不能解释氢原子光谱的精细结构等。其原因在于玻尔模型虽然引入了量子化的概念，但却未能摆脱经典力学的束缚。因为，从宏观到微观，随着物体空间尺寸和质量的变小，物质的运动方式和规律发生了质的变化，微观粒子的运动规律已不再像宏观物体那样遵循经典力学的运动规律，它除了具有能量量子化的特征外，还具有波粒二象性的特征。在描述其运动状态时，应运用量子力学的运动规律。

1924 年，德布罗依（De Broglie）在光的波粒二象性的启发下，大胆地预言了微观粒子的运动也具有波粒二象性，并导出了德布罗依关系式：

$$\lambda = \frac{h}{p} = \frac{h}{mv} \tag{6-4}$$

式中，波长 λ 代表物质的波动性；动量 p、质量 m、速率 v 表示物质的粒子性。德布罗依关系通过普朗克常数将物质的波动性和粒子性定量地联系在一起。

1927 年，戴维森（Davisson）等通过电子衍射实验证实了德布罗依的假设。电子衍射实验如图 6-2 所示。当电子射线从 A 处射出，穿过镍晶体粉末 B，射到屏幕 C 上，由于晶体内原子或离子起到光栅的作用，在屏幕上出现明暗交替的衍射环纹。

---

❶ 1900 年德国物理学家普朗克（M. Plank）在解释黑体辐射时提出了能量量子化概念。他认为，能量像物质微粒一样是不连续的，其中包含着大量微小分立的能量单位，称为量子。物质吸收或发射的能量总是等于量子能量的整数倍。每个量子的能量与相应的电磁波的频率成正比，即能量 $E=nh\nu$。其中，h 为普朗克常数（$h=6.626\times10^{-34}\text{J}\cdot\text{s}$）；$n$ 为正整数；ν 为电磁波频率。

电子衍射实验表明，用较强的电子流可在短时间内得到电子衍射环纹。若用很弱的电子流，只要时间够长，也可以得到衍射环纹。假设用极弱电流进行衍射实验，电子是逐个通过晶体粉末的。因为电子有粒子性，在屏幕上只能观察到一些分立的点，这些点的位置是随机的。经过足够长时间，有大量的电子通过晶体粉末后，在屏幕上就可以观察到明暗相间的衍射环纹。

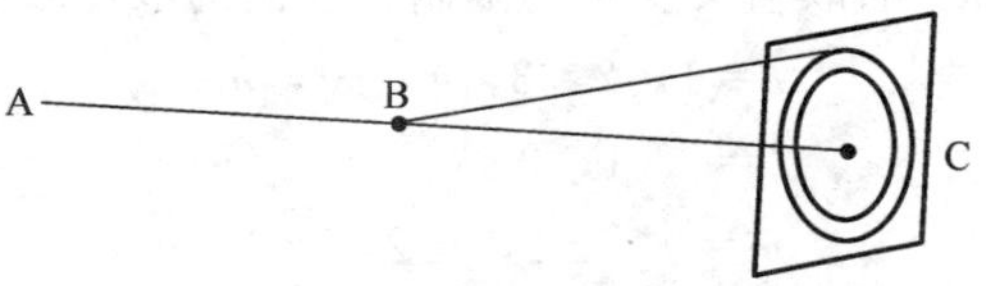

图 6-2　电子的衍射实验

由此可见，波动性是与微粒行为的统计规律联系在一起的。在屏幕上衍射强度大的地方（明处），波的强度大，电子出现的机会多（概率大）；衍射强度小的地方（暗处），波的强度小，电子出现的机会少（概率小）。由此可以认为，具有波动性的电子本身不是波，只是其运动规律在统计上呈现出波的特性，因而又称为概率波。在核外空间某处波的强度与电子在该处出现的概率成正比。

思考题 6.1　原子核外电子的运动有何特征？

思考题 6.2　怎样理解原子核外电子运动的波动性？

6.2　核外电子运动状态的近代描述

6.2.1　原子轨道

核外电子运动状态无法用经典力学的方程描述。由于电子具有波粒二象性，1926 年，奥地利科学家薛定谔（E. Schrödinger）提出把微观粒子运动状态用类似于表示光波动的运动方程来描述，即著名的薛定谔方程。它是一个二阶偏微分方程。解此方程就是解出其中的波函数 Ψ（读作普西）及其相应的能量 E。这样即可了解电子运动的状态和能量的高低。也就是说 Ψ 是描述核外电子运动状态的数学函数式。为了方便描述，将直角坐标（x,y,z）变换为球极坐标（见图6-3）中变量 r、θ 和 ϕ 的数学函数式，即 $\Psi(r,\theta,\phi)$。

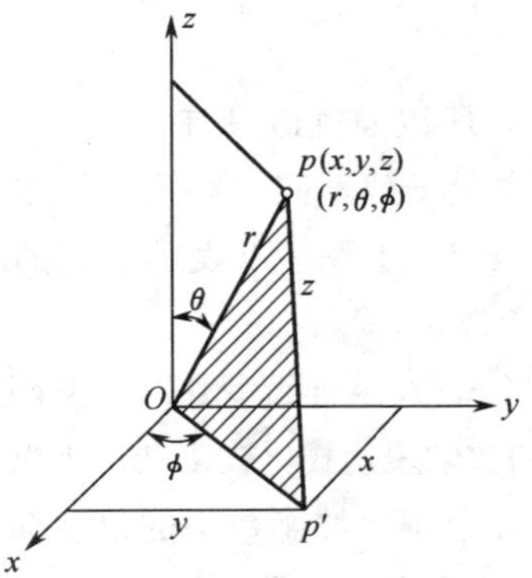

图 6-3　球极坐标

$$\Psi_{n,l,m}(r,\theta,\phi)=R_{n,l}(r)Y_{l,m}(\theta,\phi)$$

式中，下标 n、l、m 是三个整数，是解薛定谔方程时为使其解具有特定的物理意义而设的边界条件的限制；$R_{n,l}(r)$ 表示波函数的径向部分，它只与电子离核的距离 r 有关，其表示形式由下标 n、l 来决定；$Y_{l,m}(\theta, \phi)$ 表示波函数的角度部分，它与 θ、ϕ 两个角度有关，其表示形式由下标 l、m 来决定。符号 n 称为主量子数；l 称为角量子数；m 称为磁量子数。这三种（个）量子数的组合不是任意的，m 的取值受 l 的限制，

而 l 的取值又受 n 的限制。它们的取值限制如下：

$n=1，2，3，4，\cdots，n$

$l=0，1，2，3，\cdots，(n-1)$　　　　（共可取 n 个值）

$m=0，\pm1，\pm2，\pm3，\cdots，\pm l$　　　　（$2l+1$ 个值）

这三种量子数 n、l、m 的组合便可得到一个波函数式。例如，对氢原子来说，用 $n=1$，$l=0$，$m=0$ 组合得到的波函数式为：

$$R_{n,l}(r)=R_{1,0}(r)=2\left(\frac{1}{a_0}\right)^{3/2}e^{-r/a_0}$$

$$Y_{l,m}(\theta,\phi)=Y_{0,0}(\theta,\phi)=\sqrt{\frac{1}{4\pi}}$$

$$\Psi_{1,0,0}(r,\theta,\phi)=R_{1,0}(r)Y_{0,0}(\theta,\phi)=\sqrt{\frac{1}{\pi a_0^3}}e^{-r/a_0}$$

式中，Ψ 的下标 1、0、0 分别表示 n、l、m 的取值；π 为圆周率；a_0 为玻尔半径，其值为 52.9pm；e 为自然对数的底。

每一个由一组量子数所确定的波函数数学式均表示电子的一种运动状态。在量子力学中，把三种量子数都有确定值的波函数称为一个原子轨道。必须注意，这里原子轨道的含义不同于宏观物体的运动轨道，也不同于玻尔所说的轨道概念，而是指核外电子的一种空间运动状态。

各种波函数（原子轨道）的数学式随三种量子数组合的不同而不同，其中角量子数 l 对原子轨道的形状影响最大。习惯用光谱学的符号 s、p、d、f、…来表示不同形状的原子轨道，它们的对应关系如下：

l 值	0	1	2	3
轨道名称	s	p	d	f

考虑到 l 取值一定时，m 的取值可有（$2l+1$）个，所以 s 轨道只有一个；p 轨道有 3 个；d、f 轨道分别有 5 个和 7 个。另外，由于主量子数不同的影响，把主量子数 n 的数值写在光谱符号的前面，如 1s、2s、2p、3d 和 4f 等，以表示不同的轨道。表 6-1 列出了三个量子数可能组合成的轨道名称和数量。

波函数的函数值在球面空间中有一定的分布形态，当 r，θ，ϕ 连续变化时，波函数在空间的分布图形就是原子轨道的形状；但由于波函数的数学表达式比较复杂，难以用适当的图形描绘原子轨道在空间的形状。因此，只在平面上画出波函数中的角度部分 $Y(\theta,\ \phi)$ 随角度 θ 和 ϕ 变化的分布图形，并称为原子轨道的角度分布图，也简称为原子轨道的形状。图 6-4(a) 所示为 s、p、d 原子轨道角度分布（剖面）图。

s 轨道角度分布呈球形，球面上每一点的函数值均为正值，因此在平面上简单地画成一个带正号的圆；p 轨道的角度分布呈哑铃形或“8”字形，有正值和负值部分，由于 m 可取 -1、0、$+1$ 三个数值，分别决定了三个 p 轨道 p_x、p_y、p_z 间的不同取向；d 轨道的角度分布呈花瓣形，也有正值和负值部分，并且五个 d 轨道

表 6-1 n、l、m 可能组成的轨道

主量子数 n	角量子数 l	磁量子数 m	波函数 $\Psi_{n,l,m}$	原子轨道符号	轨道空间取向	电子层中轨道数
1	0	0	$\Psi_{1,0,0}$	1s	1	1
2	0	0	$\Psi_{2,0,0}$	2s	1	4
	1	+1	$\Psi_{2,1,1}$	$2p_x$	3	
		0	$\Psi_{2,1,0}$	$2p_z$		
		−1	$\Psi_{2,1,-1}$	$2p_y$		
3	0	0	$\Psi_{3,0,0}$	3s	1	9
	1	+1	$\Psi_{3,1,1}$	$3p_x$	3	
		0	$\Psi_{3,1,0}$	$3p_z$		
		−1	$\Psi_{3,1,-1}$	$3p_y$		
	2	+2	$\Psi_{3,2,2}$	$3d_{x^2-y^2}$	5	
		+1	$\Psi_{3,2,1}$	$3d_{xz}$		
		0	$\Psi_{3,2,0}$	$3d_{z^2}$		
		−1	$\Psi_{3,2,-1}$	$3d_{yz}$		
		−2	$\Psi_{3,2,-2}$	$3d_{xy}$		

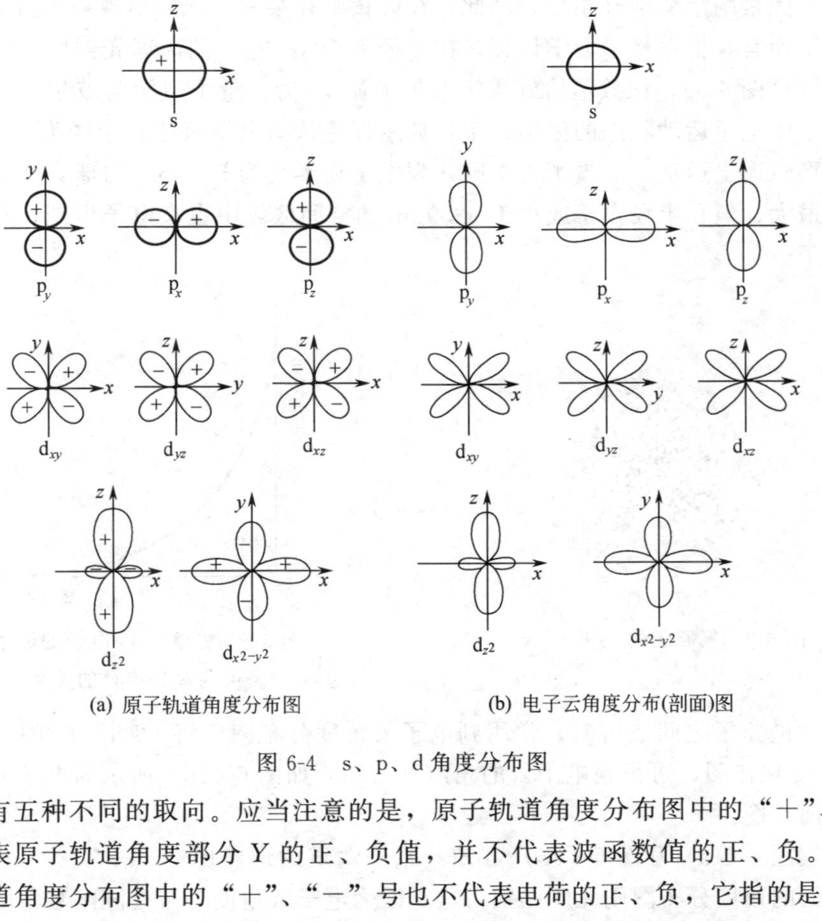

(a) 原子轨道角度分布图　　(b) 电子云角度分布(剖面)图

图 6-4 s、p、d 角度分布图

在空间有五种不同的取向。应当注意的是，原子轨道角度分布图中的“＋”、“－”号只代表原子轨道角度部分 Y 的正、负值，并不代表波函数值的正、负。另外，原子轨道角度分布图中的“＋”、“－”号也不代表电荷的正、负，它指的是原子轨道的对称性。原子轨道的形状与正、负号在化学键形成方面有着重要的意义，将在

第 7 章中介绍。

6.2.2 电子云

在经典力学中，波函数绝对值的平方即是波的强度。从前面的讨论中知道，量子力学中，微观粒子的波动性表现为一种概率波，概率大小与经典力学波的强度大小是对应的。因此波函数在某一点的绝对值的平方 $|\Psi|^2$ 就是电子在该点处单位微体积内出现的概率，称为概率密度。

为了形象地描述 $|\Psi|^2$ 的大小，可用小黑点的疏密来表示，电子就好像云一样分散在原子核周围的空间内，故称为"电子云"。小黑点少而稀的地方表示概率密度小，小黑点多而密的地方表示概率密度大。如图 6-5 所示为氢原子的 1s 电子云。它在核外呈球形，电子的概率密度随离核半径的增大而减少（见图6-6）。氢原子 1s 电子出现的概率多少可用壳层概率分布来表示。壳层概率是指电子在离核半径为 r，厚度为 $\mathrm{d}r$ 的球壳薄层中出现的概率（见图 6-7）。壳层概率等于球壳体积乘概率密度。由于球壳体积随半径增大而增大，而概率密度则随半径的增大而减少，两个因素的趋势恰好相反，因此，在离核半径某一个地方出现最大值。对于基态氢原子而言，根据量子力学计算，在半径等于 52.9pm 的薄球壳内电子出现的概率最大（见图 6-8），该数值恰好等于玻尔半径 a_0 值。量子力学与玻尔理论描述正常氢原子中电子运动状态的区别在于：玻尔理论认为电子只能在半径为 52.9pm 的平面圆形轨道上运动，而量子力学则认为电子在半径为 52.9pm 的球壳薄层内出现的概率最大，但在半径大于或小于 52.9pm 的空间区域中也有电子出现，只是概率太小罢了。

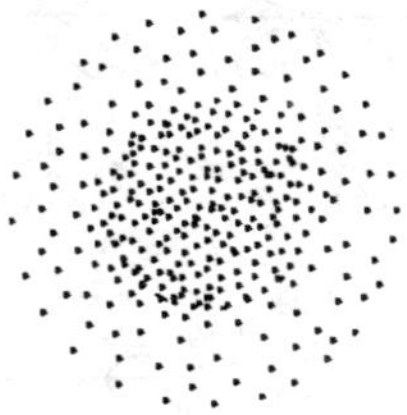

图 6-5 氢原子的 1s 电子云

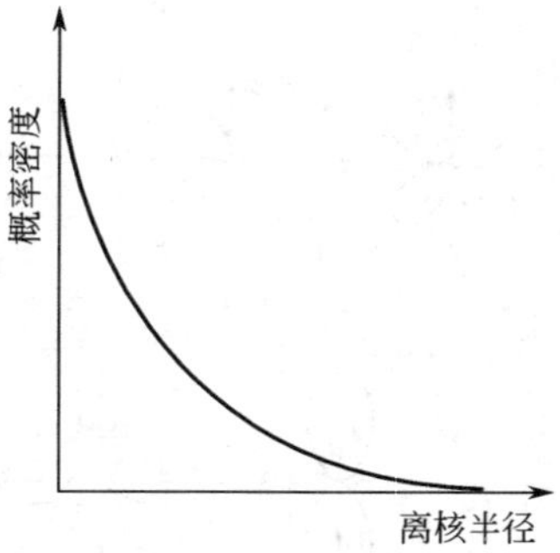

图 6-6 氢原子 1s 电子的概率密度与离核半径的关系

在讨论原子之间成键时，常用到电子云角度分布图。将 $|\Psi|^2$ 的角度部分 Y^2 随 θ、ϕ 变化作图，可得到电子云的角度分布图。如图 6-4(b) 所示为电子云角度分布（剖面）图。

比较图 6-4(a) 和图 6-4(b) 可知：原子轨道的形状图有"+"、"—"之分，而电子云的角度分布图则无此区别，这是因为电子云角度分布是波函数角度分布的平方之故；原子轨道形状图形"胖"一些，而电子云角度分布图则"瘦"一些，这

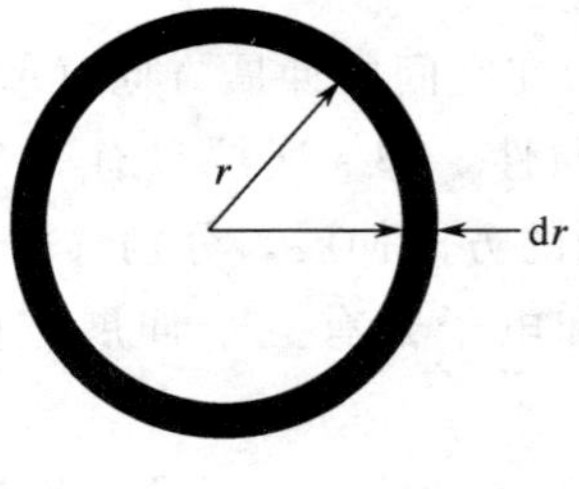

图 6-7 离核距离为 r 的球壳薄层

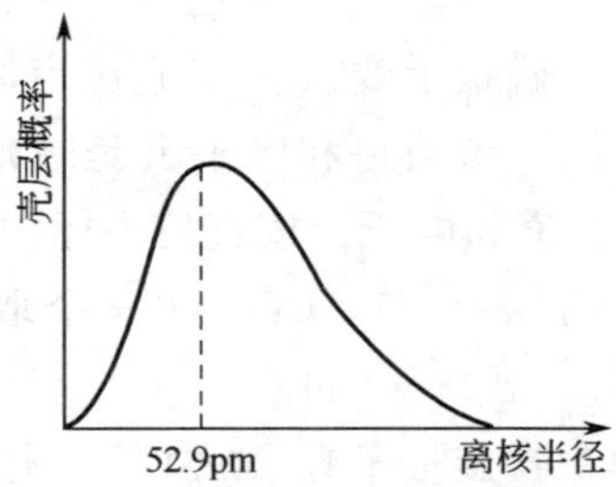

图 6-8 氢原子 1s 电子的壳层概率与离核半径的关系

是因为波函数值总是小于 1 之故。

1981 年瑞士苏黎世 IBM 研究所科学家 G. Bining 和 H. Rohrer 发明扫描隧道电子显微镜（STM）可测原子的三维图像，从此人们可以直接观察原子。

6.2.3 四种量子数

n、l、m 这三种量子数可用来描述电子运动状态的原子轨道，能够解释一般的原子光谱，但研究实验发现，只用三种量子数描述电子运动状态还不能解释原子光谱中的精细结构和在磁场中谱线发生的分裂现象。根据实验和理论的进一步研究，发现电子除了绕核运动之外，其自身还有自旋运动。因此，需要引入第四种量子数——自旋量子数 m_s。这就是说，描述核外每个电子的运动状态必须用 n、l、m、m_s 四种（个）量子数。下面介绍这四种量子数的物理意义。

（1）主量子数（n）。它决定电子在核外空间离核的远近，也就是电子出现概率最大的地方离核的平均距离。故主量子数是决定电子运动时能量高低的主要因素，n 越大，电子离核的平均距离越远，能量越高。通常将同一主量子数的各轨道合并为一个电子层。主量子数的取值是除零以外的正整数，在光谱学中用一些符号表示电子层，其对应关系为：

主量子数（n）	1	2	3	4	5	6	7
电子层	K	L	M	N	O	P	Q

由于 n 只能取正整数，所以电子的能量是分立的、不连续的，或者说能量是量子化的。

（2）角量子数（l）。它决定电子运动的轨道角动量，确定原子轨道和电子云的形状。习惯上常把 n 相同，l 不同的状态称为电子亚层。$n=1$（K 层）有一个 1s 亚层。一个电子层也可以分为几个亚层。如 $n=2$（L 层），有两个亚层，即 2s 亚层和 2p 亚层；当 $n=3$（M 层）时，有三个亚层，分别为 3s、3p 和 3d 亚层；当 $n=4$（N 层）时，有四个亚层，分别为 4s、4p、4d、4f 亚层。依此类推。

n 值不同而 l 值相同的原子轨道和电子云的形状相同，只是大小不同而已。角量子数 l 也是决定原子轨道能量高低的因素之一，在同一电子层中 l 值越大，轨道的能量越高，即 n 相同的能量顺序：

$$E_{ns} < E_{np} < E_{nd} < E_{nf}$$

（3）磁量子数（m）。它决定原子轨道和电子云在空间的伸展方向（取向），如图6-4所示。s 轨道和电子云是球形对称的，无方向性，即 s 亚层只有一个原子轨道；p 轨道和电子云按直角坐标的 x、y、z 三个轴的方向伸展，分别称为 p_x、p_z、p_y 对应于$m=+1$，0，-1 三个取值；而 d 轨道和电子云有五个伸展方向，d_{xy}，d_{xz}，d_{yz}，$d_{x^2-y^2}$，d_{z^2}。

（4）自旋量子数（m_s）。它决定电子自身固有的运动状态。习惯上称为自旋运动状态。自旋量子数只有两个取值，即$+\frac{1}{2}$和$-\frac{1}{2}$。常用“↑”和“↓”表示两个不同的自旋状态。与宏观物体的自旋运动（如地球自转）不同，电子的自旋运动表示的是电子的两种不同的运动状态，其行为的结果就像是存在着自旋。

最后必须指出，量子力学对电子运动状态的描述引入了全新的概念，比较抽象。人们为了形象地理解电子的行为，很多地方还是沿用或借用经典力学的概念或术语进行描述，如能量、角动量、轨道、自旋等。但必须知道这些概念在描述电子运动时有不同的含义。例如，不能通过电子运动的速度来计算能量；原子轨道不是那种可确定的运动轨迹，而是代表一种运动状态；角动量也不是像宏观物体那样由旋转所产生的。

思考题 6.3 如何理解原子核外电子运动无固定轨道可循？

思考题 6.4 电子运动的原子轨道与炮弹射出之后的运动弹道在概念上是否一致？

思考题 6.5 原子轨道的角度分布图和电子云的角度分布图有何异同？

思考题 6.6 叙述四个量子数的物理意义和取值要求，并说明 n、l、m 之间的关系。

6.3 原子中核外电子的排布

原子由原子核和电子组成。核外电子的数目等于原子核所带正电荷的数目。核外每一个电子都有其各自不同的运动状态，而运动状态是用四个量子数（n，l，m，m_s）来描述的。因此，在多电子原子中就存在电子如何排布的问题。根据研究，电子在原子轨道上的排布应遵守下述的三条规律。

6.3.1 核外电子排布的规律

6.3.1.1 泡利不相容原理

1925 年泡利（W. Pauli）根据原子的光谱现象和考虑到周期表中每一周期元素的数目，提出一个原则：一个原子中不可能存在四个量子数完全相同的（即运动状态相同）两个电子。这一原则就称为泡利不相容原理。按照这一原理，每个原子轨道上只能容纳自旋状态相反的两个电子，所以对于主量子数为 n 的电子层，其轨道总数为 n^2 个，该层能容纳的最多的电子数为 $2n^2$。

6.3.1.2 能量最低原理

能量最低原理规定：在不违背不相容原理的前提下，电子的排布方式应使得系统的能量最低。按照这一原理，电子应尽可能优先占据能量最低的原子轨道。

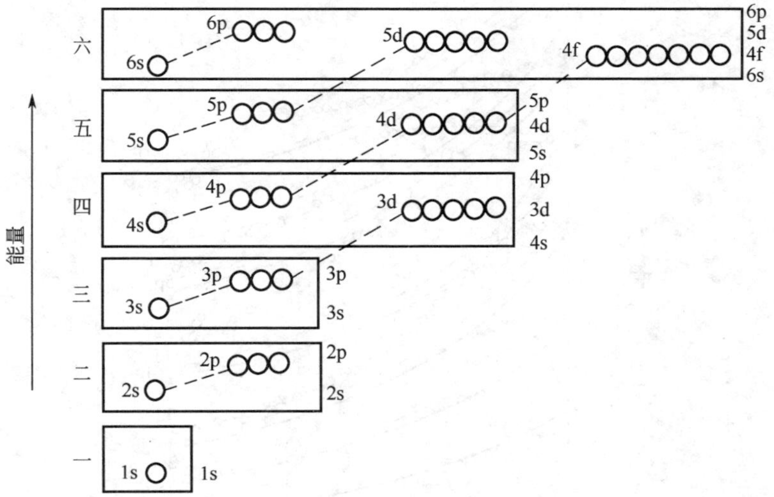

图 6-9 鲍林近似能级图

鲍林（L. Pauling）根据光谱实验结果，总结出多电子原子中原子轨道能量相对高低的一般情况。如图 6-9 所示，每一个小圆圈代表一个原子轨道。由图可知，原子轨道能量是不连续的，像阶梯那样一级一级地变化，因此通常称图 6-9 为鲍林近似能级图。处在方框内的原子轨道划为同一能级组。

在氢原子或类氢离子中，由于核外只有一个电子，不存在电子之间的相互作用问题，因此，n 相同的各原子轨道（如 3s、3p 和 3d）能量是一样的。但在多电子原子中，由于存在着电子之间的相互作用，n 相同而 l 不同的原子轨道能量则不相同，例如，$E_{3s}<E_{3p}<E_{3d}$。由图 6-9 可知，n 相同、l 相同的原子轨道，它们的能量相同，这些轨道称为等价轨道或简并轨道；某些主量子数较大的轨道的能级反而比主量子数小的轨道要低，如 4s<3d，5s<4d 等，这种现象称为能级交错。

鲍林近似能级图是按轨道能量由低到高顺序排列的，并假定所有元素原子的轨道能量高低次序都一样。但事实上原子轨道能量的次序随原子序数增加而有变化。如图 6-10 所示为一般教科书中引用较多的科顿（F. A. Cotton）原子轨道能量和原子序数关系图。一般来说，随着原子序数的增加，原子轨道能量是逐渐下降的。这是因为核电荷的增加，原子核对电子的吸力增大的缘故。由图6-10 可知，氢原子的轨道能量只决定于主量子数 n，而与角量子数 l 无关，n 愈大，E 愈高，参见图中纵坐标上，ns、np、nd、nf 等能量都从相应主量子数为 n 的点开始变化；当原子序数 Z 增加时，ns 能量下降最快，np 次之，nd 又次之，在 nd、nf 曲线上出现近似的“平台”，而且随 n 增大，“平台”增长，于是出现能级交错；对每一元素的原子来说，内层（$\leqslant n-2$）轨道能量，n 愈大者，E 愈高；当 n 相同时，l 愈大者，E 愈高。所以，内层轨道的能量顺序是 1s、2s、2p、3s、3p、3d、4s、4p、4d、4f。这个顺序表示在图中右边。

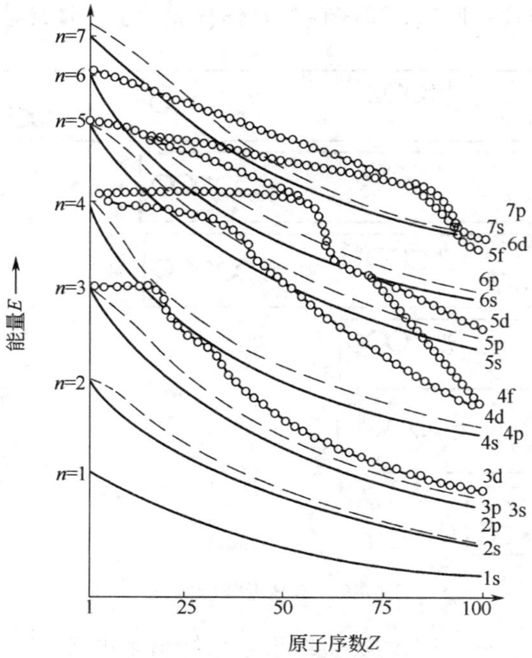

图 6-10 原子轨道能量与原子序数的关系图

6.3.1.3 洪德规则

1925 年洪德（F. Hund）根据大量光谱实验数据，总结出一条普遍规则：在等价轨道上排布的电子将尽可能分占不同的轨道，而且自旋平行（即自旋状态相同）。例如，碳原子有 6 个电子，按泡利不相容原理和能量最低原理，其电子排布为 $1s^2 2s^2 2p^2$。按洪德规则，这 2 个 2p 电子的排布应为：(↑)(↑)( )，而不是(↑↓)( )( )，也不应是(↑)(↓)( )。

洪德规则是一个经验规则。后经量子力学计算证明，电子按洪德规则排布，可使原子系统能量最低、最稳定。因为当某一个轨道中已有一个电子时，若另一个电子再进入该轨道与其成对，就必须克服它们之间的相互排斥作用。即需要电子成对能，从而使系统能量增加。因此，电子在等价轨道上采取自旋平行的运动状态，有利于系统的能量降低。

6.3.2 周期表中各元素原子的电子层结构

根据上述电子排布三条规律，利用鲍林近似能级图的顺序，可以排出周期表中各元素原子的核外电子层结构。为帮助记忆，我们把电子布入原子轨道的顺序绘成图 6-11。按箭头所提示的顺序方向逐个把电子布入轨道（每个轨道最多只能容纳 2 个电子），再考虑洪德规则，最后把内层电子按主量子数由小到大的顺序排在一起，就成了该原子的基态电子层结构。例如：

$$_{15}P \qquad 1s^2 2s^2 2p^6 3s^2 3p^3$$

$_{26}Fe$ 按电子布入轨道的顺序其电子排布为：

$$1s^2 2s^2 2p^6 3s^2 3p^6 4s^2 3d^6$$

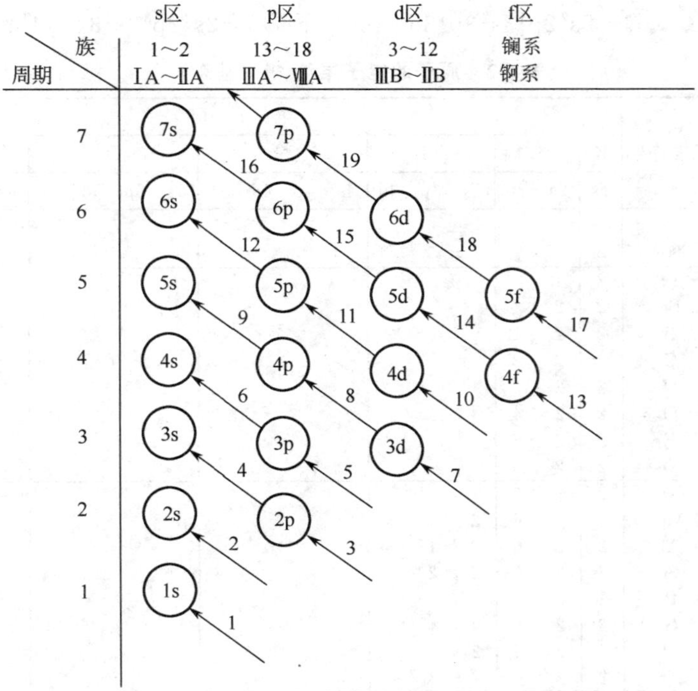

图 6-11 各周期元素的原子排布电子的顺序

整理后的电子层结构为：

$$1s^2 2s^2 2p^6 3s^2 3p^6 3d^6 4s^2$$

$_{53}I$ 按电子布入轨道的顺序其电子排布为：

$$1s^2 2s^2 2p^6 3s^2 3p^6 4s^2 3d^{10} 4p^6 5s^2 4d^{10} 5p^5$$

整理后的电子层结构为：

$$1s^2 2s^2 2p^6 3s^2 3p^6 3d^{10} 4s^2 4p^6 4d^{10} 5s^2 5p^5$$

化学上，将最后布入电子的最高能级组，例如，$_{53}I$ 的 5s、4d、5p 原子轨道合称为外围电子层，或价电子层。在外围电子层上的电子分布被称为外围电子构型（或组态），或价层电子构型。例如，P 的外围电子构型为 $3s^2 3p^3$；I 的外围电子构型为 $4d^{10} 5s^2 5p^5$；Fe 的外围电子构型为 $3d^6 4s^2$。在书写主族元素的外围电子构型时，常常将 $(n-1)d^{10}$ 或 $(n-2)f^{14}(n-1)d^{10}$ 省略。外围电子构型与元素性质密切相关，所以讨论电子层结构主要研究外围电子构型。

根据排布规律作出的电子层结构和根据光谱实验得出的电子层结构（见表 6-2），对大多数元素来说是一致的，但也有少数不符。对于这种情况，我们应以实验事实为准，有些不符的也可以用洪德规则特例来解释：当 p、d、f 等价轨道上的电子处于半满或全满，即 p^3、d^5、f^7 或 p^6、d^{10}、f^{14} 时，可使原子处于较稳定的状态。后来，这种特例被量子力学定量地加以证明了。例如，下列的核外电子排布为：

$_{24}Cr$　$1s^2 2s^2 2p^6 3s^2 3p^6 3d^5 4s^1$　不是 $1s^2 2s^2 2p^6 3s^2 3p^6 3d^4 4s^2$

$_{29}Cu$ $1s^2 2s^2 2p^6 3s^2 3p^6 3d^{10} 4s^1$ 不是 $1s^2 2s^2 2p^6 3s^2 3p^6 3d^9 4s^2$

表 6-2 原子的电子层结构①(基态)

周期	原子序数	元素符号	电子层																	
			K	L		M			N				O				P			Q
			1s	2s	2p	3s	3p	3d	4s	4p	4d	4f	5s	5p	5d	5f	6s	6p	6d	7s
1	1	H	1																	
	2	He	2																	
2	3	Li	2	1																
	4	Be	2	2																
	5	B	2	2	1															
	6	C	2	2	2															
	7	N	2	2	3															
	8	O	2	2	4															
	9	F	2	2	5															
	10	Ne	2	2	6															
3	11	Na	2	2	6	1														
	12	Mg	2	2	6	2														
	13	Al	2	2	6	2	1													
	14	Si	2	2	6	2	2													
	15	P	2	2	6	2	3													
	16	S	2	2	6	2	4													
	17	Cl	2	2	6	2	5													
	18	Ar	2	2	6	2	6													
4	19	K	2	2	6	2	6		1											
	20	Ca	2	2	6	2	6		2											
	21	Sc	2	2	6	2	6	1	2											
	22	Ti	2	2	6	2	6	2	2											
	23	V	2	2	6	2	6	3	2											
	24	Cr	2	2	6	2	6	5	1											
	25	Mn	2	2	6	2	6	5	2											
	26	Fe	2	2	6	2	6	6	2											
	27	Co	2	2	6	2	6	7	2											
	28	Ni	2	2	6	2	6	8	2											
	29	Cu	2	2	6	2	6	10	1											
	30	Zn	2	2	6	2	6	10	2											
	31	Ga	2	2	6	2	6	10	2	1										
	32	Ge	2	2	6	2	6	10	2	2										
	33	As	2	2	6	2	6	10	2	3										
	34	Se	2	2	6	2	6	10	2	4										
	35	Br	2	2	6	2	6	10	2	5										
	36	Kr	2	2	6	2	6	10	2	6										
5	37	Rb	2	2	6	2	6	10	2	6			1							
	38	Sr	2	2	6	2	6	10	2	6			2							
	39	Y	2	2	6	2	6	10	2	6	1		2							
	40	Zr	2	2	6	2	6	10	2	6	2		2							
	41	Nb	2	2	6	2	6	10	2	6	4		1							
	42	Mo	2	2	6	2	6	10	2	6	5		1							
	43	Tc	2	2	6	2	6	10	2	6	5		2							
	44	Ru	2	2	6	2	6	10	2	6	7		1							
	45	Rh	2	2	6	2	6	10	2	6	8		1							
	46	Pd	2	2	6	2	6	10	2	6	10									

续表

周期	原子序数	元素符号	电子层																	
			K	L		M			N				O				P			Q
			1s	2s	2p	3s	3p	3d	4s	4p	4d	4f	5s	5p	5d	5f	6s	6p	6d	7s
5	47	Ag	2	2	6	2	6	10	2	6	10		1							
	48	Cd	2	2	6	2	6	10	2	6	10		2							
	49	In	2	2	6	2	6	10	2	6	10		2	1						
	50	Sn	2	2	6	2	6	10	2	6	10		2	2						
	51	Sb	2	2	6	2	6	10	2	6	10		2	3						
	52	Te	2	2	6	2	6	10	2	6	10		2	4						
	53	I	2	2	6	2	6	10	2	6	10		2	5						
	54	Xe	2	2	6	2	6	10	2	6	10		2	6						
6	55	Cs	2	2	6	2	6	10	2	6	10		2	6			1			
	56	Ba	2	2	6	2	6	10	2	6	10		2	6			2			
	57	La	2	2	6	2	6	10	2	6	10		2	6	1		2			
	58	Ce	2	2	6	2	6	10	2	6	10	1	2	6	1		2			
	59	Pr	2	2	6	2	6	10	2	6	10	3	2	6			2			
	60	Nd	2	2	6	2	6	10	2	6	10	4	2	6			2			
	61	Pm	2	2	6	2	6	10	2	6	10	5	2	6			2			
	62	Sm	2	2	6	2	6	10	2	6	10	6	2	6			2			
	63	Eu	2	2	6	2	6	10	2	6	10	7	2	6			2			
	64	Gd	2	2	6	2	6	10	2	6	10	7	2	6	1		2			
	65	Tb	2	2	6	2	6	10	2	6	10	9	2	6			2			
	66	Dy	2	2	6	2	6	10	2	6	10	10	2	6			2			
	67	Ho	2	2	6	2	6	10	2	6	10	11	2	6			2			
	68	Er	2	2	6	2	6	10	2	6	10	12	2	6			2			
	69	Tm	2	2	6	2	6	10	2	6	10	13	2	6			2			
	70	Yb	2	2	6	2	6	10	2	6	10	14	2	6			2			
	71	Lu	2	2	6	2	6	10	2	6	10	14	2	6	1		2			
	72	Hf	2	2	6	2	6	10	2	6	10	14	2	6	2		2			
	73	Ta	2	2	6	2	6	10	2	6	10	14	2	6	3		2			
	74	W	2	2	6	2	6	10	2	6	10	14	2	6	4		2			
	75	Re	2	2	6	2	6	10	2	6	10	14	2	6	5		2			
	76	Os	2	2	6	2	6	10	2	6	10	14	2	6	6		2			
	77	Ir	2	2	6	2	6	10	2	6	10	14	2	6	7		2			
	78	Pt	2	2	6	2	6	10	2	6	10	14	2	6	9		1			
	79	Au	2	2	6	2	6	10	2	6	10	14	2	6	10		1			
	80	Hg	2	2	6	2	6	10	2	6	10	14	2	6	10		2			
	81	Tl	2	2	6	2	6	10	2	6	10	14	2	6	10		2	1		
	82	Pb	2	2	6	2	6	10	2	6	10	14	2	6	10		2	2		
	83	Bi	2	2	6	2	6	10	2	6	10	14	2	6	10		2	3		
	84	Po	2	2	6	2	6	10	2	6	10	14	2	6	10		2	4		
	85	At	2	2	6	2	6	10	2	6	10	14	2	6	10		2	5		
	86	Rn	2	2	6	2	6	10	2	6	10	14	2	6	10		2	6		

续表

周期	原子序数	元素符号	电子层																	
			K	L		M			N				O				P			Q
			1s	2s	2p	3s	3p	3d	4s	4p	4d	4f	5s	5p	5d	5f	6s	6p	6d	7s
	87	Fr	2	2	6	2	6	10	2	6	10	14	2	6	10		2	6		1
	88	Ra	2	2	6	2	6	10	2	6	10	14	2	6	10		2	6		2
	89	Ac	2	2	6	2	6	10	2	6	10	14	2	6	10		2	6	1	2
	90	Th	2	2	6	2	6	10	2	6	10	14	2	6	10		2	6	2	2
	91	Pa	2	2	6	2	6	10	2	6	10	14	2	6	10	2	2	6	1	2
	92	U	2	2	6	2	6	10	2	6	10	14	2	6	10	3	2	6	1	2
	93	NP	2	2	6	2	6	10	2	6	10	14	2	6	10	4	2	6	1	2
	94	Pu	2	2	6	2	6	10	2	6	10	14	2	6	10	6	2	6		2
	95	Am	2	2	6	2	6	10	2	6	10	14	2	6	10	7	2	6		2
	96	Cm	2	2	6	2	6	10	2	6	10	14	2	6	10	7	2	6	1	2
	97	Bk	2	2	6	2	6	10	2	6	10	14	2	6	10	9	2	6		2
7	98	Cf	2	2	6	2	6	10	2	6	10	14	2	6	10	10	2	6		2
	99	Es	2	2	6	2	6	10	2	6	10	14	2	6	10	11	2	6		2
	100	Fm	2	2	6	2	6	10	2	6	10	14	2	6	10	12	2	6		2
	101	Md	2	2	6	2	6	10	2	6	10	14	2	6	10	13	2	6		2
	102	No	2	2	6	2	6	10	2	6	10	14	2	6	10	14	2	6		2
	103	Lr	2	2	6	2	6	10	2	6	10	14	2	6	10	14	2	6	1	2
	104	Rf	2	2	6	2	6	10	2	6	10	14	2	6	10	14	2	6	2	2
	105	Db	2	2	6	2	6	10	2	6	10	14	2	6	10	14	2	6	3	2
	106	Sg	2	2	6	2	6	10	2	6	10	14	2	6	10	14	2	6	4	2
	107	Bh	2	2	6	2	6	10	2	6	10	14	2	6	10	14	2	6	5	2
	108	Hs	2	2	6	2	6	10	2	6	10	14	2	6	10	14	2	6	6	2
	109	Mt	2	2	6	2	6	10	2	6	10	14	2	6	10	14	2	6	7	2

① 单框中的元素是过渡元素；双框中的元素是镧系或锕系元素。

6.3.3 原子电子层结构与元素周期表的关系

1869 年前后俄国化学家门捷列夫（Д. И. Менд елеев）等研究了元素性质与原子量❶之间的关系，发现了一个重要的自然规律。他指出元素性质随元素原子量的增加而呈周期性的变化。这一规律就称为元素周期律。根据元素周期律，门捷列夫等按原子量由小到大进行编号（称原子序数），把性质相似的元素排在同一纵行，列出了门捷列夫周期表。后来，随着人们对原子结构认识的深入，发现原子核所带的核电荷就是原子序数。因此，现代周期律的说法是：元素性质随着元素原子核电荷（原子序数）的递增而呈周期性变化。从核外电子排布规律可知，这种周期性变化是随着原子核电荷递增，最外层电子数由 s^1 至 s^2p^6 重复变化的结果。每一周期都是以“新”的电子层填充电子而开始。

❶ 按法定计量单位，原子量现称相对原子质量。

表 6-3 是元素周期表的一种形式。由此表可知，周期表分为 s、p、d 和 f 四个区[1]。

表 6-3 元素周期表①

周期＼族	1	2	3	4	5	6	7	8	9	10	11	12	13	14	15	16	17	18
1	1 H																	2 He
	s 区		过渡元素(d 区)										p 区					
	ⅠA	ⅡA											ⅢA	ⅣA	ⅤA	ⅥA	ⅦA	ⅧA
2	3 Li	4 Be											5 B	6 C	7 N	8 O	9 F	10 Ne
3	11 Na	12 Mg	ⅢB	ⅣB	ⅤB	ⅥB	ⅦB	ⅧB			ⅠB	ⅡB	13 Al	14 Si	15 P	16 S	17 Cl	18 Ar
4	19 K	20 Ca	21 Sc	22 Ti	23 V	24 Cr	25 Mn	26 Fe	27 Co	28 Ni	29 Cu	30 Zn	31 Ga	32 Ge	33 As	34 Se	35 Br	36 Kr
5	37 Rb	38 Sr	39 Y	40 Zr	41 Nb	42 Mo	43 Tc	44 Ru	45 Rh	46 Pd	47 Ag	48 Cd	49 In	50 Sn	51 Sb	52 Te	53 I	54 Xe
6	55 Cs	56 Ba	*71 Lu	72 Hf	73 Ta	74 W	75 Re	76 Os	77 Ir	78 Pt	79 Au	80 Hg	81 Tl	82 Pb	83 Bi	84 Po	85 At	86 Rn
7	87 Fr	88 Ra	**103 Lr	104 Rf	105 Db	106 Sg	107 Bh	108 Hs	109 Mt	110 Uun	111 Uuu							

内过渡元素（f 区）②

* 镧系元素	57 La	58 Ce	59 Pr	60 Nd	61 Pm	62 Sm	63 Eu	64 Gd	65 Tb	66 Dy	67 Ho	68 Er	69 Tm	70 Yb
** 锕系元素	89 Ac	90 Th	91 Pa	92 U	93 Np	94 Pu	95 Am	96 Cm	97 Bk	98 Cf	99 Es	100 Fm	101 Md	102 No

① 用阿拉伯数字表示的族号，是 1988 年由 IUPAC 建议的；用罗马数字表示的族号，是以前通常采用的，其中第ⅧB 族原称Ⅷ族，第ⅧA 族原称零族。

② 常见周期表认为 f 区元素是从 58 号 Ce→71 号 Lu，90 号 Th→103 号 Lr，近期光谱研究表明，f 区元素应从 57 号 La→70 号 Yb，89 号 Ac→102 号 No。把 71 号 Lu、103 号 Lr 作为 6、7 周期 d 区元素第一个成员排在第 3 族（ⅢB）才合理。

各区元素，随原子核电荷递增而递增的电子布入的亚层以及外围电子构型的特点见表 6-4。

表 6-4 亚层以及外围电子构型的特点

项　目		s 区	p 区	d 区	f 区
递增的电子布入的亚层		ns	np	$(n-1)d$	$(n-2)f$
外围电子构型	短周期	ns^{1-2}	$ns^2np^{1\sim6}$		
	长周期	ns^{1-2}	$(n-1)d^{10}ns^2np^{1\sim6}$	$(n-1)d^{1\sim10}ns^{0\sim2}$	$(n-2)f^{0\sim14}$ $(n-1)d^{0\sim2}ns^2$

由表 6-5 可知，元素分为七个周期；第 7 周期按排布规律应有 32 种元素，但目前还未完全发现，所以称为未完全周期。以第 4 周期为例，每种元素在周期表中占一个位置，因此，周期表中有 18 纵行，即 18 族。为避免表过于冗长，把 f 区元素置于表的下方，另辟两个横排。

❶ 也有人主张分为 s、p、d、ds 和 f 五个区。即把 d 区中第 11、12 纵行（族）元素划为 ds 区。

表 6-5 各周期元素的数目与新填充亚层的关系

周期	能级组	新填充的亚层(能级组)	元素数目	周期	能级组	新填充的亚层(能级组)	元素数目
1	一	1s	2	5	五	5s,4d,5p	18
2	二	2s,2p	8	6	六	6s,4f,5d,6p	32
3	三	3s,3p	8	7	七	7s,5f,6d,7p	32(未完全发现)
4	四	4s,3d,4p	18				

本书为便于与国内常见的长式周期表对照，仍在表 6-3 中用罗马数字标出主、副族的族号。新表在近几年出版的国内外教材已陆续引用。它与常见周期表的主要区别有两点。

(1) 族的划分。国际上存在两种惯例：一种把第 3 纵行至第 12 纵行划为 B 族，其余称为 A 族。这是国内常见的分族法。其缺点是在周期表中把 A 族分割成两块，缺乏完整性。另一种从第 1 纵行至第 7 纵行划为 A 族，第 11 纵行至第 18 纵行划为 B 族。这种分法虽完整性较好，但与外围电子构型联系不太明显。因此，为统一起见，1988 年 IUPAC 建议分为 18 个族，不分 A、B 族，这样可以把外围电子构型的特征与族号紧密地联系起来。即元素所在的族号就等于其外围电子层上电子的总数（He、镧系、锕系元素除外）。例如，$_{24}Cr$ 外围电子构型 $3d^5 4s^1$，有 6 个电子，属第 6 族；$_{35}Br$ 外围电子构型 $3d^{10} 4s^2 4p^5$，有 17 个电子，属第 17 族。但对于短周期元素，其族号应是外围电子层上电子的总数，再加 10。例$_{8}O$ 元素外围电子构型 $2s^2 2p^4$，有 6 个电子，加 10 则属第 16 族。

(2) 镧系、锕系元素的位置问题。这是门捷列夫排列元素周期表时无法解决的难题。常见表中把镧系 57 号镧→71 号镥，锕系 89 号锕→103 号铹定位在第 3 纵行，即位于钇之下，各占一格位置。

这似有违背一种元素占一格位置的原则。另外按理 f 亚层至多只能容纳 14 个电子，也就是说 14 种元素是镧系、锕系元素种类的限额。而常见表中镧系、锕系元素共有 15 种元素，似有不妥。为解决这一矛盾，有人提出把镧、锕元素作为该周期第 1 个 d 区元素，把 58 号铈→71 号镥、90 号钍→103 号铹作为 f 区元素，表面上看来似乎合理，因为镧、锕的外围电子构型分别为 $5d^1 6s^2$、$6d^1 6s^2$。但仔细推敲一下，它违背了电子填充的规律（先填 4f 后填 5d）。另外把周期表中的 d 区分割为两块，即第 3 纵行和第 4 纵行之间插进 f 区。这似乎不妥，因为从第 2 周期开始，每隔两个周期出现一个新区，而新区总跟在 s 区之后，例如，d 区出现在 s 区和 p 区之间，未见插进 p 区之内。同理 f 区应出现在 s 区和 d 区之间。因此，根据近期光谱实验结果，外围电子排布 70 号 Yb 为 $4f^{14} 6s^2$、71 号 Lu 为 $4f^{14} 5d^1 6s^2$，完全有理由认为 70 号 Yb 是 f 区元素的结束，71 号 Lu 是第 6 周期 d 区第 1 种元素。这样镧系元素是 57 号 La→70 号 Yb。同理，锕系元素是 89 号 Ac→102 号 No。造成 La 位置的误排，与当时光谱实验结果排出的 Yb 为 $4f^{13} 5d^1 6s^2$ 有误有关。现实验结果 Yb 为 $4f^{14} 6s^2$，故 Yb 应为镧系最后一种元素。

原子的电子层结构和元素周期表的关系概括如下。

① 电子层数等于该元素所在的周期数。例如，Cr 电子排布为 $1s^2 2s^2 2p^6 3s^2 3p^6 3d^5 4s^1$，可知 Cr 为第 4 周期元素。

② 各周期中元素的数目，等于新填充的相应能级组中各亚层所能容纳的电子总数（见表 6-5）。依此类推，第 7 周期应有 32 种元素。

③ 元素所在的族号等于其外围电子层上电子的总数（He、f 区元素除外），但短周期 p 区元素因无 $(n-1)$d 电子，故应加 10 才等于其族号。

思考题 6.7 在 3s、$3p_x$、$3p_y$、$3p_z$、$3d_{xy}$、$3d_{xz}$、$3d_{yz}$、$3d_{x^2-y^2}$、$3d_{z^2}$ 轨道中：

(1) 对于氢原子，哪些是等价轨道？

(2) 对于多电子原子，哪些是等价轨道？

思考题 6.8 在以下几组电子构型中，哪些是属于原子基态的？哪些是属于原子激发态的？哪些是纯属错误的？

$1s^2 2s^2 2p^4 4s^1$	$1s^2 2s^3 2p^3$	$1s^2 2s^2 2p^6 3s^2 3p^3$
$1s^2 2s^2 2p^6 3d^1$	$1s^2 2s^2$	$1s^2 2s^2 2p^6 2d^1 3s^2$

思考题 6.9 解释铜原子的外围电子构型是 $3d^{10} 4s^1$，而不是 $3d^9 4s^2$。

6.4 原子结构与元素性质的关系

元素性质决定于其原子结构，周期系中元素性质呈周期性变化，就是原子结构周期性变化的反映。本节主要讨论原子的某些基本性质。

6.4.1 有效核电荷

前面已知道，原子序数等于原子核电荷数。在多电子原子中，对某一电子来说，由于受到其余电子的排斥（屏蔽），相当于部分地抵消了原子核对它的吸引力。因此，这个电子实际所受到的核电荷 Z^* 要比原子序数 Z 为小。这种多电子原子中某一电子实际受到的核电荷称作有效核电荷（Z^*）。

元素原子序数增加时，原子的核电荷呈线性关系依次增加。然而，有效核电荷 Z^* 却呈周期性变化。如图 6-12 所示为对最外层上电子的有效核电荷随原子序数出现周期性变化的情况。

在短周期元素中，从左至右电子依次填充到最外层。由于同层电子间屏蔽作用弱，有效核电荷增加明显。在长周期元素中，从第 3（ⅢB）族开始，电子填充到次外层上，这新增加到次外层上的电子对最外层电子屏蔽作用较强。因此，随着核电荷的增加而有效核电荷却增加不多；当次外层填满 18 个电子时，由于 18 电子层

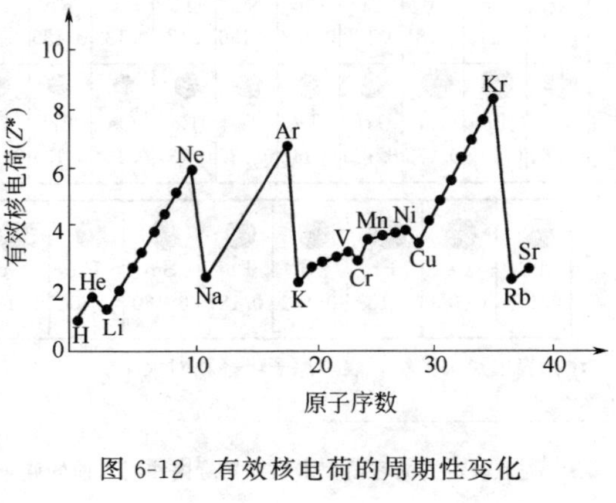

图 6-12 有效核电荷的周期性变化

屏蔽作用较大，因此有效核电荷的增加量略有下降；但在长周期的后半部，电子又填充到最外层，因而有效核电荷又显著增大。

同一族元素中，由上至下虽然核电荷增加较多，但相邻两元素之间依次增加一个电子层，因而屏蔽作用也较大，结果有效核电荷增加不显著。

6.4.2 原子半径

电子在原子核外各处出现，虽然总的范围有限，但无明确的界限。为了确定该电子活动的范围，亦即原子的大小，化学中形象地把原子看成刚性的“小球”。当两个原子形成化学键时，就相当于两个“小球”紧靠在一起，两个原子核间的距离就等于两个“小球”半径之和。通过测定原子核间距离就可以计算出“小球”的半径，这个半径就称为原子半径。由于原子之间成键的类型不同，所得的原子半径也会有所不同。通常将同种元素原子形成共价单键时，相邻两原子的核间距的一半定为单键共价半径，简称为共价半径；金属晶体中相邻两原子的核间距的一半定为金属半径；而第 18 (ⅧA)❶ 族元素（稀有气体）由于不易形成双原子分子，它们只能靠范德华力接近，所以测得的半径相对于其他原子半径大得多，称为范德华半径。表 6-6 列出了周期表中各元素的原子半径［第 18 (ⅧA) 族除外］。

表 6-6 周期表中各元素的原子半径 单位：nm

1	H 0.037																	He 0.122
2	Li 0.152	Be 0.110											B 0.088	C 0.077	N 0.070	O 0.066	F 0.064	Ne 0.160
3	Na 0.186	Mg 0.160											Al 0.143	Si 0.117	P 0.110	S 0.104	Cl 0.099	Ar 0.191
4	K 0.227	Ca 0.197	Sc 0.161	Ti 0.145	V 0.132	Cr 0.125	Mn 0.124	Fe 0.124	Co 0.125	Ni 0.125	Cu 0.128	Zn 0.133	Ga 0.122	Ge 0.122	As 0.121	Se 0.117	Br 0.114	Kr 0.198
5	Rb 0.248	Sr 0.215	Y 0.181	Zr 0.160	Nb 0.143	Mo 0.136	Tc 0.136	Ru 0.133	Rh 0.135	Pd 0.138	Ag 0.144	Cd 0.149	In 0.163	Sn 0.141	Sb 0.141	Te 0.137	I 0.133	Xe 0.217
6	Cs 0.265	Ba 0.217	Lu 0.173	Hf 0.159	Ta 0.143	W 0.137	Re 0.137	Os 0.134	Ir 0.136	Pt 0.136	Au 0.144	Hg 0.160	Tl 0.170	Pb 0.175	Bi 0.155	Po 0.153	At	Rn

La 0.188	Ce 0.183	Pr 0.183	Nb 0.182	Pm 0.181	Sm 0.180	Eu 0.204	Gd 0.180	Tb 0.178	Dy 0.178	Ho 0.177	Er 0.177	Tm 0.176	Yb 0.194

注：表中黑圆大小，表示原子半径相对大小。

❶ 为兼顾过去的习惯，本书在括号内注明以前的族号，以下仿此。

在短周期中，从左至右原子半径减小。这是因为同一短周期中，电子层数并无变化，这时核电荷增加而导致的收缩作用占主导地位。

过渡元素从左至右，原子半径变化的幅度不大。这是因为同一周期元素原子的电子层数相同，增加的电子填充在次外层 $(n-1)$d 轨道上，内层 d 电子对核的屏蔽作用很大，减弱了核电荷对最外层电子的吸引，表现出收缩作用变小。影响过渡元素原子半径的因素较复杂，所呈现出的规律不十分明显，总的趋势是变小，但幅度不大。

s 区、p 区的各族元素，原子半径由上而下逐渐增大。这是因为随着电子层数增加，原子半径自然呈增大的趋势，虽然核电荷也相应增加，起到吸引电子、缩小原子半径的作用，但由于屏蔽效应，使这种缩小的趋向小于增大的趋向，最后的结果还是原子半径逐渐增大。d 区各族元素（过渡元素）由上而下原子半径有增大的趋势，但幅度小，且不很规律。

6.4.3 电离能

气态原子在基态时失去最外层第一个电子成为＋1 价气态离子所需的能量称作第一电离能（I_1），再相继逐个失去电子所需的能量则依次称为第二、第三、……电离能（I_2、I_3、…），例如：

$$Mg(g)-e \longrightarrow Mg^{+}(g) \qquad I_1=738kJ\cdot mol^{-1}$$

$$Mg^{+}(g)-e \longrightarrow Mg^{2+}(g) \qquad I_2=1451kJ\cdot mol^{-1}$$

$$Mg^{2+}(g)-e \longrightarrow Mg^{3+}(g) \qquad I_3=7733kJ\cdot mol^{-1}$$

对于同一原子，I_1 最小，因为从正离子中电离出电子远比从中性原子中电离电子困难。电离能反映了原子失去电子倾向的大小。它与元素的许多性质密切相关，表 6-7 列出了各元素的第一电离能。一般书中未标明的电离能数据通常是指第一电离能。

表 6-7 元素的第一电离能 单位：$kJ\cdot mol^{-1}$

H 1312																	He 2372
Li 520	Be 899											B 801	C 1086	N 1402	O 1314	F 1681	Ne 2081
Na 496	Mg 738											Al 578	Si 786	P 1019	S 1000	Cl 1251	Ar 1521
K 419	Ca 590	Sc 631	Ti 658	V 650	Cr 623	Mn 717	Fe 759	Co 758	Ni 737	Cu 745	Zn 906	Ga 579	Ge 762	As 947	Se 941	Br 1140	Kr 1351
Rb 403	Sr 550	Y 616	Zr 660	Nb 664	Mo 685	Tc 702	Ru 711	Rh 720	Pd 805	Ag 731	Cd 868	In 558	Sn 709	Sb 834	Te 869	I 1008	Xe 1170
Cs 376	Ba 503	Lu 523	Hf 642	Ta 743	W 768	Re 760	Os 839	Ir 878	Pt 868	Au 890	Hg 1007	Tl 589	Pb 716	Bi 703	Po 812	At	Rn 1037
Fr	Ra 509	Lr															

电离能的大小反映了原子失去电子的难易程度。电离能愈大，原子失去电子时需要吸收的能量愈大，原子失去电子也就愈难。电离能的大小，主要决定于原子的有效核电荷、原子半径和原子的电子层结构。有效核电荷愈大，原子半径愈小，外围电子构型愈稳定，原子就愈难失去电子，电离能就愈大。

在同一周期中，从左至右，从碱金属到卤素，元素的有效核电荷增加，原子半径逐渐减小，原子最外层电子数逐渐增多。因此，总的趋势是元素的电离能逐渐增大。稀有气体由于具有稳定的电子层结构，在同一周期的元素中，电离能最大。长周期的 d 区元素由于电子填入到次外层，有效核电荷增加不多，原子半径减小缓慢，电离能增加不显著且不甚规则。虽然，同一周期元素的第一电离能有增大的趋势，但中间元素仍稍有起伏。例如，第 3 周期中的 Mg 和 P 虽分别位于 Al 和 S 的左侧，但它们的电离能反而比 Al 和 S 的高。这是由于 Mg 的外围电子构型为 $3s^2$，电子已成对，充满了 s 轨道；P 的外围电子构型为 $3s^23p^3$，p 轨道处于半充满状态，因此它们的电离能就分别比其右侧元素 Al 和 S 的电离能大一些。

在 s 区、p 区的同族元素中，从上而下电离能变小，这是因为它们最外层的电子数相同，有效核电荷增加不多，原子半径的增大起着主要作用。因此，核对最外层电子的吸引力逐渐减弱，电子趋向易于失去，电离能逐渐减小。

值得注意的是，d 区元素原子的轨道能级按近似能级图是 $(n-1)\mathrm{d}>n\mathrm{s}$，电子先排入 ns 轨道后排入 $(n-1)$d 轨道。但在原子电离时，则总是先电离出最外层上的电子。例如，Fe 的外围电子排布为 $3d^64s^2$，电离时先电离出 4s 上的电子，所以 Fe^{2+} 的外围电子构型是 $3d^64s^0$，而不是 $3d^44s^2$。

6.4.4 电子亲和能

原子失去电子要吸收能量，反过来，原子得到电子就要放出能量。气态原子在基态时获得一个电子成为－1 价气态离子所放出的能量称为电子亲和能（E_A）。❶

$$\mathrm{O(g)}+\mathrm{e}\longrightarrow \mathrm{O^-(g)}\qquad E_A=-141\mathrm{kJ\cdot mol^{-1}}$$

$$E_A=-\Delta_r H_m^{\ominus}=141\mathrm{kJ\cdot mol^{-1}}$$

这样表示的电子亲和能用负号与焓变的正、负号取得一致。表 6-8 列出了元素的电子亲和能的数据。由于电子亲和能的测定比较困难，一般常用间接方法计算而得，因此，其数值的准确度要比电离能低。

表 6-8 元素的电子亲和能 单位：$\mathrm{kJ\cdot mol^{-1}}$

H −72.7							He +48.2
Li −59.6	Be +48.2	B −26.7	C −121.9	N +6.75	O −141.0	F −328.0	Ne +115.8
Na −52.9	Mg +38.6	Al −42.5	Si −133.6	P −72.1	S −200.4	Cl −349.0	Ar +96.5
K −48.4	Ca +28.9	Ga −28.9	Ge −115.8	As −78.2	Se −195.0	Br −324.7	Kr +96.5
Rb −46.9	Sr +28.9	In −28.9	Sn −115.8	Sb −103.2	Te −190.2	I −295.1	Xe +77.2
Fr							

注：本表录自参考文献［4］. p39。

❶ 本书第三版采用电子亲和能数据的正、负号含义与焓变的正、负号相一致。

由表 6-8 可知，非金属原子的电子亲和能是负值（N 除外），而金属原子的电子亲和能一般负值较小或为正值。

电子亲和能的大小反映了气态原子得到电子的难易程度。电子亲和能数值越大，其原子越易得到电子。电子亲和能的大小，与电离能一样也主要决定于原子的有效核电荷、原子半径和电子层结构。

同周期元素中，从左到右，原子的有效核电荷增大，原子半径减小，同时由于最外层电子数逐渐增多，易与电子结合形成 8 电子稳定结构。因此，元素的电子亲和能负值逐渐增大的趋势，至卤素达到最大值。第 15（ⅤA）族氮族元素由于其外围电子构型为 ns^2np^3 的半充满状态，较稳定，电子亲和能负值较小甚至 N 为正值。稀有气体由于其外围电子构型为 ns^2np^6 的稳定结构，电子亲和能为正值（吸收能量）。

6.4.5 电负性

电离能和电子亲和能各自都只从一个侧面反映了原子得失电子的能力。为了全面衡量分子中原子争夺电子的能力，引入了元素电负性的概念。元素的电负性是指原子在分子中吸引电子的能力。电负性的概念首先是由鲍林在 1932 年提出的。由于其在化学上非常之重要，曾有许多学者提出计算电负性的方法。各种方法计算出来的数值虽不相同，但在电负性大小顺序中元素的相对位置大致相同，而且相互之间的数值换算可找到一定的关系式。通常采用的是鲍林电负性标度。他的标度是以键能为依据，提出了计算电负性公式，并指定 H 的电负性为 2.1 作为标准，计算出 F 的电负性为 3.9，后来有人建议 F 的电负性为 4.0 计算出 H 元素的相对电负性为 2.2。表 6-9 列出了各元素的电负性。

表 6-9 元素的电负性

H 2.2																H 2.2	He
Li 1.0	Be 1.6											B 2.0	C 2.6	N 3.0	O 3.4	F 4.0	Ne
Na 0.9	Mg 1.3											Al 1.6	Si 1.9	P 2.2	S 2.6	Cl 3.2	Ar
K 0.8	Ca 1.0	Sc 1.3	Ti 1.5	V 1.6	Cr 1.6	Mn 1.5	Fe 1.8	Co 1.9	Ni 1.9	Cu 1.9	Zn 1.6	Ga 1.8	Ge 2.0	As 2.2	Se 2.6	Br 3.0	Kr 2.9
Rb 0.8	Sr 1.0	Y 1.2	Zr 1.4	Nb 1.6	Mo 1.8	Tc 1.9	Ru 2.2	Rh 2.2	Pd 2.2	Ag 1.9	Cd 1.7	In 1.8	Sn 1.9	Sb 2.1	Te 2.1	I 2.7	Xe 2.6
Cs 0.8	Ba 0.9	Lu 1.2	Hf 1.3	Ta 1.5	W 1.7	Re 1.9	Os 2.2	Ir 2.2	Pt 2.2	Au 2.4	Hg 1.9	Tl 1.8	Pb 2.1	Bi 2.0	Po 2.0	At 2.2	Rn

注：表中数据是鲍林的电负性，录自 L. Pauling，P. Pauling，Chemistry，175（1975），其中主族元素录自 Bruce M. Mahan & Rollie J. Myers，University Chemistry，4th ed.，664（1987）.

由表 6-9 可知，电负性也呈有规律的递变。同一周期中，从左到右，从第 1（ⅠA)族至第 17（ⅦA）族元素电负性呈增大趋势。这是由于同一周期从左到右，有效核电荷逐渐增大，原子半径逐渐减小，原子在分子中吸引电子的能力逐渐增加的结果。s 区、p 区元素同一族中，从上至下电负性呈减小趋势。这是由于同一族元素从上至下，外围电子构型相同，有效核电荷相差不大，但原子半径的增大占主导地位，因此，元素电负性呈减小趋势。一般来说，金属元素的电负性小于 2.0，非金属元素的电负性大于 2.0。

6.4.6 元素的金属性和非金属性

元素的金属性是指其原子失去电子成为正离子的性质；而元素的非金属性则是指其原子得到电子成为负离子的性质。元素的原子愈易失去电子，其金属性就愈强；元素的原子愈易得到电子，其非金属性就愈强。所以金属性和非金属性的强弱可分别用电离能和电子亲和能来衡量。它们在周期表中的递变规律与电离能、电子亲和能的递变是相一致的。

由于电负性综合考虑了某一元素原子得失电子的能力，因此，我们也可以利用电负性的数据来衡量金属性或非金属性的强弱。电负性数值愈大，表明该元素原子在分子中吸引电子的能力愈强，非金属性也就愈强；电负性数值愈小则表明该元素原子的金属性愈强。

值得注意的是，原子愈难失去电子，不一定就愈易与电子结合。例如，稀有气体既难失去电子又不易得到电子。

6.4.7 氧化态

氧化态[1]（原子价）即化合价是化学中表征元素性质最重要的概念之一。但由于化合物种类繁多，新的化合物不断被合成出来或被发现，迄今仍无严密的、统一的原子价概念。为了说明化合物中某一元素的一个原子与其他元素原子化合的能力，原子价通常分别用离子价、共价、配位数、氧化态等概念表征。在无机化学中最常用的是氧化态。我们把氧化态定义为：当分子中原子之间的共用电子对被指定属于电负性较大的原子后，各原子所带的形式电荷数。该定义相当于中学化学中正负原子价的概念。

元素原子参加化学反应时，通常通过得失电子或共用电子等方式达到最外电子层为 2、8 或 18 个电子的较稳定结构。反应中参与化学键形成的电子称为价电子，而价电子的数目则决定于原子的外围电子构型。

对于 s 区、p 区元素来说，外围电子构型为 $n\mathrm{s}^{1\sim2}$ 、$n\mathrm{s}^2n\mathrm{p}^{1\sim6}$，它们的最高氧化态等于最外层电子数目（$j$）。p 区元素最低氧化态等于 $-(8-j)$，即获得（$8-j$）个电子，使最外层达 $n\mathrm{s}^2n\mathrm{p}^6$ 构型。

---

[1] 氧化态也称氧化值或氧化数。三者都是同一概念。

对于 d 区元素，外围电子构型为 $(n-1)d^{1\sim10}ns^2$[1]，它们的最高氧化态等于 $(n-1)d$ 电子［已达 $(n-1)d^{7\sim10}$ 的除外］与 ns 电子数目之和 (j)，最低氧化态等于 $-(10-j)$ 即获得 $(10-j)$ 个电子，使 $(n-1)d$ 轨道全充满。表 6-10 列出了 d 区元素可能的最高氧化态和最低氧化态的变化范围。

表 6-10　d 区元素可能的最高氧化态和最低氧化态

族　号	3 (ⅢB)	4 (ⅣB)	5 (ⅤB)	6 (ⅥB)	7 (ⅦB)
价层电子构型	$(n-1)d^1ns^2$	$(n-1)d^2ns^2$	$(n-1)d^3ns^2$	$(n-1)d^4ns^2$	$(n-1)d^5ns^2$
最高氧化态	+3	+4	+5	+6	+7
最低氧化态				−4	−3
族　号	8 (ⅧB)	9 (ⅧB)	10 (ⅧB)	11 (ⅠB)	12 (ⅡB)
价层电子构型	$(n-1)d^6ns^2$	$(n-1)d^7ns^2$	$(n-1)d^8ns^2$	$(n-1)d^{10}ns^1$	$(n-1)d^{10}ns^2$
最高氧化态	+8	+6	+4	+3	+2
最低氧化态	−2	−2 (−1)			

思考题 6.10　解释下列化学名词的含义：

电离能　　电子亲和能　　电负性　　氧化态

思考题 6.11　从下列原子的价电子层结构，推断元素的原子序数，指出它在周期表中所处的区、族和周期以及最高氧化态。

$4s^2$　　$3d^24s^2$　　$4s^24p^3$

6.5 复杂化学体系的多尺度模型

在化学反应的过程中，由于大量的微观粒子（原子、电子、离子、分子等）在不停地运动、变化，要通过传统的化学实验的方法来记录这些变化的每一过程是完全不可能的。当科学家们需要在电脑上模拟分子时，他们所拥有的软件要么是基于经典物理的，要么则是基于量子物理学的，这两种方法各自有着优缺点。经典物理的计算过程相对简单，尽管可以模拟非常大型的分子结构，并向化学家们展示一个大型分子的精细结构，但它却无法模拟化学反应过程。而用量子物理学的方法虽然可以更真实地描述化学反应过程，但计算机要处理分子内部的每一个电子和每一个原子核，同时还要考虑化学反应进行时的环境因素，如此一来的计算量将是相当庞大的，故而只能通过量子物理学方法处理一些小的分子。

对于经典力学和量子力学这两个完全不同、在一些方面甚至是冲突的领域，美籍化学家马丁·卡普拉斯（Martin Karplus）、迈克尔·莱维特（Michael Levitt）和亚利耶·瓦谢尔（Arieh Warshel）所做的工作就是，设计出可以基于量子力学、

[1] 有个别外围电子构型为 $(n-1)d^{x+1}ns^1$，Pd 为 $4d^{10}$。

经典力学以及混合量子-经典力学的理论模型，通过计算机模拟的方法来研究化学反应的过程。例如，在模拟药物如何与身体内的目标蛋白耦合时，计算机能够对目标蛋白中那些与药物产生作用的原子采用量子物理学计算方法，而对蛋白质中剩下的部分则可以采用要求不那么高的经典物理学方法。其逼真的模拟过程和预测结果，对化学家而言“计算机就像试管一样重要”。化学家可以通过计算机进行“实验”，进而深入探索化学反应的整个过程，了解在反应不同阶段不同原子所起的作用。因此，他们的研究成果对推进化学学科的进步，以及对计算化学、生物科学的发展都具有重大的意义，正是他们在发展“多尺度模型研究复杂化学体系”上所做出的杰出贡献，而荣获了 2013 年度诺贝尔化学奖。

习　题

6.1 下列四个量子数组合哪些是合理的？哪些是不合理的？

组合态	n	l	m	m_s
1	3	2	2	1/2
2	3	0	−1	1/2
3	2	2	2	2
4	1	0	0	0
5	2	−1	0	1/2
6	2	0	−2	1/2

6.2 下列说法是否正确，为什么？

(1) 电子云图中黑点越密的地方电子越多；

(2) p 轨道的角度分布为“8”字形，表明电子沿“8”字轨道运动；

(3) 磁量子数为零的轨道，都是 s 轨道；

(4) 一个原子中不可能存在两个运动状态完全相同的电子。

6.3 下列原子轨道是否存在？如果存在的话指出其 n、l，并说明该轨道可能存在的个数。

(1) 2s；(2) 3f；(3) 1p；(4) 5d；(5) 4f；(6) 3p

6.4 试按电子填充规律，排出 20、35、47、80 号元素的原子电子层结构，并分别指出其外围电子构型、所在周期、分区、族号（不得查看周期表得出答案）。

6.5 何谓有效核电荷？它与核电荷是否成正比的关系？试简要说明。

6.6 何谓电负性？电负性的大小说明元素什么性质？

6.7 试以 Cl 和 Mn 两元素为例，说明其可能的最高氧化态和最低氧化态？

6.8 写出 Cl、Mn 可能存在的正氧化态？并分别举例。

7 分子结构

除稀有气体之外，物质并不是直接由原子构成的，而是先由原子通过化学键形成分子或离子结合起来的。化学键是原子与原子之间的一种较强的相互作用力。通过它把原子牢固地结合在一起。按照化学键的特点，一般把化学键分为三大类，即离子键、共价键和金属键。本章着重介绍共价键的基本理论及其形成的简单分子的结构。有关离子键和金属键的内容将在下一章晶体结构部分讨论。

7.1 共价键

在大多数由非金属原子之间形成的分子中，由于非金属原子的电离能大，原子不能通过电子得失形成离子，而是参与成键的电子为两个原子（或多个原子）所共有，这种以共有电子对的方式结合的化学键，称为共价键。如 HCl 分子的形成过程可用下面的式子表示：

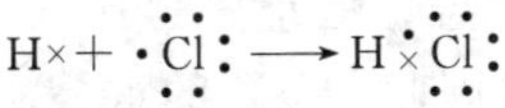

式中，H 与 Cl 之间的两个电子为两个原子所共有，从而使得两个原子都具有类似稀有气体原子的那种稳定的电子构型。

在讨论共价键时，常用一条短线表示一对成键电子，用它把两个原子连起来，以表示分子中成键的状况。例如：

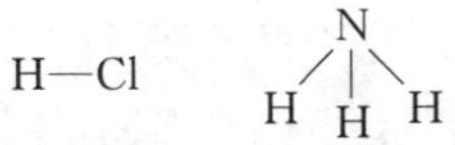

共价键的共有电子对理论最初是由美国化学家路易斯（G. N. Lewis）于 1916 年提出的。它为以后研究分子结构以及化学键开创了一个广阔的领域，但它还解释不了共价键的许多特点。直到量子力学出现以后才开始了现代化学键理论的研究。目前被普遍接受的共价键理论有价键理论和分子轨道理论。

7.1.1 价键理论

1927 年德国物理学家海特勒（W. Heitler）和伦敦（F. London）运用量子力学近似处理了氢分子，后来鲍林等又加以发展，建立了价键理论，简称 VB 理论（又称电子配对理论）。

价键理论认为：当两个原子靠近时，两个原子的核外空间发生重叠，空间中的概率波就会叠加，即原子轨道进行重叠，叠加的效果如果可以使这两个原子构成的系统的能量降低，两个原子就可能形成分子。

为了使系统的能量降低，对于原子轨道的重叠有如下要求。

① 只有同号的原子轨道重叠，才能使系统能量降低，且同号原子轨道重叠越多，共价键越牢固。

前已介绍过，波函数的值有正有负，即原子轨道有正的部分和负的部分，按波的叠加原理，只有同号的波相叠加才能使叠加处的波的强度更大。同号的原子轨道重叠时，重叠区域的电子出现的概率密度增大或者说电子云密度增大，这就增大了该重叠区的电子对两个核的吸引力，将两个核牢牢地牵在一起。重叠面积越大，这种作用力就越强。当然由于核与核之间存在斥力，这种重叠总是有限制的。异号的原子轨道进行重叠则使重叠区电子云密度下降，失去对两个核的牵引作用，不能有效地形成化学键。

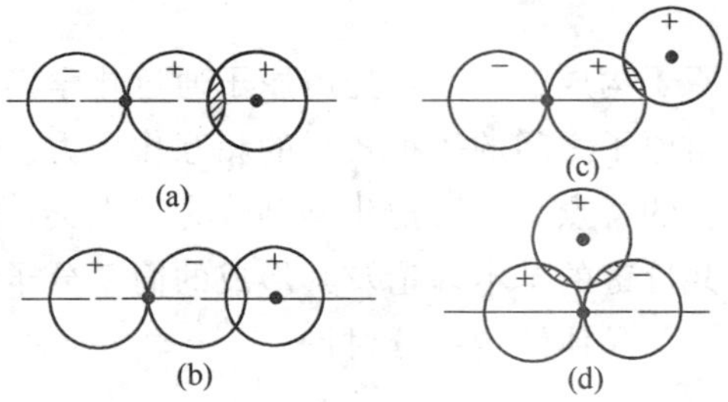

图 7-1　s 和 p_x 轨道（角度分布）的重叠方式示意图

例如，HCl 分子中，H 原子 1s 轨道与 Cl 原子的 $2p_x$ 轨道进行重叠，在图 7-1 所示的四种重叠方式中，只有（a）才是最有效的重叠方式；（b）是异号重叠，为无效重叠方式；（c）虽为同号重叠，但重叠得比（a）少；（d）是两种重叠都有，作用相互抵消，为零重叠方式。因此，（a）的重叠才能形成共价键。

因 p、d、f 轨道有一定的方向性，为了满足最大重叠的要求，重叠必须在一定的方向上进行，这就造成了共价键有一定方向性的特征。

② 原子轨道重叠区域出现的电子必须是自旋方向相反的电子，即原子间共有自旋方向相反的电子对才能使系统的能量降低。

重叠区出现的电子相当于同时处于两个原子轨道上，按泡利不相容原理，它们的自旋方向应当相反。因此共价键是由两个原子各提供一个自旋方向相反的未成对电子配对而成。这样，每个原子所能形成的共价键数目就会受到它所能提供的未成对电子数目的限制，使得共价键具有饱和性的特征。例如，H 原子核外只有一个 1s 电子，只能形成一个共价键；N 原子有三个未成对的 2p 电子，可形成三个共价键，如 N≡N 、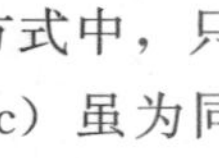。

按照上述原子轨道重叠的原则，根据不同的重叠方式，一般可将共价键分为 σ 键和 π 键两大类。σ 键的特点是成键的原子轨道沿键轴（两核的连线）方向“头对头”地进行重叠［见图 7-2(a)］；π 键的特点则是在键轴两侧“肩并肩”进行重叠［见图 7-2(b)］。共价单键是 σ 键，如 H_2 分子中的 s-s 重叠，H—Cl 中的 s-p_x 重叠。共价双键或三键中，除 σ 键外，还有 π 键存在。如 N_2 分子中，N 原子的三个

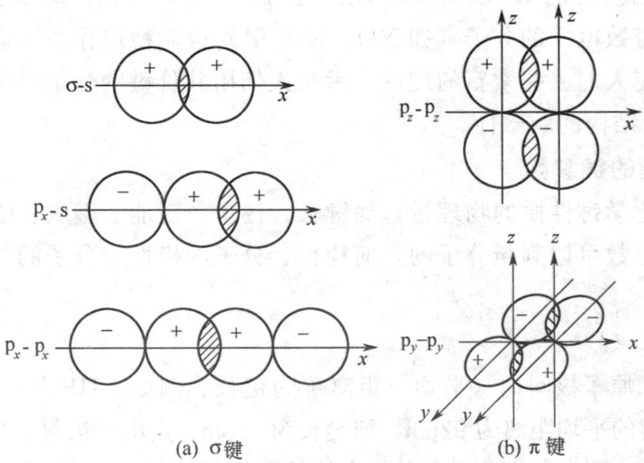

图 7-2 σ键和π键重叠方式示意图

未成对电子分别排在 p_x、p_y、p_z 轨道上，分子形成时，设键轴为 x 轴，则 p_x-p_x 重叠成σ键，而 p_y-p_y、p_z-p_z 则在垂直于键轴的方向上“肩并肩”重叠形成两个π键（见图 7-3）。

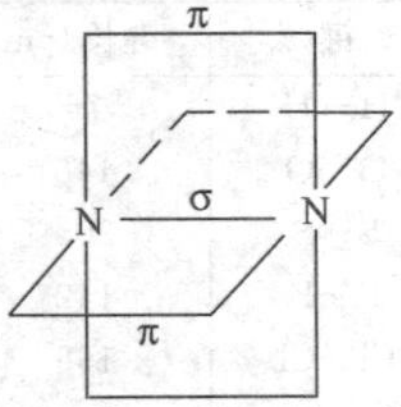

图 7-3 N_2 分子中的三键示意图

从电子云分布情况来看，σ键的电子云密集在键轴处，呈圆柱形对称；π键的电子云集中在键轴平面的上下方，呈双冬瓜形。通过键轴的平面称为节面。在节面上电子云密度为零（见图 7-4）。

一般来说，“头对头”重叠所产生的对两个核的吸引力比“肩并肩”重叠的要强。所以一般σ键比π键更强一些。

价键理论直接利用原子的电子结构简明地说明共价键的主要特点，容易被人们所接受，但它仍存在一些问题。例如，它仅考虑含有未成对电子的原子轨道之间的

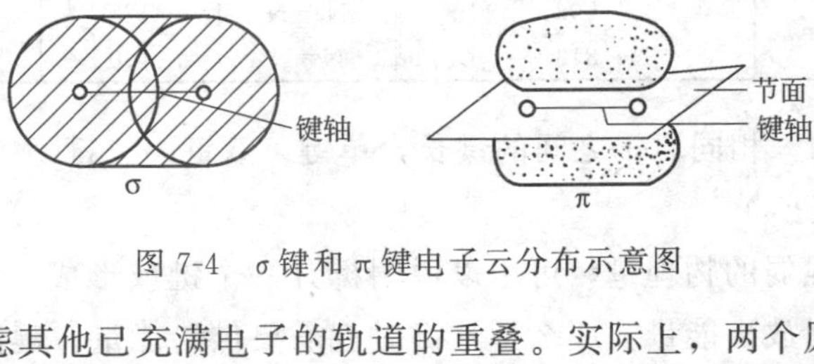

图 7-4 σ键和π键电子云分布示意图

重叠，并没有考虑其他已充满电子的轨道的重叠。实际上，两个原子的核外空间重叠时，不可避免地会有某些已充满电子的轨道也会发生或多或少的重叠。一些实验现象用价键理论是解释不了的。典型的例子就是 O_2 分子的顺磁性❶。按价键理论，O 原子有两个未成对的 2p 电子，O_2 中似应配对成一个σ键和一个π键，不应存在

❶ 分子中如果存在未成对电子，则在磁场中会表现出顺磁性。

未成对电子，也就是说 O_2 没有顺磁性。这与 O_2 具有顺磁性的实验现象相矛盾。此外，有些含奇数电子的分子（如 NO、NO_2 等）也能稳定存在，价键理论也无法解释，从而促使人们去探索新的理论。后来人们用共价键的分子轨道理论，圆满地解释了 O_2 分子结构的顺磁性。

7.1.2　共价键的键参数

用来表征化学键性质的物理量，如键长、键角、键能、键级、键矩等统称为键参数。利用键参数可以判断分子的几何构型、分子的极性、分子的热稳定性和成键的类型等性质。

7.1.2.1　键长（l）

分子中两个原子核间的（平均）距离称为键长。例如，HF 分子中 H 原子与 F 原子的两核之间的平均距离为 92pm，即键长为 92pm。用电子衍射、X 射线衍射等技术已能相当精确地测出各类分子和晶体中的核间距离。表 7-1 列出了一些非金属元素共价键的键长。

表 7-1　一些非金属元素形成的共价键的键长和键能

键	键长/pm	键能/$kJ \cdot mol^{-1}$	键	键长/pm	键能/$kJ \cdot mol^{-1}$
H—H	76	436	C—H	109	416
O—O	148	146	N—H	101	391
S—S	205	226	O—H	96	467
F—F	142	158	F—H	92	566
Cl—Cl	199	242	B—H	123	293
Br—Br	228	193	Si—H	152	323
I—I	267	151	S—H	136	347
C—F	127	485	P—H	143	322
B—F	126	548	Cl—H	127	431
I—F	191	191	Br—H	141	366
C—N	147	305	I—H	161	299
C—C	154	356	N—N	146	160
C═C	134	598	N═N	125	418
C≡C	120	813	N≡N	110	946

由表 7-1 可知，相同原子之间的键长，单键＞双键＞三键。

7.1.2.2　键能（E_B）

它是表示键强弱的物理量，可用以说明拆开一个键或形成一个键的难易程度。由于共价键形成时放出能量，那么拆开键时就需要供给能量。键能 E_B 定义为：在 298.15K 和 100kPa 下，拆开 1mol 键所需要的能量❶。单位为 $kJ \cdot mol^{-1}$。对于双原子分子而言，在上述温度、压力下，将 1mol 理想气体分子拆开为理想气态原子所需的能量称为离解焓 $\Delta_D H_m^{\ominus}$，也就是键能 E_B。表 7-1 列出了一些共价键的平均

❶　此定义严格说来是键焓 $\Delta_B H_m^{\ominus}$。下标 B 是键 BOND 的缩写。

键能。

一般来说键能愈大，表明其键愈牢固，由该化学键构成的分子也就愈稳定。由表 7-1 可知，HF→HCl→HBr→HI 的键长依序增长，键能则依序减小，因而可知，它们分子的热稳定性依次降低。

$$HX \longrightarrow \frac{1}{2}H_2 + \frac{1}{2}X_2 \text{（式中 X=F、Cl、Br、I）}$$

7.1.2.3 键角（θ）

分子中键与键之间的夹角称为键角。键角和键长是表征分子（几何）构型的重要参数。

对于双原子分子来说，分子的构型总是直线型；对于多原子分子来说，分子中的原子在空间的位置不同，它的几何构型就不同。表 7-2 列出一些分子的键长、键角和分子构型。

表 7-2 一些分子的键长、键角和分子构型

分子式	键长(实验值)/pm	键角(实验值)/(°)	分 子 构 型
H_2S	134	93.3	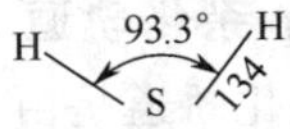 (V字形)
CO_2	116.2	180	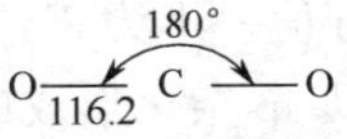 (直线型)
NH_3	101	107	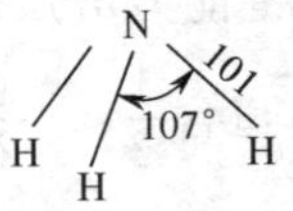 (三角锥型)
CH_4	109	109.5	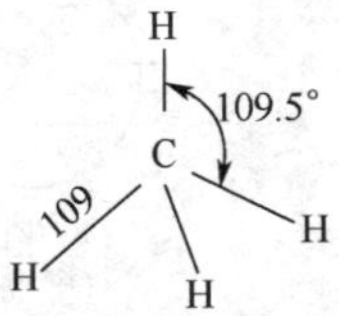 (四面体型)

由此可见，知道了一个分子的键长和键角，就可以确定分子的构型。

最初的价键理论解释不了表 7-2 中这些分子的几何构型。例如，CH_4 中为什么 C 原子可以利用 2s 和 2p 电子与 4 个 H 原子的 1s 电子成键？为什么 CH_4 分子中 4 个 C—H 键长相等？另外，根据 p 轨道的方向性，分子中会出现 90°的键角，而实际上在 CH_4 分子中键角都是 109.5°。这说明价键理论在处理多原子分子时有一定的局限性，需寻求新的理论补充其不足。为了解决上述矛盾，1931 年鲍林提出了杂化轨道理论。

思考题 7.1 下列说法是否正确？为什么？

(1) s 轨道和 s 轨道重叠后形成 σ 键，p 轨道和 p 轨道重叠后形成 π 键；

(2) σ 键的键能大于 π 键的键能。

7.2 杂化轨道与分子的几何构型

杂化轨道的概念是从电子具有波动性及波的叠加原理引出来的。它认为 1 个原子和周围原子成键时所用的轨道不是原来纯粹的 s 轨道或 p 轨道。而是若干个能量相近的不同类型（例如 s 和 p）的原子轨道经过叠加，重新分配能量和调整伸展方向以满足成键的需要，组合成同等数目的、成键能力更新的新轨道。这种过程就称为原子轨道的杂化，所得的新轨道称为杂化原子轨道，或简称为杂化轨道。

由 s 和 p 原子轨道组合形成杂化轨道的过程称为 sp 杂化。同一原子中同一价电子层有三个 p 轨道（p_x、p_y、p_z），根据组合 p 轨道的数目不同，sp 杂化可分为 sp、sp^2、sp^3 杂化三种类型，相对应的杂化轨道称为 sp、sp^2、sp^3 杂化轨道。

7.2.1 sp 杂化轨道

sp 杂化轨道是由 1 个 s 轨道和 1 个 p 轨道通过杂化形成的。如图 7-5 所示为 sp 杂化轨道杂化示意图。当 s 轨道（波函数角度部分值均为正值）和 p 轨道（波函数角度部分值一半为正，另一半为负）叠加时，正与正叠加增大，正与负叠加则缩小，所以 sp 杂化形成的杂化轨道是一头大（正值区），一头小（负值区），形似葫芦状。成键时，较大的一头与其他原子轨道重叠，重叠部分比未杂化的 p 轨道增多，故成键能力增强。一个 s 轨道与一个 p 轨道形成两个 sp 杂化轨道，所以每个 sp 杂化轨道含 $\frac{1}{2}$s、$\frac{1}{2}$p 成分。这两个杂化轨道的夹角[1]为 180°。

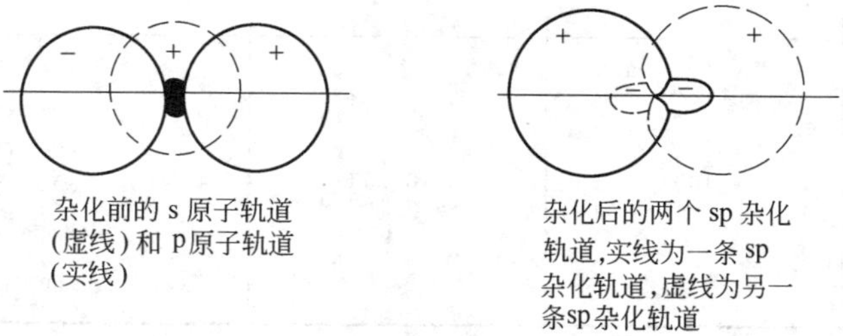

图 7-5 sp 杂化轨道杂化示意图

根据实验测定，$BeCl_2$ 为直线型分子。其分子构型可用 sp 杂化说明（见图 7-6）。在 $BeCl_2$ 分子中，Be 原子的 2s 轨道上的两个电子，按价键理论的要求，激发成 $2s^1 2p^1$，然后通过 sp 杂化形成两个 sp 杂化轨道，这两个 sp 杂化轨道上的电

[1] 轨道的夹角是指两个轨道中轴线相交的角。

子，分别与两个 Cl 原子的 $3p_x$ 轨道上的电子配对形成两个 sp-p 型 σ 键，从而形成直线型 $BeCl_2$ 分子。

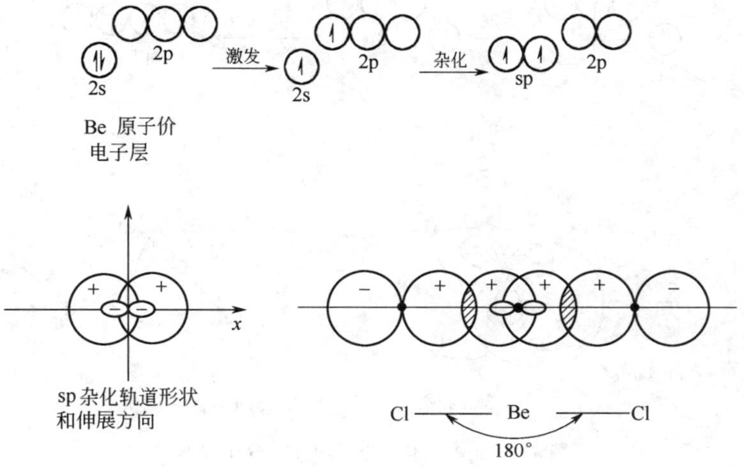

图 7-6 $BeCl_2$ 分子形成示意图

7.2.2 sp^2 杂化轨道

sp^2 杂化轨道是由一个 s 轨道和两个 p 轨道杂化而成的。形成的三个 sp^2 杂化轨道，互成 120°。每一个 sp^2 杂化轨道含 $\frac{1}{3}$s，$\frac{2}{3}$p 成分。例如 BCl_3 分子是通过 B 原子的 sp^2 杂化轨道与三个 Cl 原子的 2p 轨道重叠成键，构成平面正三角形构型（见图 7-7）。

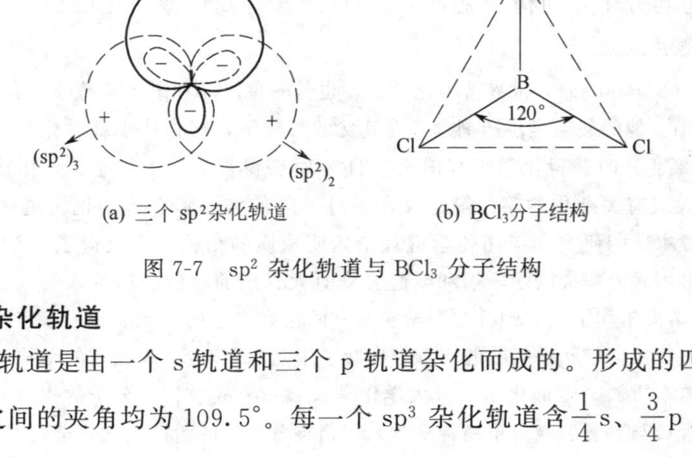

图 7-7 sp^2 杂化轨道与 BCl_3 分子结构

7.2.3 sp^3 杂化轨道

sp^3 杂化轨道是由一个 s 轨道和三个 p 轨道杂化而成的。形成的四个 sp^3 杂化轨道，轨道之间的夹角均为 109.5°。每一个 sp^3 杂化轨道含 $\frac{1}{4}$s、$\frac{3}{4}$p 成分。例如，

CH_4 分子是通过 C 原子的四个 sp^3 杂化轨道分别与四个 H 原子的 1s 轨道重叠成键，构成正四面体型结构（见图 7-8）。

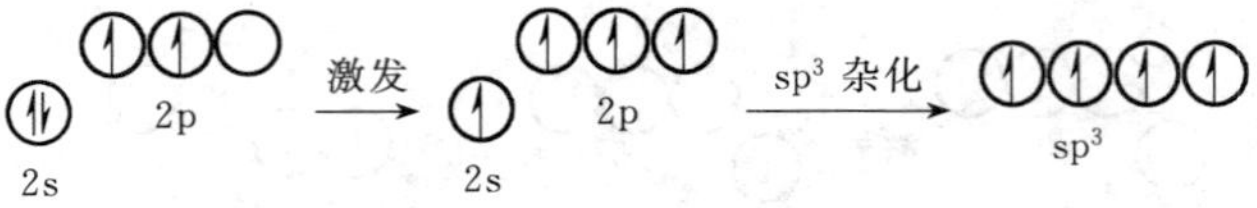

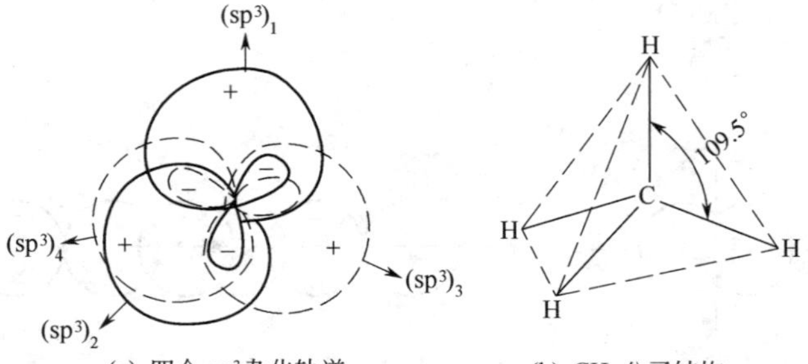

(a) 四个 sp^3 杂化轨道 (b) CH_4 分子结构

图 7-8 sp^3 杂化轨道与 CH_4 分子结构

以上讨论的三种类型 sp 杂化轨道，每种类型的各杂化轨道的能量均相同，所含的 s 及 p 的成分相同，成键能力也相等，这样的杂化轨道称为等性杂化轨道。与其相对应的杂化称为等性杂化。

还应指出，杂化轨道是原子在成键时为适应成键需要而形成的。可形成杂化轨道的原子轨道，除了上述 ns、np 外，还有 nd、$(n-1)$d、$(n-2)$f。具体进行何种形式的杂化，应视具体成键要求而定。

20 世纪 50 年代我国物理化学家唐敖庆教授提出 f 轨道参与杂化的新概念，并推导出包括 f 轨道在内的等性杂化轨道夹角的计算公式。70 年代中期以来，鲍林和他的学生重新对杂化轨道理论做了一系列定量的研究。杂化轨道理论已从定性或半定量阐明一些分子结构过渡到定量的阐明结构化学的有关问题。杂化轨道理论可以看做是价键理论的发展和补充。

杂化轨道与分子几何构型见表 7-3。对于含有双键或三键的分子，其分子几何构型由 σ 键决定。

附：鲍林（L. Pauling），世界著名化学家，也是一位国际和平主义战士。他于 1901 年 2 月 28 日诞生在美国。他的父亲是位药剂师，在其父的影响下，鲍林从小就对化学产生较浓厚的兴趣。21 岁（1922 年）时获得化学工程博士，24 岁时获得哲学博士。他是杂化轨道理论的创始人，25 岁时便发表有关杂化的第一篇论文，经过五年的努力建立起杂化轨道理论（1931 年）。由于他对化学键本质的研究和应用化学键理论阐明物质的结构，而获得了 1954 年诺贝尔化学奖；由于他反对用武力解决国际争端和唤起公众对大气层的核试验所带来的放射性危险的注意而荣获 1962 年诺贝尔和平奖。鲍林在医学领域方面也有出色的贡献。他发表了 400 多篇科学论文和约 100 篇关于社会与和平问题的文章，出版了十几本专著：《线光谱的结构》、《量子力学导论》、《化学键的本质》、《普通化学》、《大学化学》、《不要战争》、《分子的构造》、《科学与世界和平》、《维生素 C 与感冒》、《分子精神病学》、《精神分裂症的治疗》、《化学》、《维生素 C · 感冒与流行性感冒》、《癌症与维生素 C》等。

鲍林从 1922～1963 年在加利福尼亚工学院任教 40 多年，以后曾先后在研究所和几所大学任教授，鲍林曾于 1973 年和 1981 年两度来华讲学和访问，受到中国科学工作者的热烈欢迎和敬佩。

表 7-3　杂化轨道与分子几何构型

杂化类型	杂化轨道成分	杂化轨道间夹角	分子几何构型示例
等性 sp	$\frac{1}{2}s,\frac{1}{2}p$	180°	直线型  如 $BeCl_2$、$HgCl_2$ 等
等性 sp^2	$\frac{1}{3}s,\frac{2}{3}p$	120°	平面三角形 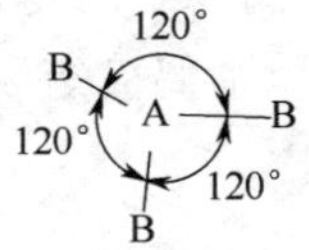 如 BCl_3、BF_3 等
等性 sp^3	$\frac{1}{4}s,\frac{3}{4}p$	109.5°	正四面体型 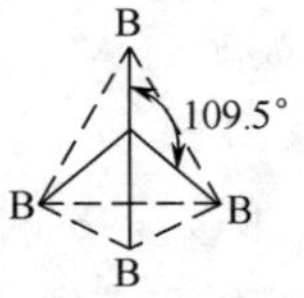 如 CH_4、CCl_4 等

7.3　分子间力

化学键是分子中原子与原子之间的一种较强的相互作用，它是决定物质化学性质的主要因素。但对于处于一定聚集状态的物质来讲，单凭化学键还不能说明它整体的性质。分子与分子之间还存在着一种较弱的作用力，称为分子间力。早在 1873 年荷兰物理学家范德华（J. D. van der Waals）就指出了这种力的存在，它是影响物质的沸点、熔点、汽化热、熔化热、溶解度、表面张力、黏度等物理性质的主要因素。

分子间力又分为范德华力和分子间氢键[1]。范德华力又包括取向力、诱导力和

[1] 有些书把氢键归为化学键，本书认为从一般氢键的键能大小与分子间作用能相近，故把它归为分子间力。

色散力三种。为了更好地理解分子间力，先介绍分子的极性。

7.3.1 分子的极性

分子中包含有带正电的原子核和带负电的电子，正、负电荷的数目是相等的，所以分子保持电中性。但是正、负电荷在分子中的分布对于不同的分子会有所不同。设想在分子内正电荷有一个“电荷中心”，它可以代表正电荷的总的相对位置（就像物体有一个重心一样，可以用重心这一点来代表物体的位置）。同样，分子中也有一个负电荷中心。有些分子中正、负电荷中心是重合的，这类分子称为非极性分子；正、负电荷中心不重合的分子称为极性分子（见图 7-9）。极性分子本身存在的正、负极（正、负电荷中心）称固有偶极。分子极性的强弱由偶极矩来衡量，如果正、负电荷中心的电量为 q，两中心的距离（偶极长度）为 l，则偶极矩 μ 定义为：

极性分子 (a)　　非极性分子 (b)

图 7-9　极性分子与非极性分子示意图

$$\mu = lq$$

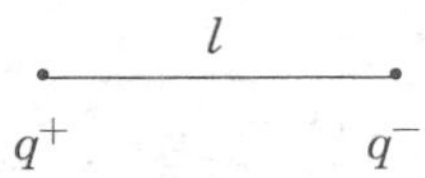

按此定义，非极性分子的偶极矩为零。

偶极矩是一个矢量，其方向由正电荷中心指向负电荷中心。单位为库仑·米（C·m）。偶极矩越大，分子的极性越强。表 7-4 列出了一些分子的偶极矩与几何构型。由表可知，分子的极性与形成分子的原子的电负性有关，也与分子的几何构型有关。例如，F 的电负性大于 Cl，所以 HF 的极性大于 HCl；BF_3 分子的几何构型是对称的，分子便是非极性分子；而 NH_3 分子的几何构型不对称，分子便是极性分子。

表 7-4　一些分子的偶极矩与几何构型

分　子	$\mu/\times10^{-30}$C·m	几何构型	分　子	$\mu/\times10^{-30}$C·m	几何构型
H_2	0	直线型	H_2O	6.24	V 字型
HF	6.40	直线型	NH_3	4.34	三角锥型
HCl	3.62	直线型	BF_3	0	平面三角形
HCN	9.94	直线型	$CHCl_3$	3.37	四面体型
CO_2	0	直线型	CCl_4	0	正四面体型

7.3.2 范德华力

7.3.2.1 取向力

极性分子与极性分子之间存在取向力。当两个极性分子接近时，由于异极相吸的作用，两个分子将会调整方位，尽可能使异极处于相邻的位置（见图 7-10），使分子按一定取向进行排列。这种由于极性分子固有偶极的取向而产生的分子间的静电引力称作取向力。显然，分子的偶极矩越大，取向力也越大。

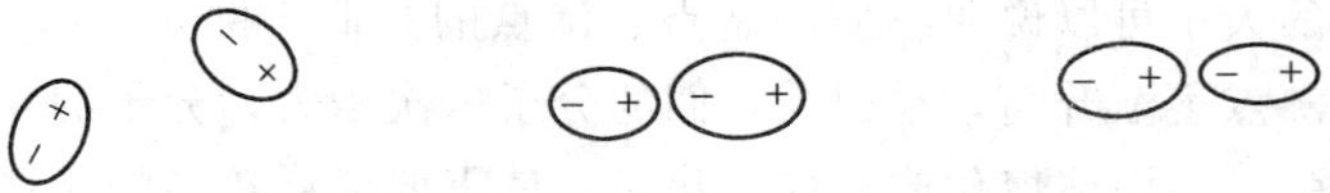

图 7-10 极性分子的取向作用和诱导作用示意图

7.3.2.2 诱导力

极性分子还有一个作用，就是它的静电作用可以诱导非极性分子使其正、负电荷中心分离而产生偶极。这种偶极称为诱导偶极。这种极性分子的固有偶极与诱导偶极之间的作用力称作诱导力。当然极性分子与其他极性分子之间也有这种作用，使得偶极矩增大，即极性分子之间也存在诱导力。极性分子的偶极矩越大，诱导力也越大；非极性分子越大，其变形性也越大，产生的诱导偶极愈强，诱导力也随之增大。

7.3.2.3 色散力

对于非极性分子，由于分子中电子和原子核不停地运动，在某一瞬间会发生正、负电荷中心的分离，产生瞬时偶极（见图 7-11）。这种由不断形成的瞬时偶极产生的作用力称为色散力。色散力的大小与分子变形性有关，分子越大，变形性越大，色散力随之增大。

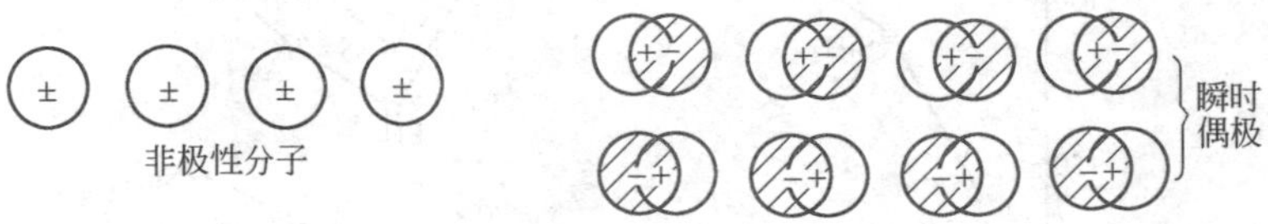

图 7-11 非极性分子产生瞬时偶极示意图

总的来说，非极性分子之间只有色散力的作用；极性分子与非极性分子之间有诱导力和色散力的作用；在极性分子之间有取向力、诱导力和色散力的作用。这三种分子间的作用力与分子间距离的 7 次方成反比，故其相互作用的范围不大，在 300～500pm 之间，小于 300pm 斥力迅速增大，大于 500pm 作用力显著减弱。表 7-5 列出了一些分子的分子间作用能。由表可知，取向能随分子偶极矩增大而增大；在大多数情况下，色散能占总作用能的主要部分（偶极矩较大者，即强极性分子例外，如 H_2O、NH_3）。

表 7-5 一些共价分子间作用能的分配（293K，分子间距离 400pm）

分子	偶极矩 /$\times10^{-30}$C·m	取向能 /kJ·mol^{-1}	诱导能 /kJ·mol^{-1}	色散能 /kJ·mol^{-1}	总计 /kJ·mol^{-1}
HI	1.27	0.005	0.025	5.62	5.56
HBr	2.60	0.019	0.060	2.59	2.74
HCl	3.60	0.274	0.079	1.54	1.89
CO	0.33	0.00005	0.0008	0.99	0.991
NH_3	5.00	1.24	0.15	1.37	2.76
H_2O	6.17	2.79	0.15	0.69	3.63

分子间力的大小可以说明物质的熔点、沸点的高低。例如，F_2、Cl_2、Br_2、I_2分子的熔点、沸点逐渐升高，是因为它们的分子依次增大，分子的变形性增加，色散力也随之增强，当固体熔化或液体气化时，就需要消耗较多的能量来克服分子间的引力，因而，熔点、沸点依此序逐渐升高。

图 7-12 绘出了一些同族元素氢化物的熔点、沸点变化的曲线图。由图中可知，F、O、N 形成的氢化物的熔点、沸点反常的高，其余的都可用分子间力——范德华力的变化进行解释。根据研究这是因为 HF、H_2O、NH_3 分子之间还存在着氢键的缘故。

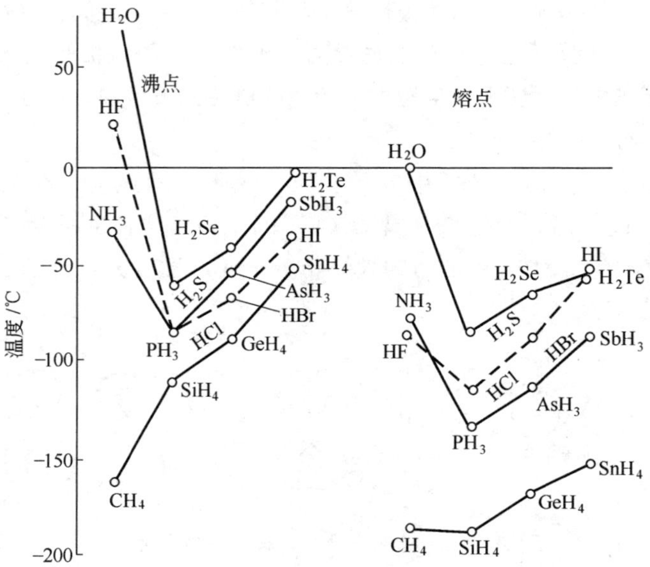

图 7-12　一些同族元素的氢化物的熔点、沸点变化规律

7.3.3　氢键

当氢原子与电负性较大且半径小的原子 X（如 F、O、N 原子）形成共价键时，由于 X 原子吸引 H 原子的电子很强烈，氢原子几乎成为“裸核”，因而 H 原子还可以吸引另一个电负性较大且半径较小的原子 Y（如 F、O、N 原子）的孤电子对，形成一种特殊的结合作用，这就是氢键。氢键常用---表示。例如，上述氢键表示为 X—H---Y。

氢键的强弱与 X 原子和 Y 原子的电负性大小有关，它们的电负性越大则氢键越强，因此氢键强弱的变化顺序如下。

F—H---F—　　O—H---O　　O—H---N—　　N—H---N—

氢键具有饱和性和方向性，这与共价键类似。氢键的饱和性是由于 H 原子半径比 X 和 Y 的半径小得多。当 X—H 分子中 H 与 Y 形成氢键后，H 原子便被带负电荷的“电子云笼罩”，这时若另一个Y原子靠近时便被排斥，所以每一个X—H只能和一个Y相吸引而形成氢键。氢键的方向性是由于Y与H—X形成氢键时，Y取H—X的键轴方向与H靠近，即Y---H—X在一直线上（见图7-13）。这样可使Y原子中负电荷分布最多的部分与H最接近，而与X—H成键电子对相距较远，使X与Y的斥力最小，才能形成较稳定的氢键。

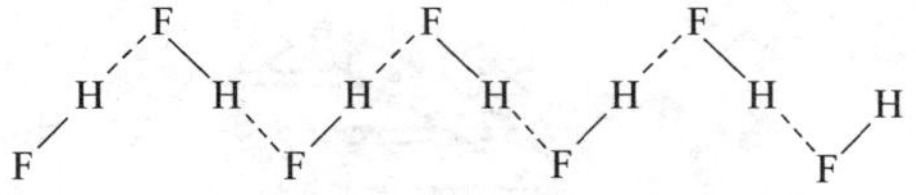

图7-13 固体HF中氢键的结构

同种分子间，例如，H_2O分子之间、NH_3分子之间均可形成氢键；不同分子之间也可以形成氢键，例如，水和氨分子之间、水和乙醇分子之间。

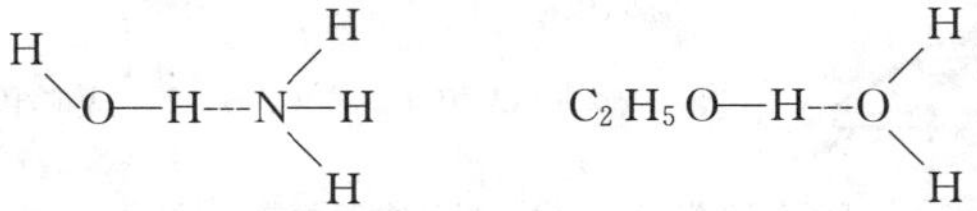

此外，同一分子内也可以形成氢键，例如，邻羟基苯甲酸中O—H可与羧基的氧原子生成分子内氢键（见图7-14）。氢键广泛存在于无机含氧酸、有机羧酸、醇、胺分子之间，特别是存在于蛋白质的多肽链之间。氢键在蛋白质的结构和许多生命过程中都起着十分重要的作用。

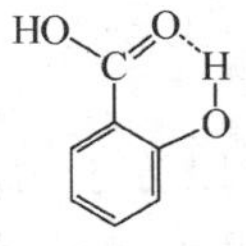

图7-14 邻羟基苯甲酸分子内氢键示意图

氢键的键能一般在20～40J·mol^{-1}之间，介于化学键与范德华力之间，而靠近后者，所以氢键也可以看成是另一种分子间力。

分子间氢键的形成可以使物质的熔点、沸点升高，这是因为当固体熔化和液体气化时，除了克服分子间力外，还必须破坏氢键，故需多消耗能量。HF、H_2O、NH_3的熔点和沸点反常地高，就是这些物质中存在有氢键。氨极易溶解于水，溶解度很大是由于氨分子与水分子之间形成了氢键。浓硫酸的密度大和黏稠性大也是由于形成了氢键的缘故。

液体分子间若有氢键存在，其黏度一般较大。例如，甘油、磷酸、浓硫酸、都是因为分子间有氢键存在，通常为黏稠状的液体。

由于氢键是存在于分子间的一种弱于化学键的作用力，且具有方向性、饱和性和可预见性，使得氢键在超分子化学、材料化学、催化等现代化学以及生命科学等领域中，起着非常重要的作用。

例如，生命过程中，生物体的遗传特征主要决定于核酸的作用，核酸中储存着生命体的遗传信息，其中脱氧核糖核酸（DNA）是重要的遗传物质。在脱氧核糖核酸（DNA）分子中，碱基对通过氢键使两条多肽链相连组成双螺旋结构，如图7-15所示。

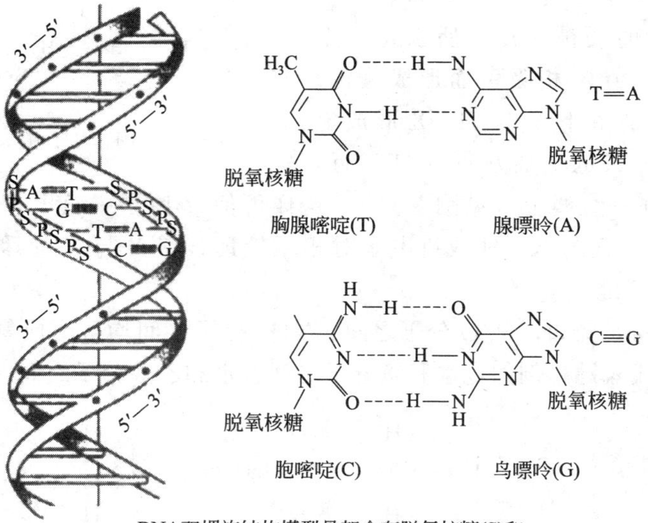

DNA双螺旋结构模型骨架含有脱氧核糖(S)和磷酸二酯键(P)两股的方向相反

图 7-15　DNA 结构中的氢键示意图

*7.3.4 超分子

近代化学完全可以称为“分子化学”。它多以共价键为基础，以分子为研究对象。随着分子知识的高度积累，不可避免地让人类的认识层次推向更高级的结构——分子聚集体。1978 年法国化学家 J. M. Lehn 引入了“超分子化学”的概念，并与美国化学家 C. J. Pedersen 和 D. J. Cram 共同因超分子化学研究的杰出成就获 1987 年度诺贝尔化学奖。

所谓超分子是指两种或两种以上的化学物种通过分子间的相互作用结合而成的复杂有序且具有特定功能的体系。超分子体系在生物体中较为普遍。诸如生物过程底物与受体蛋白的结合，酶反应，多蛋白复合物的组装，基因密码的存储、读出和转录都与超分子体系的结合方式密切相关。

虽然在超分子体系中，分子间力比化学键弱得多，但能使超分子表现出单个分子所不具备的特性，如自组织、自组装和自复制的特性。在分子水平上进行有序组装甚至复制出一些新型的分子材料，例如具有分子识别能力的高效专用的新型催化剂、新型有效的药物、分子器件（分子导线、分子开关、分子信息存储元件等）、生物传感器以及多种具有光、电、磁、声、热等功能材料。

思考题 7.2　如何判断分子是否有极性？

思考题 7.3　分子间力是怎样形成的？

思考题 7.4　氢键有何特征？氢键是如何影响物质性质的？

思考题 7.5　为什么 NH_3 的沸点高于 PH_3 的沸点，而 CH_4 的沸点却低于 SiH_4 的沸点？

习　题

7.1 试根据价键理论，写出下列分子的价键结构式：

（1）F_2；（2）H_2S；（3）N_2；（4）NH_3

7.2 下列几种原子轨道重叠方式，哪些可以形成共价键？哪些则不能？

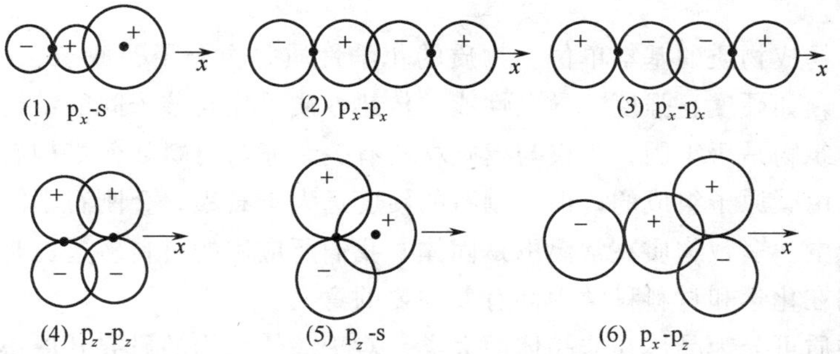

7.3 BF_3 为平面正三角形，而 $[BF_4]^-$ 却是正四面体，试用杂化轨道理论说明。

7.4 根据下列分子的几何构型，推断其中心原子的杂化轨道类型，并简要说明它们的成键过程。

（1）SiH_4（正四面体）；（2）$HgCl_2$（直线型）；（3）BCl_3（正三角形）；（4）CS_2（直线型）

7.5 已知下列分子的偶极矩：

（1）HF　6.47×10^{-30} C·m；（2）HCl　3.60×10^{-30} C·m；（3）HBr　2.60×10^{-30} C·m；（4）HI　1.27×10^{-30} C·m。设它们的极上电荷均为 1.60×10^{-19} C，求它们的偶极长度，并比较它们的极性大小。

7.6 下列物质中存在哪些分子间作用力：

（1）液态水；（2）氨水；（3）液氨；（4）酒精水溶液；（5）碘的四氯化碳溶液

7.7 试用电负性值估计下列键的极性顺序：

H—Cl、Be—Cl、Li—Cl、Al—Cl、Si—Cl、C—Cl、N—Cl、O—Cl

7.8 指出下列说法不妥之处：

（1）由非极性键形成的分子总是非极性分子；由极性键形成的分子总是极性分子。

（2）色散力仅存在于非极性分子之间。

（3）诱导力仅存在于极性分子和非极性分子之间。

7.9 用分子间力说明以下事实：

（1）常温下 F_2、Cl_2 是气体，Br_2 是液体，I_2 是固体。

（2）HCl、HBr、HI 的熔点和沸点随相对分子质量的增加而升高。

8 晶体结构

分子是构成物质的基本单位。物质的化学性质是由分子、原子、离子决定的，而物理性质，如硬度、强度、导电性能、传热性质等还与分子间的结构有关。这就好像一座建筑物是否牢固，不仅与建筑材料有关，还与材料如何搭构有关。石墨和金刚石都是由碳原子组成的，但金刚石的硬度远大于石墨，金刚石不能导电，而石墨则可以导电。多数物质在常温下是固体，我们所应用的材料多数也是固体，研究固体的结构在化学和材料科学中都有着重要的意义。

固体物质可分为晶体和非晶体两大类。对于晶体结构的研究开展得较早，并已取得丰硕成果。尤其是借助X射线衍射技术，对于晶体的结构已了解得十分透彻。本章介绍晶体结构的一些基本知识，以及离子键和金属键。

8.1 晶体的基本知识

8.1.1 晶体的宏观特征

晶体与非晶体相比较，在宏观上两者有以下区别。

① 晶体有规则的几何外形，非晶体没有一定的外形。如氯化钠、雪花（水的晶体）、水晶石等都是晶体，都有特征的几何形状。而玻璃、石蜡等是非晶体，它们的液体在冷却凝固时没有一定的几何形状，其外形是人为造就的，而不是自然生成的。

② 晶体具有固定的熔点，而非晶体没有固定熔点。晶体加热到一定的温度就开始熔化，在熔化时温度保持不变，直到全部熔化，熔化时的温度称为熔点。非晶体在熔化过程中，温度是不断升高的，没有固定的熔点。

③ 晶体显各向异性，而非晶体则显各向同性。晶体的导热性、介电系数、膨胀系数、折射率等物理性质在晶体的不同方向上会表现出差异。如在有些方向上传热快，而在另一个方向上则传热慢；加热时，有些方向上膨胀较多，而在另一个方向上则较少。这就是晶体的各向异性。非晶体的这些物理性质在各个方向上是相同的，表现出各向同性。

宏观上判断晶体与非晶体，应综合以上三方面的特点来考察，单从一个方面判断是不充分的。

8.1.2 晶体的微观结构

晶体的宏观性质是由晶体的微观结构所决定的。组成晶体的微粒（原子、离子或分子）有规则地在空间排列，各种微粒排列的顺序和相对距离都是固定的，并呈现出一定的周期性。这一周期性是由几个微粒有规则排列构成一个小单元连续不断重复的结果。因此，我们只要研究这一小单元就可了解整个晶体的结构。

为了研究问题的方便，把晶体中的微粒简单地看成是一个点，很多点成行成列地排列起来就称作点阵。点与点之间用线连起来就成为格子（见图 8-1），这种格子称为晶格。而那些点就称为结点。从晶格中可以清楚地显示出晶体中微粒排列的规律。

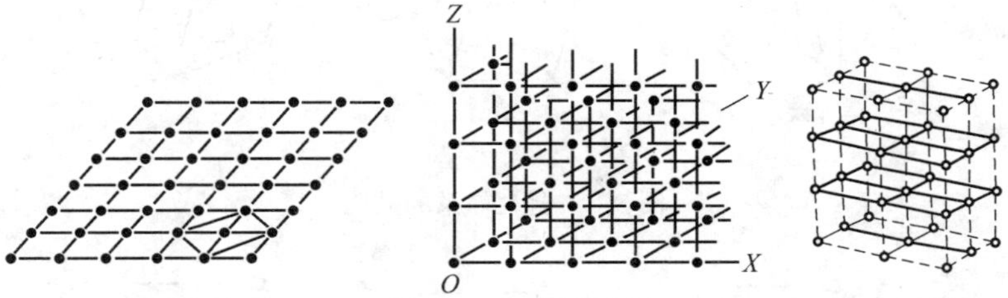

(a) 平面格子 (b) 空间格子 (c) 晶格

图 8-1 格子与晶格

由于晶格只是在不断地重复着某种顺序的排列，因此只需从中抽出一个基本单元就可以了解整个晶格，这个基本单元就是晶胞。晶胞由几个微粒构成，它包含了晶格的全部信息。晶胞在空间中不断地重复，就是整个晶体。

晶胞是一个很小的六面体。为了保证晶胞能在空间中可以重复堆砌，该六面体有一定的对称规则。它有三个边长 a、b、c，还有 $\angle bc$、$\angle ca$、$\angle ab$ 所成的三个夹角 α、β、γ，这六个数值称为晶胞参数。按照各种晶体中晶胞参数的不同，把晶体分为七类，称为七大晶系（见表 8-1 及图 8-2）。

表 8-1 七大晶系

晶　系	边　长	夹　角	晶体实例
立方	$a=b=c$	$\alpha=\beta=\gamma=90°$	Cu、NaCl
四方	$a=b\neq c$	$\alpha=\beta=\gamma=90°$	Sn、SnO_2
正交	$a\neq b\neq c$	$\alpha=\beta=\gamma=90°$	I_2、$HgCl_2$
三方	$a=b=c$	$\alpha=\beta=\gamma\neq 90°$	Bi、Al_2O_3
六方	$a=b\neq c$	$\alpha=\beta=90°,\gamma=120°$	Mg、AgI
单斜	$a\neq b\neq c$	$\alpha=\gamma=90°,\beta\neq 90°$	S、$KClO_3$
三斜	$a\neq b\neq c$	$\alpha\neq\beta\neq\gamma\neq 90°$	$CuSO_4\cdot 5H_2O$

七大晶系中最简单的是立方晶系。立方晶系又分为简单立方晶格、体心立方晶格和面心立方晶格（见图 8-3）。简单立方晶格的晶胞是一个立方体，8 个结点分布在立方体 8 个顶点上；体心立方晶格也是一个立方体，共有 9 个结点，其中 8 个分布在 8 个顶点上，另 1 个在立方体的正中心（体心）；面心立方晶格，共有 14 个结点，其中 8 个在顶点上，6 个在六个面的中心。

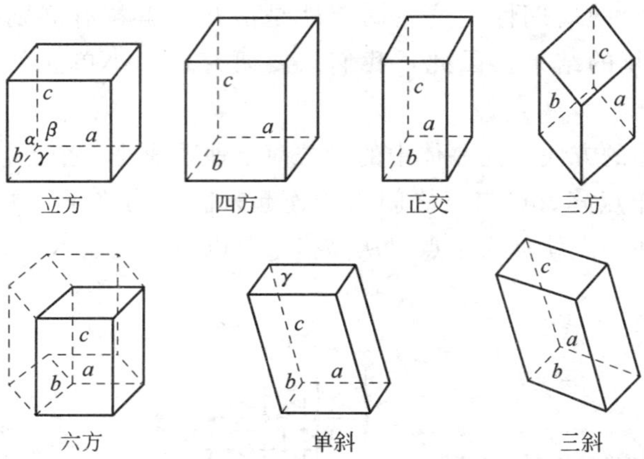

图 8-2　七大晶系的晶胞

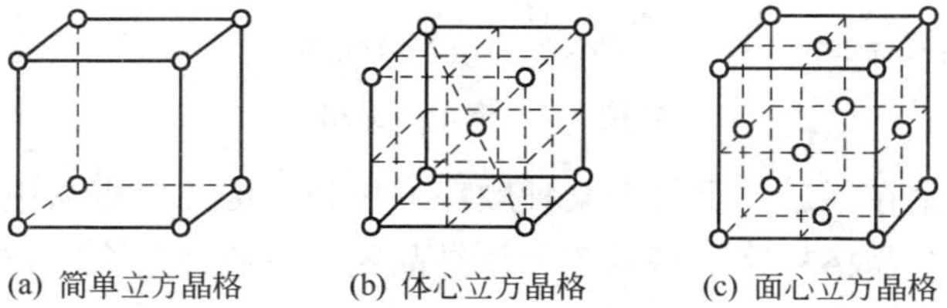

图 8-3　三种立方晶格

8.1.3　晶体的基本类型

按晶体中晶格结点上微粒的种类及微粒之间的作用力不同，可把晶体分为四大类，即金属晶体、离子晶体、分子晶体和共价晶体。此外也还有混合型晶体，即晶体中存在着两种以上作用力的晶体，如链状晶体和层状晶体。

思考题 8.1　晶体和非晶体有何区别？

思考题 8.2　晶体有哪些基本类型？

8.2　离子键和离子晶体

8.2.1　离子键的形成

离子键理论是 20 世纪初，由德国化学家柯塞尔（W. Kossel）根据稀有气体原子具有稳定结构的事实而提出来的。离子键一般存在于金属元素与非金属元素所组成的化合物中。成键时，金属元素原子的外层价电子脱离原来的原子轨道，进入非金属元素原子的最外层轨道，从而使双方都达到比较稳定的结构。这样金属原子形成正离子，非金属原子形成负离子，双方靠静电引力结合在一起，即形成离子键。通过离子键结合的化合物称为离子化合物。离子化合物中典型的例子是氯化钠。电负性小的 Na 原子失去一个电子成为 Na^+：

$$\underset{1s^2 2s^2 2p^6 3s^1}{Na} \xrightarrow{-e} \underset{1s^2 2s^2 2p^6}{Na^+}$$

电负性大的 Cl 原子得到一个电子成为 Cl^-：

$$\underset{1s^2 2s^2 2p^6 3s^2 3p^5}{Cl} \xrightarrow{+e} \underset{1s^2 2s^2 2p^6 3s^2 3p^6}{Cl^-}$$

Na^+ 与 Cl^- 相互吸引而形成 NaCl 离子键：

$$Na^+ + Cl^- \longrightarrow Na^+ Cl^-$$

离子键的特点是没有方向性，没有饱和性。由于正、负离子中的电子各自绕着自己的核运动，可以把它们看成是带正电荷或带负电荷的“小球”，因而两者的结合在方向上没有选择性。离子键的无方向性也导致了它的无饱和性，因为正、负离子都可以看作是一个带电荷的“小球”，在各个方向上都可以吸引异号离子，只要空间允许并保持总的电荷平衡，就可以吸引更多的异号离子。例如，在氯化钠晶体中，每一个 Na^+ 周围有 6 个 Cl^-，而不是 1 个 Cl^-；每一个 Cl^- 周围有 6 个 Na^+，而不是 1 个 Na^+（见图 8-4）。

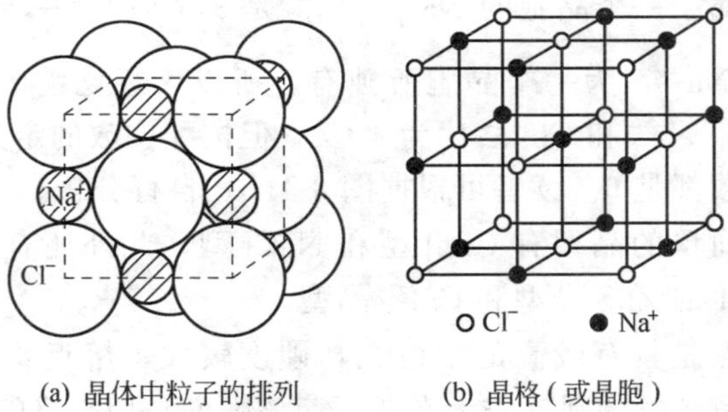

图 8-4 氯化钠的晶格

8.2.2 离子晶体

在离子晶体的晶格结点上，交替地排列着正离子和负离子。由于离子键没有方向性和饱和性，在晶体内趋于采取紧密的堆积方式。因为负离子一般比正离子大得多，故负离子的堆积是离子晶体结构的主要框架，正离子可以看成是填充在负离子堆积形成的空隙之中。例如，氯化铯晶胞中（见图 8-5），负离子 Cl^- 按简单立方堆积排列，正离子 Cs^+ 则处在其立方体的体心，被立方体 8 个顶点上的 Cl^- 离子所包围，形成一个体心立方排布而成的简单立方晶格（由 Cs^+ 简单立方晶格与 Cl^- 简单立方晶格相互穿插而成）。由于顶点上的离子属于 8 个晶胞所共有，也就是说顶点上的离子只有 1/8 属于一个晶胞。所以在一个 CsCl 晶胞中只有 1 个 Cs^+（$\frac{1}{8}\times 8=1$）和 1 个 Cl^-。在晶体内 1 个粒子与相邻最近的其他粒子的数目，称作该粒子的配位数。对于氯化铯晶体来讲，Cs^+ 的配位数为 8，Cl^- 的配位数也是 8，称为 8：

8 配位。属于 CsCl 型的离子晶体还有 CsBr、CsI 等。由此可知，习惯上写的离子化合物的化学式为 CsCl 等，实为最简单式，整个晶体可视为巨分子。

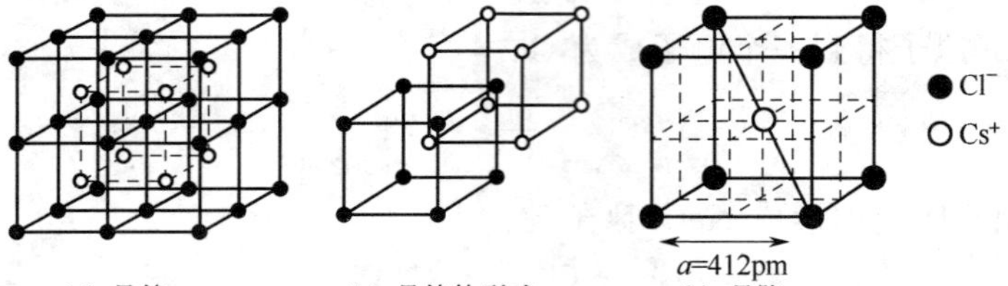

(a) 晶格　(b) 晶格的形成　(c) 晶胞

图 8-5　氯化铯的晶格和晶胞

氯化钠晶格为面心立方晶格（见图 8-4）。由图可知，位于 8 个顶点上的 Cl^- 各分属于 8 个立方体。这就是说，位于一个晶胞顶点上的 8 个 Cl^- 只能相当于 1 个（$8\times\frac{1}{8}=1$）属于该晶胞，位于 6 个面中心的 6 个 Cl^- 各分属于 2 个立方体，属于一个晶胞面中心的 Cl^-，只能是 3 个($6\times\frac{1}{2}=3$)；位于 12 条边上的 12 个 Na^+ 各分属于 4 个立方体，属于一个晶胞的 Na^+，只能是 3 个($12\times\frac{1}{4}=3$)。此外，在立方体的中心还有 1 个 Na^+，为一个晶胞所独有。所以，氯化钠的每一个晶胞含有 4 个 Na^+ 和 4 个 Cl^-，Na^+ 和 Cl^- 之比为 4∶4。但按配位数的定义，氯化钠晶体中，Na^+ 和 Cl^- 的配位数都是 6。读者可根据图 8-4(b) 自行分析。

离子晶体中最简单的晶型有 CsCl 型和 NaCl 型，此外还有晶胞内的结点分布稍复杂、配位数为 4 的 ZnS 晶型和 CaF_2 晶型。

离子晶体的特点是具有较高的配位数，硬度较大，熔点相当高，热膨胀系数小。这些特性都与离子键的强度较大有关。而该强度是用晶格能来衡量的。

* 晶格能[1]是指在标准状态下，破坏 1mol 离子化合物的晶体使其变为气态正离子和负离子时，所吸收的能量 U。例如，NaCl 的晶格能

$$NaCl(s) \xrightarrow{U} Na^+(g) + Cl^-(g) \qquad U = \Delta_r H_m^\ominus$$

晶格能愈大表示破坏离子晶体时所需的能量愈多，因而说明离子晶体愈稳定。

思考题 8.3　离子键是如何形成的？

思考题 8.4　何为晶格能？它是怎样影响离子晶体性质的？

8.3 原子晶体和分子晶体

8.3.1 原子晶体

原子晶体又称共价晶体。在原子晶体的晶格的结点上粒子是中性原子，原子间

---

[1] 此处晶格能的定义，严格说来是晶格焓。

是以强大的共价键相结合。因此原子晶体具有很高的熔点和硬度；在熔融时几乎不导电；在大多数溶剂中不溶解。常见的原子晶体有金刚石（C）、碳化硅（SiC），碳化硼（B_4C）和氮化铝（AlN）等。

例如，在金刚石晶体中，每个碳原子形成 4 个 sp^3 杂化轨道［见图 8-6(a)］，每个碳原子和周围的 4 个碳原子通过 C—C 共价键结合，形成正四面体的网络结构。每一块晶体就是一个巨型分子，并不存在小分子［见图 8-6(b)］。

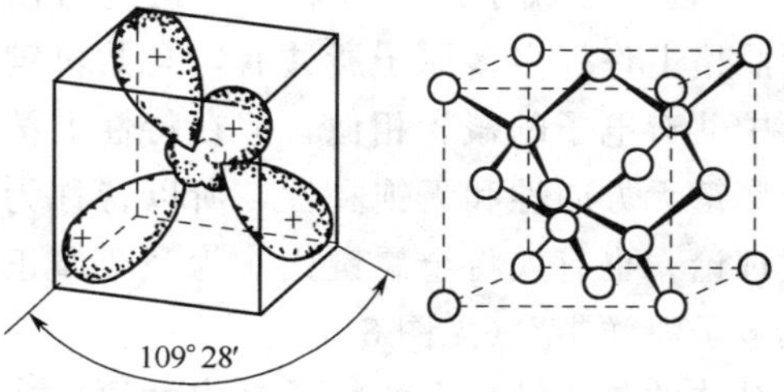

(a) C 的 sp^3 杂化轨道的分布　(b) 金刚石的结构

图 8-6　金刚石结构示意图

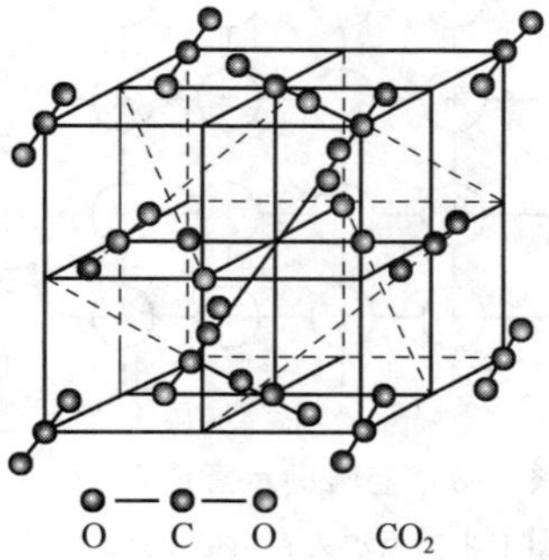

图 8-7　固体二氧化碳的结构

8.3.2　分子晶体

分子晶体结点上的粒子是共价分子，分子之间通过分子间力（有些极性分子间还存在氢键）相结合。由于分子间力比化学键小得多，所以分子晶体的熔点、沸点低，在常温下通常处于液态或气态。大多数非金属单质、简单的共价化合物，如固态的稀有气体、N_2、HCl、NH_3、CO_2 等都是分子晶体。如图 8-7 所示为固体二氧化碳的结构。

思考题 8.5　原子晶体为何具有较高的熔点和硬度？

思考题 8.6　为什么干冰的熔点很低？

8.4　金属键和金属晶体

金属在物理性质上有许多共同之处。例如，不透光；致密的块状金属有光泽，除铜和金之外均显银白色，粉末状的金属呈灰黑色；金属具有延展性，可拉成丝、锻压成片；具有良好的导电性和导热性，并随着温度升高金属导电性降低。不同金属之间还可以形成合金❶。

用 X 射线研究金属晶体表明，所有金属晶体的配位数是 8 或 12。然而多数金属原子只有 1～2 个价电子。它们之间不可能通过离子键或共价键结合，也不可能通过分子间力结合成金属晶体（因金属的熔点、沸点较高，能导电）。因此提出了

❶ 由一种金属与另一种（或几种）金属或非金属经过“熔合”，所得的具有金属性的物质称作合金。

金属键。从研究金属的各种特性出发，已提出了多种理论，本书只介绍其中之一的改性共价键理论。

改性共价键理论是在1916年由洛伦兹（H. A. Lorentz）提出的自由电子概念基础上，自20世纪50年代以来，应用量子力学方法进一步深入完善的结果。这一理论认为，在固态或液态金属中，金属原子可以松脱下价电子，自由地从一个原子流动到另一个原子，这些电子就称为自由电子。自由电子在金属晶格中自由流动，就把原子或离子“胶合”在一起，形成了所谓金属键。这些自由电子为金属晶格上许许多多原子所共有，与共价键的价键理论中共有电子的概念相似，但在特性上截然不同。金属键无方向性和无饱和性，所以特称为改性共价键理论。也有人将金属键比喻为“金属正离子浸沉在电子海洋中”（见图8-8）。

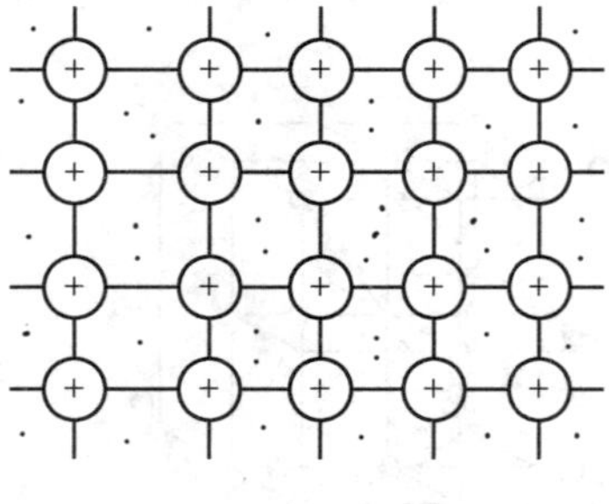

图8-8　金属键示意图
图中小黑点示为自由电子

金属晶体的晶格结点上的粒子是中性原子或金属正离子，结点之间通过金属键结合起来。这种结合力一般也较大，所以金属的熔点、沸点也较高。由于金属晶体内存在着自由流动的电子，在外电场作用下，自由电子便朝电场的相反方向流动形成电子流，显示出良好的导电性。金属受热后，晶格结点上的原子或离子振动加剧，阻碍自由电子的运动，故金属的导电性随温度升高而减小。金属一端受热后，通过高速自由运动的电子便可将热能迅速地“输送”到冷的一端，从而显示出良好的导热性。在外力作用下，由于自由电子不属于某一特定原子所有，故晶格中粒子位置相对位移后不致破坏金属键，从而显示出金属特有的延展性。离子晶体和原子晶体由于没有自由电子，在外力作用下，表现出硬而脆，没有延展性。

在电子“胶合”作用下，金属原子尽可能以最紧密的堆积形成金属晶体。

思考题8.7　金属晶体有哪些特性？

思考题8.8　试指出下列物质固化时可以结晶成何种类型的晶体：

O_2　H_2S　Pt　KCl　SiO_2

*8.5　晶体的缺陷和非整比化合物

以上讨论的晶体都是由离子或原子或分子有规则地按一定的晶格排列在晶格结点上，形成的一种理想完美的晶体。事实上，这仅是在绝对零度时的理想结构。由于晶格结点上粒子的热振动和不可能得到纯净的物质，这种理想的晶体，不仅在自然界不存在，也不可能用人工的方法制得。这种理想的晶体，除了可作为理想模型讨论之外，在实际应用上则很少。相反，在结构和组成中存在某些缺陷的晶体，才具有重要的理论意义和实用价值。这是因为随着现代科学技术的发展，人们发现，固相中的化学反应，固体的化学活性，以及晶体的光学、电学、磁学、声学、力学和热学等方面的性质，都与晶体中出现缺陷有关。

8.5.1 晶体缺陷

人们对于晶体缺陷的早期认识，主要来源于对固体性质，如导电、光导、光的吸收和发射的研究，以及固体反应动力学研究。晶体中缺陷的含量一般约为基质材料的万分之几或更少一些。根据产生缺陷的来源，可分为本征缺陷和杂质缺陷两大类。

8.5.1.1 本征缺陷

本征缺陷是指那些不含外来杂质，但其结构并不完善的晶体。这类晶体的不完善性表现为下述几种情况。

① 晶格结点缺少了某些原子（或离子）而出现了空位。例如，NaCl 晶体的晶格结点上，Na^+ 和 Cl^- 按化学计量比同时空位，即 Na^+ 和 Cl^- 的空位数目相等［见图 8-9(a)］。这种缺陷称为空位缺陷。

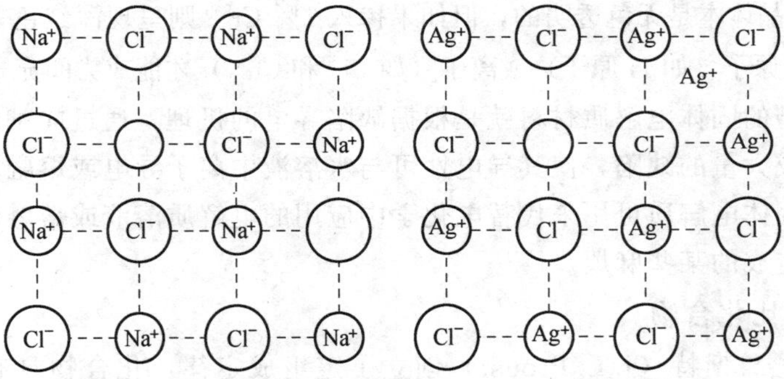

(a) 空位缺陷　　(b) 间充缺陷

图 8-9　空位缺陷和间充缺陷

② 在晶格结点的空隙中，间充有原子（或离子）。例如，AgCl 晶体中有 Ag^+ 离开结点位置间充入晶格空隙内，而在结点上出现了 Ag^+ 空位［见图 8-9(b)］。这种缺陷称为间充缺陷。

③ 在晶格结点上 A 类原子占据了 B 类原子所应占据的位置，这种情况称作错

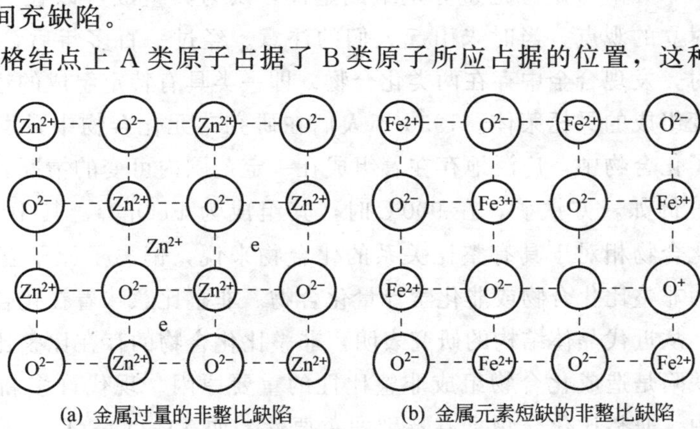

(a) 金属过量的非整比缺陷　　(b) 金属元素短缺的非整比缺陷

图 8-10　非整比缺陷

位缺陷。

④ 晶体的组成偏离了定组成定律的非整比性的缺陷。这种缺陷称为非整比缺陷。例如，组成为 $Zn_{1+x}O$ 的 ZnO 晶体。过量的 Zn 原子可进入 ZnO 晶格的空隙，同时把它的两个电子松弛地束缚在其周围［见图 8-10(a)］。这种晶体缺陷含有自由电子，因而可导电。又如，组成为 $Fe^{II}_{0.85}Fe^{III}_{0.10}O$ 的 FeO 晶体，假如在它的晶格结点上少了一个 Fe^{2+}，同时带走了两个正电荷，从而形成一个空位，为了保持电中性，邻近的 Fe^{2+} 必须额外增加两个正电荷[见图 8-10(b)]。这种缺陷常见于有变价的金属元素。这种由于金属元素短缺所造成的晶体缺陷，其导电性是由价电子从低价金属离子向高价金属离子跳跃而实现的。由于缺陷相对较少，导电微弱，属于半导体。

8.5.1.2 杂质缺陷

杂质缺陷是由杂质原子（或离子）掺入基质晶体中所造成的缺陷。杂质原子（或离子）可以取代基质晶格结点上原有的原子（或离子），也可以间充入晶格的空隙。例如，Al_2O_3 晶体本是无色透明的，但如果掺入 1% Cr^{3+} 则呈现深红色（红宝石）。只有半径较小的原子（如 H 原子）或离子（如 Li^+ 和 Cu^+）才能成为间充式杂质缺陷。

一种新型的固体电解质材料就是根据缺陷导电的机理，通过向基质材料中掺入一些杂质造成大量的缺陷，使其导电性可与水溶液中离子导电或熔融电解质导电相媲美。这种固体电解质可用来代替电化学中应用的电解质溶液或熔融电解质，以克服使用液体造成的某些麻烦。

8.5.2 非整比化合物

1799 年谱鲁斯特（J. L. Proust）创立了定组成定律：化合物具有固定不变的组成。1804 年道尔顿（J. Dalton）总结了各种化学反应间的定量关系，建立了原子的概念以后，提出化合物中各组分元素的原子互为整比的关系。这在化学发展史上是一个重要的里程碑。与此同时，贝托莱（C. L. Berthollet）根据实验指出，在晶体化合物中，并不一定总是遵守定组成定律，认为其组成可以在一定范围内变动。这一相对立的观点，当时未引起人们的注意。经过一百多年后，1912 年人们在研究合金时，发现合金中存在两类化合物。即一类具有特定组成的道尔顿体，另一类具有可变组成的贝托莱体。1930 年人们在研究二元化合物中，发现许多离子化合物或分子化合物中，广泛地存在着组成在一定范围内可变的情况，这才日益被人们所重视。例如，方铁矿，在 900℃ 时，其组成为 FeO_{1+x}，其中 x 为 0.09～0.19。这类化合物相对于具有整比关系的化合物来说，偏离了原子互为整比的关系，所以称为非整比化合物或非化学计量化合物。非整比意味着在化合物中金属或非金属过量。从近代晶体结构的研究表明，非整比化合物的存在比整比化合物更为普遍。晶体缺陷是造成化合物组成非整比性的重要原因。现代许多新材料如半导体、超导体中，非整比化合物具有特别的重要性。如 $YBa_2Cu_3O_{7-x}$（$0 \leqslant x \leqslant 0.5$）为高温超导材料。

*8.6 液晶

晶体物质受热熔融或被溶剂溶解后，会变成具有流动性的液体，同时表现为各向同性。因为在液体状态下，分子的位置和取向都是无序的［见图 8-11(c)］。但是，有些结构为棒状、盘状或板状分子，在变成液体后，虽然分子的位置无序，但分子的取向却保持着长程有序［见图 8-11(b)］，从而在物理性质上呈现各向异性，形成一种兼有部分晶体和液体性质的过渡状态，这种过渡状态称为液晶态，具有这种状态的物质称为液晶。如图 8-11 所示为晶态、液晶和液体分子排列状态的对比。

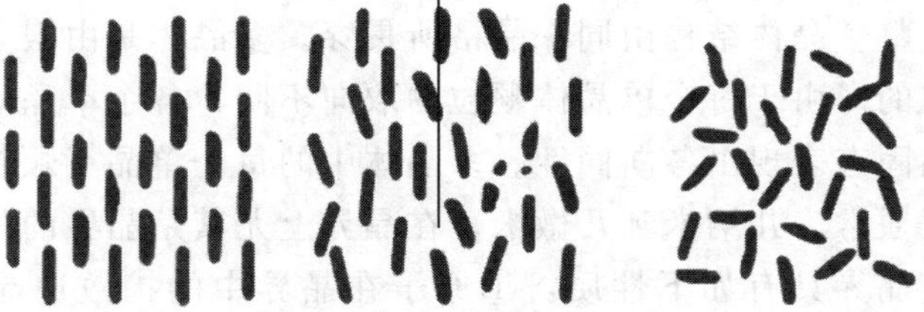

(a) 晶态　(b) 液晶　(c) 液体

图 8-11　晶态、液晶和液体的分子排列状态示意

形成液晶的有机分子通常是具有刚性结构的分子，相对分子质量一般在 200～500，长度达几个纳米，长宽比在 4～8 之间。构成液晶态的结构单元可以分为四类：棒状分子；盘状分子；由棒状或盘状分子连接而成的（柔性）长链聚合物；由双亲分子自组装而成的膜。如图 8-12 所示为几种典型的刚性结构分子。

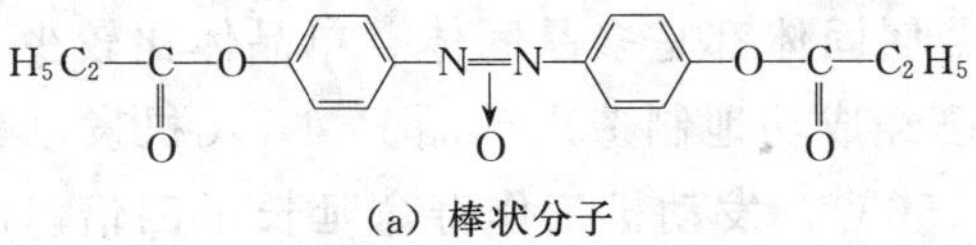

(a) 棒状分子

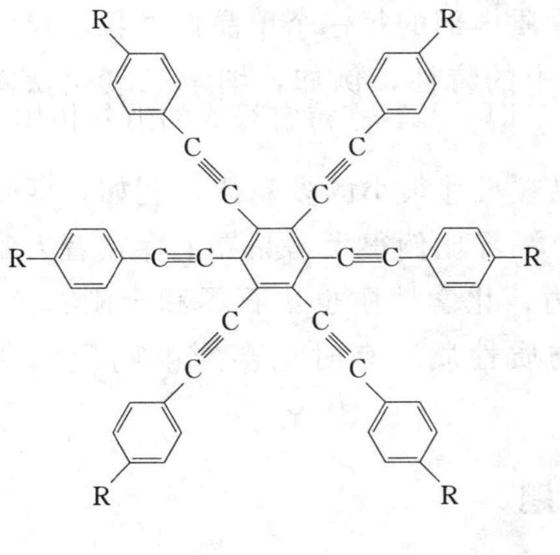

(b) 盘状分子

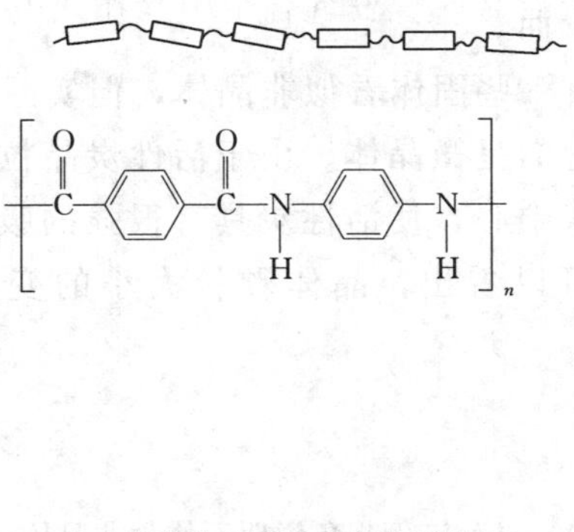

(c) 棒状分子形成的高分子链

图 8-12　几种典型的刚性结构分子

液晶的分子排列并不稳定，易受电、磁场和温度的影响，从而导致宏观物理性质发生改变。例如，从各向异性变为各向同性，结果就出现了类似不透明与透明或颜色等的变化。

把一层液晶封装在两层透明的导电玻璃之间，施加电压，液晶便在有电场或无电场之间表现出不同的光学性质。在一定形状的电极下可以显示汉字或符号。

*8.7 单晶体和多晶体

晶态固体还有单晶体和多晶体的区别。单晶体是由一个晶核向各个方向均衡生长而形成的，整个晶体结构由同一晶格所贯穿。多晶体是由很多取向不同的单晶颗粒拼凑而成的。由于每个单晶体颗粒的取向不同，各个单晶的各向异性相互抵消，因此多晶固态表现出各向同性。多晶体中的每个单晶小颗粒之间存在着晶界。晶界的厚度通常为几纳米到几微米，在晶界上尤其是晶界的外层，原子排列十分混乱，致使晶界具有如下性质：①原子在晶界中的扩散比晶粒内部要快得多；②晶界的熔点一般比晶粒低；③杂质容易在晶界中析出和集中；④晶界存在许多电子俘获中心；⑤晶界容易在晶格空位出现；⑥晶界的力学性质与晶粒不同。因此，多晶固体有一些不同于单晶的性质。基于晶界性质②，较细的粉末可以在低于熔点的温度烧结；基于性质④和⑤，一些微晶固体可以作催化剂；由于性质③和⑥，一些多晶固体材料的力学性质比单晶材料的要略差一些，例如，相同组成的 Fe-Ni 合金，单晶所能耐受的高温比多晶要高。

大多数金属和非金属固体都是多晶固体。单晶体比较少见，但可以由人工培养长成，例如，人们已经成功地制造出单晶 Fe-Ni 飞机发动机涡轮叶片，使发动机工作温度提高了约 150℃，发动机工作寿命延长了四倍。因此，减少晶界可以改善材料的力学性质。另一方面，当多晶物质内部的每一个单晶体颗粒的尺寸大幅度减少时（例如，小到纳米尺寸），材料中的特性，例如，纳米二氧化钛陶瓷可以弯曲。

有一些固体看似非晶体，但实际上是晶粒尺寸很小的多晶体，例如，活性炭等，它们是微晶体。由于活性炭晶粒很小，晶界比例很大，晶界上存在着大量电子俘获中心，使活性炭具有很强的吸附能力，化学性质也比石墨和金刚石活泼。由此可以看出，晶体颗粒大小的变化（物质性质）有时也会影响物质的化学性质。

习 题

8.1 试举三例现象说明石蜡是非晶体。

8.2 晶格与晶胞有何不同，它们之间有何联系？

8.3 NaCl 晶体的晶胞 Na^+ 与 Cl^- 的比为 4∶4，而我们又说它们的配位数是 6，这是否有矛盾？

8.4 金属键与离子键和共价键比较，在哪些方面有异同点？

8.5 为什么说晶体的缺陷是普遍的现象？

8.6 具有缺陷的 NaCl 晶体能否导电？

8.7 比较下列各组物质，哪个熔点高？

（1）SiC 与 I_2；（2）干冰（CO_2）与冰（H_2O）；（3）KI 与 CuCl

9　氧化还原反应　电化学基础

根据反应前后元素氧化态是否发生变化，可把无机反应分成氧化还原反应和非氧化还原反应两大类。氧化还原反应的特征是反应前后某些元素的氧化态有变化。这种变化的实质就是反应物之间电子转移的结果，所谓电子转移既指电子得失，也指电子偏移。例如：

$$2Na + Cl_2 \longrightarrow 2NaCl$$
$$H_2 + Cl_2 \longrightarrow 2HCl$$

都属于氧化还原反应。常见的中和反应、沉淀反应，因反应物之间不发生电子转移，反应前后元素氧化态不发生变化，故属于非氧化还原反应。

氧化还原反应是一类重要的反应。化工、冶金生产中经常涉及这类反应。电镀、电解、化学电源以及金属的腐蚀与防腐都是以氧化还原反应为基础的化工行业，其中电镀、电解及化学电源等称为电化学工业。

由此可见，氧化还原反应涉及的范围非常广泛。不仅如此，有关氧化还原反应的理论，也是无机化学的基本理论之一。

9.1　氧化还原反应

9.1.1　氧化和还原　氧化剂和还原剂

氧化还原反应既然是电子转移的反应，那么在反应过程中必然有电子的“得”与“失”。我们把得电子从而使元素氧化态降低的过程称为还原；把失电子从而使元素氧化态升高的过程称为氧化。而把反应中得到电子的物质称为氧化剂；把失去电子的物质称为还原剂。例如：

$$\underset{\text{(还原剂)}}{Zn} + \underset{\text{(氧化剂)}}{Cu^{2+}} \longrightarrow Zn^{2+} + Cu \quad (Zn \xrightarrow{2e} Cu^{2+})$$

在该反应式中，金属 Zn 失去 2 个电子，Zn 元素的氧化态从 0 升为 +2，故称为（金属）Zn 的氧化（反应），而金属 Zn 由于失去电子，故称金属 Zn 为还原剂；Cu^{2+} 得到 2 个电子，Cu 元素的氧化态从 +2 降为 0，故称为 Cu^{2+} 的还原（反应），而 Cu^{2+} 由于得到电子，故称 Cu^{2+} 为氧化剂。由此可见，在氧化还原反应中，还原剂被氧化，而氧化剂则被还原。又例如：

$$\overset{10e}{}$$

$$2K\overset{+7}{Mn}O_4+5K_2\overset{+4}{S}O_3+3H_2SO_4 \longrightarrow 2\overset{+2}{Mn}SO_4+6K_2\overset{+6}{S}O_4+3H_2O$$

（氧化剂）（还原剂）（介质）

在该反应式中，2 个 $KMnO_4$ 得到 10 个电子，Mn 元素的氧化态从＋7变为＋2，故称 $KMnO_4$ 为氧化剂，反应中（被）还原为 Mn^{2+}；5 个 K_2SO_3，失去 10 个电子，S 元素的氧化态从＋4 升为＋6，故称 K_2SO_3 为还原剂，反应中（被）氧化为 K_2SO_4。在该反应中由于 H_2SO_4 分子中各元素的氧化态未发生变化，称它为介质。

一般来说，作为氧化剂的物质应含有高氧化态的元素；反之，作为还原剂的物质应含有低氧化态的元素。如 $KMnO_4$ 常作为氧化剂，其中 Mn 的氧化态为＋7，处于 Mn 元素的最高氧化态。H_2S 常作为还原剂，其中 S 的氧化态为－2，处于 S 元素的最低氧化态，视反应条件，可被氧化为 S 单质、SO_2、SO_4^{2-}。含有处于中间氧化态的元素的物质，视反应条件不同，可能作氧化剂也可能作还原剂，例如 H_2O_2 中，O 元素的氧化态为－1，是 O 元素的中间氧化态。H_2O_2 与 Fe^{2+} 反应，作氧化剂，得到电子，O 的氧化态从－1 降为－2，即被还原为 H_2O。H_2O_2 与 $KMnO_4$ 反应，作还原剂，失去电子，O 的氧化态从－1 升为 0，即被氧化为 O_2。

应该指出的是，一种氧化剂的氧化性或还原剂的还原性强弱，与物质的本性有关，元素的氧化态只是必要的条件，但不是决定因素，如 H_3PO_4 中 P 的氧化态为＋5，为该元素的最高氧化态，但 H_3PO_4 不具有氧化性。F^- 是处于 F 的最低氧化态，但它并不是还原剂。通常说某物质是氧化剂，是指它具有较显著的氧化性；而还原剂则是指它具有较显著的还原性。

9.1.2 氧化还原反应方程式的配平

氧化还原反应方程式一般比较复杂，用直观法往往不易配平，需按一定方法配平。最常用的方法有氧化态法和离子电子法。

9.1.2.1 氧化态法

氧化态法配平氧化还原反应方程式的原则是：氧化剂中元素氧化态降低的总值等于还原剂中元素氧化态升高的总值。下面以 Cu 与稀 HNO_3 反应为例说明配平的步骤。

① 写出反应物和生成物的化学式。

$$Cu+HNO_3 \longrightarrow Cu(NO_3)_2+NO+H_2O$$

② 标出氧化态有变化的元素的氧化态，并求出反应前后氧化剂中元素氧化态降低值和还原剂中元素氧化态升高值。

Cu 的氧化态升高 2

$$\overset{0}{Cu}+H\overset{+5}{N}O_3 \longrightarrow \overset{+2}{Cu}(NO_3)_2+\overset{+2}{N}O+H_2O$$

N 的氧化态降低 3

③ 调整系数，使氧化态升高和降低的数值相等。

根据氧化态升高和降低的数值必须相等的原则，在有关化学式的前面各乘以相应的系数。

Cu 的氧化态升高 2×3

$$\overset{0}{Cu}+H\overset{+5}{N}O_3 \longrightarrow \overset{+2}{Cu}(NO_3)_2+\overset{+2}{N}O+H_2O$$

N 的氧化态降低 3×2

即

$$3Cu+2HNO_3 \longrightarrow 3Cu(NO_3)_2+2NO+H_2O$$

④ 配平反应前后氧化态未发生变化的原子数。一般用观察法。

生成物中除 2 个 NO 分子外，尚有 6 个 NO_3^-，需在左边再加上 6 个 HNO_3 分子。这样方程左边有 8 个 H 原子，右边可生成 4 个 H_2O 分子，得到方程式：

$$3Cu+8HNO_3 = 3Cu(NO_3)_2+2NO+4H_2O$$

再核对方程式两边的氧原子数都是 24，该方程式已配平。

下面举例介绍在酸碱性不同的介质中，几种典型的氧化还原反应式的配平。

【例 9-1】 配平高锰酸钾与亚硫酸钾在酸性溶液中的反应方程式。

解 （1）写出反应物和主要产物的化学式：

$$KMnO_4+K_2SO_3+H_2SO_4(稀) \longrightarrow MnSO_4+K_2SO_4$$

（2）使反应前后元素氧化态的升降值相等：

Mn 氧化态降低 5×2

$$K\overset{+7}{Mn}O_4+K_2\overset{+4}{S}O_3+H_2SO_4(稀) \longrightarrow \overset{+2}{Mn}SO_4+K_2\overset{+6}{S}O_4$$

S 氧化态升高 2×5

$$2KMnO_4+5K_2SO_3 \longrightarrow 2MnSO_4+5K_2SO_4$$

（3）其他原子数配平。对于含氧酸盐作氧化剂的配平，一般先观察 O^{-2} 的数目。$2KMnO_4$ 变为 $2Mn^{2+}$ 多出 8 个 O^{-2}，而 $5K_2SO_3$ 变为 $5K_2SO_4$ 则少了 5 个 O^{-2}，因此左边剩余 3 个 O^{-2}，需 6 个 H^+ 与之结合，生成 $3H_2O$。这 6 个 H^+ 由介质 H_2SO_4 供给，故左边为 $3H_2SO_4$。即

$$2KMnO_4+5K_2SO_3+3H_2SO_4 \longrightarrow 2MnSO_4+6K_2SO_4+3H_2O$$

最后检查两边各原子的数目是否相等。

【例 9-2】 配平高锰酸钾与亚硫酸钾在碱性溶液中生成锰酸钾和硫酸钾的反应方程式。

解

Mn 氧化态降低 1×2

$$K\overset{+7}{Mn}O_4+K_2\overset{+4}{S}O_3 \longrightarrow K_2\overset{+6}{Mn}O_4+K_2\overset{+6}{S}O_4$$

S 氧化态升高 2×1

$$2KMnO_4 + K_2SO_3 \longrightarrow 2K_2MnO_4 + K_2SO_4$$

由此可见，$2KMnO_4$ 变为 $2K_2MnO_4$，O^{-2}没有变化，而 K_2SO_3 变为 K_2SO_4 却多了 1 个 O^{-2}。该反应因在碱性介质中进行，$2OH^-$可提供 1 个 O^{-2}，并生成 1 个 H_2O（$2OH^- \longrightarrow O^{-2} + H_2O$）。因此左边应加 2KOH，则得

$$2KMnO_4 + K_2SO_3 + 2KOH \longrightarrow 2K_2MnO_4 + K_2SO_4 + H_2O$$

最后检查两边各原子数目是否相等。

【例 9-3】配平高锰酸钾与亚硫酸钾在中性溶液中生成二氧化锰和硫酸钾的反应方程式。

解

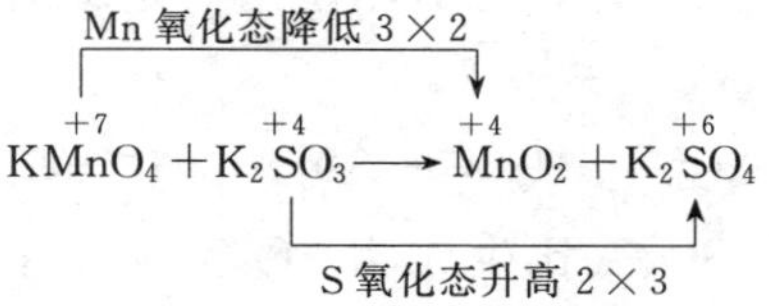

$$2KMnO_4 + 3K_2SO_3 \longrightarrow 2MnO_2 + 3K_2SO_4$$

由此可见，$2KMnO_4$ 变为 $2MnO_2$ 尚余 4 个 O^{-2}，而 $3K_2SO_3$ 变为 $3K_2SO_4$ 只需 3 个 O^{-2}，故左边剩余 1 个 O^{-2}。多出的 O^{-2}可在左边加 1 个 H_2O 生成 2 个 OH^-（$O^{-2} + H_2O \longrightarrow 2OH^-$）。因此得

$$2KMnO_4 + 3K_2SO_3 + H_2O \longrightarrow 2MnO_2 + 3K_2SO_4 + 2KOH$$

最后再检查两边各原子数目是否相等。

必须强调指出，在配平方程式时，如果是分子方程式，则不能出现离子；如是离子方程式，则两边电荷总数也应相等。另外，在酸性介质中进行的反应，产物不能出现碱；在碱性介质中进行的反应，产物不能出现酸；在中性介质中，反应物应是 H_2O，而产物可出现碱或酸。对于含氧酸盐参加的氧化还原反应，在配平两边元素氧化态有变化的原子之后，如果出现左边剩余 O^{-2}，则应加酸（酸性介质）或 H_2O（中性介质）：

$$O^{-2} + 2H^+ \longrightarrow H_2O \qquad \text{（酸性介质）}$$

$$O^{-2} + H_2O \longrightarrow 2OH^- \qquad \text{（中性介质）}$$

如果左边缺少 O^{-2}，则应加碱（碱性介质）或 H_2O（中性介质）：

$$2OH^- \longrightarrow O^{-2} + H_2O \qquad \text{（碱性介质）}$$

$$H_2O \longrightarrow O^{-2} + 2H^+ \qquad \text{（中性介质）}$$

9.1.2.2 离子-电子法

离子-电子法配平氧化还原方程式的原则是：氧化剂获得电子的总数等于还原剂失去电子的总数。同样以高锰酸钾和亚硫酸钾在稀硫酸溶液中的反应为例，说明离子-电子法的具体配平步骤。

（1）将氧化还原反应式改写成离子方程式：

$$MnO_4^- + SO_3^{2-} \longrightarrow Mn^{2+} + SO_4^{2-}$$

（2）将未配平的离子方程式写为两个“半反应式”：

氧化剂的还原反应　　$MnO_4^- \longrightarrow Mn^{2+}$

还原剂的氧化反应　　$SO_3^{2-} \longrightarrow SO_4^{2-}$

（3）分别配平两个半反应式，使半反应式两边的原子数和电荷数相等：

还原半反应　　$MnO_4^- + 8H^+ + 5e \longrightarrow Mn^{2+} + 4H_2O$

该式中生成物 Mn^{2+} 比反应物 MnO_4^- 少 4 个 O 原子，因该反应在酸性介质中进行，所以生成物一边应加 4 个 H_2O 分子，则反应物一边应加 8 个 H^+。反应物一边 MnO_4^- 和 8 个 H^+ 的总电荷数为＋7，生成物一边 Mn^{2+} 的总电荷数为＋2，所以反应物一边应加 5 个电子，使半反应式两边的原子数和电荷数均相等。

氧化半反应　　$SO_3^{2-} + H_2O \longrightarrow SO_3^{2-} + 2H^+ + 2e$

该半反应式中反应物 SO_3^{2-} 比生成物 SO_3^{2-} 少 1 个 O 原子，所以反应物一边应加 1 个 H_2O 分子，同时生成 2 个 H^+。反应物一边 SO_3^{2-} 的总电荷数为－2，生成物一边 SO_4^{2-} 和 2 个 H^+ 的总电荷数为 0，所以生成物一边应加 2 个电子，使半反应式配平。

（4）根据氧化剂获得电子的总数必须与还原剂失去电子的总数相等的原则，将两个半反应式乘上适当的系数，然后将两式相加，得配平的离子方程式：

$$\begin{array}{ll} MnO_4^- + 8H^+ + 5e \longrightarrow Mn^{2+} + 4H_2O & \times 2 \\ +)\ SO_3^{2-} + H_2O \longrightarrow SO_4^{2-} + 2H^+ + 2e & \times 5 \\ \hline 2MnO_4^- + 5SO_3^{2-} + 6H^+ \longrightarrow 2Mn^{2+} + 5SO_4^{2-} + 3H_2O & \end{array}$$

（5）加上未参与氧化还原反应的离子，可改写为分子反应式：

$$2KMnO_4 + 5K_2SO_3 + 3H_2SO_4 \longrightarrow 2MnSO_4 + 6K_2SO_4 + 3H_2O$$

氧化态法和离子-电子法各有特点。氧化态法配平简单的氧化还原反应比较迅速，它的适用范围比较广泛，不限于水溶液中的反应，对于高温反应以及熔融态物质间的反应更为适用。离子-电子法配平时不需要知道元素的氧化态，特别对有介质参与的复杂反应的配平比较方便，但这种方法只适用于配平水溶液中的反应。

思考题 9.1　解释下列化学名词的含义：

氧化与还原　　氧化反应与还原反应　　氧化剂与还原剂

思考题 9.2　氧化态法和离子-电子法配平氧化还原反应方程式各有何特点？

思考题 9.3　判断下列氧化还原反应的书写是否正确？

（1）$H_3AsO_4 + 2HI \longrightarrow H_3AsO_3 + I_2 + H_2O$

（2）$Cr_2O_7^{2-} + SO_3^{2-} + 6H^+ \longrightarrow 2Cr^{3+} + SO_4^{2-} + 3H_2O$

（3）$Cu + H_2SO_4$（浓）$\longrightarrow CuSO_4 + SO_2 + H_2O$

9.2 原电池

9.2.1 原电池的概念

将锌片放入 $CuSO_4$ 溶液中，立即会发生如下反应。

$$Zn+Cu^{2+}\longrightarrow Cu+Zn^{2+}$$

在反应中，Zn 失去电子为还原剂，而 Cu^{2+} 得到电子为氧化剂。氧化剂和还原剂之间发生了电子转移：

$$\overbrace{\overset{0}{Zn}+\overset{2+}{Cu}}^{2e}\longrightarrow\overset{2+}{Zn}+\overset{0}{Cu}$$

一般情况下，氧化剂和还原剂由于热运动相遇而发生有效碰撞和电子转移，即 Zn 把电子直接传递给了 Cu^{2+}。由于分子的热运动没有一定的方向，因此，不会形成电子的定向运动——电流，化学能通常只以热能的形式表现出来，因此反应过程中溶液的温度会有所升高。

然而上述反应可以在一定的装置中进行。如图 9-1 所示，当在一个烧杯中装有 $ZnSO_4$ 溶液，并插入锌片，另一个烧杯中装有 $CuSO_4$ 溶液，插入铜片。两个烧杯之间以盐桥（一般以 KCl 溶液和琼脂做成胶冻，倒置时溶液不致流出，但离子仍可自由移动）联通。将铜片和锌片以导线相连，中间串联一个检流计。

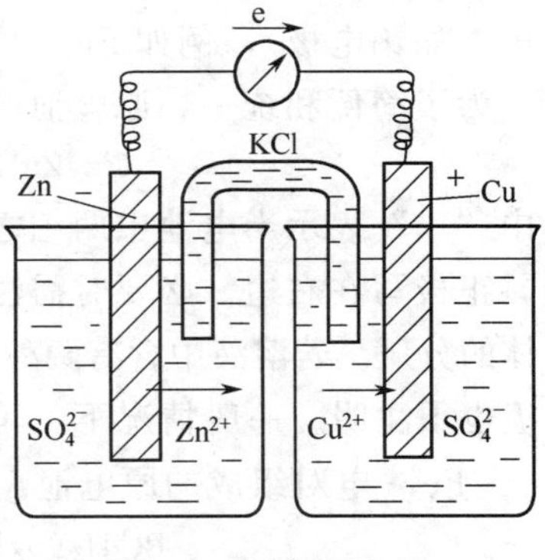

图 9-1 铜锌原电池

当电路接通时，检流计指针即发生偏转，证明有电流产生。

这种借助氧化还原反应产生电流，使化学能转变为电能的装置，称为原电池。

原电池由两个半电池组成，如上例铜锌原电池中，$CuSO_4$ 和 Cu 片组成铜半电池，$ZnSO_4$ 和 Zn 片组成锌半电池。在锌半电池中，Zn 片释放电子变为 Zn^{2+} 进入 $ZnSO_4$ 溶液中。

$$Zn\rightleftharpoons Zn^{2+}+2e \quad 氧化反应 \tag{9-1}$$

组成原电池的负极。所释放的电子通过导线流入铜半电池的 Cu 片，$CuSO_4$ 溶液中的 Cu^{2+} 从 Cu 片上获得电子变成 Cu 原子沉积在 Cu 片上，组成原电池的正极。

$$Cu^{2+}+2e\rightleftharpoons Cu \quad 还原反应 \tag{9-2}$$

随着反应的进行，盐桥中的负离子就会向 $ZnSO_4$ 溶液移动，中和由于 Zn^{2+} 进入溶液而过剩的正电荷以保持溶液的电中性；正离子便向 $CuSO_4$ 溶液移动，中和由于 Cu^{2+} 沉积在 Cu 片而过剩的负电荷。这样原电池的反应就会不断发生，电子不断地从负极流向正极，这就是原电池产生电流的机理。由此可见，原电池的负极进行氧化反应，正极进行还原反应。式（9-1）和式（9-2）相加，就是铜锌原电池的电池反应式：

$$Zn + Cu^{2+} \rightleftharpoons Zn^{2+} + Cu$$

9.2.2 原电池的表示方法

原电池中的半电池都包含有同一元素而氧化态不同的两种物质，如锌半电池中 Zn^{2+} 和 Zn，铜半电池中 Cu^{2+} 和 Cu，其中氧化态高的称为氧化型（如 Zn^{2+}、Cu^{2+}），氧化态低的称为还原型（如 Zn、Cu）。半电池中氧化型和还原型组成了电极反应的电对，用符号氧化型/还原型表示。例如，锌半电池、铜半电池的电对表示为 Zn^{2+}/Zn，Cu^{2+}/Cu。氧化型和还原型在一定条件可以相互转化。

$$\text{氧化型} + ne \rightleftharpoons \text{还原型}$$

式中，n 表示电子的计量系数。

半电池中产生电极反应的物质，如果本身不能作为导电电极则要另外插入惰性电极（如铂电极），例如 Fe^{3+}/Fe^{2+} 组成的电对，可用铂作为导电电极。

为了简便和统一，原电池的装置可以用符号表示，如铜锌原电池可表示为：

$$(-)Zn|ZnSO_4(c_1) \| CuSO_4(c_2)|Cu(+)$$

其中“|”表示半电池中两相之间的界面，“‖”表示盐桥。习惯上把负极写在左边，正极写在右边。必要时需注明浓度或活度，对于有气体参与的反应，还需注明气体的分压。若溶液中含有两种离子参与电极反应，可用逗号把它们分开。若用惰性电极也须注明。一般情况下，可省去（+）、（−）符号。例如由 H^+/H_2 电对和 Fe^{3+}/Fe^{2+} 电对组成的原电池：

$$Pt|H_2(p)|H^+(c_1) \| Fe^{3+}(c_2), Fe^{2+}(c_3)|Pt$$

负极反应　$H_2 \rightleftharpoons 2H^+ + 2e$

正极反应　$Fe^{3+} + e \rightleftharpoons Fe^{2+}$

原电池反应　$H_2 + 2Fe^{3+} \rightleftharpoons 2H^+ + 2Fe^{2+}$

在原电池中，还原剂失去的电子只能通过外电路从负极到达正极，构成了电子的定向运动，从检流计上能测出电流。这样就证明了氧化还原反应确是发生了电子转移。这种电子转移揭示了化学现象和电现象的基本关系，使我们有可能用电学的方法来探讨化学反应规律，从而形成了化学的一个重要分支——电化学。

9.2.3 原电池的电动势

在铜锌原电池中，两极一旦经导线接通，电流便从正极（铜极）流向负极（锌极）。这说明两电极之间存在电势差，而且正极的电势一定比负极高。电池电动势是在外电路电流趋于零的情况下，由正极的电极电势减去负极的电极电势求得，即❶

$$E = E_{正} - E_{负} \tag{9-3}$$

式中，E 为原电池的电动势；$E_{正}$、$E_{负}$ 为相对于同一基准的电极电势。

电池电动势可以通过精密电位计测得。

---

❶ 历史上原因，规定电流方向由正到负，实际电子流动方向为负极到正极。

思考题 9.4 解释下列化学名词的含义：

电极与电对　　原电池与半电池　　电极反应与电池反应

思考题 9.5 构成一个原电池的条件是什么？举例说明。

思考题 9.6 判断下列原电池符号的表达式是否正确？

(1) 电池反应：$Cu^{2+} + Fe \longrightarrow Cu + Fe^{2+}$

$c(Cu^{2+}) = c(Fe^{2+}) = 0.1mol \cdot L^{-1}$

原电池符号：(－) Fe | Fe^{2+} ‖ Cu^{2+} | Cu (＋)

(2) 电池反应：$H_2 + Cu^{2+} \longrightarrow Cu + 2H^+$

$c(Cu^{2+}) = c(H^+) = 1.0mol \cdot L^{-1}, p(H_2) = 1\times10^5 Pa$

原电池符号：(－) H_2 (1×10^5 Pa) | H^+ ($1.0mol \cdot L^{-1}$) ‖ Cu^{2+} ($1.0mol \cdot L^{-1}$) | Cu (＋)

(3) 电池反应：$Ag^+ + Pb(s) \longrightarrow Ag(s) + Pb^{2+}$

$c(Pb^{2+}) = c(Ag^+) = 0.01mol \cdot L^{-1}$

原电池符号：(－) Ag | Ag^+ ($0.01\ mol \cdot L^{-1}$) ‖ Pb^{2+} ($0.01mol \cdot L^{-1}$) | Pb (＋)

9.3 电极电势

前面介绍了原电池的概念，知道了电池电动势为两电极的电极电势差。进一步的问题是，电极电势是如何产生的？为什么不同的电极有不同的电极电势？下面先来看看金属电极电势的产生。

9.3.1 金属电极电势的产生

物理学指出，任何两种不相同的物体相互接触时，在界面上都要产生电势差。

将金属 M 浸入它的盐溶液中，即构成所谓的金属电极，如图 9-2 所示。在金属电极中存在两种反应倾向：一方面，由于受极性溶剂分子吸引以及本身的热运动，金属 M 表面的一些原子有一种把电子留在金属上而自身以溶剂化离子进入溶液的倾向：

$$M \longrightarrow M^{n+}(aq) + ne$$

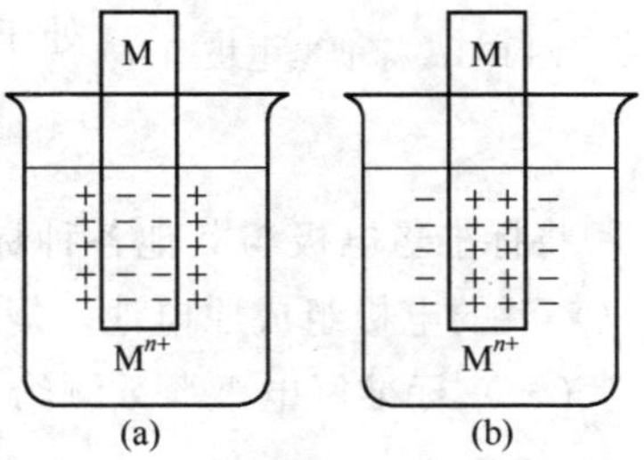

图 9-2 金属电极的双电层

显然，温度越高，金属越活泼，溶液越稀，这种倾向越大。另一方面，溶液中的 $M^{n+}(aq)$ 又有从金属 M 表面获得电子而沉积在金属表面上的倾向：

$$M^{n+}(aq) + ne \longrightarrow M$$

金属越不活泼，溶液越浓，这种倾向越大。当这两种倾向的速率相等时，即建立了动态平衡：

$$M \rightleftharpoons M^{n+}(aq)+ne$$

若 M 失去电子的倾向大于 $M^{n+}(aq)$ 获得电子的倾向，达到平衡时将形成金属板上带负电，靠近金属板附近的溶液带正电的双电层，金属和溶液间产生了电势差。如图 9-2(a) 所示。相反，若 $M^{n+}(aq)$ 获得电子的能力大于 M 失去电子的能力，则形成金属板上带正电而金属板附近溶液带负电的双电层，同样也产生电势差。如图 9-2(b) 所示。这种由金属电极所产生的电势差，称为金属的电极电势。金属的活泼性及金属离子在溶液中的浓度不同，则金属的电极电势不同。

9.3.2 电极电势的确定

电极电势可以用来衡量氧化剂和还原剂的相对强弱，判断氧化还原反应自发进行的方向、程度。因此，它是一个非常重要的物理量。但是，迄今为止，人们尚无法测定或理论上计算出单个电极的电极电势的绝对值，而只能测得由两个电极组成的电池的电动势。如果规定某一种电极作为标准，其他电极都同它做比较，就可测得电极电势的相对大小。这就像我们说山高海拔多少米，是规定海平面作为零一样。为此，1953 年，国际纯粹与应用化学联合会建议采用标准氢电极作为标准电极。

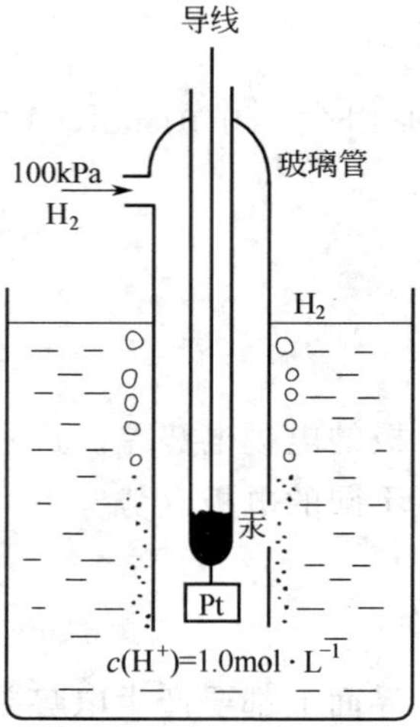

图 9-3 标准氢电极

标准氢电极的形式较多，如图 9-3 所示即为其中的一种。它是将覆有一层海绵状铂黑的铂片，浸入 $c(H^+)=1.0mol\cdot L^{-1}$的酸溶液中，在 298.15K 时，通入 H_2，并保持 $p(H_2)$ 为 100kPa，使铂黑电极上吸附氢气达到饱和。此时，反应

$$H_2 \rightleftharpoons 2H^+ + 2e$$

处于平衡状态。若以$E^\ominus$表示标准电极电势，规定：

$$E^\ominus(H^+/H_2)=0$$

将标准氢电极与其他各种标准状态（298.15K，各物质的标准浓度为 $1.0mol\cdot L^{-1}$）下的电极组成原电池，规定标准氢电极在左边，欲测电极在右边。

（一）标准氢电极 ‖ 欲测给定电极（＋）

$$E^\ominus=E^\ominus_{右}-E^\ominus_{左}=E^\ominus_{右}$$

因此，在标准状态下测得的上述电池的标准电动势就是给定电极的标准电极电势 $E^\ominus$。由于此给定电极发生还原反应，所以又称为该电极的还原电势。若给定电极实际发生氧化反应，则 $E^\ominus$ 为负值，说明该电极发生还原反应的趋势小于标准氢

电极。

例如，铜半电池与标准氢电极组成原电池：

$$Pt, H_2 \mid H^+ \parallel Cu^{2+} \mid Cu$$

实际测得该电池的标准电动势 $E^{\ominus}$ 为 0.3419V，故 $E^{\ominus}(Cu^{2+}/Cu)$ 为 0.3419V。

当标准锌电极与标准氢电极组成电池时，实测标准电动势为 0.762V，但实际上标准氢电极为正极，标准锌电极为负极，故 $E^{\ominus}(Zn^{2+}/Zn)$ 为 −0.7618V。

如果组成电极反应的物质都溶于水，则由惰性电极（如铂片）插入含有该物质（同种元素不同氧化态的离子）溶液构成电极。这种电极称为氧化还原电极。例如：

$$Fe^{3+}(aq), Fe^{2+}(aq) \mid Pt$$

电极反应为：

$$Fe^{3+} + e \rightleftharpoons Fe^{2+}$$

在实际测定电极电势的工作中，由于氢电极是气体电极，使用起来很不方便，常采用甘汞电极作为参比电极。这种电极不但使用方便而且工作稳定。

以饱和甘汞电极为例，它是由 Hg 和糊状 Hg_2Cl_2 及 KCl 饱和溶液组成的（如图 9-4 所示）。

电极符号：　　$Pt, Hg(l) \mid Hg_2Cl_2(s) \mid KCl$（饱和溶液）

电极反应：　　$Hg_2Cl_2(s) + 2e \rightleftharpoons 2Hg(l) + 2Cl^-(aq)$

在常温下，饱和甘汞电极具有稳定的电极电势（0.2415V）。

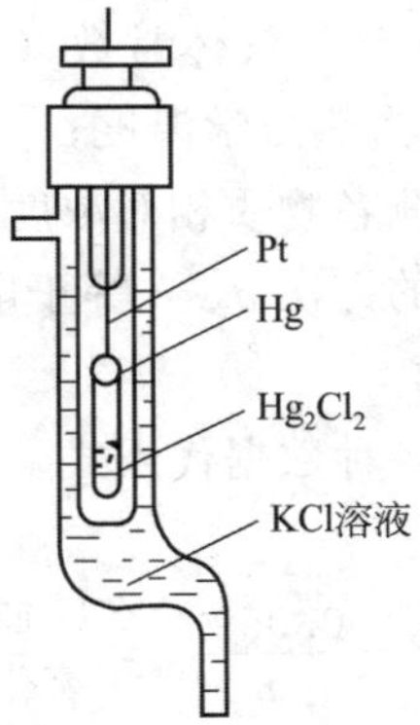

图 9-4　甘汞电极

标准电极电势代数值的大小反映物质的氧化还原能力的强弱。电极电势的代数值越大，表示其氧化型物质得电子的趋势越大，即其氧化性强。与之相对应的还原型物质的还原性越弱。与此相反，电极电势代数值越小，表示其氧化型物质得电子的趋势越小，氧化性越弱。而与之相对应的还原型物质的还原性越强。

将所测得的各种电极的标准电极电势连同电极反应，按代数值从小到大的顺序

排列成表，即组成了标准电极电势表。附录 3 列出了一些氧化还原电对的标准电极电势

本书所采用的电极电势为还原电势。因此，电极反应表示为还原反应，如 $Zn^{2+} + 2e \rightleftharpoons Zn$。还原电势表示电对中氧化型物质得到电子被还原的趋势。有些书采用氧化电势，两者数值相等、符号相反。

应该指出的是，$E^{\ominus}$ 是在标准态下电极处于平衡状态时表现出来的特征值，它是具有强度性质的量，与电极反应式写法无关。如

$$\frac{1}{2}Cl_2 + e \rightleftharpoons Cl^- \qquad E_A^{\ominus} = 1.35827V$$

$$Cl_2 + 2e \rightleftharpoons 2Cl^- \qquad E_A^{\ominus} = 1.35827V$$

9.3.3 能斯特方程式

标准电极电势是在标准状态下测定的。实际中的化学反应往往在非标准状态下进行，而且，随着反应的进行，电对离子的浓度也会发生变化，电极电势便随之发生变化。电极电势与温度和浓度的关系可用能斯特（W. Nernst）[1] 方程式来表示。若氧化还原电对的电极反应简写为：

$$a\,氧化型 + ne \rightleftharpoons b\,还原型$$

则能斯特方程式为：

$$E = E^{\ominus} - \frac{RT}{nF}\ln\frac{[还原型]^b}{[氧化型]^a} \tag{9-4}$$

式中，E 为电对在任一温度、浓度时的电极电势；$E^{\ominus}$ 为电对的标准电极电势；n 为电极反应中电子的计量系数；R 为气体常数（$8.314J \cdot mol^{-1} \cdot K^{-1}$）；$F$ 为法拉第常数（$96486C \cdot mol^{-1}$）；T 为热力学温度；[还原型]、[氧化型] 分别表示电极反应式还原态一侧和氧化态一侧各物质相对浓度幂的乘积，若是气体则用相对分压。各物质相对浓度或相对分压的方次 a、b 等于电极反应式中各相应物质的计量系数。固体和纯液体不列入该式。

若温度取 298.15K，将上述各种数据代入式（9-4），并将自然对数换为常用对数，则有

$$E = E^{\ominus} - \frac{0.0592}{n}\lg\frac{[还原型]^b}{[氧化型]^a} \tag{9-5}$$

利用能斯特方程可以计算电对在各种浓度下的电极电势，在实际应用中非常重要。下面以实例来说明它的应用。

【例 9-4】 试写出下列电对的能斯特方程：

---

[1] 能斯特（H. W. Nernst），德国物理化学家，1864 年 6 月生于德国，1887 年在柯尔劳什（F. Kohlrousch）的指导下，取得哲学博士学位，后成为哥丁根大学和柏林大学的教授，能斯特具有非凡的能力，24 岁时开始发表有关电化学方面的论文，25 岁时发表了成名作，著名的计算电极电位方程式（1889 年）和建立了金属双电层理论。由于阐述了热力学第三定律和在电化学方面取得的巨大成就，1920 年（56 岁）获得了诺贝尔化学奖。

(1) Zn^{2+}/Zn；(2) Cl_2/Cl^-；(3) $Cr_2O_7^{2-}/Cr^{3+}$（酸性介质）；(4) MnO_2/Mn^{2+}（酸性介质）。以下为简化计算，$E^\ominus$ 值取三位有效数字。

解 (1) 电极反应 $Zn^{2+}+2e \rightleftharpoons Zn$

$$E_A = E_A^\ominus(Zn^{2+}/Zn) - \frac{0.0592}{2}\lg 1/[Zn^{2+}] = -0.762 - \frac{0.0592}{2}\lg 1/[Zn^{2+}]$$

(2) 电极反应 $Cl_2+2e^- \rightleftharpoons 2Cl^-$

$$E = E^\ominus(Cl_2/Cl^-) - \frac{0.0592}{2}\lg\frac{[Cl^-]^2}{[p(Cl_2)]} = 1.36 - \frac{0.0592}{2}\lg\frac{[Cl^-]^2}{[p(Cl_2)]}$$

(3) 电极反应 $Cr_2O_7^{2-}+14H^++6e \rightleftharpoons 2Cr^{3+}+7H_2O$

$$E_A = E_A^\ominus(Cr_2O_7^{2-}/Cr^{3+}) - \frac{0.0592}{6}\lg\frac{[Cr^{3+}]^2}{[Cr_2O_7^{2-}][H^+]^{14}}$$

$$= 1.23 - \frac{0.0592}{6}\lg\frac{[Cr^{3+}]^2}{[Cr_2O_7^{2-}][H^+]^{14}}$$

(4) 电极反应 $MnO_2(s)+4H^++2e \rightleftharpoons Mn^{2+}+2H_2O$

$$E_A = E_A^\ominus(MnO_2/Mn^{2+}) - \frac{0.0592}{2}\lg\frac{[Mn^{2+}]}{[H^+]^4} = 1.22 - \frac{0.0592}{2}\lg\frac{[Mn^{2+}]}{[H^+]^4}$$

【例 9-5】 计算 $c(Cu^{2+})=0.001mol\cdot L^{-1}$时，电对 Cu^{2+}/Cu 的电极电势。

解 $c(Cu^{2+})=0.001mol\cdot L^{-1}$，即 $[Cu^{2+}]=0.001$

电极反应 $Cu^{2+}+2e \rightleftharpoons Cu$

$$E_A = E_A^\ominus(Cu^{2+}/Cu) - \frac{0.0592}{2}\lg\frac{1}{[Cu^{2+}]} = 0.342 - \frac{0.0592}{2}\lg\frac{1}{0.001} = 0.253V$$

【例 9-6】 试计算 $c(H^+)=10^{-7}mol\cdot L^{-1}, p(H_2)=100kPa$ 时，电对 H^+/H_2 的电极电势（取 $p^\ominus=100kPa$）。

解 $c(H^+)=10^{-7}mol\cdot L^{-1}$，即 $[H^+]=10^{-7}$

电极反应 $2H^++2e \rightleftharpoons H_2$

$$E_A = E_A^\ominus(H^+/H_2) - \frac{0.0592}{2}\lg\frac{[p(H_2)]}{[H^+]^2}$$

$$= 0 - \frac{0.0592}{2}\lg\frac{100/100}{(10^{-7})^2} = -\frac{0.0592}{2}\times 14 = -0.414V$$

【例 9-7】 如果 $[MnO_4^-]=[Mn^{2+}]=1mol\cdot L^{-1}$，试计算电对 MnO_4^-/Mn^{2+} 在$c(H^+)=1mol\cdot L^{-1}$和 $c(H^+)=0.001mol\cdot L^{-1}$时的电极电势。

解 电极反应 $MnO_4^-+8H^++5e \rightleftharpoons Mn^{2+}+4H_2O$

$$E_A = E_A^\ominus(MnO_4^-/Mn^{2+}) - \frac{0.0592}{5}\lg\frac{[Mn^{2+}]}{[MnO_4^-][H^+]^8} = 1.51 - \frac{0.0592}{5}\lg\frac{1}{[H^+]^8}$$

当 $c[H^+]=1mol\cdot L^{-1}$，即 $[H^+]=1$ 时

$$E_A = 1.51 - \frac{0.0592}{5}\lg\frac{1}{1^8} = 1.51V$$

当 $c[H^+]=0.001mol\cdot L^{-1}$，即 $[H^+]=0.001$

$$E_A=1.51-\frac{0.0592}{5}\lg\frac{1}{(0.001)^8}=1.23V$$

由上述例子可以看出，溶液中与电极反应有关的离子的浓度变化时对电极电势的影响。电极反应中经常可能有 H^+、OH^-、Cl^-等离子参与，能斯特方程应包含它们的相对浓度项。如例 9-7 中含有 $[H^+]^8$。由于 H^+ 相对浓度的方次往往比较大，故对电极电势的影响也较大。

思考题 9.7 解释下列化学名词的含义：

标准氢电极　　电极电势　　标准电极电势

9.4 电极电势的应用

标准电极电势是化学中重要的数据之一。迄今为止，这些数据已经很齐全，它能把在水溶液中进行的氧化还原反应系统化。它在无机化学中主要有以下应用。

9.4.1 判断氧化剂和还原剂的相对强弱

标准电极电势表中的 $E^{\ominus}$ 值一般是按代数值由小到大的顺序排列的。纵观表中的数据可知，排在 H^+/H_2 以上的为负值，排在其下的为正值。按照还原电势的电极反应：

$$\text{氧化型}+ne \rightleftharpoons \text{还原型}$$

在标准电极电势表中，位于表上方的还原型物质如 Li、K、Ba、Ca 等单质均是强还原剂，而与之相对应的氧化型物质 Li^+、K^+、Ba^{2+}、Ca^{2+} 等均是弱氧化剂。相反，位于表下方的氧化型物质如 F_2、O_3、H_2O_2、MnO_4^- 等都是强氧化剂，而与之相对应的还原型物质如 F^-、O_2、H_2O、MnO_2 等则是弱还原剂。纵观全表，有关物质氧化还原性强弱的变化规律以及某几种物质氧化还原性的相对强弱则一目了然。例如，欲找出电对 MnO_4^-/Mn^{2+}、Fe^{3+}/Fe^{2+} 及 I_2/I^- 中最强的氧化剂和最强的还原剂，首先可在表中查出电极反应和电极电势：

$$MnO_4^- + 8H^+ + 5e \rightleftharpoons Mn^{2+} + 4H_2O \qquad E_A^{\ominus}=1.507V$$

$$Fe^{3+} + e \rightleftharpoons Fe^{2+} \qquad E_A^{\ominus}=0.771V$$

$$I_2 + 2e \rightleftharpoons 2I^- \qquad E_A^{\ominus}=0.5355V$$

电对 MnO_4^-/Mn^{2+} 的 $E_A^{\ominus}$ 值最大，说明其氧化型 MnO_4^- 是最强的氧化剂。电对 I_2/I^- 的 $E_A^{\ominus}$ 值最小，说明其还原型物质 I^- 是最强的还原剂。因此各氧化型物质氧化能力的顺序为：

$$MnO_4^- > Fe^{3+} > I_2$$

各还原型物质还原能力的顺序为：

$$I^- > Fe^{2+} > Mn^{2+}$$

在查阅标准电极电势表时，还应注意以下几点。

① 标准电极电势分为酸性介质和碱性介质两种表。反应在酸性介质中进行应查酸表，在碱性介质中进行应查碱表。如果未注明酸碱介质，则电极反应式中出现 H^+ 的则为酸性介质，出现 OH^- 的则为碱性介质。有些离子如 Fe^{3+}，只能在酸性条件下存在，应查酸表。

② 如反应物作氧化剂，查表时应先从氧化型一方查出，然后看其对应的还原型物质是否与还原产物相符；如反应物作还原剂，则应先从还原型一方查出，然后看其对应的氧化型是否与氧化产物相符。只有完全相符合时，查出的 $E_A^{\ominus}$ 或 $E_B^{\ominus}$ 值才是正确的。

9.4.2 判断氧化还原反应的方向

知道了氧化剂和还原剂的相对强弱，就可以对氧化还原反应进行的方向做出判断。例如：

$$Zn + Cu^{2+} \rightleftharpoons Zn^{2+} + Cu$$

查得

$$E_1^{\ominus}(Cu^{2+}/Cu) = +0.3419V$$
$$E_2^{\ominus}(Zn^{2+}/Zn) = -0.7618V$$

显然，Zn 是比 Cu 更强的还原剂，而 Cu^{2+} 是比 Zn^{2+} 更强的氧化剂。故 Cu^{2+} 能将 Zn 氧化，上述反应会自发地自左向右进行。也就是说，作为氧化剂电对的 $E_1^{\ominus}$ 应大于作为还原剂电对的 $E_2^{\ominus}$（即 $E_1^{\ominus} - E_2^{\ominus} > 0$）。

思考题 9.8 根据下列反应，定性判断 Br_2/Br^-、I_2/I^-、Fe^{3+}/Fe^{2+} 三电对电极电势的大小及氧化剂氧化能力的大小。

$$2I^- + 2Fe^{3+} \longrightarrow 2Fe^{2+} + I_2$$
$$Br_2 + 2Fe^{2+} \longrightarrow 2Fe^{3+} + 2Br^-$$

思考题 9.9 有同学说："由于 $E^{\ominus}(Fe^{2+}/Fe) = -0.447V$，$E^{\ominus}(Fe^{3+}/Fe^{2+}) = +0.771V$，故 Fe^{3+} 与 Fe^{2+} 能发生氧化还原反应。"这句话对吗？为什么？

9.5 元素电势图及其应用

利用标准电极电势表，可以直观地看出各种氧化剂、还原剂的相对强弱以及氧化还原反应可能的方向和产物。但是，对于了解同一元素的不同氧化态的氧化还原性仍不够方便。为此，人们提出了元素电势图。

9.5.1 元素电势图的表示法

许多元素具有多种氧化态，各种氧化态物质之间又可以组成不同的电对。将同一元素不同的氧化态物质按由高到低的顺序排成一横行，各氧化态物质之间以线连接并标上两相邻氧化态物质组成的电对的标准电极电势值。由此构成的图式称为元素电势图。例如铁的元素电势图：

Fe元素的各氧化态

电对的 $E^{\ominus}/V$ $\overset{+6}{FeO_4^{2-}} \xrightarrow{2.20} \overset{+3}{Fe^{3+}} \xrightarrow{0.77} \overset{+2}{Fe^{2+}} \xrightarrow{-0.45} \overset{0}{Fe}$

Fe^{3+} 至 Fe：-0.04

分析上述铁的元素电势图可知：

① $E^{\ominus}(FeO_4^{2-}/Fe^{3+})=2.20V$，数值很大，所以 FeO_4^{2-} 是很强的氧化剂；

② $E^{\ominus}(Fe^{3+}/Fe^{2+})=0.77V$，而 $E^{\ominus}(Fe^{2+}/Fe)=-0.45V$，由于 $E^{\ominus}(Fe^{3+}/Fe^{2+})>E^{\ominus}(Fe^{2+}/Fe)$，下列反应应能够自发进行：

$$2Fe^{3+}+Fe \rightleftharpoons 3Fe^{2+}$$

③ $E^{\ominus}(Fe^{2+}/Fe)=-0.45V$，数值较小，所以Fe是一种较强的还原剂。

9.5.2 元素电势图的应用示例

一种元素的某一中间氧化态同时向较高和较低氧化态转化，这种反应称为歧化反应。如反应

$$3Cl_2+6NaOH \longrightarrow NaClO_3+5NaCl+3H_2O$$

Cl_2 既向高氧化态转化生成 ClO_3^-，又向低氧化态转化生成 Cl^-。反应中，Cl_2 既是氧化剂，又是还原剂，故歧化反应又称自氧化还原反应。Cl_2 为什么能发生歧化反应呢？请看氯的元素电势图。该反应在碱性介质中进行，元素电势图为：

$$E_B^{\ominus}/V \quad ClO^- \xrightarrow{+0.52} Cl_2 \xrightarrow{+1.36} Cl^-$$

由图中可知，$E_B^{\ominus}(Cl_2/Cl^-)=1.36V$，而 $E_B^{\ominus}(ClO^-/Cl_2)=0.52V$，由于 $E_B^{\ominus}(Cl_2/Cl^-)>E_B^{\ominus}(ClO^-/Cl_2)$，所以电对 Cl_2/Cl^- 中的氧化型物质 Cl_2，能够氧化电对 ClO^-/Cl_2 中的还原型物质 Cl_2。于是，歧化反应便能自发进行。

$$Cl_2+2NaOH \rightleftharpoons NaClO+NaCl+H_2O$$

对照一下酸性介质中氯的元素电势图：

$$E_A^{\ominus}/V \quad HClO \xrightarrow{+1.611} Cl_2 \xrightarrow{+1.36} Cl^-$$

由于 $E_A^{\ominus}(Cl_2/Cl^-)<E_A^{\ominus}(HClO/Cl_2)$，故在酸性介质中 Cl_2 不能发生歧化反应。相反，HClO能氧化 Cl^-，即逆歧化反应能进行。

$$HClO+HCl \rightleftharpoons Cl_2+H_2O$$

推广至一般，在下列元素电势图中：

$$M_3 \xrightarrow{E_{左}^{\ominus}} M_2 \xrightarrow{E_{右}^{\ominus}} M_1$$

当 $E_{右}^{\ominus}>E_{左}^{\ominus}$ 时，M_2 便会发生歧化反应：

$$M_2 \longrightarrow M_3+M_1$$

反之，当 $E_{右}^{\ominus}<E_{左}^{\ominus}$ 时，M_2 不能发生歧化反应，而能发生逆歧化反应，即

$$M_3+M_1 \longrightarrow M_2$$

由此可见，元素电势图对于了解某一元素及其化合物的氧化还原性质是很有用的。

*9.6 化学电源

将氧化还原反应的化学能直接转变为电能的装置称为化学电源（batteries）或化学电池，俗称电池。电池中发生氧化还原反应放出能量的物质，称为活性物质。理论上，任何自发的氧化还原反应都可以装置成化学电源，如锌铜原电池。但实际上，在制造时要考虑电池的性能、成本、体积、质量和寿命等因素。化学电源的种类繁多，通常可分为三种类型：一次电池、二次电池和燃料电池。

电池的活性物质仅能使用一次的装置属于一次电池，简称原电池。一次电池经完全放电（化学电源对外电路供给能量的过程称为放电）后就不能再使用而只得废弃。如电池放电后经充电（由外部供给与放电时方向相反的直流电）又能恢复工作能力的化学电源称为二次电池，简称蓄电池。二次电池充电时，放电产物恢复原状。燃料电池是将燃料（还原剂和氧化剂）直接氧化和还原而产生电能的电池装置。

一些常见原电池与蓄电池的性能见表 9-1。

表 9-1 一些常见原电池与蓄电池的性能

分类	电池名称	电池构成			额定电压/V
		正极活性物质	电解质	负极活性物质	
原电池	盐类电解液锌锰电池	MnO_2	$NH_4Cl, ZnCl_2$	Zn	1.5
	碱性锌锰电池	MnO_2	KOH	Zn	1.2
	锌汞电池	HgO	KOH(ZnO)	Zn	1.2
蓄电池	铅蓄电池	PbO_2	H_2SO_4	Pb	2.0
	镉镍电池	NiOOH	KOH(或 NaOH)	Cd	1.2
	氢镍电池	NiOOH	KOH	MH	1.2
	银锌电池	AgO, Ag_2O	KOH(ZnO)	Zn	1.5
	锂离子电池	$Li_{1-x}CoO_2$	$LiPF_6, LiClO_4$	Li_xC_6	3.6

9.6.1 原电池

锌锰电池是最常用的化学电源，分为盐类电解液电池和碱性电解液电池两种。由于锌锰电池中的电解液不能流动，故俗称锌锰干电池。最早的锌锰电池是糊式电池。如图 9-5 所示为盐类电解液锌锰电池的结构。外壳是锌皮，为负极；中心是一根导电性能良好的石墨棒，在石墨棒上裹了一层有 MnO_2、炭黑及 NH_4Cl 溶液混合压紧的团块，MnO_2 为正极活性物质；两个电极之间的电解液是由 NH_4Cl、$ZnCl_2$、淀粉或甲基纤维素和水组成的，将其加热调制成糊状并

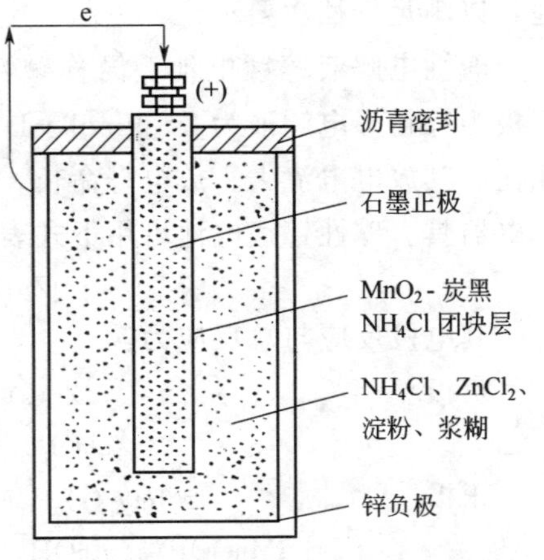

图 9-5 盐类电解液锌锰电池的结构

趁热灌入锌筒，冷却后成半透明、不可流动但可导电的胶冻，并用多孔纸包起来，使之与锌负极隔开；锌筒上口加沥青密封以防电解液渗出。盐类电解液锌锰电池的NH_4Cl、$ZnCl_2$溶液水解呈微酸性（pH≈5），故盐类电解液锌锰电池又称酸性锌锰电池，其电池符号为：

$$(-)Zn \mid NH_4Cl, ZnCl_2 \mid MnO_2 \mid C(+)$$

其电极反应与总反应为：

负极 $$Zn(s) \rightleftharpoons Zn^{2+} + 2e$$

$$Zn^{2+} + 4NH_4Cl \rightleftharpoons (NH_4)_2ZnCl_4 + 2NH_4^+$$

正极 $$2MnO_2(s) + 2H_2O + 2e \rightleftharpoons 2MnOOH(s) + 2OH^-$$

总反应 $$Zn(s) + 2MnO_2(s) + 4NH_4Cl \rightleftharpoons 2MnOOH(s) + (NH_4)_2ZnCl_4 + 2NH_3$$

NH_4Cl电解液在−20℃时会结冰而析出NH_4Cl晶体，因此该电池不能在高寒地区使用，最适宜的使用温度为15～35℃。这种电池的缺点是产生NH_3，能被石墨棒吸附，导致电池电动势下降；同时锌负极作为消耗性外壳，在使用过程中会变薄以至穿孔，故常有电池漏液现象发生。为克服以上缺点，科学家发明了纸板式电池。纸板式电池采用涂敷在纸板上的复合浆料（$ZnCl_2$）来代替淀粉、糨糊层，其电池符号如下。

$$(-)Zn \mid ZnCl_2 \mid MnO_2 \mid C(+)$$

其电极反应与总反应为：

负极 $$4Zn(s) \rightleftharpoons 4Zn^{2+} + 8e$$

正极 $$8MnO_2(s) + 8H_2O + 8e \rightleftharpoons 8MnOOH(s) + 8OH^-$$

电解液中 $$4Zn^{2+} + H_2O + 8OH^- + ZnCl_2 \rightleftharpoons ZnCl_2 \cdot 4ZnO \cdot 5H_2O(s)$$

总反应 $$8MnO_2(s) + 9H_2O + 4Zn(s) + ZnCl_2 \rightleftharpoons 8MnOOH(s) + ZnCl_2 \cdot 4ZnO \cdot 5H_2O(s)$$

我国的盐类电解液锌锰电池的主要产品是纸板式电池，目前仍生产少量糊式电池，以满足低档次要求。

碱性电解液锌锰电池，简称碱性锌锰电池，其正极为MnO_2和炭粉混合物，负极为锌粉，电解液为7～9mol·L^{-1} KOH溶液。碱性锌锰电池与酸性锌锰电池相比，其放电电流大、放电寿命长。适用于电动玩具、剃须刀和照相机等新型高功率电器具。碱性锌锰电池可用下式表示：

$$(-)Zn \mid KOH \mid MnO_2 \mid C(+)$$

其电极反应与总反应为：

负极 $$Zn(s) + 2OH^- \rightleftharpoons Zn(OH)_2 + 2e$$

$$Zn(OH)_2 + 2OH^- \rightleftharpoons [Zn(OH)_4]^{2-}$$

正极 $$2MnO_2(s) + 2H_2O + 2e \rightleftharpoons 2MnOOH(s) + 2OH^-$$

$$2MnOOH(s) + 6OH^- + 2H_2O \rightleftharpoons 2[Mn(OH)_6]^{3-}$$

总反应 $$2MnO_2(s) + 4H_2O + Zn(s) + 8OH^- \rightleftharpoons 2[Mn(OH)_6]^{3-} + [Zn(OH)_4]^{2-}$$

9.6.2 蓄电池

9.6.2.1 铅蓄电池

铅蓄电池又称铅酸蓄电池，广泛地用作各种机动车辆、电动工具的电源。如图 9-6 所示为铅蓄电池装置。铅蓄电池是用相互间隔的铅锑合金格板作为电极导电材料，其中一组格板的孔穴中填充二氧化铅，在另一组格板的孔穴中填充海绵状金属铅，并以稀硫酸（密度为 1.25～1.3g・cm^{-3}）作为电解质溶液而组成。

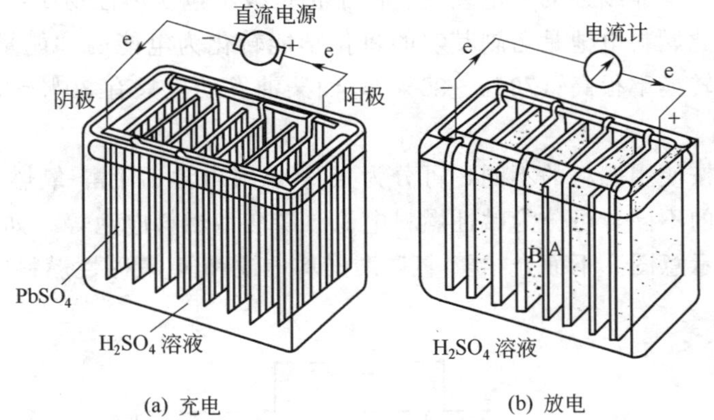

图 9-6 铅蓄电池装置

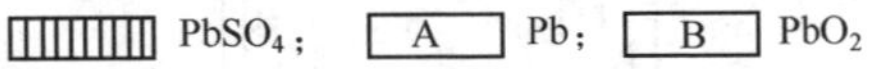

铅蓄电池可用下式表示：

$$(-)Pb|H_2SO_4|PbO_2(+)$$

其电极反应与总反应为：

负极 $Pb+H_2SO_4 \rightleftharpoons PbSO_4+2H^++2e$

正极 $PbO_2+H_2SO_4+2H^++2e \rightleftharpoons PbSO_4+2H_2O$

总反应 $Pb+PbO_2+2H_2SO_4 \rightleftharpoons 2PbSO_4+2H_2O$

铅蓄电池在放电后，可以利用外界直流电源进行充电。铅蓄电池在充电时的两极反应即为放电时两极反应的逆反应，因此，充电后电极恢复到原先状态，铅蓄电池可以继续循环使用。

9.6.2.2 氢镍电池

氢镍电池，又称镍-金属氢化物电池（Ni-MH），其正极材料为 $Ni(OH)_2$，负极材料为 $LaNi_5$、TiFe 等贮氢合金，电解质为 KOH 水溶液。负极充电时，贮氢合金吸收电解液中的水还原生成的氢，形成金属氢化物：

$$M+2H_2O+e \rightleftharpoons MH+OH^-$$

正极充电的反应：

$$Ni(OH)_2+OH^- \rightleftharpoons NiOOH+H_2O+e$$

氢镍电池充放电总反应为：

$$MH+NiOOH \rightleftharpoons Ni(OH)_2+M$$

氢镍电池可用作电子手表、电子计算器、矿灯和电动自行车等的电源。目前正在开发汽车用氢镍电池。

9.6.3 燃料电池

燃料电池（fuel cell），又称连续电池。燃料电池与一般电池不同，一般电池是将活性物质全部贮存在电池体内部，是间断式的储能装置，而燃料电池是把燃料（如氢、甲醇等）不断输入负极作为活性物质，把氧或空气输送到正极作为氧化剂，产物不断排除，是连续性的发电装置。由于正负极不包含活性物质，只是一个催化转换元件，因此燃料电池是名副其实的将化学能转化为电能的“能量转换器”。燃料电池的能量转换率很高（70%～80%），而柴油发动机只有30%～35%，汽油发动机只有20%。

燃料电池按使用燃料的不同，可分为氢-氧燃料电池、甲醇-氧燃料电池等；按采用的电解质的不同，可分为碱性燃料电池、磷酸型燃料电池等。如图9-7所示为燃料电池结构示意图。下面介绍氢-氧磷酸燃料电池和氢-氧碱性燃料电池。

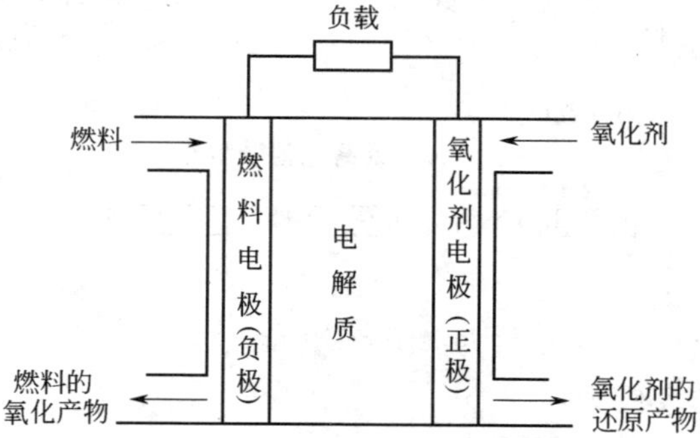

图9-7　燃料电池结构示意图

① 氢-氧磷酸燃料电池的工作电压约0.6V，其电解质为磷酸，正、负极材料由载体和催化层组成。载体一般采用炭黑，催化层含铂。当纯氢被送到负极通道时，由于负极催化剂的作用，氢分子发生氧化反应，失去电子，生成氢离子（即质子），电子则通过外电路流向正极，产生电流。氢离子则通过电解质与正极区的氧气及电子发生反应生成水。其电极反应与总反应为：

负极　$$H_2 \rightleftharpoons 2H^+ + 2e$$

正极　$$\frac{1}{2}O_2 + 2H^+ + 2e \rightleftharpoons H_2O$$

总反应　$$H_2 + \frac{1}{2}O_2 \rightleftharpoons H_2O$$

在这个过程中，氢气和氧气源源不断地送入，反应持续不断地进行，于是在电池内就产生了持续的电流。

② 氢-氧碱性燃料电池的工作电压约0.8V，其电解质为KOH水溶液，正、负极材料可以是贵金属（如铂、钯等），也可以是非贵金属（如镍、钴等）。其电极反应与总反

应为：

负极 $$H_2+2OH^- \rightleftharpoons 2H_2O+2e$$

正极 $$\frac{1}{2}O_2+H_2O+2e \rightleftharpoons 2OH^-$$

总反应 $$H_2+\frac{1}{2}O_2 \rightleftharpoons H_2O$$

③ 磷酸型燃料电池是目前最成熟的燃料电池。世界上最大的燃料电池发电厂是美日合作的东京电能公司经营的 11MW 的磷酸型燃料电池发电厂。美国已有 400 万座商用燃料电池站，其峰值功率达到 1.75×10^5 MW。如洛杉矶市的办公大楼中用燃料电池作为发电装置，发电的同时还产生饮用水。另外以液氢为燃料的燃料电池电动汽车将是汽车工业发展的一个重要方向。

习　题

9.1 指出下列物质中各元素的氧化态：

Na_3PO_4；NaH_2PO_4；$Cr_2O_7^{2-}$；O_2^{2-}；PbO_2；HClO；K_2MnO_4；BaH_2；PH_3

9.2 指出下列物质中哪些只能作氧化剂或还原剂，哪些既能作氧化剂又能作还原剂：

Na_2S；$HClO_4$；$KMnO_4$；I_2；Na_2SO_3；Zn；HNO_2；As_2O_3；$FeSO_4$

9.3 配平下列反应方程式（必要时可自加反应物或生成物）：

(1) $Cu+HNO_3$(稀)$\longrightarrow Cu(NO_3)_2+NO+H_2O$

(2) $CrO_3+HCl \longrightarrow CrCl_3+Cl_2$

(3) $S+H_2SO_4$(浓)$\longrightarrow SO_2+H_2O$

(4) $KClO_3+KI+H_2SO_4 \longrightarrow I_2+KCl+K_2SO_4+H_2O$

(5) $H_2O_2+KI+H_2SO_4 \longrightarrow K_2SO_4+I_2+H_2O$

(6) $KMnO_4+H_2O_2+H_2SO_4 \longrightarrow K_2SO_4+MnSO_4+O_2+H_2O$

(7) $K_2Cr_2O_7+KI+H_2SO_4 \longrightarrow Cr_2(SO_4)_3+I_2$

(8) $CuS+HNO_3 \longrightarrow NO+S$

(9) $KMnO_4+HNO_2+H_2SO_4 \longrightarrow MnSO_4+HNO_3$

(10) $HNO_3+Cu \longrightarrow Cu(NO_3)_2+NO_2+H_2O$

9.4 若下列反应在原电池中进行，试写出电池符号和电池电动势的表示式：

(1) $Fe+Cu^{2+} \longrightarrow Fe^{2+}+Cu$

(2) $Cu^{2+}+Ni \longrightarrow Cu+Ni^{2+}$

9.5 由标准电极电势推测下列反应能否进行（未配平者要配平）：

(1) $Mg+Na_2SO_4 \longrightarrow MgSO_4+Na$

(2) $Cl_2+2I^- \longrightarrow 2Cl^-+I_2$

(3) $2Br^-+2Fe^{3+} \longrightarrow Br_2+2Fe^{2+}$

(4) $Zn+Fe^{2+} \longrightarrow Fe+Zn^{2+}$

9.6 判断下列物质哪些是氧化剂、哪些是还原剂、哪些既可作氧化剂又可作还原剂？它们可能的还原产物或氧化产物是什么？

(1) I^-；(2) H_2S；(3) H_2SO_4；(4) Al；(5) H_2O_2；(6) F_2

9.7 下列物质在一定条件下可作为氧化剂，根据其氧化能力的大小排成顺序，并写出它们的还原产物（设在酸性溶液中）。

（1）$KMnO_4$；（2）$KClO_3$；（3）$FeCl_3$；（4）HNO_3；（5）I_2；（6）Cl_2

9.8 下列物质在一定条件下可作为还原剂，根据其还原能力的大小排成顺序，并写出它们的氧化产物。

（1）Zn；（2）HI；（3）Cr^{2+}；（4）$SnCl_2$；（5）H_2；（6）$FeSO_4$

9.9 溶液的 pH 增加，对下列电对的电极电势有何影响？各物质的氧化还原能力如何改变？

（1）MnO_2/Mn^{2+}；（2）MnO_4^-/MnO_4^{2-}；（3）NO_3^-/HNO_2

9.10 计算下列半反应的电极电势：

（1）$Sn^{2+}(0.01mol \cdot L^{-1}) + 2e \longrightarrow Sn$

（2）$Ag^+(0.25mol \cdot L^{-1}) + e \longrightarrow Ag$

（3）$O_2(1.013kPa) + 4H^+(0.10mol \cdot L^{-1}) + 4e \longrightarrow 2H_2O(l)$

（4）$PbO_2(s) + 4H^+(1.0mol \cdot L^{-1}) + 2e \longrightarrow Pb^{2+}(0.1mol \cdot L^{-1}) + 2H_2O$

9.11 求下列电池的电动势，并写出两极反应。

（1）$Zn|Zn^{2+}(0.01mol \cdot L^{-1}) \| Fe^{2+}(0.001mol \cdot L^{-1})|Fe$

（2）$Fe|Fe^{2+}(0.01mol \cdot L^{-1}) \| Ni^{2+}(0.1mol \cdot L^{-1})|Ni$

（3）$Ag|AgNO_3(0.01mol \cdot L^{-1}) \| AgNO_3(0.1mol \cdot L^{-1})|Ag$

9.12 根据标准电极电势，判断下列反应自发进行的方向。

（1）$Cd + Zn^{2+} \rightleftharpoons Cd^{2+} + Zn$

（2）$Sn^{2+} + 2Ag^+ \rightleftharpoons Sn^{4+} + 2Ag$

（3）$H_2SO_3 + 2H_2S \rightleftharpoons 3S + 3H_2O$

（4）$2MnO_4^- + 2Mn^{2+} + 2H_2O \rightleftharpoons 5MnO_2 + 4H^+$

（5）$3Fe(NO_3)_2 + 4HNO_3 \rightleftharpoons 3Fe(NO_3)_3 + NO\uparrow + 2H_2O$

（6）$2K_2SO_4 + Cl_2 \rightleftharpoons K_2S_2O_8 + 2KCl$

***9.13** 已知锰在酸性介质中的元素电势图：

$$E^{\ominus}/V \quad MnO_4^- \xrightarrow{0.558} MnO_4^{2-} \xrightarrow{2.26} MnO_2 \xrightarrow{0.95} Mn^{3+} \xrightarrow{1.51} Mn^{2+} \xrightarrow{-1.185} Mn$$

$$MnO_2 \xrightarrow{1.224} Mn^{2+} \qquad MnO_4^- \xrightarrow{1.696} MnO_2$$

（1）试判断哪些物质可以发生歧化，写出歧化反应式。

（2）估计在酸性介质中，哪些是较稳定的物质？

9.14 为什么盐酸只能将铁氧化成 Fe^{2+}，而硝酸可将铁氧化成 Fe^{3+}？

9.15 单独用 $NaNO_3$ 或稀 H_2SO_4 溶液均不能使 $FeSO_4$ 氧化，但 $NaNO_3$ 和稀 H_2SO_4 混在一起可使 $FeSO_4$ 氧化，为什么？

10 s 区 元 素

s 区元素位于周期表的左面，其外围电子构型为 $ns^{1\sim2}$。本区元素包括周期表第 1（ⅠA）族、第 2（ⅡA）族和氢。第 1（ⅠA）族包括 Li、Na、K、Rb、Cs 和 Fr 六种元素。由于它们的氧化物的水溶液呈碱性，所以又称为碱金属。第 2（ⅡA）族包括 Be、Mg、Ca、Sr、Ba 和 Ra 六种元素。由于它们的氧化物既具有碱性，又具有“土”性（化学上将难溶于水、难熔融的性质称作“土”性），所以又有碱土金属之称。在这两族中，Fr 和 Ra 是放射性元素。

10.1 氢

10.1.1 氢在元素周期表中的位置问题

氢是周期表中第 1 号元素，其原子结构是所有元素中最简单的，核外只有 1 个电子。从其价电子数目只有 1 个，失去 1 个电子形成 H^+，与碱金属 Na、K 相类似，把它划为第 1（ⅠA）族似无可非议。但氢原子也有类似卤素原子的性质，例如，可形成双原子的气态分子；与碱金属作用形成 H^-，似也可放在第 17（ⅦA）族。因此，氢在周期表中的位置有两种表示方法，但通常把它放在第 1 族的位置上。

10.1.2 氢的存在、性质和用途

氢有 3 种同位素，即普通氢 H（^1_1H）、氘 D（^2_1H）、氚 T（^3_1H）。在自然界中 H 和 D 的比例约为 6700∶1，T 因中子过多，很不稳定，可由核反应制得。在空气中氢气含量很微，约为 $5\times10^{-5}\%$（体积分数）。但在整个宇宙中却是所有元素中最丰富的，氢约占太阳质量的 75%。在自然界中氢主要以化合态存在于水、生命有机体及其演变而来的天然气、石油中。

氢原子是所有元素中最轻的、核外只有 1 个电子的原子。它失去 1 个电子之后变成没有核外电子的裸核 H^+。氢原子通过共价键形成氢分子。在常温时，氢气的化学性质不很活泼。这是因为氢原子无内层电子，共有电子对直接与核作用，所形成的 σ 键相当牢固。从 H_2 的离解焓较高足以证明：

$$H_2(g) \longrightarrow 2H(g) \qquad \Delta_D H_m^{\ominus} = 436kJ\cdot mol^{-1}$$

相反，H 原子结合成 H_2 分子时则放出同样多的热量，利用该性质设计的原子氢吹管可获得 4000℃高温。由于常温下氢气的反应性较差，许多有氢气参加的反应，

常要在高温或催化剂存在时才能进行。例如，氧化铜与氢气，在常温下觉察不出反应进行，但若把氢气通过炽热的氧化铜，则可见金属铜的生成：

$$CuO + H_2 \xrightarrow{\triangle} Cu + H_2O$$

许多其他金属氧化物如 WO_3、TiO_2 等，在高温下也能与氢气反应。这是氢气用于冶金工业的重要反应之一。此外，氢气也可以从某些非金属化合物中，将非金属还原出来。例如：

$$SiCl_4 + 2H_2 \longrightarrow Si + 4HCl$$

这是制取半导体硅的重要反应。

氢气与有机化合物中含有碳碳双键或三键的化合物，在催化剂存在下，进行加氢反应：

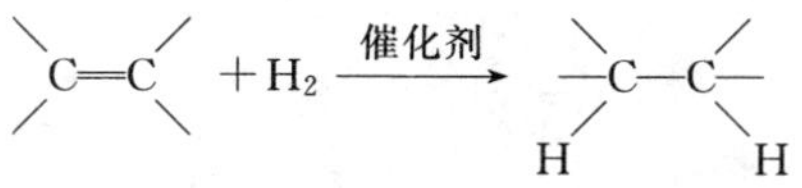

因此，氢气广泛用于石油化工、食品工业的油脂氢化和有机合成工业。

氢的电负性为 2.1，处于中间状态，因此它与电负性高的非金属有形成极性共价键的趋势。在这些反应中氢起还原剂的作用，本身被氧化。例如：

$$2H_2 + O_2 \longrightarrow 2H_2O$$

$$H_2 + S \longrightarrow H_2S$$

$$H_2 + Cl_2 \longrightarrow 2HCl$$

若氢气与电负性低的活泼金属反应，则生成含有氢负离子 H^- 的离子型氢化物。例如：

$$2Na + H_2 \longrightarrow 2NaH$$

$$Ca + H_2 \longrightarrow CaH_2$$

上述反应中，氢作为氧化剂，它的氧化态从 0 变到 −1。

氢气与 d 区和 f 区金属反应，常产生具有金属外貌和传导性的物质，因此称它为金属型氢化物。以前曾认为这类氢化物中的氢是间充在金属晶格的空隙中，现已明确，大多数这类氢化物的结构不同于原来金属的结构。过渡金属吸收氢后往往发生晶格膨胀，使氢化物的密度小于原来金属的密度。它们的组成是可变的，也就是说形成非整比化合物，如 $PdH_{0.8}$、$LaH_{2.76}$ 等。这类被金属吸收的氢，在减压加热时又可释放出来，因此根据需要能够可逆地加氢（贮氢）和析氢（放氢）：

$$M + \frac{x}{2}H_2 \underset{\text{吸热}}{\overset{\text{放热}}{\rightleftharpoons}} MH_x \text{（M 代表金属）}$$

所以过渡金属或其合金可作为贮氢的材料。

10.1.3 氢气的工业生产

工业上大规模制取氢气主要有三种方法，即水煤气法、水蒸气-烃法和电解水法。

10.1.3.1 水煤气法

当水蒸气通过炽热的焦炭时，发生下述反应：

$$C+H_2O \longrightarrow CO+H_2$$

生成的CO和H_2混合物称作水煤气。因CO和H_2都是可燃性气体，可作燃料。如果得到纯氢气，可在催化剂存在下，用水蒸气使水煤气中的CO转化为CO_2：

$$CO+H_2+H_2O \longrightarrow CO_2+2H_2$$

然后利用CO_2溶于水而H_2难溶于水的性质，在加压下使CO_2和H_2的混合物通过水，而将CO_2除去。

10.1.3.2 水蒸气-烃法

在高温下，使烃和水蒸气的混合物通过镍催化剂，生成CO_2和H_2。例如：

$$CH_4+2H_2O \xrightarrow[\triangle]{Ni} CO_2+4H_2$$

分离氢气中的CO_2既可采用上述方法，也可使混合物通过石灰来除去。

$$CO_2+CaO \longrightarrow CaCO_3$$

10.1.3.3 电解水法

因为氢气燃烧生成水时，放出大量的热量，因而要使水分解必须供给能量。当直流电通过含有一些硫酸（作传导电流用）的水时，水分子在阳极上给出电子，释放出氧气：

$$2H_2O \Longrightarrow O_2+4H^++4e$$

而在阴极上氢离子则得到电子析出氢气：

$$2H^++2e \Longrightarrow H_2$$

总的电解反应式为：

$$2H_2O \xrightarrow{电解} 2H_2+O_2$$

电解36g水生成4g氢气需要相当于572kJ的电能。因为需要的能量高，所以用电解水制氢成本过高，目前不适合工业上应用。但是随着核电站的建立，用电成本将会降低，这时电解法制氢将会得到大规模的应用。

10.1.4 氢能源

由于世界的进步，人类对能源的需求不仅数量上日益增加，而且质量上要求越来越高。传统使用的能源如煤炭、石油和天然气的耗量日益增大，储量愈来愈少，而且这些能源造成的环境污染越来越严重，迫使人类寻求新的能源。氢能源的开发因而引人瞩目。

氢气作为燃料具有许多优点。

① 氢气是一种清洁的能源。它无臭、无味、无毒，燃烧后只生成水，不像煤燃烧那样，产生大量烟尘及 SO_2、NO_x 等污染环境。

② 氢气的热值高。燃烧 1kg 氢气放出的热量，相当于 3kg 汽油或 4.5kg 焦炭所放出的热量。

③ 与煤气、天然气一样，氢气可采用管道输送。

④ 与电能不同，氢气可以贮存起来，在需要时使用。

因此，氢能源将成为 21 世纪人类使用的理想能源，以其产生热或电，供工业、交通或家庭使用。

在氢能源的开发和应用上，目前需要解决以下问题。

① 氢与电一样，是一种二级能源。所谓二级能源是指它必须由一种初级能源（如煤、太阳能、地热、风力能、核能等）来生产的能源。因此，需要研究廉价制氢的方法。

② 由于氢气密度小、体积大、运输和装载都不方便。例如，将氢气压缩到 15MPa，一个 40L 钢瓶中只能装 0.5kg 氢。因此，研究氢气的贮存方法将是氢能源开发的关键课题。

水作为制氢的原料资源丰富价格低廉，氢气燃烧又变成水，无污染，所以都将如何分解水制氢作为研究的课题。电解法制氢，生产 1kg 氢气约需 500～600kW·h 电，耗电量大，效率低，如何降低能耗已成为许多国家研究的课题。光配合催化分解水制氢，是利用光照射含有催化剂的水溶液，产生氢化配合物促使水分解制氢的方法。生物制氢是模拟叶绿素的光合作用，并使光合作用仅停留在分解水的阶段。上述分解水的研究，目前都还在实验室试验阶段，已取得初步成果，相信在 21 世纪将有重大突破。

氢气的贮存和运输问题，目前主要集中在贮氢材料的研究上。已有报道 1 体积镧镍合金 $LaNi_5$ 可以贮存 985 体积的 H_2。这项研究成果作为一种便于携带的可控能源，具有很大的潜在优势。可用它作为燃料代替汽油、柴油发动汽车、火车，代替煤气进入千家万户。

氢能的利用方面，目前已取得很大成果。利用液态氢作为燃料的喷气式和火箭式发动机的研究已获成功。我国发射的长征 2 号和长征 3 号火箭就是使用液态氢作为燃料。这说明我国在液态氢的生产、贮存、运输和使用方面已跨入世界高科技的最前列。

思考题 10.1 为什么许多有氢气参与的反应要在高温或催化剂存在时才能进行?

思考题 10.2 工业制备氢气的主要方法有哪些?

10.2 s区元素通论

10.2.1 元素的原子结构和主要性质

s区元素的原子结构和性质见表10-1和表10-2。

表10-1 碱金属元素的原子结构和性质

元素	锂(Li)	钠(Na)	钾(K)	铷(Rb)	铯(Cs)
原子序数	3	11	19	37	55
电子层结构	[He]$2s^1$	[Ne]$3s^1$	[Ar]$4s^1$	[Kr]$5s^1$	[Xe]$6s^1$
金属半径/pm	152	186	227	248	265
Me^+半径/pm	68	95	133	148	169
I_1/kJ·mol^{-1}	520.2	495.8	418.8	403.0	375.7
I_2/kJ·mol^{-1}	7298.1	4561.5	3051.7	2632.6	2233
电负性	1.0	0.9	0.8	0.8	0.8
氧化态	+1	+1	+1	+1	+1

表10-2 碱土金属元素的原子结构和性质

元素	铍(Be)	镁(Mg)	钙(Ca)	锶(Sr)	钡(Ba)
原子序数	4	12	20	38	56
电子层结构	[He]$2s^2$	[Ne]$3s^2$	[Ar]$4s^2$	[Kr]$5s^2$	[Xe]$6s^2$
金属半径/pm	110	160	197	215	217
Me^{2+}半径/pm	31	65	99	113	135
I_1/kJ·mol^{-1}	899.5	737.7	589.8	549.5	502.9
I_2/kJ·mol^{-1}	1757.1	1450.7	1145.5	1064.2	965.3
I_3/kJ·mol^{-1}	14848.6	7732.6	4912.4	4200	3453.6
电负性	1.6	1.3	1.0	1.0	0.9
氧化态	+2	+2	+2	+2	+2

由表10-1和表10-2可知，s区元素的原子结构特点是，最外电子层只有1～2个s电子，内层为稀有气体的电子层结构。由于最外层电子数目少，内层的电子层结构稳定，原子半径又较大，原子核对最外层电子的吸引力弱，因此s区元素表现出很强的金属性。在同一族元素中，由上往下，原子半径显著增大的因素起主要作用，使其金属性依次增强。

s区元素在形成化合物后，其氧化态只有一种，即碱金属只显+1，碱土金属只显+2。这是因为碱金属的第二电离能很大，在化学反应的条件下，失去1个电子之后不可能再失去第2个电子。碱土金属的第二电离能虽比第一电离能大约1倍，但由于生成M^{2+}化合物时的晶格能和水合热很大，足以补偿第二电离能，故在固体和水溶液中碱土金属不存在M^+。

由于锂、铍原子的次外层为2电子构型，而且半径又比其本族其他元素的小，造成锂、铍及其化合物与其本族元素的性质有明显的差别，这称为锂、铍的特殊性。例如，LiCl 的键型有明显的共价性，$BeCl_2$ 为共价化合物，而本族其他元素的氯化物均为离子化合物。

10.2.2 单质的主要性质

讨论单质的性质时，除考虑其原子结构外，还应考虑其分子结构或晶体结构。s 区元素单质的主要物理性质见表 10-3。

表 10-3 s 区元素单质的主要物理性质

金属	锂	钠	钾	铍	镁	钙	锶	钡
升华焓 $\Delta_s H_m^{\ominus}$/kJ·mol^{-1}	159.4	107.32	89.24	324.3	148.95	178.2	163.59	179.9
熔点/℃	185.0	97.8	63.7	1278	651	843	796	725
沸点/℃	1336	883	758	2500	1105	1494	1381	1849
密度/g·cm^{-3}	0.535	0.971	0.862	1.85	1.74	1.55	2.63	3.62
硬度	0.6	0.4	0.5	4	2.5	2	1.8	—

碱金属和碱土金属的升华焓（由固态金属变成气态金属原子需要的能量）都比较小，这与它们金属单质中自由活动的价电子数目较少，形成的金属键较弱有关。碱金属的熔点不高，其中钠、钾的熔点低于100℃。含77.2%K和22.8% Na的钠钾合金，熔点为−12.3℃，具有较高的比热容和较宽的液化范围，被用作核反应堆的冷却剂。碱金属和碱土金属的密度小，其中锂、钠和钾的密度小于水。通常，把密度小于 5g·cm^{-3}的金属称为轻金属。s 区元素的金属除镭之外，均属于轻金属。

s 区金属单质中的金属键比较弱，元素的原子又容易失去电子，所以这些金属的化学性质非常活泼或比较活泼。在金属活泼顺序表中，它们不仅位于氢之前，而且居于最前列。

碱金属单质的重要化学性质见表 10-4。

表 10-4 碱金属单质的重要化学性质

反应方程式	说明
$4M+O_2 \longrightarrow 2M_2O$（正常氧化物）	在空气中燃烧，M 只限于 Li
$2M+O_2 \longrightarrow M_2O_2$（过氧化物）	在空气中燃烧，M 为 Na、K、Rb、Cs，反应从 Na 到 Cs 愈趋剧烈，K、Rb、Cs 还生成超氧化物 MO_2
$6M+N_2 \longrightarrow 2M_3N$	M 只限于 Li
$2M+2H_2O \longrightarrow 2MOH+H_2$	从 Li 到 Cs 愈趋剧烈
$2M+2H^+ \longrightarrow 2M^+ +H_2$	与酸作用剧烈而危险
$2M+H_2 \longrightarrow 2MH$	高温下反应，LiH 最稳定
$2M+X_2 \longrightarrow 2MX$	X 为卤素

由表 10-4 可知，除锂较特殊外，碱金属的活泼性，从钠到铯依次增强。

碱土金属的化学活泼性稍逊于碱金属，其重要化学性质见表10-5。碱土金属的活泼性，从铍到钡依次增强。铍的性质也较特殊，它既溶于酸，也溶于碱是两性金属。溶于碱的反应如下。

$$Be+2NaOH \longrightarrow H_2+Na_2BeO_2$$（铍酸钠）

s区金属的强还原性，还表现在与CO_2的作用。例如，镁能在CO_2中燃烧：

表10-5 碱土金属单质的重要化学性质

反应方程式	说明
$2M+O_2 \longrightarrow 2MO$（正常氧化物）	M为Be、Mg、Ca、Sr、Ba
$M+O_2 \longrightarrow MO_2$（过氧化物）	在压力下，M为Ca、Sr、Ba
$M+2H_2O \longrightarrow M(OH)_2+H_2$	冷水中只有Ca、Sr、Ba反应
$M+H_2O \longrightarrow MO+H_2$	Be、Mg与水蒸气反应
$M+2H^+ \longrightarrow M^{2+}+H_2$	与酸反应，除Be较慢外，其余剧烈 Ca、Sr、Ba与H_2SO_4反应，因生成不溶性MSO_4，所以反应慢
$M+H_2 \longrightarrow MH_2$	仅在高温下反应，Be不反应，Mg需高压
$3M+N_2 \longrightarrow M_3N_2$	在N_2气中燃烧（高温）

$$2Mg+CO_2 \longrightarrow 2MgO+C$$

一些s区金属也常用于制备其他金属或非金属单质。例如：

$$TiCl_4+4Na \longrightarrow Ti+4NaCl$$

$$SiO_2+2Mg = Si+2MgO$$

思考题10.3 碱金属和碱土金属的性质有哪些异同？

思考题10.4 下列金属在过量的氧气中燃烧，生成的氧化物各是什么？

Li　Na　K　Mg

10.3 碱金属和碱土金属的盐类

碱金属和碱土金属的盐类，品种繁多，不能一一罗列，故只能先介绍其通性，然后择其主要的介绍。

10.3.1 通性

10.3.1.1 键型

碱金属和碱土金属的电负性较小，它们的化合物大多是以离子键结合的。只有Be^{2+}与Cl^-、Br^-、I^-是共价键结合。

10.3.1.2 颜色

碱金属和碱土金属离子都具有稀有气体型的稳定结构，难以吸收可见光的能量，所以都是无色的。

10.3.1.3 水溶性和水合盐

碱金属的盐，除$NaHCO_3$微溶，LiF、Li_2CO_3、Li_3PO_4难溶外，其他碱金属

的卤化物、硝酸盐、硫酸盐、碳酸盐、磷酸盐都易溶于水。碱土金属的氯化物、溴化物、碘化物和硝酸盐都易溶于水。碱土金属的硫酸盐中，$BeSO_4$ 和 $MgSO_4$ 易溶于水，$CaSO_4$、$SrSO_4$ 和 $BaSO_4$ 难溶于水。碱土金属的氟化物、碳酸盐和磷酸盐都难溶于水。

有许多碱金属和碱土金属的盐自水溶液中析出结晶时，常带有固定数量的水分子（称为结晶水）。这种含有结晶水的盐称为水合盐。形成水合盐的倾向，随着 Li^+、Na^+、K^+、Rb^+、Cs^+ 的离子半径逐渐增大而依次递减。例如，Li^+、Na^+ 的水合盐比 K^+ 的水合盐多，Rb^+、Cs^+ 的水合盐则很少见。碱土金属的水合盐比碱金属的多。

10.3.1.4 热稳定性

离子化合物的热稳定性与该盐的离子性显著有关。例如，钾盐和钠盐受热不易分解，而铍盐和锂盐受热易分解。

碱金属和碱土金属的含氧酸盐的稳定性与其酸根对应酸的挥发性或稳定性有关。例如，同一金属的磷酸盐、硫酸盐的热稳定性大于硝酸盐、碳酸盐，就是因为磷酸、硫酸的热稳定性大于硝酸、碳酸。

10.3.1.5 氧化还原性

由于碱金属和碱土金属的原子易失去电子，故其离子必定难以获得电子而被还原，氧化性非常弱。

10.3.1.6 盐类的水解性

除 Be^{2+}、Mg^{2+} 在水中能水解外，其余碱金属和碱土金属的离子均不水解。

10.3.1.7 焰色反应

将受热易分解的碱金属和碱土金属盐放在火焰上加热，其原子或离子的核外电子会跃迁到能级较高的空轨道上，然后回迁到能级较低的轨道上来，这时发射出可见光。因各元素的原子或离子的电子能级不同，所发射出的光波颜色也就不同。这种将物质放在火焰上加热，出现各种不同颜色的现象，称作焰色反应。常见碱金属和碱土金属的焰色反应如下。

元素	锂	钠	钾	钙	锶	钡
焰色	红色	黄色	紫色	橙红色	洋红色	绿色

利用焰色反应的不同，可以分别初步检验这些离子是否存在。若将上述元素的硝酸盐或氯酸盐按一定的比例与镁粉、松香、火药等混合，可制成各种颜色的烟火。如把 $Sr(NO_3)_2$ 或 $Ba(NO_3)_2$ 和硫黄、氯酸钾以适当比例混合，可制成红色或绿色信号弹。

10.3.2 碳酸钠和过碳酸钠

碳酸钠因色白且因其在水溶液中水解呈碱性，故有纯碱之称。工业上制取纯碱，是在食盐溶液中，先通入 NH_3 和 CO_2，使其生成碳酸氢铵：

$$NH_3 + CO_2 + H_2O \longrightarrow NH_4HCO_3$$

所生成的 NH_4HCO_3 即与溶液中的 NaCl 发生复分解反应，生成微溶的$NaHCO_3$：

$$NH_4HCO_3 + NaCl \rightleftharpoons NaHCO_3\downarrow + NH_4Cl$$

如果反应条件控制适当，大量的微溶性 $NaHCO_3$ 便从溶液中沉淀出来。过滤出 $NaHCO_3$，将其煅烧而成纯碱：

$$2NaHCO_3 \xrightarrow{200℃} Na_2CO_3 + CO_2\uparrow + H_2O$$

母液中留下 NH_4Cl 和少量的 NaCl。若向该溶液中加入石灰乳便可以回收氨：

$$2NH_4Cl + Ca(OH)_2 \longrightarrow 2NH_3\uparrow + CaCl_2 + 2H_2O$$

最后弃掉溶液中余下的 $CaCl_2$ 和少量 NaCl。这种制碱方法称为苏尔维（E. Solvay）制碱法。我国化学家侯德榜于 1942 年根据 NH_4Cl 在常温下的溶解度比 NaCl 大，但在较低温度时反而比 NaCl 小的事实，对苏尔维制碱法进行了重大改进。在沉淀 $NaHCO_3$ 后的母液中，加入食盐并冷却到 15℃以下，便析出 NH_4Cl，溶液（含有 NaCl）再用作制 $NaHCO_3$ 的原料。这样就避免了 $CaCl_2$ 废渣的产生，食盐的利用率从 70%提高到 96%，从而提高了经济效益并改善了环境。改进后的制碱工艺过程称为侯氏联合制碱法。这项重大科技成果名扬于国内外。

碳酸钠有白色粉末的无水物和含结晶水的细粒结晶两种形态。工业上主要应用无水碳酸钠，其在常温暴露于空气中能吸收 CO_2 和 H_2O 并放出热量，逐渐转变成团块状 $NaHCO_3$。碳酸钠易溶于水，水溶液呈碱性。与碱土金属或重金属[1]离子形成难溶于水的沉淀物。

碳酸钠是重要的基本化工原料之一，广泛应用于化工、冶金、国防、纺织、印染、食品、玻璃、搪瓷、医药、造纸等行业。

过碳酸钠分子式为 $2Na_2CO_3 \cdot 3H_2O_2$。它是过氧化氢与碳酸钠的加合物。呈白色结晶粉末状，易溶于水，并解离为过氧化氢和碳酸钠。干燥的过碳酸钠在 100～105℃时分解成 H_2O、O_2 和 $Na_2CO_3 \cdot H_2O$。

过碳酸钠含有较高的活性氧（理论值 15.28%）和在冷水中有较大的溶解度，可用作合成洗涤剂的助剂，发挥漂白和去污作用。在纺织、造纸工业中用作漂白剂。此外，过碳酸钠也是食品餐具的消毒剂、口腔消毒剂、金属表面处理剂、地毯及硬物表面的清洗除污剂、杀菌剂、除味剂等。

10.3.3 碳酸钙

碳酸钙难溶于水。工业上有重质碳酸钙、轻质碳酸钙和胶体碳酸钙之分。重质碳酸钙是天然白石（含 $CaCO_3 > 90\%$）经机械粉碎而成。轻质碳酸钙则是用沉淀法化学合成的。胶体碳酸钙则是在制造轻质碳酸钙过程中，控制沉淀的粒径小于 0.1μm，再用表面活性剂（如硬脂酸等）进行表面包覆而成。

制取轻质碳酸钙的工艺流程，是将石灰石（含 $CaCO_3 \geq 95\%$）与煤按一定比

---

[1] 重金属是指密度大于 $5g \cdot cm^{-3}$ 的金属，如 Cu、Ni、Co、Zn、Cd、Hg 等。

例混配后，在机械石灰窑中，经高温煅烧生成生石灰和二氧化碳：

$$CaCO_3 \xrightarrow{\triangle} CaO + CO_2 \uparrow$$

生石灰在消化池中用水消化，制成石灰乳：

$$CaO + H_2O \longrightarrow Ca(OH)_2$$

石灰乳过筛之后，送入碳化塔，在这里与石灰窑出来的并经过净化的二氧化碳作用，直至 pH 为 7，则生成碳酸钙：

$$Ca(OH)_2 + CO_2 \longrightarrow CaCO_3 \downarrow + H_2O$$

生成的碳酸钙，经过离心机脱水，干燥，冷却，粉碎，过筛，即得成品轻质碳酸钙。

轻质碳酸钙在橡胶、塑料工业中用作填充补强剂。胶体碳酸钙的效果比轻质碳酸钙更佳。重质碳酸钙主要用于生产无水氯化钙和玻璃，也用作橡胶、塑料的填料和建筑材料。

从 $CaCO_3$ 的溶解性，可理解一些自然现象。例如，石灰石本来是难溶于水，但遇含有 CO_2 的水会生成可溶性的 $Ca(HCO_3)_2$：

$$CaCO_3 + H_2O + CO_2 \longrightarrow Ca(HCO_3)_2$$

当含有 CO_2 的天然水渗入石灰石的岩层内时，在压力下便会慢慢溶解石灰石，以至形成溶岩洞。倘若含有 $Ca(HCO_3)_2$ 的水，自岩洞顶上向下滴并减压时，将渐渐失去 CO_2 而析出 $CaCO_3$：

$$Ca(HCO_3)_2 \longrightarrow CaCO_3 + H_2O + CO_2$$

积年累月便会形成长条而下垂，形如钟乳。滴至岩洞底部，则“凝成”笋状，形成“石林”。

10.3.4 硫酸钠

硫酸钠有无水（白色粉状）和含 10 个结晶水两种形态。前者俗称元明粉，后者则称为芒硝。如图 10-1 所示为硫酸钠的溶解度曲线。由图可知，Na_2SO_4 和 $Na_2SO_4 \cdot 10H_2O$ 的曲线相交于 32.4℃。在 32.4℃ 以下，Na_2SO_4 的溶解度（虚线）大于 $Na_2SO_4 \cdot 10H_2O$ 的溶解度；在 32.4℃ 以上，$Na_2SO_4 \cdot 10H_2O$ 的溶解度大于 Na_2SO_4。也就是说，在 32.4℃ 以下进行结晶，析出的是 $Na_2SO_4 \cdot 10H_2O$ 晶体；而在 32.4℃ 以上结晶，析出的是 Na_2SO_4。32.4℃ 称为 Na_2SO_4 和 $Na_2SO_4 \cdot 10H_2O$ 在溶液中的转变温度。所有无水盐及其水合盐都有其转变温度。该温度位于溶解度曲线转折的地方。

无水硫酸钠是洗涤剂的重要成分之一。它还用于制造硫化钠、玻璃、造纸、肥皂、染料、合成纤维、制革、医药和陶瓷等行业。

10.3.5 硬水及其软化

10.3.5.1 硬水的概念

通常把含 Ca^{2+}、Mg^{2+} 较多的天然水称为硬水，不含或仅含少量 Ca^{2+}、Mg^{2+} 的水称为软水。我国规定水的硬度标准是：1L 水中含 MgO、CaO 总量相当于

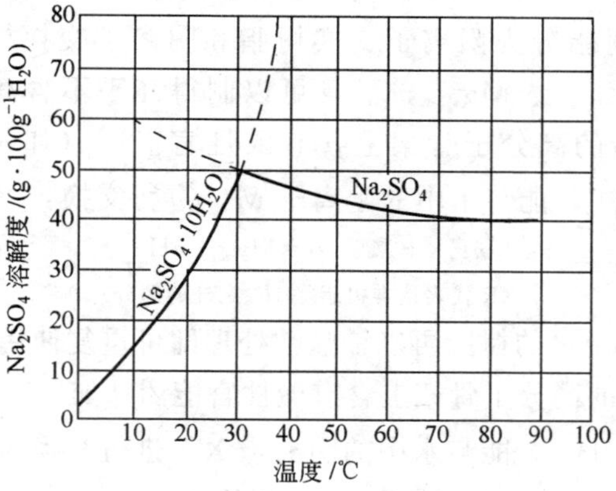

图 10-1 硫酸钠的溶解度曲线

10mg CaO 的水定为 1°。一般 8°的水称为硬水。硬水中如含有 $Ca(HCO_3)_2$ 和 $Mg(HCO_3)_2$ 较多，受热时易生成水垢。

$$Ca(HCO_3)_2 \xrightarrow{\triangle} CaCO_3\downarrow + CO_2\uparrow + H_2O$$

$$2Mg(HCO_3)_2 \xrightarrow{\triangle} Mg_2(OH)_2CO_3\downarrow + 3CO_2\uparrow + H_2O$$

锅炉中如果生成锅垢，不仅耗费燃料，而且还有烧坏锅炉的危险。在化工生产中，使用硬水也会影响产品的纯度和质量。因此，工业上常需把硬水“软化”。

10.3.5.2 硬水的软化

除去硬水中的 Ca^{2+}、Mg^{2+} 称作硬水软化。硬水软化通常有化学沉淀法和离子交换法等。

① 化学沉淀法。它是按硬水中的钙、镁含量，定量地加入廉价易得的沉淀剂（如石灰及纯碱）使 Ca^{2+}、Mg^{2+} 成沉淀物而除去：

$$Ca^{2+} + CO_3^{2-} \longrightarrow CaCO_3\downarrow$$

$$Mg^{2+} + CO_3^{2-} \longrightarrow MgCO_3\downarrow$$

$$Mg^{2+} + 2OH^- \longrightarrow Mg(OH)_2\downarrow$$

$$2Mg^{2+} + 2OH^- + CO_3^{2-} \longrightarrow Mg_2(OH)_2CO_3\downarrow$$

② 离子交换法。它是利用离子交换剂或树脂软化水的方法。例如，离子交换剂人造沸石的主要成分是 $Na_2O \cdot Al_2O_3 \cdot 2SiO_2 \cdot nH_2O$，可简化写为 Na_2Z。它是一种多孔性不溶于水的固体，其中 Na^+ 可与水中的 Ca^{2+}、Mg^{2+} 进行交换：

$$Na_2Z + M^{2+} \rightleftharpoons MZ + 2Na^+ \quad (M=Ca、Mg)$$

当硬水通过 Na_2Z 时，Ca^{2+}、Mg^{2+} 被截留在交换剂上，而 Na^+ 则进入水中，从而达到水的软化。待交换剂失去软化能力时，可用 8%～10% NaCl 溶液进行再生，这时交换剂上的 Ca^{2+}、Mg^{2+} 可被 Na^+ 交换下来。

离子交换树脂也具有离子交换的性能。它是具有网状结构的高分子聚合物。在其网状骨架上含有许多能被离子交换的功能团。根据交换离子种类的不同，可将离子交换树脂分为阳离子交换树脂和阴离子交换树脂。利用离子交换树脂不仅可以除去 Ca^{2+}、Mg^{2+}，而且可以制得几乎不含离子的“去离子水”。

阳离子交换树脂的高分子骨架上含有酸性官能团（如—SO_3H、—COOH），此酸性官能团上的 H^+，能与水中的阳离子 M^{n+} 进行交换：

$$nHR + M^{n+} \rightleftharpoons MR_n + nH^+$$

（R 代表这类树脂除 H^+ 之外的部分）

上述反应是可逆的，用过的树脂再以稀盐酸处理即可重复使用。

阴离子交换树脂的高分子骨架上含有碱性官能团［如—NH_3OH、—$N(CH_3)_3OH$ 等］，此官能团上的 OH^-，能与水中的阴离子 X^{n-} 进行交换：

$$nROH + X^{n-} \rightleftharpoons R_nX + nOH^-$$

（R 代表这类树脂除 OH^- 之外的部分）

用过的树脂再以稀氢氧化钠溶液处理可重复使用。

由此可知，水通过阳离子交换树脂，则水中的阳离子被除去而生成 H^+，再使水通过阴离子交换树脂，则水中的阴离子被除去而生成 OH^-。两步所生成的 H^+ 和 OH^- 结合成水，这样即可把水中的阳离子和阴离子几乎都除去。根据化学平衡原理，如果把阳、阴离子交换树脂混合在一起，“去离子”的效果会更好，制得的纯水纯度更高。

思考题 10.5 写出元明粉和芒硝的化学式。

思考题 10.6 如何区别下列各组物质？

NaCl 和 KCl　　　　Na_2CO_3 和 $CaCO_3$

习　题

10.1 氢有哪三种同位素，写出重水的分子式（提示：重水中的氢为氘）。

10.2 氢作为新能源有哪些优点？

10.3 s 区元素中，是否有两性元素，举例说明。

10.4 钾、钠、镁着火燃烧是否可用二氧化碳灭火？为什么？

10.5 澄清的石灰水，通入 CO_2 变为白色浑浊，继续通 CO_2 又变为澄清溶液，加热该溶液又出现白色浑浊。试解释，并写出方程式。

10.6 侯氏联合制碱法相比苏尔维法，优点在哪里？

10.7 s 区元素中，哪些金属离子会产生水解。写出水解反应式。

10.8 如何用化学方法区别 NaOH、Na_2CO_3 和 $NaHCO_3$ 这三种物质？

10.9 有一白色固体，放在无色火焰上灼烧，火焰呈紫色；加入盐酸放出 CO_2；在其溶液中加入 $CaCl_2$ 溶液不生成沉淀，这是什么物质？

10.10 不用其他试剂，如何由石灰石制取轻质碳酸钙？

10.11 什么叫硬水？硬水软化有哪些方法？

10.12 有一天然水试样，经分析含 CaO 为 $54.0mg \cdot L^{-1}$，MgO 为 $16.0mg \cdot L^{-1}$，试计算该天然水的硬度。

11　p 区 元 素

p 区元素位于周期表的右面，包括第 13(ⅢA)～18(ⅧA) 族，共有六族。其中第 18(ⅧA) 族为稀有气体元素，原子最外电子层达到 8 电子（He 除外）较稳定结构，性质较为特殊，将另辟一处讨论。下面讨论的 p 区元素通性是指除第 18(ⅧA)族之外的各族。

11.1　p 区元素通论

p 区元素的外围电子构型为 ns^2np^x（$x=1\sim6$）。各族元素从上至下，金属性逐渐增强，非金属性逐渐减弱。尤其是第 13(ⅢA)～15(ⅤA) 族这种变化尤为明显，每一族都是从典型的非金属元素过渡到典型的金属元素。

绝大多数 p 区元素可形成多种氧化态，其最高氧化态等于该元素原子最外层电子数目（氧、氟除外），正氧化态彼此之间的差值一般为 2。例如，硫原子最外层有 6 个电子，其最高氧化态为+6，还有+2、+4 等正氧化态。这是因为 p 区元素的电负性一般较大。当它与电负性更大的元素原子键合形成正氧化态时，根据电子配对理论，成键原子必须有未成对的电子，如有已成对的电子，成键之前则必须激发为成单电子，这样就形成了正氧化态彼此相差 2 的变化。但对氮来说，因其与氧成键时，N 可提供 1～5 个价电子共有，氮的氧化态有+1、+2、+3、+4 和+5。p 区各族元素原子价层上的 ns^2 电子对，从上到下越来越稳定，出现元素的低氧化态稳定性逐渐增强的趋势。这种现象被称为惰性电子对效应。例如，硼族元素 B、Al、Ga、In、Tl 中，B、Al、Ga 的主要氧化态是+3，Tl 的主要氧化态是+1；碳族元素 C、Si、Ge、Sn、Pb 中、C、Si、Ge 的主要氧化态是+4，Pb 的主要氧化态是+2。

p 区非金属元素的单质均以非极性共价键结合，但有些结合成有限的简单分子，如卤素分子 X_2、O_2、N_2 和 S_8 等，有些则结合成无限的巨型分子，如 C、Si 等。

p 区各族元素性质的递变，总的说来，从上至下有以下特点。

① 各族的第一个元素（即第 2 周期元素）与同族其他元素性质相差较大。这与第 2 周期 p 区元素 B、C、N、O、F 的原子半径小，2p-2p 轨道之间电子云容易重叠，形成（p-p）π 键，以及第 2 周期的价电子层无 2d 轨道，而同族其他元素价电子层都有空的、可利用的 d 轨道有关。例如，氮气和白磷 P_4 性质差异很大，前者为气体，反应性能差；而白磷则为固体，性质活泼。CO_2 与 SiO_2 的性质差别也很

大。这与 C、N 除了能形成 σ 键外，还能形成（p-p）π 键，而 Si、P 不能形成（p-p）π 键有关。氮的氯化物只有 NCl_3，而 P 的氯化物有 PCl_3 和 PCl_5，是因为 N 没有 2d 轨道，故不能形成 NCl_5。

② 各族的第 4 周期元素的性质稍有特殊性。例如，As 处于同族的 P 和 Sb 之间，PCl_5 和 $SbCl_5$ 均能存在，但 $AsCl_5$ 不存在；Br 处于同族的 Cl 和 I 之间，$HBrO_4$ 的氧化性比 $HClO_4$、HIO_4 略强等。

p 区第 4 周期元素性质呈现特殊性的原因，是由于第 2、3 周期的元素原子次外层为 8 个电子，而第 4 周期的元素次外层填有 18 个电子（中间插入了 10 个过渡元素）。由于 18 电子层结构的屏蔽效应比 8 电子层结构的小，因此，使得第 4 周期 p 区元素原子的有效核电荷显著增大，对核外电子的吸引力增强，原子半径增加的幅度明显减小（与同族元素相比）。这种性质上的缓慢递变，也使 p 区各同族的下面三种元素（即位于第 4、5、6 周期的元素）的性质较为接近。例如，14(ⅣA) 族中的 Ge、Sn、Pb；15(ⅤA) 中 As、Sb、Bi。它们分别又称为锗分族和砷分族。

11.2 硼、碳、硅单质

11.2.1 硼单质

硼在地壳中的含量少。在自然界中硼的重要矿石有硼砂 $Na_2B_4O_7 \cdot 10H_2O$，硼镁矿 $Mg_2B_2O_5 \cdot H_2O$ 和方硼石 $2Mg_3B_3O_{15} \cdot MgCl_2$。我国西部地区的内陆盐湖及辽宁、吉林等省都产硼。

单质硼有两种同素异形体，即无定型硼和晶型硼。硼的熔点、沸点都高。晶型硼的硬度大，在单质中仅次于金刚石。

11.2.2 碳单质

碳在地壳中的含量约占 0.03%。自然界中，煤、石油、天然气、二氧化碳、碳酸盐、动植物体均含有碳元素。

金刚石为原子晶体。在所有单质中，其熔点最高，在所有物质中，其硬度❶最大。在金刚石晶体中，每个碳原子均以 sp^3 杂化轨道与其相邻的四个碳原子以 σ 单键结合，呈正四面体。由于晶体内没有自由电子，所以金刚石不导电。其结构如图 8-6(b) 所示。

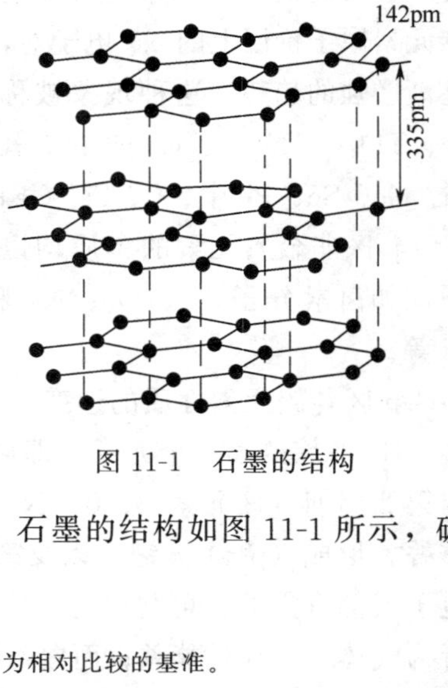

图 11-1 石墨的结构

石墨为层状晶体，质软，有金属光泽，可导电。石墨的结构如图 11-1 所示，碳

❶ 比较各种物质的硬度时，通常规定金刚石的硬度为 10，作为相对比较的基准。

原子排列成六角形，无数的六角形构成相互平行的平面层，平面层内原子间距为 141.5pm，平面层之间的距离为 335pm。平面层上碳原子以 sp^2 杂化轨道与其相邻的三个碳原子以 σ 单键结合，每个碳原子还剩下 1 个 2p 电子（π 电子）在 1 个未杂化的 2p 轨道上，这个 2p 轨道垂直于平面层并相互平行，形成 n 个碳原子共有 n 个 π 电子的大 π 键，即 π 电子在平面层上自由运动❶。层与层之间则以分子间力相结合。由于石墨晶体中存在多种结合力（共价键、大 π 键和分子间力），所以是混合型晶体。

石墨具有金属光泽和良好的导电性、导热性，是由于石墨结构中含有类似金属键性质的大 π 键。石墨具有润滑性和质地软与石墨结构中层与层之间存在的范德华力较弱有关。石墨的熔点、沸点高是因为石墨平面层内碳原子以强的共价键结合的缘故。

当隔绝空气加热含碳的有机物时，碳从这些化合物中析出。这种碳称为无定型碳，例如，木炭、焦炭、骨炭等。现经 X 射线研究表明，无定型碳实际上是石墨的微小多晶体，也具有石墨六角形网状平面的结构。但平面范围比石墨小得多，重叠不规则，层间距离也大。将无定型碳隔绝空气加热至2900～3300K，碳原子的排列变成有规则的石墨层状结构，这就是人造石墨。在压力 6×10^6 kPa、温度 1800K 条件下，石墨转变为金刚石。人造金刚石与天然金刚石的硬度相同，但晶体较小，透明度较差。

近年来，发现碳的第三态——群集态。它一方面具有石墨所固有的碳原子的平面结构。另一方面又从平面向立体过渡，形成 60 个碳原子相结合的坚固外壳的球状物，中间是空的。若要从内部使这外壳破裂需要很高的压力（1～10^4 MPa）。这种 C_{60} 的用途正在研究之中。例如，外国科学家发现 3 个原子的钾同 C_{60} 相结合，在 18K 时就有超导性，这是一种创纪录的分子超导性能；由于 C_{60} 群集碳具有坚固外壳，有人设想把它作为盛放液体或气体分子的高压容器。C_{60} 二十面体截面图如图 11-2 所示。

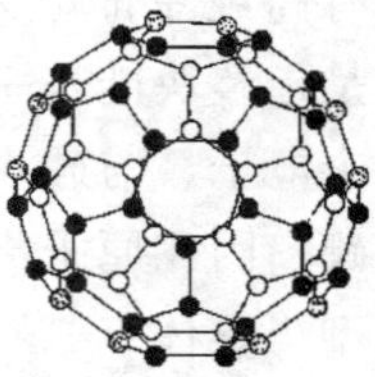
(a) C_{60}

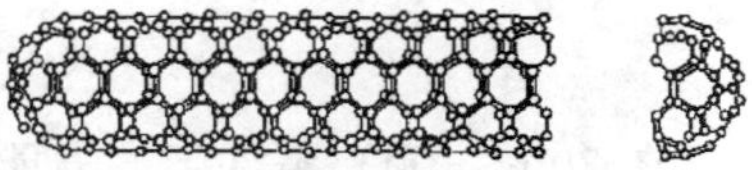
(b) 碳纳米管

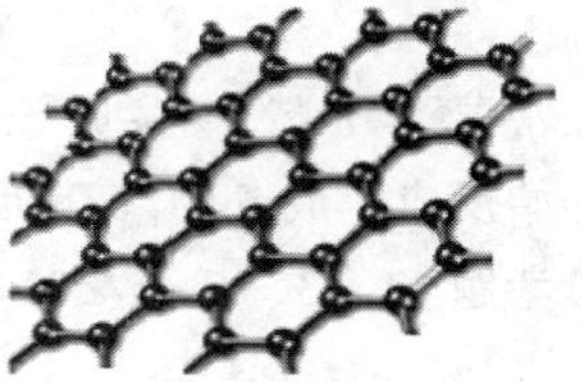
(c) 石墨烯

图 12-2 C_{60}、碳纳米管及石墨烯的结构

1991 年又发现了一种新的碳固体形态——单层纳米碳管。它具有纳米级直径及同心螺旋圆柱体的结构。单层纳米碳管具有金属导电性或半导体性质。

---

❶ 这里的 π 电子类似于金属键中的自由电子，但后者一般是 s 电子形成的。石墨的导电性沿层面方向与层面垂直方向相差达 10000 倍。

2004 年，英国曼彻斯特大学的安德烈·K·海姆（Andre K. Geim）等从石墨材料中剥离出了单层碳原子面材料——石墨烯。石墨烯是一种碳的二维结构，其晶体薄膜的厚度只有 0.335nm，且几乎完全透明，只吸收 2. 3%的光。石墨烯是最薄也是最强韧的纳米材料，同时它又有很好的弹性。石墨烯结构非常稳定，迄今为止，仍未发现石墨烯中有碳原子缺失的情况。石墨烯中各碳原子之间的连接非常柔韧，当施加外部机械力时，碳原子面就弯曲变形，从而使碳原子不必通过重新排列来适应外力，也就保持了其结构的稳定。这种稳定的晶格结构使碳原子又具有非常好的导电性。作为具有优良的电学、力学、光学性能的“超级材料”，石墨烯可用于场效应晶体管、透明导电膜、传感器、太阳能电池、锂电池、燃料电池、超级电容器等工程领域。

11. 2. 3　硅单质

硅在地壳中的含量约 27%，仅次于氧。在自然界主要以二氧化硅和硅酸盐的形式存在。单质硅有无定型和晶型两种。晶体硅的结构与金刚石相似，其熔点、沸点也比较高。晶体硅的导电性介于非金属与金属之间，是重要的半导体材料。但必须指出，只有高纯单晶硅才能作为半导体材料，其纯度要求在 99.99999%以上。所谓单晶硅是指整块硅是一个完整的大晶体。当高纯硅中掺杂少量磷后，由于磷原子比硅多 1 个电子，与硅成键时余下 1 个电子，这种硅就是 n 型半导体；若高纯硅中掺杂少量硼，因硼原子比硅少 1 个电子，与硅成键时尚缺 1 个电子，这种硅就是缺电子的 p 型半导体。

硅的化学性质不活泼，常温下不与水、空气、酸反应，但能与强碱反应：

$$Si + 2NaOH + H_2O \longrightarrow Na_2SiO_3 + 2H_2\uparrow$$

在 200～400℃条件下，硅能与 HF 反应：

$$Si + 4HF \longrightarrow SiF_4\uparrow + 2H_2\uparrow$$

在常温下 Si 与 F_2 生成 SiF_4，反应速率快而且相当完全。但 Cl_2 与 Si 在 140℃时才开始反应生成 $SiCl_4$，且反应速率很慢。

思考题 11. 13　同是碳的单质，为什么石墨能导电，而金刚石却是绝缘体？

11. 3　硼、碳、硅的重要化合物

11. 3. 1　硼烷和硅烷

11. 3. 1. 1　*硼烷*

硼与氢可以形成在组成和结构上相当特殊的化合物。因这类化合物的物理性质与碳的氢化物（烷烃）相似，所以硼氢化物称为硼烷。已知的硼烷分为两类：一类通式为 B_nH_{n+4}，如 B_2H_6（乙硼烷）、B_5H_9（戊硼烷-9）、$B_{10}H_{14}$（癸硼烷）等；另一类的通式为 B_nH_{n+6}，如 B_4H_{10}（丁硼烷）、B_5H_{11}（戊硼烷-11）等。

从硼原子仅有 3 个价电子来看，最简单的硼烷应为 BH_3，但根据气体密度测定证明，最简单的硼烷是乙硼烷 B_2H_6。这与乙烷 C_2H_6 相比，硼似乎表现出 4 价，但这与硼仅有 3 个价电子不相符。为了解释这一现象，对乙硼烷的结构曾争论多时。利用电子衍射和 X 射线衍射分别测出气体和晶体中 B_2H_6 的结构为桥式结构，如图 11-3 所示。

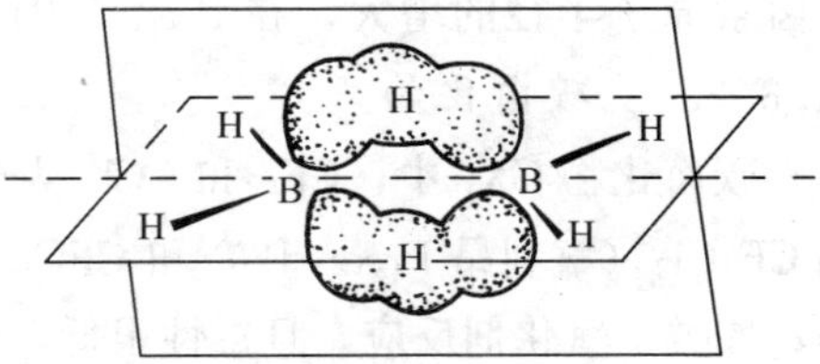

图 11-3 B_2H_6 的结构

硼烷都是具有臭味的无色气体或液体，化学性质不稳定，在空气中能自燃。

$$B_2H_6 + 3O_2 \longrightarrow B_2O_3 + 3H_2O$$

硼烷燃烧时，放出大量的热。例如，1kg B_5H_9 燃烧时放出 641273.4kJ 热量。硼烷毒性很大，其毒性与 HCN 和 $COCl_2$ 相近。空气中乙硼烷的最高允许含量为 $0.1\mu g \cdot g^{-1}$。鉴于硼烷的毒性大，现使用的硼烷燃料是硼烷的衍生物——烷基取代物。例如，$(C_2H_5)_3B_5H_6$ 为高能液体燃料，$(C_2H_5)_2B_{10}H_{12}$ 为高能固体燃料。

11.3.1.2 硅烷

硅的氢化物称作硅烷。与烷烃不同的是硅烷的数目是有限的，这反映了硅原子间彼此结合成链的能力比碳差。目前已制得的硅烷也只有几十种。硅与氢不能生成与烯烃、炔烃类似的不饱和化合物，这与硅不能形成(p-p)π 键有关。因此硅烷的通式可以写作 Si_nH_{2n+2}。

最简单的硅烷为甲硅烷 SiH_4。它不能由硅与氢直接反应生成，可用 Mg_2Si 溶于稀酸生成：

$$Mg_2Si + 4H^+ \longrightarrow 2Mg^{2+} + SiH_4\uparrow$$

SiH_4 为无色无臭的气体，在空气中能自燃而生成二氧化硅和水：

$$SiH_4 + 2O_2 \longrightarrow SiO_2 + 2H_2O$$

碱是硅烷水解反应的催化剂，微量的碱即可使硅烷迅速水解：

$$SiH_4 + (n+2)H_2O \xrightarrow{\text{碱催化}} SiO_2 \cdot nH_2O + 4H_2\uparrow$$

硅烷的热稳定性差，且随硅烷相对分子质量增大而越易分解：

$$SiH_4 \xrightarrow{500℃} Si + 2H_2$$

11.3.2 卤化物

11.3.2.1 硼卤化物

BX_3(X=F、Cl、Br、I) 是 B 原子通过 sp^2 杂化与 X 原子形成的平面三角形分子。

卤化硼在潮湿空气中易水解而发烟，溶于水时也发生同样的变化。

$$BX_3 + 3H_2O \longrightarrow B(OH)_3 + 3HX$$

其水解机理为：$BX_3 + H_2O \xrightarrow{\text{配位}} H_2O \rightarrow BX_3 \xrightarrow{\text{取代}} HOBX_2 + HX$

$$HOBX_2 + 2H_2O \xrightarrow{\text{继续配位、取代}} B(OH)_3 + 2HX$$

但 BF_3 水解生成的 HF，又能与 BF_3 加合成 $H[BF_4]$，故其总的水解反应式为：

$$4BF_3 + 3H_2O \longrightarrow B(OH)_3 + 3H[BF_4]$$

其他三卤化硼一般不与相应的氢卤酸加合成 $H[BX_4]$。这是因为 B 原子半径小，随着卤素原子半径的增大，在 B 原子周围容纳四个较大的原子更加困难。

11.3.2.2 碳卤化物

碳卤化物 CX_4 中，CF_4 和 CCl_4 为化学惰性物质，常用作溶剂。碳的氟氯化物，如 CF_2Cl_2（氟利昂 Freon-12）和 $CFCl_3$（Freon-11），化学性质稳定，常温下不与金属、酸类、氧化剂反应，且毒性很低，常用作制冷剂和化妆品的分散剂和喷雾剂等。现研究表明，正是它们使臭氧层遭到破坏。因此，工业发达的国家已禁止开放性使用。

11.3.2.3 硅卤化物

SiX_4 都是无色的，常温下 SiF_4 为气体；$SiCl_4$、$SiBr_4$ 为液体；SiI_4 为固体。

$SiCl_4$ 为无色带有刺鼻气味的液体。在一定温度下，氯气与硅反应可生成 $SiCl_4$：

$$Si + 2Cl_2 \longrightarrow SiCl_4$$

$SiCl_4$ 易水解，在潮湿的空气中与水蒸气发生水解作用会产生 HCl 烟雾：

$$SiCl_4 + 3H_2O \longrightarrow H_2SiO_3 + 4HCl$$

$SiCl_4$ 在适当条件下可被氢气还原成单晶硅：

$$SiCl_4 + 2H_2 \longrightarrow Si + 4HCl$$

生成的单晶硅用于制作半导体器件。

11.3.3 氧化物

11.3.3.1 氧化硼

无定型单质硼与氧在加热条件下可直接化合生成三氧化二硼（B_2O_3）：

$$4B + 3O_2 \xrightarrow{\triangle} 2B_2O_3$$

硼酸受热脱水也可得到 B_2O_3 晶体：

$$2H_3BO_3 \xrightarrow{\triangle} B_2O_3 + 3H_2O$$

在 B_2O_3 晶体中，不存在单个 B_2O_3 分子，而是含有—B—O—B—O—链的大分子。硼与氧不能形成稳定的 B═O 双键。

B_2O_3 与水反应可生成偏硼酸（HBO_2）和硼酸：

$$B_2O_3 + H_2O \longrightarrow 2HBO_2$$

$$HBO_2 + H_2O \longrightarrow H_3BO_3$$

11.3.3.2 一氧化碳

碳的氧化物主要有 CO_2 和 CO 两种。CO 分子中共有 14 个电子，与 N_2 相同，两者是等电子分子，故 CO 分子结构与 N_2 分子相似。在 CO 分子中，C 与 O 通过一个 σ 键、两个 π 键相结合。两个 π 键中有一个是由 O 原子提供一孤电子对形成 π 配键，其结构式如下：

$$C \overset{\leftarrow}{=\!=} O$$

CO分子中C的氧化态为+2，处于C的中间值，既可作还原剂亦可作氧化剂。例如：

作还原剂

$$\overset{+2}{CO}+\frac{1}{2}O_2 \xrightarrow{\text{燃烧}} \overset{+4}{CO_2}$$

$$\overset{+3}{Fe_2O_3}+3\overset{+2}{CO} \xrightarrow{\triangle} 2\overset{0}{Fe}+3\overset{+4}{CO_2}$$

作氧化剂

$$\overset{+2}{CO}+2H_2 \xrightarrow[623\sim673K]{Cr_2O_3 \cdot ZnO} \overset{-2}{CH_3OH}$$

CO通常作为还原剂使用。

CO毒性很大。由于它能与人体血液中的血红蛋白结合形成稳定的配合物，从而使血红蛋白失去输送氧气的功能。当空气中CO的含量达0.002%（体积分数）时，就会引起中毒，重度中毒者可引起心肌坏死。对于轻度中毒者，可在空气流通的地方呼吸新鲜空气。

11.3.3.3 二氧化碳

二氧化碳是无色无味的气体，虽然无毒，但空气中含量过高，也会使人窒息。由于碳元素在自然界的循环，大气中 CO_2 的含量几乎保持在约0.03%（体积分数）。但由于世界各国工业化和人民生活水平的提高，世界人口大幅度增加，过度开采煤和石油，大面积地砍伐森林，使空气中 CO_2 的浓度逐年增加。目前，全球气温变暖的环境问题，被认为与空气中 CO_2 浓度增加有关。这是因为 CO_2 对来自太阳的短波辐射具有高的透过性，而对地面反射出来的长波辐射具有高的吸收性能，大量截留在大气层内，使大气层温度升高，气候变暖造成温室效应。因此，如何保持大气中 CO_2 的平衡已引起科学界的重视。根据 CO_2 的物理、化学性质，对 CO_2 进行综合利用或改变燃料结构（不用煤、汽油作燃料）将是减少 CO_2 污染大气的重要途径。

CO_2 易液化，临界温度❶为31.1℃。在此温度下加压即可使 CO_2 变为液体，贮藏在钢瓶内。由于 CO_2 易于液化和无毒，在提取分离新技术中，可用作超临界萃取❷的流体，用于提取天然色素和香料，提纯食用油。

贮存于高压钢瓶中的 CO_2，突然放空时除喷出大量气体外，因其汽化热很高，余下部分被冷却而凝固成雪花状固态 CO_2，俗称“干冰”。干冰比普通的冰要冷得多，其冷冻温度可达到203～193K，常用作制冷剂，也可作为水果或肉类的优良冷冻剂。

CO_2 是一种重要的化工原料，大量用于纯碱、尿素和碳酸盐制造工业。

---

❶ 临界温度是物质处于临界状态时的温度，也就是加压使气体液化时所允许的最高温度。

❷ 超临界萃取是利用超临界流体从液体或固体中，萃取出某种高沸点成分，以达到分离和提纯目的的新技术。超临界流体是指某种气体超过其液体的临界温度和临界压力时的物态。例如 CO_2 液化的临界温度为31.1℃，临界压力为7.48MPa。

11.3.3.4　二氧化硅

二氧化硅又称硅石，有晶型和无定型之分。硅藻土是自然界中一种无定型硅石。晶型二氧化硅在自然界中主要存在于石英石矿中。无色透明的纯石英称为水晶。水晶被杂质染成有色的透明晶体，紫色的称为紫水晶，淡褐色的称为茶晶，黑色的称为墨晶。水晶可用于制造光学仪器和装饰品等。普通的砂粒是由小的石英颗粒所组成，纯砂是白色的，但常被铁的化合物染成黄色或淡红色。

二氧化硅的化学性质很不活泼，不溶于水。在室温下仅与氢氟酸反应生成四氟化硅：

$$SiO_2 + 4HF \longrightarrow SiF_4\uparrow + 2H_2O$$

在高温下二氧化硅可与强碱反应生成可溶性硅酸盐：

$$SiO_2 + 2NaOH \xrightarrow{\text{共熔}} Na_2SiO_3 + H_2O$$

11.3.4　含氧酸及其盐

11.3.4.1　硼酸

硼酸的分子式为 H_3BO_3，它是白色晶体。硼酸晶体的结构单位 $B(OH)_3$ 为平面三角形，硼原子位于三角形的中心（见图 11-4)。分子内每一个硼原子通过 sp^2 杂化轨道与氧原子以共价单键结合成平面三角形。分子间通过氢键

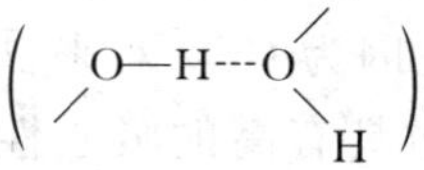

连接成六角形的层状平面。层与层之间的距离为 318pm，借分子间力结合。因此，硼酸晶体呈鳞片状，具解离性，用手捻磨有滑腻感。

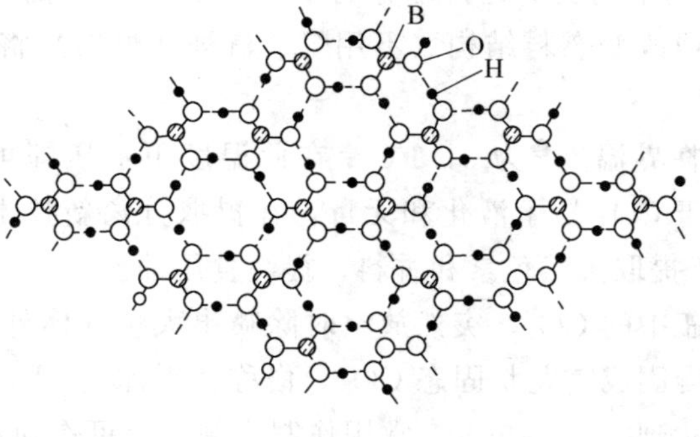

图 11-4　硼酸的结构（平面层）

硼酸受热，经历如下变化：

$$4H_3BO_3 \xrightarrow[100^\circ C]{-4H_2O} \underset{\text{偏硼酸}}{4HBO_2} \xrightarrow[140^\circ C]{-H_2O} \underset{\text{四硼酸}}{H_2B_4O_7} \xrightarrow[>140^\circ C]{-H_2O} \underset{\text{硼酐}}{2B_2O_3}$$

硼酸为一元弱酸。在水溶液中它不是直接解离出 H^+，而是接受 H_2O 中的 OH^- 放出 H^+：

$$B(OH)_3 + H_2O \rightleftharpoons B(OH)_4^- + H^+ \qquad K^{\ominus} = 5.8 \times 10^{-10}$$

这种特殊性是因为B原子是缺电子原子❶，价层还有一个空轨道可接纳孤电子对成配位键。

11.3.4.2 硼酸盐

硼酸与碱作用生成硼酸盐。当向硼酸溶液中加入NaOH，在pH<9.6的弱碱性条件下，则生成四硼酸盐：

$$4H_3BO_3 + 2NaOH \longrightarrow Na_2B_4O_7 + 7H_2O$$

继续加碱至pH=11～12时，主要生成偏硼酸盐：

$$H_3BO_3 + NaOH \longrightarrow NaBO_2 + 2H_2O$$

硼砂是含有十水的四硼酸盐$Na_2B_4O_7 \cdot 10H_2O$，为无色晶体。在空气中易风化失水。受热时，先失去部分结晶水成为蓬松状物质，在350～400℃时便成为无水盐$Na_2B_4O_7$；在878℃时变成熔融体，冷却后成为透明的玻璃状物质称为硼砂玻璃。铁、钴、镍、锰等金属氧化物，可以熔解在硼砂熔体中，显示出不同的特征颜色。分析化学上称为硼砂珠试验：

$$Na_2B_4O_7 + CoO \longrightarrow \underset{\text{(蓝色)}}{2NaBO_2 \cdot Co(BO_2)_2}$$

$$Na_2B_4O_7 + NiO \longrightarrow \underset{\text{(棕色)}}{2NaBO_2 \cdot Ni(BO_2)_2}$$

$$Na_2B_4O_7 + MnO \longrightarrow \underset{\text{(绿色)}}{2NaBO_2 \cdot Mn(BO_2)_2}$$

11.3.4.3 碳酸及碳酸盐

二氧化碳溶解于水生成碳酸。碳酸为二元弱酸，故有两种类型的盐：正盐（碳酸盐）和酸式盐（碳酸氢盐）。

碱金属碳酸盐（Li_2CO_3除外）和碳酸铵易溶于水，而与它们相对应的酸式盐则溶解度较小。其他的碳酸盐难溶于水，而其相对应的酸式盐则溶解度较大。例如：

$$\underset{\text{(难溶)}}{CaCO_3} + CO_2 + H_2O \longrightarrow \underset{\text{(可溶)}}{Ca(HCO_3)_2}$$

当Na_2CO_3溶液和金属盐溶液反应时，由于水解在Na_2CO_3溶液中存在着CO_3^{2-}、HCO_3^-和OH^-，因此可能生成正盐、碱式盐或氢氧化物。至于生成哪类盐，取决于金属碳酸盐、氢氧化物的溶解度。若碳酸盐溶解度小于相应的氢氧化物，则生成正盐；若两者相近，则可能生成碱式盐；若氢氧化物的溶解度很小，则生成氢氧化物沉淀。例如，Ca^{2+}、Ag^+生成碳酸盐沉淀；Mg^{2+}、Co^{2+}、Ni^{2+}、Zn^{2+}生成碱式碳酸盐沉淀；Al^{3+}、Cr^{3+}、Fe^{3+}则生成氢氧化物沉淀。

---

❶ 价电子数少于价层轨道数的原子称作缺电子原子。

11.3.4.4 硅酸及其盐

硅酸常以通式 $x\mathrm{SiO_2} \cdot y\mathrm{H_2O}$ 表示。现确知的有：正硅酸 H_4SiO_4（$SiO_2 \cdot 2H_2O$）、偏硅酸 H_2SiO_3（$SiO_2 \cdot H_2O$）、二偏硅酸 $H_2Si_2O_5$（$2SiO_2 \cdot H_2O$）、焦硅酸 $H_6Si_2O_7$（$2SiO_2 \cdot 3H_2O$）。其中（x/y）>1 的硅酸称作多硅酸。由于各种硅酸中偏硅酸的组成最简单，所以习惯上常用化学式 H_2SiO_3 代表硅酸。

硅酸不能用 SiO_2 与水直接反应制得，而只能由相应的可溶性硅酸盐与酸反应生成：

$$SiO_3^{2-} + 2H^+ \longrightarrow H_2SiO_3$$

起初生成的硅酸是单分子的，可溶于水而不能立即沉淀出来。经相当时间后，这些单分子硅酸逐渐缩聚成多硅酸，开始发生凝絮作用，生成硅酸凝胶。再经老化和洗涤，烘干（约 150℃）即得硅胶。

硅胶是一种白色稍透明的多孔性固体物质。其比表面积很大，800～$900\mathrm{m^2 \cdot g^{-1}}$，因此有很强的吸附性能，可作吸附剂。在实验室中常用作干燥剂，用于天平和精密仪器的防潮。如果在制硅胶时，加入氯化钴 $CoCl_2$，可制得变色硅胶。无水 Co^{2+} 呈蓝色，水合 Co^{2+}（$CoCl_2 \cdot 6H_2O$）呈粉红色，所以干燥硅胶为蓝色，而吸饱水分后则变为粉红色。吸水后的硅胶再经过烘干仍具有吸湿能力。

当二氧化硅和纯碱共熔（约 1300℃）时，放出 CO_2 并生成多种硅酸钠的混合物。当碱量大时，产物主要是相对分子质量较小的可溶性硅酸钠。如果 SiO_2 含量高则生成相对分子质量较大的不溶性硅酸钠。可溶性硅酸钠的熔体具有玻璃状态，称为可溶玻璃，习惯上用 Na_2SiO_3 表示。它是黏稠状液体又称水玻璃。它是无机胶黏剂，还用作防火材料。除碱金属硅酸盐可溶以外，许多硅酸盐都是难溶的，而且结构比较复杂。

11.3.4.5 分子筛

分子筛是一类具有许多孔径均匀的孔道和内表面很大的孔穴的铝硅酸盐晶体。直径较孔道小的分子能够进入孔穴之中，直径较孔道大的分子则被拒之于孔外，从小晶粒之间的空隙中通过，从而起到筛分分子的作用。分子筛的种类很多，有天然的如钠泡沸石（沸石），也有人工合成的（约有 150 种）。分子筛具有很大的比表面积（$800 \sim 900\mathrm{m^2 \cdot g^{-1}}$），热稳定性高，因此，可作为高效干燥剂，对水分含量低、流速大、温度高的气体或液体都有极高的干燥能力；还可作为催化剂的载体和农业上脱叶剂、催熟剂、杀虫剂等药品的吸附载体。此外，分子筛还具有离子交换性能，用于软化硬水、海水淡化、合成洗涤剂的助洗组分。

11.3.5 自然界碳元素的循环

在自然界碳元素主要蓄存于大气、海洋与岩石，也存在于生物体中。其中：大气的碳以 CO_2 为主；海洋中的碳多以碳酸盐或碳化合物的形式存在于海洋生物体之中；岩石圈最主要的以化石燃料（如石油、煤炭）和碳酸盐矿（如石灰石）形态存在，约占地球上碳总量的99.9%。自然界碳元素的循环（见图11-5），始于大气的CO_2，绿色植物通过光合作用摄取$CO_2$①：

$$xCO_2 + yH_2O \xrightarrow{\text{光合作用}} C_x(H_2O)_y + xO_2$$

相当一部分植物作为食草动物的食料②，而食草动物又作为肉食动物的食料。相反，动物的呼吸和动植物尸体的腐烂，有机碳化合物通过微生物的分解释放出CO_2回归到大气③。这样通过①、②和③过程形成碳的小循环。此外，也有一部分动植物的遗体会慢慢矿化形成泥煤、化石煤和石油等④。化石燃料及其加工产品燃烧和碳酸盐在高温分解也会释放CO_2回归到大气⑤。火山爆发、天然气的喷出，在雷雨中形成的HNO_3与石灰石作用等也会释放出CO_2回归大气⑥。相反，大气中CO_2溶于水与碳酸盐岩石反应转变成可溶于水的碳酸氢盐⑦：

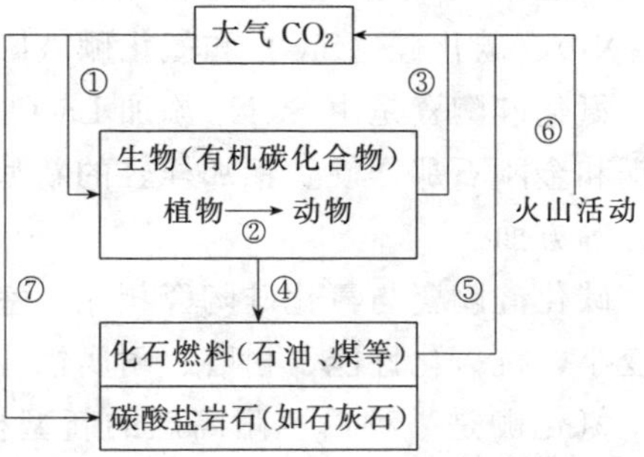

图11-5 自然界碳元素循环图

$$CaCO_3 + CO_2 + H_2O \longrightarrow Ca(HCO_3)_2$$

经地下水或雨水冲洗，由江河转移到海洋，并部分沉积到海底。这是自然界碳元素的循环过程。洁净大气的组成中CO_2浓度为0.03%（体积分数），是地球经过漫长的岁月长期演变，碳元素循环达到动态平衡的结果。

自从工业革命以来，大气中CO_2浓度逐年增加这是人类生产和活动严重影响碳在自然界循环的结果。其原因有二：一是工业化发展和人口剧增，对化石燃料的需求量剧增，其燃烧释放到大气的CO_2也剧增；二是矿山开发，大片砍伐森林，使森林对CO_2的吸收量大大减少。

曾有专家估算CO_2浓度每增加10%，地球表面温度就会提高0.4～0.5℃。由此推知，到21世纪中叶，大气中的CO_2可能会比现在增加60%，比工业革命前增加一倍，这样地面温度将平均升高2～3℃，某些地区将上升8℃。当务之急就是节能减排CO_2，植树造林，退耕还林。也有专家计算表明，如果每年世界净增林地$5000\times10^6 m^2$，20年后新增林地便可吸收CO_2约$20\times10^8 t$，从而达到阻止CO_2增加的目标。

思考题11.2 用手捻磨硼酸晶体时，为何会有滑腻的感觉？

思考题11.3 何为硼砂珠试验？举例说明。

思考题11.4 在Na_2CO_3的水溶液中分别加入Ca^{2+}、Ni^{2+}、Fe^{3+}，各产生的沉淀是什么？

思考题11.5 如何鉴别CO_3^{2-}和SiO_3^{2-}？

11.4 高温结构陶瓷

高温结构陶瓷主要是氧化物、碳化物、氮化物、硼化物等。其中氮化硅（Si_3N_4）、碳化硅（SiC）和氮化硼（BN）等是当前研究的热门课题。

氮化硅陶瓷是由 Si_3N_4 添加 La_2O_3 或 CeO_2 在特殊条件下烧结而成的。它是类似钢和金刚石那样硬、铝那样轻的新型无机材料，用于新型热机、柴油机以及耐热部件等方面。

碳化硅陶瓷与氮化硅陶瓷相比，室温下强度稍低，但随温度升高降低很少。其蠕变小，抗氧化性能、耐磨、耐腐蚀性均优于氮化硅。

氮化硼是一种白色耐高温的新型材料。BN 中 B—N 键与 C 单质中的 C—C 键是等电子体，故具有类似金刚石、石墨等晶型的结构。其中石墨状 BN 称为白色石墨，具有耐高温、耐腐蚀、高硬度、质轻、滑润、电绝缘、性质稳定等优异性能。

11.5 铝、锡、铅概述

铝在地壳中含量居第三位，约占 8%。主要矿石有铝矾土（$Al_2O_3 \cdot 2H_2O$）、冰晶石（Na_3AlF_6）、高岭土（含 Al 约 20%）、蒙脱土（含 Al 约 11%）。锡、铅在地壳中含量较少，主要矿石有锡石（主要成分 SnO_2）、方铅矿（PbS）、白铅矿（$PbCO_3$）等。铝虽然在地壳中含量较丰富，但由于其性质活泼，制铝工业在人类历史上比锡、铅冶炼工业晚得多。

铝、锡和铅虽是活泼金属（$E^{\ominus}<0$），但在空气中还是比较稳定的，这是因为它们的表面均被一层致密保护膜包裹着。这三种金属位于周期表中典型金属和非金属元素的交界区，为两性元素，其中铝是典型的两性元素。它们既溶于非氧化性酸也能溶于碱析出氢气。例如：

$$2Al + 6HCl \longrightarrow 2AlCl_3 + 3H_2\uparrow$$

$$Sn + 2HCl \longrightarrow SnCl_2 + H_2\uparrow$$

$$2Al + 6NaOH \longrightarrow 2Na_3AlO_3 + 3H_2\uparrow$$

$$Sn + 2NaOH \longrightarrow Na_2SnO_2 + H_2\uparrow$$

铝及其合金因其质轻、强度接近于钢和耐腐蚀，广泛用于日常生活用具、包装铝箔、建筑门窗，以及制造飞机和汽车发动机的部件。锡和铅是低熔点金属，是制作低熔点合金的原料，如作保险丝、焊锡。现在，锡大量用于生产食品罐头的镀锡铁皮（马口铁），而铅则大量用于生产铅蓄电池和电缆皮等。铅因其密度大且对放射性稳定是原子能工业不可缺少的防护放射线的材料。

值得注意的是，锡有灰锡、白锡和脆锡三种同素异形体，它们在不同温度下可以相互转变：

$$\text{灰锡} \underset{}{\overset{13.2℃}{\rightleftharpoons}} \text{白锡} \underset{}{\overset{161℃}{\rightleftharpoons}} \text{脆锡}$$

在低温下白锡转变为粉末状灰锡的速率大大加快（自催化作用），所以锡制品（含焊锡）如长期处于低温会自行毁坏。这种现象称为“锡疫”。锡铁皮罐装的食品不宜冷藏。

思考题 11.6 为何锡制品不能长期处于低温环境下？

11.6 铝、锡、铅的重要化合物

11.6.1 氧化物及其氢氧化物

氧化铝主要有两种变体[1] α-Al_2O_3 和 γ-Al_2O_3。自然界存在的 α-Al_2O_3 洁白如玉，硬度仅次于金刚石，称为“刚玉”。若其中含微量的 Cr_2O_3 则显红色称为红宝石；若含有微量的 Fe_2O_3 及 TiO_2 则称为蓝宝石。这些都是制造精密仪器的轴承、磨料、激光器件和饰物的极好材料。α-Al_2O_3 性质“惰性”，既不溶于酸也不溶于碱，而 γ-Al_2O_3 则既溶于酸也溶于碱。加热氢氧化铝至 450～500℃时即脱水成 γ-Al_2O_3，超过 900℃则成 α-Al_2O_3。γ-Al_2O_3 的比表面积大（$200\sim600m^2\cdot g^{-1}$），可作为催化剂的载体。

铝、锡、铅的氧化物及其氢氧化物都具有两性。其中锡和铅的氧化态有+2、+4，其酸碱性、氧化还原性的递变规律如下。

酸性增强 →

还原性增强 ↑			氧化性增强 ↓
	SnO,$Sn(OH)_2$ （两性，偏碱）	SnO_2,$Sn(OH)_4$ （两性，偏酸）	
	PbO,$Pb(OH)_2$ （两性，偏碱）	PbO_2,$Pb(OH)_4$ （两性，偏酸）	

← 碱性增强

锡和铅的氧化还原性可以由它们相应的标准电极电势来说明：

$$Sn^{4+}+2e \rightleftharpoons Sn^{2+} \qquad E_A^{\ominus}=+0.15V$$

$$SnO_3^{2-}+2H_2O+2e \rightleftharpoons HSnO_2^-+3OH^- \qquad E_B^{\ominus}=-0.96V$$

$$PbO_2+4H^++2e \rightleftharpoons Pb^{2+}+2H_2O \qquad E_A^{\ominus}=+1.455V$$

$$PbO_2+H_2O+2e \rightleftharpoons PbO+2OH^- \qquad E_B^{\ominus}=+0.248V$$

由此可见，在酸性介质中 PbO_2 是一种很强的氧化剂。例如，它能氧化 Mn^{2+} 成紫色的 MnO_4^-：

$$2Mn^{2+}+5PbO_2+4H^+ \longrightarrow 2MnO_4^-+5Pb^{2+}+2H_2O$$

而在碱性介质中 Sn(Ⅱ) 则是典型的强还原剂，例如，它能还原 $Bi(OH)_3$ 为金

---

[1] 同一物质在不同条件下可能生成几种不同的晶型，这几种晶型互称为变体。

属铋：

$$3SnO_2^{2-}+2Bi(OH)_3 \longrightarrow 3SnO_3^{2-}+2Bi+3H_2O$$

11.6.2 氯化物

无水氯化铝为无色晶体。由于 Al 原子的价层轨道数（为 4）大于价层电子数（为 3)，因此在形成 $AlCl_3$ 分子时还有一个空轨道，可以接受另一个 $AlCl_3$ 中 Cl 原子的孤电子对结合成 Al_2Cl_6 分子（见图 11-6)。

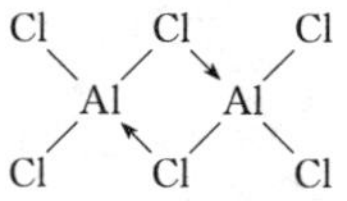

图 11-6 Al_2Cl_6 结构

氯化铝在水中溶解度很大，并发生水解：

$$AlCl_3+H_2O \rightleftharpoons Al(OH)Cl_2+HCl$$

作为水处理絮凝剂使用的“聚合氯化铝”是氯化铝部分水解产物。它通过羟基交联缩合成无机高分子，分子中带有数量不等的羟基，为无色或黄色树脂状固体。它主要用于净化饮用水和工业废水处理。

二氯化锡在水中极易水解成白色碱式盐沉淀：

$$SnCl_2+H_2O \longrightarrow Sn(OH)Cl\downarrow+HCl$$

因此，配制 $SnCl_2$ 溶液时，须在水中先加入适量盐酸，以抑制其水解。二氯化锡常用作还原剂，例如，它能还原 $HgCl_2$ 生成 Hg_2Cl_2（白色沉淀）：

$$2HgCl_2+SnCl_2 \longrightarrow Hg_2Cl_2\downarrow+SnCl_4$$

该反应可用来鉴定溶液中是否有 Sn^{2+} 的存在。如果用过量的 $SnCl_2$，可将 Hg_2Cl_2 进一步还原为金属汞：

$$Hg_2Cl_2+SnCl_2 \longrightarrow 2Hg\downarrow+SnCl_4$$

$SnCl_2$ 在空气中也易被氧化成 $SnCl_4$，因此常在配制好的溶液中投入少许锡粒，以防止其被氧化：

$$SnCl_4+Sn \rightleftharpoons 2SnCl_2$$

二氯化铅在冷水中溶解度小，水解不显著，但可溶于浓盐酸，生成 $PbCl_3^-$ 等。

四氯化锡和四氯化铅在水溶液中强烈水解，在潮湿空气中产生 HCl 白雾。水解反应如下（R 代表 Sn、Pb)：

$$RCl_4+2H_2O \longrightarrow RO_2+4HCl$$

$PbCl_4$ 在室温下不稳定，分解为 $PbCl_2$ 和 Cl_2。

11.6.3 硫化物

由于 Al^{3+} 极易水解，加 S^{2-} 于其溶液中得到的沉淀是 $Al(OH)_3$，而不是 Al_2S_3。

SnS、SnS_2、PbS 均是难溶于水和稀酸的硫化物，它们的颜色如下。

SnS（棕色）　　SnS_2（黄色）　　PbS（黑色）

因 Pb^{4+} 的强氧化性，故无 PbS_2 存在。

SnS_2 易溶于碱性硫化物生成硫代酸盐 Na_2SnS_3：

$$SnS_2+Na_2S \longrightarrow Na_2SnS_3$$

SnS、PbS 由于显碱性则不溶于碱性硫化物中。利用此性质，可以将 SnS_2 与 SnS、

PbS分开。含 Na_2SnS_3 的溶液经酸化又可析出 SnS_2 沉淀：

$$Na_2SnS_3+2HCl \longrightarrow SnS_2\downarrow+H_2S\uparrow+2NaCl$$

PbS虽不溶于稀酸和碱性硫化物，但可溶于稀硝酸和浓盐酸：

$$3PbS+8HNO_3 \longrightarrow 3Pb(NO_3)_2+3S\downarrow+2NO\uparrow+4H_2O$$

$$PbS+4HCl(浓) \longrightarrow H_2S\uparrow+H_2PbCl_4$$

11.6.4 含铅废水的处理

铅及其化合物的种类繁多，广泛应用于建筑材料、电池、弹药、颜料、涂料、杀虫剂、媒染剂、稳定剂、放射性物质贮器、电脑显示器等。在其冶炼、加工、生产制备、应用等过程中不免对环境造成污染。存在于环境中的铅及其化合物可通过呼吸道、皮肤、消化道进入人体，还可由母体胎盘进入胎儿体内，从而干扰肌体内的生化和生理活动，损害人体的神经系统、消化系统、生殖系统、心脏和造血功能。儿童对铅的吸收率比成人高出4倍以上，且体内缺铁、缺钙的儿童摄入和吸收铅的速率更快。我国含铅废水的排放浓度规定为 $\leqslant 1.0mg \cdot L^{-1}$。

由于铅及其化合物多数有毒，所以各国普遍重视含铅废料的回收和再利用。处理含铅废水的主要方法如下。

11.6.4.1 沉淀法

用碱调节废水的pH在8.0～10.0的范围内，可使 Pb^{2+} 以 $Pb(OH)_2$ 的形式沉淀析出，从沉淀的泥渣中还可回收铅。此外，还可用石灰、碳酸钠、白云石、磷酸盐作沉淀剂，使 Pb^{2+} 转化为相应的难溶盐沉淀而除去。

11.6.4.2 离子交换法

废水中的无机铅和有机铅均可用离子交换法除去。通常是先经沉淀法降低废水中铅的含量，再用磷酸型树脂吸附处理。去除铅的效果可达99%以上。

思考题 11.7 比较下列各组物质的性质：

(1) $Sn(OH)_2$ 和 $Pb(OH)_2$ 的碱性强弱；

(2) SnO 和 SnO_2 的酸性强弱；

(3) Pb(Ⅱ) 化合物和 Pb(Ⅳ) 化合物的稳定性。

思考题 11.8 实验室如何配制和保存 $SnCl_2$ 溶液？

思考题 11.9 在 $AlCl_3$ 的溶液中加入 Na_2S 溶液，得到的沉淀是 Al_2S_3，还是 $Al(OH)_3$？

11.7 氮族元素

11.7.1 概述

氮族元素包括氮、磷、砷、锑和铋。本族元素的原子结构特点是，价电子层上有5个价电子，即 ns^2np^3。随着核电荷数增加，本族元素的原子半径递增，电负性递减。因此，本族元素的性质递变比较明显，从原子半径较小的非金属元素氮和磷，经过性质上介于非金属与金属之间的砷和锑，过渡到金属元素铋，这体现了 p 区元素的非金属性从上至下逐渐减弱，金属性逐渐增强的一般规律。

氮族元素的氧化态主要是－3、＋3 和＋5。它们和电负性较大的元素（如氟、氯、氧等）结合时，氧化态主要为＋3 和＋5。氮是第 2 周期元素，价层只有 2s、2p 轨道，无可利用的 d 轨道，因此只能生成三卤化物而无五卤化物，这是氮与本族其他元素的不同点之一。氮与氧结合时，它的 5 个价电子可以全部参与价键的形成，所以氮有＋5 氧化态的含氧化合物。由于惰性电子对效应，由砷到铋，形成＋3 氧化态的趋势依次增强，而形成＋5 氧化态的趋势则逐渐减弱。本族元素形成－3 氧化态的趋势从氮到铋减弱，直至铋不能形成－3 氧化态的稳定化合物。例如，氢化物中 NH_3 最稳定而铋化氢（铋）在室温下就自动地分解了。

本族元素形成 M^{5+} 所需的电离能均很高，至今仍未发现有 M^{5+} 的离子化合物。N、P、As 的第一、二、三电离能之和仍太高，也不能形成 M^{3+} 化合物，只有 Sb 和 Bi 能与电负性最大的 F 形成 SbF_3、BiF_3 离子化合物。这些离子化合物也只存在于固态，遇水迅速水解为 SbO^+、BiO^+。

本族元素的电负性不大，获得 3 个电子形成 M^{3-} 的可能性很小，只有氮能与电离能小的金属反应，生成晶格能高的离子型氮化物，如 Li_3N、Be_3N_2、Mg_3N_2、Ca_3N_2。N^{3-} 只存在于固态，遇水强烈水解放出氨气。

11.7.2 氮气

N_2 分子是以三键结合的，总键能（946kJ·mol^{-1}）很高，所以 N_2 分子很稳定。氮气的化学性质很不活泼，和大多数物质难于起反应。因此氮气常用来隔离空气，保护那些暴露于空气中易被氧化变质的物质和挥发性易燃液体。有些反应也常需要在氮气的保护下才能进行。虽然氮气在常温下，不能与氧直接化合成氮的氧化物，但在燃烧过程中，当温度超过 2000℃时，空气中的 N_2 便能与 O_2 反应生成氧化氮：

$$N_2 + O_2 \longrightarrow 2NO$$

$$2NO + O_2 \longrightarrow 2NO_2$$

这是人类活动造成大气污染的 NO_x 的来源之一。闪电也能使空气中的 N_2 和 O_2 结合成 NO_x，这是大气中 NO_x 的天然来源之一。

11.7.3 氨及铵盐

氨是具有特殊刺激气味的无色气味。由于氨分子间存在氢键，氨的沸点为－33.42℃，比同族其他元素的氢化物都高。液氨气化时吸收大量的热，所以氨可用作制冷剂。氨为极性分子，极易溶于极性溶剂（如水或酒精）。在常温下，1 体积水可溶解约 700 体积的氨。氨的水溶液称作氨水。市售氨水中氨含量为 25%～28%。

液氨和水一样也能发生微弱的离解：

$$NH_3 + NH_3 \rightleftharpoons NH_4^+ + NH_2^- \qquad K^{\ominus} = 1 \times 10^{-33}$$

是一种良好的非水极性溶剂。例如，碱金属、钙、锶、钡均能溶于液氨成为蓝色溶液，具有导电性，一般认为这是由于生成了溶剂化电子 $e(NH_3)_n$ 的缘故。

$$M+nNH_3(l) \longrightarrow M^+ + e(NH_3)_n$$

碱金属液氨溶液为强还原剂。

氨中的氮处于最低氧化态，在一定条件下可被氧化成较高氧化态的氮的化合物或氮气。例如，氨在氧气中燃烧生成 N_2：

$$4NH_3+3O_2 \longrightarrow 2N_2+6H_2O$$

在催化剂作用下，氨可被氧气氧化为 NO：

$$4NH_3+5O_2 \xrightarrow{Pt} 4NO+6H_2O$$

这是工业上制造硝酸最关键的一步反应。

氨中的氢可以被活泼金属取代。例如，金属钠与氨共热可制得氨基化钠：

$$2NH_3+2Na \xrightarrow{\triangle} 2NaNH_2+H_2$$

氨分子中有孤电子对，可作为电子给予体与 H^+ 以及许多金属离子进行加合反应：

$$NH_3+H^+ \rightleftharpoons NH_4^+$$

$$4NH_3+Cu^{2+} \rightleftharpoons [Cu(NH_3)_4]^{2+}$$

铵盐是含有 NH_4^+ 化合物的总称。绝大多数铵盐都溶于水。铵盐的主要特征是受热极易分解，其分解情况与酸根的性质有关。铵盐的分解反应可看作是质子转移过程，因此组成铵盐的酸根，其对应酸的酸性越弱，就越易接受质子，其盐便越不稳定。例如：

$$\overset{H^+}{NH_4HS(s)} \xrightarrow{\triangle} NH_3(g)+H_2S(g)$$

$$\overset{H^+}{NH_4HCO_3(s)} \xrightarrow{\triangle} NH_3(g)+CO_2(g)+H_2O(l)$$

$$\overset{H^+}{(NH_4)_2SO_4(s)} \xrightarrow{\triangle} NH_3(g)+NH_4HSO_4(s)$$

热稳定性　$NH_4HS<NH_4HCO_3<(NH_4)_2SO_4$

如果铵盐的酸根对应的酸具有氧化性，则放出的氨又被进一步氧化为 N_2 或 N_2O。例如，加热硝酸铵的分解反应：

$$5NH_4NO_3(s) \xrightarrow{\triangle} 4N_2(g)+9H_2O(g)+2HNO_3(g)$$

$$NH_4NO_3(s) \xrightarrow[250℃]{\triangle} N_2O(g)+2H_2O(g)$$

由此可知，铵盐受热分解并非都有 NH_3 放出，用其来鉴别是否铵盐便不可靠，但凡是铵盐与碱都能放出氨。例如：

$$NH_4NO_3+NaOH \longrightarrow NH_3(g)+H_2O+NaNO_3$$

反应产生的氨具有特殊的气味，它能使湿 pH 试纸变为蓝色。

11.7.4 氮的氧化物

已知氮的氧化物有：N_2O、NO、N_2O_3、NO_2(N_2O_4)、N_2O_5。N 的氧化态依次为＋1、＋2、＋3、＋4、＋5。此外 N 还能形成很活泼的物质，其实验式为 NO_3，作为过渡态已被光谱鉴定出来。氮的氧化物中，除 N_2O 毒性较小外，其他都有毒性。石油工业尾气中含有各种氮的氧化物（NO_x），燃料燃烧时也有 NO_x 生成。据统计，全球人为排放的 NO_x（按 NO_2）量估计为 $48\times10^9 kg \cdot a^{-1}$，是造成大气污染的重要污染源。

NO 除了是已知的大气污染的成分外，实验证明，NO 普遍存在于生物体的各种细胞、器官，尤其是在神经系统内，并起着十分重要的生物学作用。作为一种新型生物信使分子，20 世纪 90 年代以来成为人们研究的热点，1992 年，美国 Science 杂志将它评选为“明星分子”。而三位美国的药理学家 Robert F. Furchgott、Louis J. Ignarro 和 Ferid Murad，因发现 NO 在心血管系统中传递信息的作用，获得了 1998 年诺贝尔生理学-医学奖。

工业上氨催化氧化可制得 NO。NO 为无色气体，极易被 O_2 进一步氧化成棕色的 NO_2 气体：

$$2NO + O_2 \longrightarrow 2NO_2$$

NO_2 溶于冷水，生成 HNO_2 和 HNO_3：

$$2NO_2 + H_2O \longrightarrow HNO_2 + HNO_3$$

HNO_2 本身不稳定，在热水中歧化为 HNO_3 和 NO：

$$3HNO_2 \longrightarrow HNO_3 + 2NO + H_2O$$

所以 NO_2 溶于热水生成 HNO_3 和 NO：

$$3NO_2 + H_2O \longrightarrow 2HNO_3 + NO$$

这是合成硝酸的反应。NO_2 是腐蚀性很强的气体。

11.7.5 硝酸及其盐

硝酸是工业上重要的“三酸”之一。它是制造炸药、塑料、硝酸盐和许多其他化工产品的重要化工原料。纯硝酸为无色液体，沸点较低（83℃），属挥发性酸。通常市售的硝酸含 HNO_3 68%～70%，相当于 $c(HNO_3)=15mol \cdot L^{-1}$。溶有 10%～15%$NO_2$ 的浓硝酸（含 HNO_3 80%）称为发烟硝酸。

硝酸受热或见光都会逐渐分解：

$$4HNO_3 \longrightarrow 4NO_2\uparrow + O_2\uparrow + 2H_2O$$

温度愈高，浓度愈大，分解愈甚。因此，在实验室中常将硝酸溶液贮存于棕色瓶中，以避免阳光照射。由于硝酸分解时产生红棕色 NO_2，NO_2 又复溶于硝酸，使硝酸呈黄至红色，溶解愈多，颜色愈深。

硝酸是强酸也是强氧化剂。其作为氧化剂被还原的产物比较复杂，N 各级低氧化态的化合物都可能出现。这从氮的电势图中可以看出，各电对的电势值都较大，且相差不多。氮的电势图如图 11-7 所示。

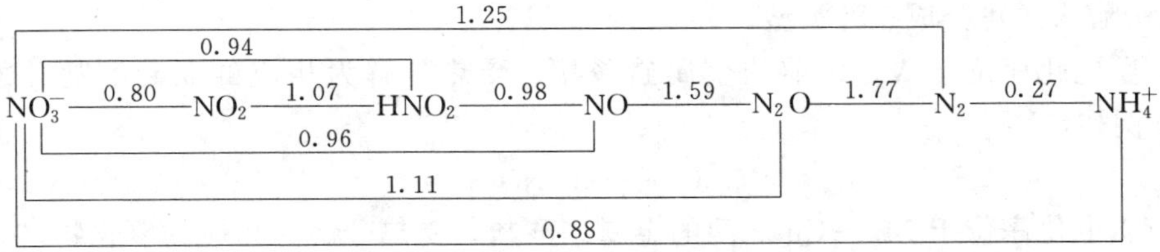

图 11-7 氮的电势图

一个化学反应系统中，若同时存在几种可能的反应方向时，反应的主要产物往往由反应速率较快的那个反应来决定。然而影响反应速率的因素是多方面的，与金属种类及其表面状态、硝酸的浓度及其还原产物有无自催化作用有关。从电势图来看 HNO_3 还原成 N_2 的可能性比其他都高，但生成 N_2 的反应速率较慢，所以硝酸的主要产物不是 N_2。硝酸与金属（锑、锡除外）的反应，都把金属氧化成硝酸盐，而硝酸的还原产物，则视硝酸的浓度和金属的活泼性而定。一般说来，浓硝酸的主要还原产物是 NO_2；稀硝酸的主要还原产物是 NO，但如果是与活泼金属（如 Zn、Mg）反应，其主要产物是 N_2O；极稀硝酸与活泼金属（如锌）反应，其主要还原产物是 $NH_3(NH_4^+)$。例如：

$$Cu+4HNO_3(浓) \longrightarrow Cu(NO_3)_2+2NO_2\uparrow+2H_2O$$

$$3Cu+8HNO_3(稀) \longrightarrow 3Cu(NO_3)_2+2NO\uparrow+4H_2O$$

$$4Zn+10HNO_3(稀) \longrightarrow 4Zn(NO_3)_2+N_2O\uparrow+5H_2O$$

$$4Zn+10HNO_3(极稀) \longrightarrow 4Zn(NO_3)_2+NH_4NO_3+3H_2O$$

锑、锡与硝酸反应生成相应的氧化物和 NO_2，其反应式为：

$$Sn+4HNO_3 \longrightarrow SnO_2+4NO_2\uparrow+2H_2O$$

$$2Sb+10HNO_3 \longrightarrow Sb_2O_5+10NO_2\uparrow+5H_2O$$

值得提出的是，浓硝酸的主要还原产物是 NO_2，但不意味着其氧化性比稀硝酸弱，因为浓硝酸与金属反应比稀硝酸激烈得多，另外浓硝酸能氧化 HCl，而稀硝酸则不能；有些金属如铁、铝、铬等不溶于冷的浓硝酸，这是因为这些金属表面被浓硝酸氧化，生成了一层不溶于硝酸的致密氧化膜，即所谓的"钝化"。

1 体积硝酸与 3 体积盐酸组成的混合溶液称作王水。它可以溶解金或铂。金溶于王水的反应式为：

$$HNO_3+3HCl \longrightarrow NOCl+2H_2O+Cl_2$$

$$NOCl \longrightarrow NO+\frac{1}{2}Cl_2$$

$$+)\quad Au+\frac{3}{2}Cl_2+HCl \longrightarrow HAuCl_4$$

$$Au+HNO_3+4HCl \longrightarrow HAuCl_4+NO+2H_2O$$

硝酸盐都是离子化合物，大多溶于水。硝酸根离子无色，硝酸盐的颜色决定于正离子的颜色。

硝酸分子不甚稳定，其生成的盐虽稳定性有所增加，但受热时仍能分解。硝酸盐热分解大致可分成三种类型。

① 电化序位于 Mg 以前的金属硝酸盐，受热分解为相应的亚硝酸盐并放出 O_2。例如：

$$2NaNO_3 \xrightarrow{\triangle} 2NaNO_2 + O_2\uparrow$$

② 电化序位于 Mg～Cu 之间的金属硝酸盐，受热分解为相应的氧化物，并放出 NO_2 和 O_2。

$$2Pb(NO_3)_2 \xrightarrow{\triangle} 2PbO + 4NO_2\uparrow + O_2\uparrow$$

③ 电化序位于 Cu 之后的金属硝酸盐，受热分解生成金属单质，并放出 NO_2 和 O_2。

$$2AgNO_3 \xrightarrow{\triangle} 2Ag + 2NO_2\uparrow + O_2\uparrow$$

由此可见，以上硝酸盐受热都能分解放出氧气，所以它们和可燃性物质混在一起，引燃之后会迅速燃烧，产生大量气体，引起体积膨胀。硝酸盐用于焰火和黑火药的制造，就是根据这种性质。

11.7.6 亚硝酸及其盐

亚硝酸 HNO_2 为弱酸。它由亚硝酸盐与稀硫酸反应制得：

$$Ba(NO_2)_2 + H_2SO_4 \longrightarrow BaSO_4 + 2HNO_2$$

亚硝酸极不稳定，只能存在于稀溶液中。若将其溶液加热则会分解。

多数亚硝酸盐为无色、易溶于水的固体。亚硝酸盐有毒，是致癌物质。

在亚硝酸及其盐中，氮的氧化态为+3，处于中间氧化态。在氧化还原反应中，既可得到电子（氧化态降低）显氧化性；也可失去电子（氧化态升高）显还原性。在酸性溶液中，有关电对的 $E^{\ominus}$ 值为：

$$\underset{\text{(作氧化剂)}}{HNO_2} + H^+ + e \rightleftharpoons NO + H_2O \qquad E^{\ominus} = 1.00V$$

$$NO_3^- + 3H^+ + 2e \rightleftharpoons \underset{\text{(作还原剂)}}{HNO_2} + H_2O \qquad E^{\ominus} = 0.94V$$

由此可见，在酸性溶液中 HNO_2 的还原性很弱，而氧化性较强。所以亚硝酸及其盐主要表现为氧化性。例如，它可氧化碘离子：

$$2I^- + 2HNO_2 + 2H^+ \longrightarrow 2NO + I_2 + 2H_2O$$

该反应用于定量测定亚硝酸盐的含量。

亚硝酸盐只有遇到强氧化剂时，才显还原性。例如，在酸性介质中与高锰酸钾（$KMnO_4$）反应：

$$2MnO_4^- + 5HNO_2 + H^+ \longrightarrow 2Mn^{2+} + 5NO_3^- + 3H_2O$$

NO_3^- 在硫酸介质中，可被硫酸亚铁还原：

$$NO_3^- + 3Fe^{2+} + 4H^+ \longrightarrow 3Fe^{3+} + NO + 2H_2O$$

生成的 NO 再与过量的 $FeSO_4$ 反应生成棕色化合物 $FeSO_4 \cdot NO$。这是硝酸根离子的特征反应。

NO_2^- 在酸性（H_2SO_4 或乙酸）介质中，也可被 $FeSO_4$ 还原：

$$HNO_2 + Fe^{2+} + H^+ \longrightarrow Fe^{3+} + NO + H_2O$$

产生棕色化合物。它与 NO_3^- 的不同之处是 NO_3^- 在乙酸介质中与 $FeSO_4$ 作用不显色。此外，在酸性介质中 NO_2^- 能氧化 I^-，而 NO_3^- 则不能。借此可以鉴别 NO_2^- 和 NO_3^-。

11.7.7 自然界氮元素的循环

生物有机体皆含蛋白质（约含 N 17%），故氮元素对生物的生命是非常重要的。在大气中 N_2 的含量恒定在 78.09%（体积分数）。在自然界里，N 元素不断地进行着多种多样的变化，形成了土壤—生物—大气三者之间动态循环。

氮元素的循环如图 11-8 所示。绿色植物吸收土壤中的硝态 N，作为制造蛋白质原料①。植物一部分作为食草动物的食料，而后者又作为食肉动物的食料②。食草动物和食肉动物的粪便、尸体以及植物本身的遗体在腐烂时，又把由土壤中取得的氮归还于土壤，即有机氮转变成 $NH_3$③，再受土壤中两种硝化菌的催化氧化为硝酸④：

$$2NH_3 + 3O_2 \xrightarrow{\text{硝化菌 1}} 2HNO_2 + 2H_2O$$

$$2HNO_2 + O_2 \xrightarrow{\text{硝化菌 2}} 2HNO_3$$

生成的硝酸与土壤中原有的碳酸盐作用生成硝酸盐。这就是自然界土壤与生物之间氮循环的小循环。但动植物在腐败时，总有一部分有机氮变成 N_2 进入大气⑤，当森林或草原失火时，有机氮也会转变成 N_2 进入大气⑥。此外，土壤里的硝酸盐（硝态 N）在反硝化菌的作用下与有机物反应也会转化为 N_2 进入大气⑦。

$$\underset{(\text{有机 C})}{5C} + 4KNO_3 \xrightarrow{\text{反硝化菌}} 2K_2CO_3 + 3CO_2 + 2N_2$$

也就是说在土壤与生物之间氮循环过程中，由于⑤和⑦的过程都有 N_2 到大气，损失了对植物可以利用的硝态 N。这种损失幸好在自然界里也有着补偿的来源。

（1）是来自大气中的闪电，雷雨时生成氮的氧化物与水反应生成硝酸回归土壤里⑧

$$N_2 + O_2 \xrightarrow{\text{闪电}} 2NO$$

$$2NO + O_2 \longrightarrow 2NO_2$$

$$3NO_2 + H_2O \longrightarrow 2HNO_3 + NO$$

（2）是来自固氮菌的活动。在土壤里 N_2 与有机物质反应时，把 N_2 转变为 $NH_3$⑨：

$$2N_2 + 6H_2O + \underset{(\text{有机 C})}{3C} \xrightarrow{\text{固氮菌}} 4NH_3 + 3CO_2$$

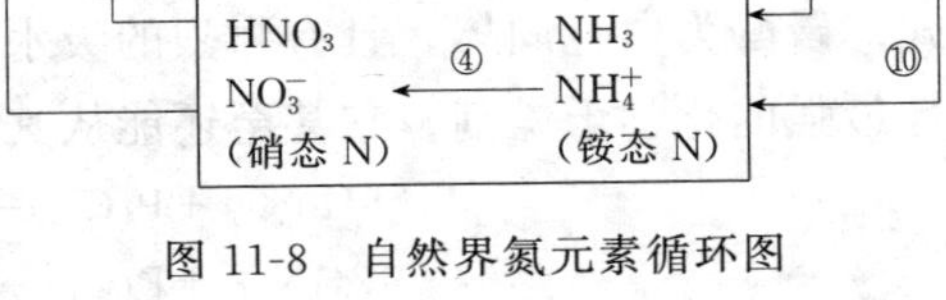

图 11-8 自然界氮元素循环图

（3）是豆科植物的根瘤菌，它以植

物的液汁为生，同时也能把大气中 N_2 转化为氮的化合物，被豆科植物本体所摄取。他们的根所积聚的氮化合物都保留在土壤中⑩，这样土壤—生物—大气三者形成循环的动态平衡，使大气中 N_2 恒定在一定水平。

思考题 11.10 为什么在常温下 N_2 可被用作保护气体？

思考题 11.11 举例说明硝酸与金属反应的几种情况。

思考题 11.12 硝酸盐热分解有哪几种类型？举例说明。

思考题 11.13 为何亚硝酸及其盐既有氧化性，又有还原性？

11.8 磷及其化合物

11.8.1 磷单质

磷的单质主要有黄磷、红磷和黑磷。红磷和黑磷是巨分子结构，而黄磷则是由 P_4 分子构成的分子晶体。黄磷因带微黄色又称白磷，熔点 44.1℃、沸点 280.5℃、着火点 50℃。P_4 分子结构如图 11-9 所示。它是正四面体结构，P 原子均位于四面体顶点，P 原子之间以共价单键结合，∠PPP 键角为 60°，P—P 键长 221pm。因键轴偏离了 p 轨道的对称轴（互成 90°），所以 P_4 是有张力的分子。这种结构比 N_2 的结构不稳定得多，故黄磷的化学性质比氮气活泼得多。黄磷在空气中易自燃，不溶于水。因此必须把它保存在水面下，并放置于暗处。从元素性质来说，氮的非金属性比磷强。这是因为元素性质决定于原子结构，而单质的性质除决定于原子结构外，还决定于分子结构。因此，在学习时，要注意元素与单质的区别。

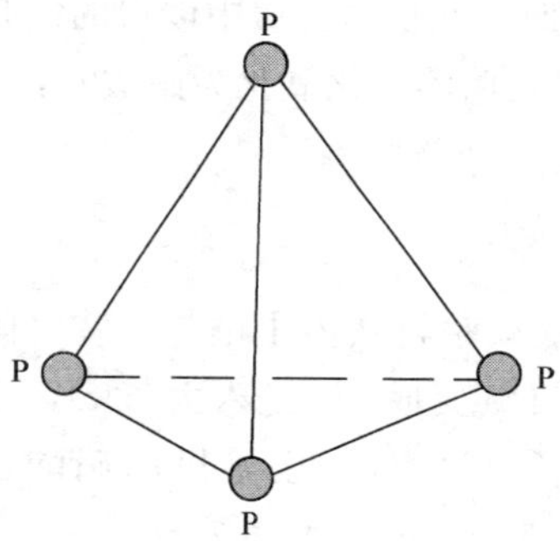

图 11-9 P_4 分子结构

将磷矿石、焦炭和硅石分别破碎后，按一定配比混合，投入电炉经高温熔化，反应，可得黄磷。其反应式为：

$$2Ca_3(PO_4)_2 + 10C + 6SiO_2 \xrightarrow{\triangle} P_4 + 6CaSiO_3 + 10CO$$

黄磷在干燥气流中燃烧，冷却后可制得磷酐（P_4O_{10}）：

$$P_4 + 5O_2 \xrightarrow{燃烧} P_4O_{10}$$

11.8.2 磷的氧化物

根据对磷酐蒸气密度的测定，其分子式为 P_4O_{10}，通常用的 P_2O_5 是其最简化学式。磷酐为白色固体，具有强烈的吸水性，在空气中吸收水分，迅速潮解，是吸水性最强的化学干燥剂。它甚至还能从其他物质中夺取化合态的水。例如：

$$6H_2SO_4 + P_4O_{10} \longrightarrow 6SO_3 + 4H_3PO_4$$

$$12HNO_3 + P_4O_{10} \longrightarrow 6N_2O_5 + 4H_3PO_4$$

磷酐与水反应，视反应温度不同而生成各种磷酸：

$$P_4O_{10} \xrightarrow[(冷)]{+2H_2O} (HPO_3)_4 \xrightarrow[(热)]{+2H_2O} 2H_4P_2O_7 \xrightarrow[(沸)]{+2H_2O} 4H_3PO_4$$

（偏磷酸）（焦磷酸）（正磷酸）

磷的氧化物除 P_4O_{10} 外，还有 P_4O_6、P_2O_4、PO、P_4O_7、P_4O_8、P_4O_9 等。

11.8.3 磷的含氧酸

磷的含氧酸以磷的氧化态来分，有磷酸（H_3PO_4）、亚磷酸（H_3PO_3）和次磷酸（H_3PO_2）。

11.8.3.1 磷酸

它是磷的含氧酸中最稳定的酸。纯净的磷酸为无色晶体，熔点 42℃，它是非挥发性酸。通常市售的磷酸是一种黏稠状液体，含 H_3PO_4 83%～98%。磷酸是中强三元酸，氧化性很弱，不能作氧化剂。将磷酸加强热，则脱水缩合成多磷酸，如图 11-10 所示。

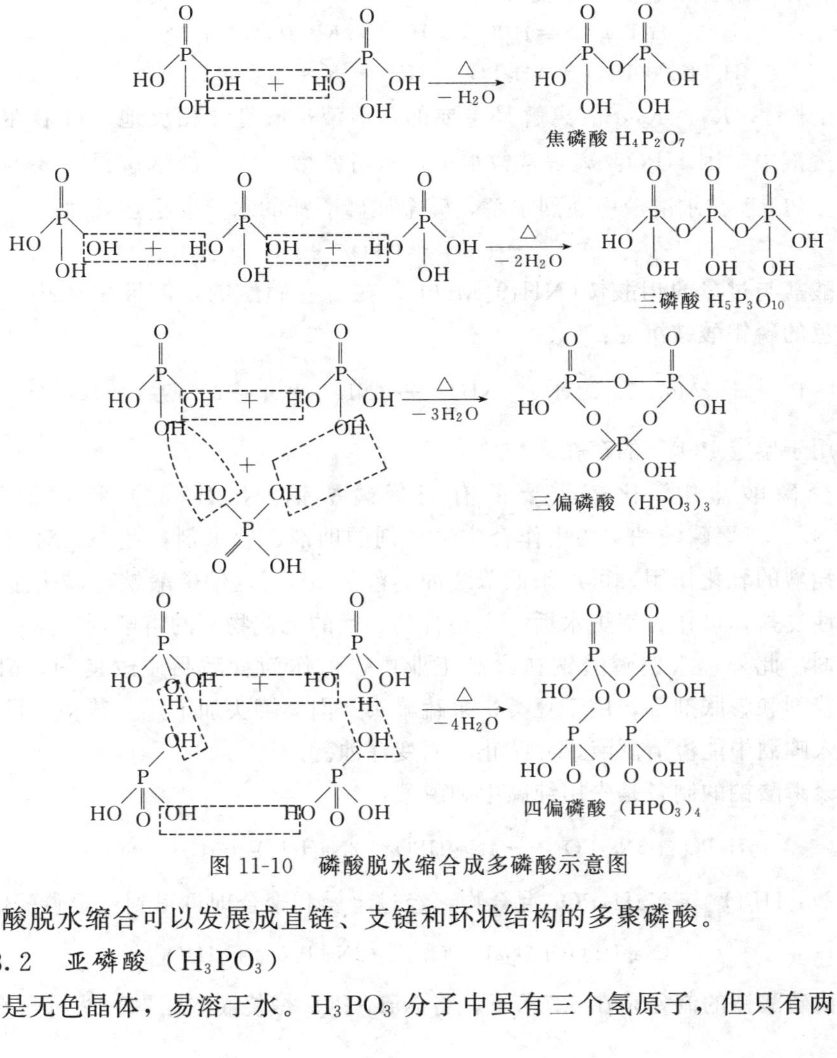

图 11-10 磷酸脱水缩合成多磷酸示意图

磷酸脱水缩合可以发展成直链、支链和环状结构的多聚磷酸。

11.8.3.2 亚磷酸（H_3PO_3）

它是无色晶体，易溶于水。H_3PO_3 分子中虽有三个氢原子，但只有两个氢原

子可解离出 H^+，是二元弱酸。其结构式为：

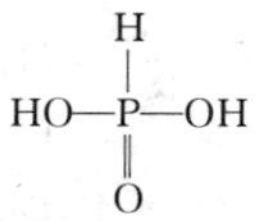

亚磷酸为强还原剂，在空气中逐渐氧化成磷酸。若亚磷酸受热至 180℃，则分解成正磷酸和磷化氢。它是制造塑料稳定剂的原料，也用于合成纤维和亚磷酸盐制造工业。

11.8.4 磷酸盐及多聚磷酸盐

磷酸盐有正盐、磷酸-氢盐和磷酸二氢盐。在各种磷酸盐中，除碱金属（锂例外）和铵盐以及碱土金属的磷酸二氢盐能溶于水外，其余磷酸盐均不溶于水。

可溶性磷酸二氢盐的水溶液呈弱酸性。这是因为磷酸二氢离子（$H_2PO_4^-$）在溶液中存在离解和水解两种平衡：

$$H_2PO_4^- \rightleftharpoons HPO_4^{2-} + H^+ \qquad K_1^{\ominus}=6.23\times10^{-8}$$

$$H_2PO_4^- + H_2O \rightleftharpoons H_3PO_4 + OH^- \qquad K_2^{\ominus}=1.33\times10^{-12}$$

从 $K^{\ominus}$ 值来看，$K_1^{\ominus} > K_2^{\ominus}$，故离解是主要的，溶液呈酸性。相反地，可溶性磷酸氢盐的水溶液中，因 HPO_4^- 离解常数很小，水解常数较大，故水解是主要的，溶液呈碱性。PO_4^{3-} 在水溶液中强烈水解，碱金属磷酸盐的水溶液呈强碱性：

$$PO_4^{3-} + H_2O \rightleftharpoons HPO_4^{2-} + OH^-$$

磷酸盐与过量的钼酸铵 $(NH_4)_2MoO_4$，在含有硝酸的水溶液中加热，可慢慢析出黄色的磷钼酸铵沉淀：

$$PO_4^{3-} + 12MoO_4^{2-} + 24H^+ + 3NH_4^+ \longrightarrow (NH_4)_3PO_4 \cdot 12MoO_3 \downarrow + 12H_2O$$

该反应用于鉴定 PO_4^{3-} 的存在。

多聚磷酸盐中，比较重要的有三聚磷酸钠（$Na_5P_3O_{10}$）和六偏磷酸钠 $(NaPO_3)_6$。三聚磷酸钠主要用作合成洗涤剂的助剂、软水剂，此外，对润滑油与脂肪有强烈的乳化作用，可用来调节缓冲皂液的 pH。六偏磷酸钠与碱土金属结合成可溶性复盐，可作为锅炉水垢（主要含钙、镁的沉淀物）的溶解剂，是一种良好的软水剂。此外，六偏磷酸钠在食品工业中，可作为食品品质改良剂，pH 调节剂、黏着剂和膨胀剂等，用于豆类、果蔬罐头、肉类罐头加工业。若将少量六偏磷酸钠加入啤酒中能澄清酒液，并防止啤酒变浑浊。

三聚磷酸钠的制备是先用纯碱中和磷酸：

$$6H_3PO_4 + 5Na_2CO_3 \longrightarrow 4Na_2HPO_4 + 2NaH_2PO_4 + 5H_2O + 5CO_2$$

生成的 Na_2HPO_4 与 NaH_2PO_4 混合物，经过干燥和聚合即可得到三聚磷酸钠：

$$4Na_2HPO_4 + 2NaH_2PO_4 \longrightarrow 2Na_5P_3O_{10} + 4H_2O$$

六偏磷酸钠的制备是在 627℃下，将 NaH_2PO_4 煅烧脱水熔融，然后骤冷制得。

其反应式为：

$$6NaH_2PO_4 \xrightarrow{\triangle} (NaPO_3)_6 + 6H_2O$$

11.8.5 磷的氯化物

磷的氯化物有 PCl_3 和 PCl_5。它们是磷在干燥氯气中燃烧生成的。氯气与过量磷反应生成 PCl_3，而过量氯与磷反应则生成 PCl_5。

PCl_5 是无色晶体，易分解为 PCl_3 和 Cl_2：

$$PCl_5 \rightleftharpoons PCl_3 + Cl_2$$

这是一个可逆反应，高于 300℃时平衡几乎偏向右边；在通常情况下，平衡偏向左边。

PCl_5 和 PCl_3 都极易水解：

$$PCl_5 + H_2O \longrightarrow POCl_3 + 2HCl$$

$$POCl_3 + 3H_2O \longrightarrow H_3PO_4 + 3HCl$$

$$PCl_3 + 3H_2O \longrightarrow H_3PO_3 + 3HCl$$

$POCl_3$、PCl_5 和 PCl_3 都是有毒的蒸气，主要应用于有机合成。

思考题 11.14 如何鉴定 PO_4^{3-}？

11.9 砷、锑、铋

11.9.1 概述

砷、锑、铋在自然界中主要以硫化矿存在。如雌黄(As_2S_3)、雄黄(As_4S_4)、砷硫铁矿(FeAsS)、辉锑矿(Sb_2S_3)和辉铋矿(Bi_2S_3)。许多硫化矿中也含有少量的砷。锑是我国丰产元素，储量居世界首位。

由砷、锑、铋的硫化矿制取相应的单质可以将矿石先焙烧成氧化物，然后再用炭还原。例如：

$$2Sb_2S_3 + 9O_2 \longrightarrow 2Sb_2O_3 + 6SO_2$$

$$Sb_2O_3 + 3C \longrightarrow 2Sb + 3CO$$

焙烧硫化矿时，其中的砷转化为 As_2O_3（俗称砒霜）。As_2O_3 易升华而逸入空气，严重污染环境。另外生成的 SO_2 如不经处理任其排入大气也会造成环境污染，所以，“土法”冶炼硫化矿应坚决取缔。

砷、锑、铋的熔点顺序降低，铋的熔点为 271.3℃。常温下，砷、锑、铋在空气中都比较稳定。它们不溶于稀酸，但都溶于热的浓硫酸。锑和铋分别生成 $Sb_2(SO_4)_3$ 和 $Bi_2(SO_4)_3$，砷则生成 As_2O_3，硫酸便被还原成 SO_2。它们与浓硝酸作用，砷和锑分别生成 H_3AsO_4 和 $Sb_2O_5 \cdot xH_2O$，而铋则因+5 氧化态不稳定，

Bi_2O_3 显碱性，故生成 $Bi(NO_3)_2$。砷能溶于熔融的氢氧化钠：

$$2As+6NaOH+2H_2O \longrightarrow 2Na_3AsO_4+5H_2\uparrow$$

而锑、铋则不能。

砷、锑、铋能与大多数金属形成合金和化合物。如易熔的伍德合金（Bi、Pb、Sn、Cd 的质量比为 4∶2∶1∶1）熔点 71℃；与碱金属形成 A_3M 型的化合物（A 代表 Li、Na、K、Rb、Cs；M 代表 As、Sb、Bi）；As、Sb 分别与 Al、Ga、In 金属形成砷化镓 GaAs、锑化镓 GaSb、砷化铟 InAs、锑化铝 AlSb 等。这些化合物均可作为半导体材料。

11.9.2 氢化物

砷、锑、铋均能形成氢化物。砷化氢 AsH_3、锑化氢 SbH_3、铋化氢 BiH_3，又分别称作胂、䏲、铋。它们都是具有大蒜味、有毒的气体。它们的稳定性依序降低。BiH_3 在室温下几乎不能稳定存在。它们的热分解用来检验砷、锑、铋的存在。其中著名的马氏[1]试砷法是将试样、锌和硫酸（或盐酸）混合，反应生成的气体导入加热的玻璃管中，如试样中含有砷的化合物，则生成的胂在加热部位分解成亮黑色的“砷镜”。其过程的反应式为：

$$As_2O_3+6Zn+6H_2SO_4 \longrightarrow 2AsH_3+6ZnSO_4+3H_2O$$

$$2AsH_3 \xrightarrow{\triangle} 2As+3H_2$$

如果是含锑的化合物则生成亮棕色的“锑镜”。锑镜不溶于NaClO，而砷镜可溶，可以此区别。

胂是一种很强的还原剂，除能与一般常见氧化剂反应外，还能与 Ag^+ 反应析出银。

$$AsH_3+6Ag^++3H_2O \longrightarrow H_3AsO_3+6Ag+6H^+$$

根据该反应可用 $AgNO_3$ 溶液除去有毒的 AsH_3 气体。

11.9.3 氧化物及其水合物

砷、锑、铋可形成氧化态为+3 和+5 的氧化物。它们的氧化物及其水合物的酸碱性、氧化还原性如下所示。

碱性增强、还原性（$+3 \longrightarrow +5$）减弱 →

酸性增强 ↓	$As_2O_3(H_3AsO_3)$ 两性偏酸	$Sb_2O_3[Sb(OH)_3]$ 两性偏碱	$Bi_2O_3[Bi(OH)_3]$ 碱性	↑ 碱性增强
	$As_2O_5(H_3AsO_4)$ 弱酸	$Sb_2O_5(Sb_2O_5 \cdot xH_2O)$ 弱酸	Bi_2O_5 弱酸性	

← 酸性增强、氧化性（$+5 \longrightarrow +3$）减弱

砷、锑、铋氧化物及其水合物酸碱性的递变，完全符合周期表中元素性质的递变规律。即元素的非金属性减弱，所形成的氧化物及其水合物的酸性也减弱或碱性增

[1] 马氏 Marsh。

强。同一元素的氧化物及其水合物的酸碱性，随其元素的氧化态升高，酸性增强或碱性减弱。

+3 氧化态的砷、锑、铋的还原性，+5 氧化态的氧化性递变规律，可以用它们相应的电对电极电势来说明。它们的电极电势为：

$$E_A^\ominus: E^\ominus(H_3AsO_4/H_3AsO_3)=0.56V<E^\ominus(Sb_2O_5/SbO^+)=0.581V$$
$$<E^\ominus(Bi_2O_5/BiO^+)=1.6V$$

$$E_B^\ominus: E^\ominus(AsO_4^{3-}/AsO_2^-)=-0.67V<E^\ominus(SbO_4^{3-}/SbO_3^{3-})=-0.40V$$
$$<E^\ominus(BiO_3^-/Bi_2O_3)=0.55V$$

可见 Bi_2O_5 的氧化性最强，而 H_3AsO_3 则具有较强的还原性。

H_3AsO_3 只存在于溶液，$Sb(OH)_3$，$Bi(OH)_3$ 都是难溶于水的沉淀。铋酸很难制得，但已制得铋酸盐，如偏铋酸钠 $NaBiO_3$。用酸处理 $NaBiO_3$ 可见到红棕色的 Bi_2O_5，但很快分解为 Bi_2O_3 和 O_2。

11.9.4 氯化物

$AsCl_3$、$SbCl_3$、$BiCl_3$ 在水中都极易水解。它们的水解反应为：

$$AsCl_3+3H_2O \longrightarrow H_3AsO_3+3HCl$$

$$SbCl_3+2H_2O \longrightarrow Sb(OH)_2Cl+2HCl \xrightarrow{-H_2O} SbOCl\downarrow$$

氯氧化锑（白色）

$$BiCl_3+2H_2O \longrightarrow Bi(OH)_2Cl+2HCl \xrightarrow{-H_2O} BiOCl\downarrow$$

氯氧化铋（白色）

Sb(Ⅲ)、Bi(Ⅲ) 的硝酸盐和硫酸盐水解也生成相应的白色碱式盐沉淀。根据平衡移动原理，加酸可以遏止盐类水解，因此配制该盐水溶液时，必须加相应的酸。

11.9.5 硫化物

在+3、+5 氧化态的 As、Sb 以及+3 氧化态 Bi 的盐溶液中，分别通入 H_2S，可得到一系列的有色硫化物沉淀，其颜色为：

As_2S_3（黄色） Sb_2S_3（橙红色） Bi_2S_3（黑色）

As_2S_5（黄色） Sb_2S_5（橙红色）

这些硫化物的酸碱性与其相应的氧化物酸碱性相似。由于 As_2S_3、Sb_2S_3 是两性，因此可溶于碱性硫化物：

$$As_2S_3+3Na_2S \longrightarrow 2Na_3AsS_3$$

硫代亚砷酸钠

$$Sb_2S_3+3Na_2S \longrightarrow 2Na_3SbS_3$$

硫代亚锑酸钠

因 As_2S_5、Sb_2S_5 为酸性硫化物，比 As_2S_3、Sb_2S_3 更易溶于碱性硫化物中，例如：

$$Sb_2S_5 + 3Na_2S \longrightarrow \underset{\text{硫代锑酸钠}}{2Na_3SbS_4}$$

因 Bi_2S_3 是碱性则不能溶于碱性硫化物。

砷、锑的硫代酸盐均可与酸反应，放出 H_2S 并析出相应的硫化物。例如：

$$2AsS_3^{3-} + 6H^+ \longrightarrow As_2S_3 \downarrow + 3H_2S \uparrow$$

$$2SbS_4^{3-} + 6H^+ \longrightarrow Sb_2S_5 \downarrow + 3H_2S \uparrow$$

硫代酸盐的生成和分解在分析化学上可用于这些元素离子的分离和鉴定。

11.9.6 含砷废水的处理

含砷废水主要来源于采矿、冶金、制酸、颜料、杀虫剂、防腐剂、砷酸盐药物生产的排放水等。砷的化合物都有较大的毒性，其中低价砷的毒性强于高价砷。砷对肌体的危害是由于它可以促进胆汁排硒，破坏硒清除人体内自由基的功能，损害人的肝、肾及神经等。我国含砷废水的排放浓度规定为$\leqslant 0.5mg \cdot L^{-1}$。

含砷废水的处理方法通常有沉淀法、离子交换法、吸附法、电凝聚法、生化法等。

11.9.6.1 沉淀法

对于含砷量较高的酸性废水，可用廉价的石灰乳作沉淀剂，与废水中的砷生成亚砷酸钙或砷酸钙沉淀。

若废水中的含砷量较低，且近中性或弱碱性，处理时还可加入铁盐或铝盐作絮凝剂，通过共沉淀更有效地除去废水中的砷。

$$2Fe^{3+} + 3Ca(OH)_2 \longrightarrow 2Fe(OH)_3 \downarrow + 3Ca^{2+}$$

$$AsO_4{}^{3-} + Fe(OH)_3 \longrightarrow FeAsO_4 \downarrow + 3OH^-$$

$$AsO_3{}^{3-} + Fe(OH)_3 \longrightarrow FeAsO_3 \downarrow + 3OH^-$$

酸性条件下，砷以阳离子形式存在。加入可溶性硫化物时，可生成难溶的As_2S_3沉淀。

11.9.6.2 生化法

利用活性污泥对砷的吸附作用去除废水中的砷。由于活性污泥只对含五价砷的废水处理效果较好，因此对含三价砷或酸度较高的含砷废水通常不用生化法进行处理。

思考题 11.15 讨论 As、Sb、Bi 的硫化物的酸碱性以及它们在 Na_2S 溶液中的溶解情况。

*11.10 半导体材料

半导体是指其导电性能介于导体和绝缘体之间的非离子性导电物质，室温时其电阻率约为$10^{-3}\sim10^{9}\Omega\cdot cm$。已知半导体材料包括范围很广，如硅、锗、砷化镓($GaAs$)、大多数金属氧化物及金属硫化物等。半导体中杂质的含量和外界条件的改变（如温度变化、受光照射等）都会使半导体的导电性能发生显著的变化。因此，对半导体材料的纯度要求很高，通常在99.9999%以上。然后在此种高纯物质中，掺入适量的杂质使其变为p型半导体或n型半导体。例如，在硅、锗中掺入铝、镓、铟后，就成为p型半导体；或掺入磷、砷、锑后，便得到n型半导体。这两类半导体可构成一个p-n结。这种p-n结具有单向导电或在光照下产生电势差的特性。利用这些特性可以制成各种半导体器件，如二极管、三极管和集成电路等。

化合物半导体是指由两种或两种以上的元素化合而成的半导体。化合物半导体的成分和结构较为复杂，制备单晶也比较困难。目前研究比较多的是ⅢA～ⅤA族化合物半导体，它们在电能与光能相互转换上的应用较广泛。例如，由GaAs制成的发光二极管用在袖珍计算器、电子表及许多仪器的α-数字输出显示器中，此外也用于制造微波器件和激光器。由InSb制成的发光二极管，可将光能转换成电能，用于制造光导红外线检测器。

玻璃半导体是一种玻璃状结构的半导体材料。在常态下为绝缘体，而在一定的电场、压力、温度或光照的作用下，可呈现半导体的导电特性。目前玻璃半导体大体上有三类：第一类是元素（如硒、硅）半导体；第二类是金属或氮化物、氧化物玻璃半导体，例如，由无机氧化物（如SiO_2和B_2O_3等）和过渡金属离子（如Fe、Cu、Mo、V和Co等）组成的玻璃半导体；第三类是非氧化物玻璃半导体，也称硫系玻璃半导体，它由S、Se、Te、P、As、Sb、Tl、Cl、Br、I、Si和Ge等元素中的某几种元素组成。

玻璃半导体具有一定的电阻值。例如，非氧化物玻璃半导体的电阻率约在$10^{6}\sim10^{12}\Omega\cdot cm$范围内。有些玻璃半导体的电阻值随温度变化敏感，利用该性质可制成热敏电阻或玻璃半导体温度计。利用某些玻璃半导体允许红外线通过的特性，在军事上可根据目标辐射出的红外线，发现敌方的行迹。有些玻璃半导体在光的照射下玻璃膜内部结构发生变化，这样该区域的光学性质（如对光线的透射、反射等）就与其他区域不同。利用该性质，采用全息照相技术，就能高密度地存储信息。静电复印机中的关键部件硒鼓，就是在金属底板上沉积一层硒玻璃薄膜而制成的。当光源发生的光照射到要复制的文件上时，原稿上没有印文字的地方就有光反射到硒鼓上，印有字的地方光被吸收，硒鼓上就表现出不同的电性，利用半导体的光电转换即可完成文件的复印。

11.11 氧和硫

11.11.1 氧的单质

氧是活泼的非金属元素，但氧气（O_2）分子的键能较大（497.9kJ·mol^{-1}），所以它比较稳定，在空气中能以游离 O_2 分子形式存在。在加热条件下，除卤素、少数贵金属（如 Au 和 Pt）和稀有气体之外，氧几乎能与所有元素直接化合形成相应的氧化物。

图 11-11　O_3 分子构型

臭氧 O_3 是 O_2 的同素异形体，其分子构型如图 11-11 所示。从电负性的差值来看，O—O 键应是非极性键，其分子是非极性分子，但实际上 O_3 分子是极性分子，偶极矩并不为零。这是因为中间的 O 原子只有一对孤电子对，而两旁 O 原子各有两对孤电子对，这样 O—O 键中的电荷分布便不均衡，显出正、负两极。所以 O_3 为极性分子，也是已知唯一偶极矩不为零的单质分子。

臭氧是具有特殊臭味的蓝色气体。在雷雨天气时，空气中的氧气受到放电作用影响会有少量的臭氧产生。电焊时，周围空气有特殊臭味便与臭氧生成有关。臭氧较氧气易溶于水，这是因为臭氧是极性分子。臭氧不稳定，较易分解：

$$O_3 \longrightarrow \frac{3}{2}O_2$$

如无催化剂存在或紫外线照射，分解速率很慢。O_3 分解过程中产生的原子氧具有很强的化学活性，所以 O_3 是很强的氧化剂（仅次于 F_2），并具有杀菌能力。基于这一特性，臭氧被用来处理含有机物的废水和水的净化。因 O_3 的分解产物是 O_2，用它净化的食品不会留下不良的气味。

存在于距地面 20～40km 处的大气平流层中的臭氧层对于生命极其重要，它保护着地球表面免受过量的紫外线照射。否则，农业减产、生物界食物链断裂……种种可预见的灾难将向人类走来。目前已经发现，南极和北极上空的臭氧层先后出现空洞。1987 年 24 个发达国家的代表在加拿大的蒙特利尔签订了《关于消耗臭氧物的蒙特利尔议定书》，商定逐年减少氟利昂的使用量，到 20 世纪末完全淘汰氟利昂。为什么会提出控制氟利昂呢？这是因为氟利昂化学性质稳定，易挥发，不溶于水，主要用作电冰箱、空调机的制冷剂，此外还用作发泡剂、洗净剂、杀虫剂、除臭剂、头发喷雾剂等。当氟利昂进入大气，上升到臭氧层后，受紫外线辐射就会分解产生 Cl 原子，从而引发出破坏 O_3 循环的反应：

$$Cl + O_3 \longrightarrow ClO + O_2$$

$$ClO + O \longrightarrow Cl + O_2$$

第一个反应消耗掉的 Cl 原子，在第二个反应中又重新产生，可以和另外一个 O_3 起反应，故每一个 Cl 原子能参与大量破坏 O_3 的反应。此外，大型喷气机的尾气和核爆炸烟尘中都含有可与 O_3 作用的污染物，如 NO 和某些自由基等。

11.11.2　过氧化氢

过氧化氢俗称双氧水，其分子式为 H_2O_2。分子中有一过氧键—O—O—，每个氧原子各连接一个氢原子，其分子构型像一本半开的书（见图 11-12）。过氧化氢是极性分子，极性比水大。纯净的过氧化氢为无色液体。由于氢键的存在，H_2O_2 的缔合度较水更大，所以密度比水大。H_2O_2 在化学性质方面，主要表现为对热不稳定性、氧化还原性和弱酸性。

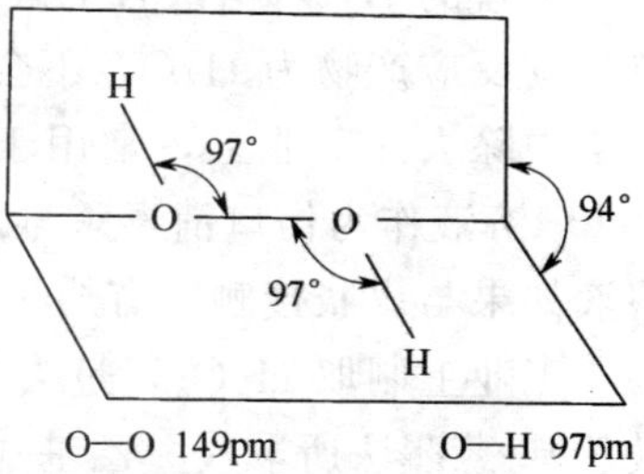

图 11-12 H_2O_2 的结构

11.11.2.1 对热不稳定性

由于过氧键—O—O—的键能较小，H_2O_2 不很稳定，易分解：

$$H_2O_2(l) \longrightarrow H_2O(l) + \frac{1}{2}O_2(g)$$

重金属离子、碱性介质、加热或曝光都能加快 H_2O_2 的分解。贮存于暗处的 H_2O_2，分解则很慢。

11.11.2.2 氧化性和还原性

H_2O_2 分子中，氧的氧化态为−1，介于 0 和−2 之间，所以既可显氧化性也可显还原性。其标准电极电势为：

$$H_2O_2 + 2H^+ + 2e \rightleftharpoons 2H_2O \qquad E_A^\ominus = +1.776V$$

$$2H^+ + O_2(g) + 2e \rightleftharpoons H_2O_2 \qquad E_A^\ominus = +0.695V$$

$$HO_2^- + H_2O + 2e \rightleftharpoons 3OH^- \qquad E_B^\ominus = +0.878V$$

$$O_2(g) + H_2O + 2e \rightleftharpoons HO_2^- + OH^- \qquad E_B^\ominus = -0.076V$$

由此可知，H_2O_2 在酸性或碱性介质中，$E^\ominus$ 值较大，都是强氧化剂。但在酸性介质中的氧化性强于在碱性介质中的氧化性；而在碱性介质中，H_2O_2 的还原性则较为显著。当有比 H_2O_2 更强的氧化剂与 H_2O_2 作用时，H_2O_2 才显还原性。例如：

$$2KI + \underset{(氧化剂)}{H_2O_2} + H_2SO_4 \longrightarrow I_2 + K_2SO_4 + 2H_2O$$

$$2NaCrO_2 + \underset{(氧化剂)}{3H_2O_2} + 2NaOH \longrightarrow 2Na_2CrO_4 + 4H_2O$$

$$Cl_2 + \underset{(还原剂)}{H_2O_2} \longrightarrow 2HCl + O_2$$

$$2KMnO_4 + \underset{(还原剂)}{5H_2O_2} + 3H_2SO_4 \longrightarrow 2MnSO_4 + K_2SO_4 + 5O_2\uparrow + 8H_2O$$

值得注意：H_2O_2 作为氧化剂其还原产物是 H_2O 或 OH^-，但在实验中又常可见有气体产生。这是由于 H_2O_2 不稳定自身分解出 O_2。H_2O_2 作还原剂时，其氧化产物是 O_2。

11.11.2.3 弱酸性

H_2O_2 在水溶液中，可微弱地解离出 H^+：

$$H_2O_2 \rightleftharpoons H^+ + HO_2^- \qquad K^\ominus = 1.55 \times 10^{-12}\ (293K)$$

故显弱酸性。在碱性溶液中，H_2O_2 以 HO_2^- 形式存在：

$$H_2O_2 + NaOH \longrightarrow NaHO_2 + H_2O$$

$$H_2O_2 + OH^- \longrightarrow HO_2^- + H_2O$$

市售的 H_2O_2 溶液含 H_2O_2 27%～30%和 50%两种。使用 H_2O_2 作氧化剂的优点是其反应产物为 H_2O，不会给反应系统引入杂质，而且过量的 H_2O_2 也易于从系统中除去。工业上，常用于漂白不宜使用 Cl_2 漂白的物质。医药方面，常用稀 H_2O_2 溶液作为伤口消毒杀毒之用。高浓度的 H_2O_2 可作火箭燃料。含 27%H_2O_2 溶液如果与皮肤接触，有灼热痛感，且会使皮肤发白，因此使用时要小心。

工业上制取 H_2O_2，过去采用电解法。由于此法能耗较大，成本较高，现在已被乙基-蒽醌法所取代。乙基-蒽醌法以 H_2、O_2 为原料合成 H_2O_2。其合成过程是先把 2-乙基蒽醌溶解于重芳烃（沸程 160～202℃）溶剂中，然后在钯催化剂作用下通氢气还原，得到 2-乙基蒽醇：

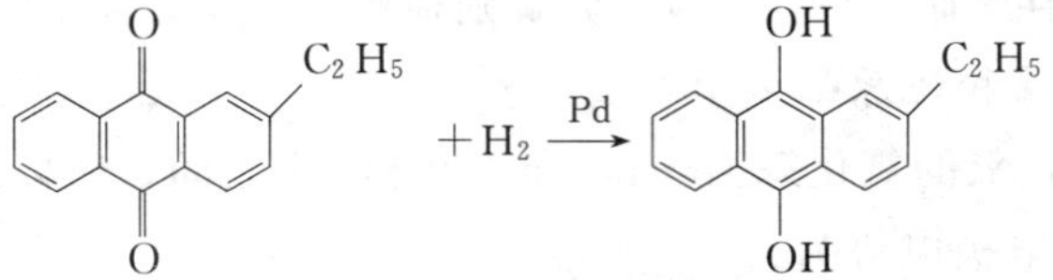

再鼓入富氧空气（O_2＋空气）氧化 2-乙基蒽醇为 2-乙基蒽醌，而 O_2 则被还原成 H_2O_2：

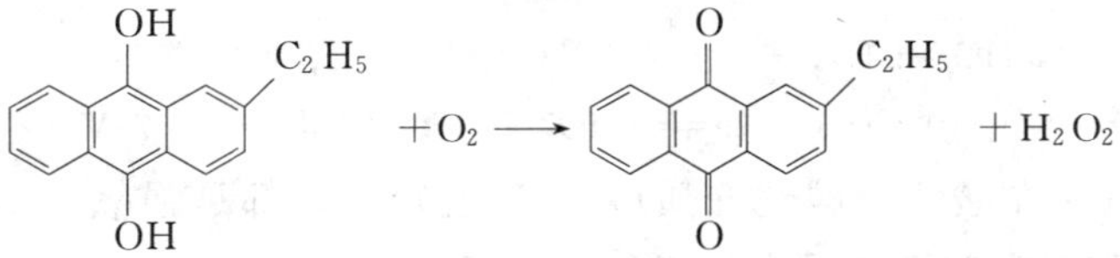

最后用水抽提出 H_2O_2，而抽提后的 2-乙基蒽醌的重芳烃溶液则可循环使用。水抽提物 H_2O_2 溶液，再用重芳烃净化处理后，经蒸馏即可得到 H_2O_2 溶液。此法因原料之一取自空气中的 O_2，而催化剂 2-乙基蒽醌又可再生重复使用，耗电少，因此经济效益较高，适宜大规模生产。我国生产 H_2O_2 的工厂大多改用此法。

11.11.3 硫单质

硫在自然界中除以硫磺形式存在外，大部分是以硫化物和硫酸盐形式存在。

单质硫有多种同素异形体，其中主要的有斜方硫和单斜硫。它们的结构单元是一个 S_8 分子（见图 11-13），呈八角绉环。斜方硫在通常温度下是稳定形态，95.6℃以上则是单斜硫的稳定形态。即斜方硫与单斜硫的转变温度为 95.6℃，但这两种晶型之间的转变速率很慢。斜方硫的熔点为 112.8℃，单斜硫为 119.5℃。当温度升高到 115.2℃时，斜方硫开始熔化为黄色透明流动性的液体，继续加热到 160℃以上，S_8 环陆续断开，连接成中等长度的链，这时出现黏性。继续加热至 290℃左右，环继续断开连接成长链的大分子，由于链与链之间的相互纠缠，使其黏度增大，不易流动。再继续加热升温至 300℃，液态硫变黑。长链开始断裂成较短的链状分子，流动性又增大。把这种液态硫倾入冷水中，即凝成能够拉成细丝的弹性硫（见图 11-14）。这是由于骤冷使那些链状的硫分子 S_x 来不及全部成环而大部分仍以链状存在，所以具有弹性。弹性硫在室温下又逐渐变脆，最后变成稳定的斜方硫（约需 1 年以上时间）。

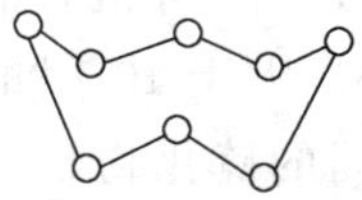

图 11-13 S_8 分子结构

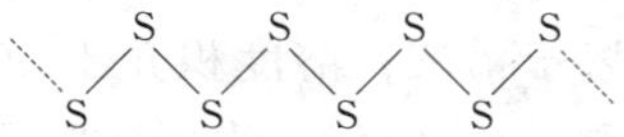

图 11-14 弹性硫的链状结构

11.11.4 硫化氢和金属硫化物

11.11.4.1 硫化氢

硫化氢是无色带有臭鸡蛋气味的有毒气体。在通常情况下，其饱和水溶液的浓度约为 $0.1mol \cdot L^{-1}$。硫化氢的水溶液称为氢硫酸，是二元弱酸。由于第二级解离常数非常小，溶液中存在的 HS^- 的浓度远大于 S^{2-}。空气中的 O_2 能把它氧化成 S。因此，氢硫酸溶液在空气中放置一段时间会出现白色浑浊（析出 S)。其反应式为：

$$2H_2S + O_2 \longrightarrow 2H_2O + 2S$$

H_2S 在空气中燃烧生成 SO_2 和 H_2O。与一般氧化剂作用也可析出硫。例如：

$$H_2S + I_2 \longrightarrow 2HI + S$$

如遇过量强氧化剂时，还可被进一步氧化为 SO_4^{2-}，例如：

$$H_2S + 4Cl_2 + 4H_2O \longrightarrow 8HCl + H_2SO_4$$

11.11.4.2 金属硫化物

金属硫化物在水中的溶解度差别很大。根据溶解度的大小，大致分为三类。

① 溶于水的硫化物。如碱金属硫化物和 $(NH_4)_2S$ 易溶于水；CaS、SrS、BaS 等硫化物在水中水解成溶于水的酸式硫化物。

② 不溶于水但溶于稀酸[1]的硫化物。如 FeS、NiS、ZnS 等。

③ 既不溶于水又不溶于稀酸的硫化物。如 CuS、SnS、PbS 等。

根据溶度积规则，溶液中金属离子浓度与 S^{2-} 浓度（MS 型，否则应取相应方次）相乘乘积大于溶度积时即可产生硫化物沉淀。因此调节溶液中 S^{2-} 的浓度便可使一些金属离子沉淀而另一些金属离子留在溶液中，达到分离金属离子的目的。溶液中 S^{2-} 的浓度是通过控制 pH（利用缓冲溶液）来实现的。因为在 H_2S 饱和溶液中存在以下关系：

$$H_2S \rightleftharpoons 2H^+ + S^{2-}$$

$$K^{\ominus} = K_1^{\ominus} K_2^{\ominus} = \frac{[H^+]^2[S^{2-}]}{[H_2S]} = 1.0 \times 10^{-19}$$

饱和溶液中 $c(H_2S) = 0.1mol/L^{-1}$，即 $[H_2S] = 0.1$

$$[S^{2-}] = \frac{1.0 \times 10^{-19} \times 0.1}{[H^+]^2} = \frac{1.0 \times 10^{-20}}{[H^+]^2} \tag{11-1}$$

---

[1] 这里的稀酸一般是指 $c(H^+) < 0.3mol \cdot L^{-1}$ 非氧化性酸。

可见，pH 变化 1 个单位，S^{2-} 浓度变化 100 倍，由式（11-1）可粗略估算在 pH=1 时，S^{2-} 浓度约为 $1.0\times10^{-18}mol\cdot L^{-1}$，因此 $K_{sp}^{\ominus}$(MS) 大于 10^{-24} 的金属硫化物不溶于水但可溶于稀酸；溶度积介于 $10^{-25}\sim10^{-28}$ 之间的硫化物，一般不溶于稀酸而溶于浓盐酸；$K_{sp}^{\ominus}$(MS) 小于 10^{-30} 的金属硫化物则不溶于浓盐酸（未考虑金属离子可与 Cl^- 形成配离子的情况）。对于不溶于浓盐酸的硫化物，可以进一步考虑用氧化剂把 S^{2-} 氧化，以降低 S^{2-} 浓度或使金属离子形成配离子以降低金属离子浓度，而使其溶解。例如：

$$3CuS+8HNO_3 \longrightarrow 3Cu(NO_3)_2+3S\downarrow+2NO\uparrow+4H_2O$$

$$3HgS+2HNO_3+12HCl \longrightarrow 3H_2[HgCl_4]+3S\downarrow+2NO\uparrow+4H_2O$$

另外，有些硫化物在 Na_2S 溶液中溶解，已在前面有关章节中讨论过。

大多数金属硫化物都有特征的颜色，利用金属硫化物的溶解性和颜色，可以初步分离和鉴别各种金属离子。部分金属硫化物的颜色和溶度积见表 11-1。

表 11-1 部分金属硫化物的颜色和溶度积

硫化物	颜 色	$K_{sp}^{\ominus}$	硫化物	颜 色	$K_{sp}^{\ominus}$
MnS	肉红色(无定形)	2.5×10^{-10}	PbS	黑色	8.0×10^{-28}
FeS	黑色	6.3×10^{-18}	CuS	黑色	6.3×10^{-36}
CoS(α)	黑色	4.0×10^{-21}	Hg_2S	黑色	1.0×10^{-47}
NiS(α)	黑色	3.2×10^{-19}	Cu_2S	黑色	2.5×10^{-48}
ZnS(α)	白色	1.6×10^{-24}	Ag_2S	黑色	6.3×10^{-50}
SnS	褐色	1.0×10^{-25}	HgS	黑(红)色	1.6×10^{-52}
CdS	黄色	8.0×10^{-27}	Sb_2S_3	橙色	2.9×10^{-59}

11.11.5 多硫化物

碱金属或碱土金属硫化物的水溶液与硫共沸，可得到多硫化物 M_2S_x（$x=2\sim6$，个别 x 可高达 9）。Na_2S_x 的颜色随 x 增大而变为黄色、红色。其反应式为：

$$Na_2S+(x-1)S \longrightarrow Na_2S_x$$

多硫离子像过氧离子 O_2^{2-} 一样具有氧化性，但比后者弱得多。例如，它能氧化 As(Ⅲ)、Sb(Ⅲ)、Sn(Ⅱ) 的硫化物，或将这些金属的硫代亚酸盐氧化为硫代酸盐：

$$SnS+S_2^{2-} \longrightarrow SnS_3^{2-}$$

$$MS_3^{3-}+S_2^{2-} \longrightarrow MS_4^{3-}+S^{2-} \qquad (M=As、Sb)$$

多硫化物和酸反应生成 H_2S_x，后者不稳定分解为 H_2S 和 S：

$$M_2S_x+2H^+ \longrightarrow 2M^++(x-1)S\downarrow+H_2S\uparrow$$

农业上使用的杀虫剂“石灰硫”，是硫黄与消石灰共煮而得到的红色液体，其中含有多硫化钙和硫代硫酸钙：

$$3Ca(OH)_2+12S \longrightarrow 2CaS_5+CaS_2O_3+3H_2O$$

多硫化钾（如 K_2S_3 和 K_2S_5）在制革工业上用作脱毛剂。

11.11.6 二氧化硫、亚硫酸及其盐

硫或金属硫化物在空气中燃烧，即可生成 SO_2 气体：

$$S+O_2 \longrightarrow SO_2$$

$$3FeS_2 + 8O_2 \longrightarrow Fe_3O_4 + 6SO_2$$

SO_2 的工业生产，可按资源情况选择不同的方法。我国主要采用焙烧黄铁矿 FeS_2 来制取 SO_2。

二氧化硫是一种具有刺激性气味的气体，容易被液化，液态 SO_2 是一种很好的溶剂。例如，CCl_4、$SnCl_4$、$SiCl_4$、$TiCl_4$、醇、酯类、酮类和醛类等均可溶于液态 SO_2 中。

在 SO_2 分子中，硫的氧化态为+4，介于硫的最低和最高氧化态−2 和+6 之间，故 SO_2 既显还原性也显氧化性，但以还原性为主。二氧化硫作为还原剂的例子很多，例如，在酸性或中性溶液中，高锰酸盐、重铬酸盐、磺酸盐、卤素、Fe^{3+}、Hg_2^{2+} 等都能将 SO_2 氧化为 SO_4^{2-}。SO_2 作为氧化剂可被 CO 还原成硫：

$$SO_2 + 2CO \xrightarrow[\text{铝矾土}]{500℃} 2CO_2 + S$$

这是工业烟气中干法脱硫的反应。

SO_2 是造成大气环境污染的重要污染物，是造成酸雨的祸首。目前硫化矿冶炼厂、火力发电厂是产生 SO_2 的主要污染源。

SO_2 易溶于水，其水溶液称为“亚硫酸”。亚硫酸 H_2SO_3 作为纯物质尚未被分离出来。H_2SO_3 是二元弱酸，因此，可形成正盐和酸式盐。除碱金属亚硫酸的正盐外，其余几乎都不溶于水。酸式亚硫酸盐则大多能溶于水。在含有不溶性的正盐溶液中通入 SO_2 可使其转变为可溶性酸式盐。例如：

$$2CaSO_3 + SO_2 + H_2O \longrightarrow 2Ca(HSO_3)_2$$

亚硫酸盐与强酸反应是实验室中制备少量 SO_2 的常用方法：

$$Na_2SO_3 + H_2SO_4(\text{稀}) \longrightarrow Na_2SO_4 + SO_2\uparrow + H_2O$$

亚硫酸盐溶液和 SO_2 溶液一样具有还原性，容易被氧化成硫酸盐。例如：

$$2Na_2SO_3 + O_2 \longrightarrow 2Na_2SO_4$$

$$Na_2SO_3 + Cl_2 + H_2O \longrightarrow Na_2SO_4 + 2HCl$$

SO_2 在造纸工业用作漂白剂，在食品工业用作漂白、防腐剂。亚硫酸钠在工业上用作还原剂，照相业用作显影保护剂，制革业用作去钙剂，纺织业用于漂白织物，食品业用作防腐剂。

11.11.7 硫酸及其盐

纯硫酸是一种无色稠状的液体，其熔点 10.2℃，沸点 320℃。通常市售硫酸含 H_2SO_4 98%，密度 $1.84g\cdot cm^{-3}$，$c(H_2SO_4)=18mol\cdot L^{-1}$。浓硫酸具有强烈腐蚀性和危害性。浓硫酸有很强的亲水性，这一性质使它用作干燥剂、脱水剂和必须除去水分的反应的溶剂。例如，它能从碳水化合物或其他有机物质中，按水的组成比把氢和氧脱出来：

$$C_mH_{2n}O_n + H_2SO_4 \longrightarrow mC + H_2SO_4\cdot nH_2O$$

稀硫酸不显氧化性，但热的浓硫酸则是很强的氧化剂。例如，它能溶解铜，把碳氧化

成 CO_2：

$$Cu + 2H_2SO_4 \longrightarrow CuSO_4 + 2H_2O + SO_2\uparrow$$

$$C + 2H_2SO_4 \longrightarrow CO_2\uparrow + 2H_2O + 2SO_2\uparrow$$

硫酸盐有正盐和酸式盐两类。酸式硫酸盐大多溶于水。在正盐中，除 $CaSO_4$、$SrSO_4$、$BaSO_4$、$PbSO_4$ 等不溶于水外，其余都溶于水。含有结晶水的硫酸盐，通常称为矾，如胆矾（$CuSO_4 \cdot 5H_2O$）、绿矾（$FeSO_4 \cdot 7H_2O$）等。因硫酸是非挥发性强酸，硫酸盐对热一般较稳定，如 Na_2SO_4、K_2SO_4、$BaSO_4$ 等在 1000℃时也不分解。一些重金属的硫酸盐，如 $CuSO_4$ 等，在强热时会分解成金属氧化物和 SO_3：

$$CuSO_4 \longrightarrow CuO + SO_3$$

或由金属氧化物进一步分解成金属单质：

$$Ag_2SO_4 \longrightarrow Ag_2O + SO_3$$

$$2Ag_2O \longrightarrow 4Ag + O_2\uparrow$$

酸式硫酸盐受强热，首先脱水转变为焦硫酸盐，然后脱去 SO_3，同时生成硫酸盐：

$$2KHSO_4 \longrightarrow K_2S_2O_7 + H_2O$$

$$K_2S_2O_7 \longrightarrow K_2SO_4 + SO_3$$

SO_3 是酸性氧化物，利用上述性质，将某些碱性氧化物矿石与 $KHSO_4$ 共熔，可以使矿石转变为可溶性硫酸盐，以达到分解矿石的目的。

$$3K_2S_2O_7 + Fe_2O_3 \longrightarrow Fe_2(SO_4)_3 + 3K_2SO_4$$

硫酸盐与炭共热，可被炭还原为硫化物，这说明硫酸盐在高温下也具有氧化性：

$$Na_2SO_4 + 2C \longrightarrow Na_2S + 2CO_2\uparrow$$

K^+、Na^+、NH_4^+ 的硫酸盐易分别与 Al^{3+}、Cr^{3+}、Fe^{3+} 的硫酸盐生成复盐，如明矾 $K_2SO_4 \cdot Al_2(SO_4)_3 \cdot 24H_2O$、铁明矾 $(NH_4)_2SO_4 \cdot FeSO_4 \cdot 6H_2O$，又称莫尔盐❶。

11.11.8 过硫酸及其盐

凡含氧酸分子中含有过氧键者称为过酸。过硫酸在形式上可认为是过氧化氢中的 H 被—SO_3H 取代的产物：

母体　H—O—O—H

单取代物　H—O—O—SO_3H，即 H_2SO_5，过一硫酸

双取代物　HO_3S—O—O—SO_3H，即 $H_2S_2O_8$，过二硫酸

$K_2S_2O_8$ 或 $(NH_4)_2S_2O_8$ 为过二硫酸重要的盐类。它们都是很强的氧化剂。例如，过二硫酸盐在 Ag^+ 作催化剂的情况下，将 Mn^{2+} 氧化成紫色的 MnO_4^-：

$$2Mn^{2+} + 5S_2O_8^{2-} + 8H_2O \xrightarrow{Ag^+} 2MnO_4^- + 10SO_4^{2-} + 16H^+$$

---

❶ 莫尔 Mohr。

该反应在钢铁分析中用于锰含量的测定。

在高分子化工，过硫酸盐用作引发剂，以引发某些聚合反应的发生。

11.11.9 硫代硫酸钠

五水硫代硫酸钠 $Na_2S_2O_3 \cdot 5H_2O$，俗称大苏打或“海波”。含氧酸中的氧原子被硫取代所得的酸称为硫代某酸，其对应的盐称为硫代某酸盐。硫代硫酸钠为无色的菱形晶体，易溶于水，溶液呈弱碱性。它在中性、碱性溶液中很稳定，在酸性溶液中生成的硫代硫酸不稳定，分解为 S、SO_2 和 H_2O：

$$Na_2S_2O_3 + 2HCl \longrightarrow H_2S_2O_3 + 2NaCl$$
$$H_2S_2O_3 \longrightarrow SO_2\uparrow + S\downarrow + H_2O$$

溶液中存在的细菌、CO_2、O_2 等都会使它分解。所以配制硫代硫酸钠溶液常用新煮沸过的蒸馏水。

$Na_2S_2O_3$ 中 S 的平均氧化态为+2，它可以失去电子故显还原性，其氧化产物视反应条件而异。例如，通 Cl_2 至 $Na_2S_2O_3$ 溶液中，最初析出 S，再通入过量 Cl_2，则最后生成 H_2SO_4：

$$Na_2S_2O_3 + Cl_2 + H_2O \longrightarrow Na_2SO_4 + S\downarrow + 2HCl$$
$$Na_2S_2O_3 + 4Cl_2 + 5H_2O \longrightarrow Na_2SO_4 + H_2SO_4 + 8HCl$$

当它与中等强度的氧化剂如碘反应时，其氧化产物为连四硫酸钠，离子反应方程式为：

$$2S_2O_3^{2-} + I_2 \longrightarrow S_4O_6^{2-} + 2I^- \qquad (11\text{-}2)$$

$S_4O_6^{2-}$ 中 S 的氧化态为+2.5。式（11-2）是分析化学中碘量法的基本反应。

硫代硫酸钠用作照相业的定影剂，棉织物漂白后的脱氯剂及印染助剂。医药上用作洗涤剂、消毒剂。它还用于电镀、鞣制皮革以及由矿石中提取银等。

思考题 11.16 放置一段时间后的 H_2S 溶液为什么会出现浑浊？

11.12 卤素

11.12.1 概述

周期表第 17（ⅦA）族元素氟、氯、溴、碘、砹统称为卤素。其中砹是人工制造的放射性元素，寿命极短，故本章只讨论前四种元素。它们的原子结构和主要性质见表 11-2。

表 11-2 卤素的原子结构和主要性质

项目	元素			
	氟(F)	氯(Cl)	溴(Br)	碘(I)
原子序数	9	17	35	53
电子层结构	[He]$2s^22p^5$	[Ne]$3s^23p^5$	[Ar]$3d^{10}4s^24p^5$	[Kr]$4d^{10}5s^25p^5$
共价半径/pm	64	99	114	133

续表

项　　目	元　　素			
	氟(F)	氯(Cl)	溴(Br)	碘(I)
X^-半径/pm	136	181	196	216
$I_1/kJ\cdot mol^{-1}$	1681	1251	1140	1008
$E_A/kJ\cdot mol^{-1}$	328	349	325	295
电负性	4.0	3.2	3.0	2.7
氧化态	−1	±1、+3、+4、+5、+6、+7	±1、+3、+4、+5、+6、+7	±1、+3、+5、+7

卤素原子最外电子层有 7 个电子，比稀有气体原子只少 1 个电子；原子半径是同周期元素中最小的；核电荷是同周期元素中最大的（稀有气体除外）。因此，它们容易取得 1 个电子，在同周期中表现出最强的非金属性。卤素的核电荷和原子半径都从上到下依次增加，但原子半径对元素性质的影响起主要作用，故其非金属性由氟到碘逐渐减弱。氟的非金属性在所有元素中最强。

卤素原子的价电子构型为 ns^2np^5，容易取得 1 个电子变为 X^-，氧化态为−1。氯、溴、碘元素的原子，其最外层除有 ns、np 轨道外，还有 nd 空轨道，形成化合物时，ns、np 轨道上的电子可以激发到 nd 轨道上，故它们有 1、3、5、7 个未成对电子。当它们与电负性大的元素（如氧）化合时，便呈现+1、+3、+5、+7 的氧化态。此外，氯和溴在氧化物中还有+4、+6 异常的氧化态，例如，ClO_2、BrO_2、Cl_2O_6 和 BrO_3。氟元素的电负性最大，非金属性最强，故只有−1 氧化态的化合物。

11.12.2　卤素单质

11.12.2.1　物理性质

卤素单质的主要物理性质见表 11-3。

表 11-3　卤素单质的主要物理性质

项　　目	卤　素　单　质			
	F_2	Cl_2	Br_2	I_2
熔点/℃	−219.7	−101.0	−7.3	113.6
沸点/℃	−188.2	−34.1	56.1	185.3
$E^\ominus(X_2/X^-)/V$	2.866	1.3583	1.066	0.5355
常温下的物态和颜色	浅黄色气体	黄绿色气体	红棕色液体	紫黑色固体

卤素单质是双原子的非极性分子。在固态时属于分子晶体，以较弱的色散力结合，所以熔点、沸点都不高。它们的熔点、沸点按从 F_2 至 I_2 的顺序增高，这是由于它们的相对分子质量和分子间的色散力都依次增大的缘故。卤素单质具有颜色是它们吸收可见光的结果。如图 11-15 所示为可见光的波长和能量范围。如图 11-16 所示为白光的互补关系图。当白光（可见光）照射到物质上时会出现几种情况：若全被物质吸收，则物质显黑色；若完全不被吸收，则显无色；若只吸收白光中的某种波长的

光，则显出互补颜色。例如，物质吸收了白光的紫色光波，则显黄绿色。卤素分子吸收的光波波长恰好在可见光光波范围内，而且选择吸收的光的波长各不相同，故显出各种不同的颜色。卤素的气体或蒸气都具有强烈的刺激性臭味和毒性。

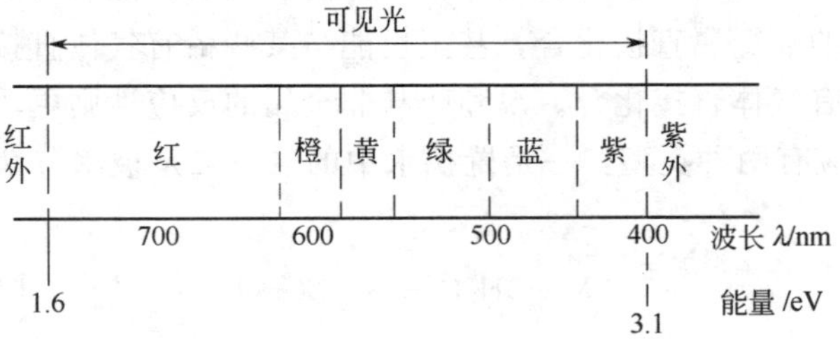

图 11-15 可见光的波长和能量范围

卤素单质是非极性分子，较难溶于极性溶剂水中，而易溶于非极性的有机溶剂。例如，碘在四氯化碳 CCl_4 中的溶解度 25℃ 时为 2.91g·$(100g)^{-1}$，在水中为 0.030g·$(100g)^{-1}$，前者是后者的 97 倍。基于卤素单质在水和四氯化碳有机溶剂内溶解度的差别，可以用 CCl_4 萃取[1]溶解在水中的卤素单质。如果把 CCl_4 和碘水放在分液漏斗中一起振荡，达到平衡后，静置分层，测出 I_2 在 CCl_4 相和水相中的浓度比为一定值，称作分配常数 K_d：

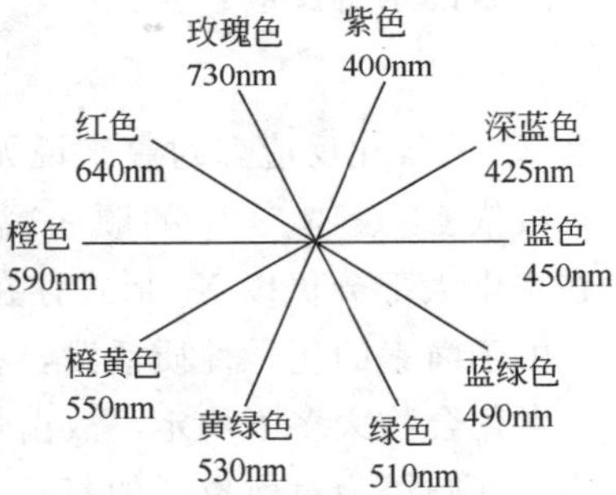

图 11-16 白光的互补关系图

$$I_{2(aq)} \rightleftharpoons I_{2(o)} \qquad K_d = \frac{c(I_2)_{(o)}}{c(I_2)_{(aq)}}$$

上式下标 aq、o 分别表示水相、有机相。K_d 与其他平衡常数一样，随温度变化而改变。25℃时，I_2 在 CCl_4 与水中的分配常数 K_d 为 86。即如用等体积 CCl_4 萃取水溶液中的 I_2，则残留在水相中的 I_2 只有原先的 1/86。若用等体积 CCl_4 再萃取一次，则残留在水相中的 I_2 只有原来的 $\left(\frac{1}{86}\right)^2$，显然留在水相中的 I_2 已经很少了。不同的物质，K_d 值不同，这是利用萃取分离不同物质的基本原理。

11.12.2.2 化学性质

卤素单质最突出的化学性质是氧化性。其氧化性强弱顺序为：$F_2 > Cl_2 > Br_2 > I_2$。X_2 在水溶液中的氧化性强弱，可用 $E^{\ominus}(X_2/X^-)$ 值来度量。由表 11-3 可知，$E^{\ominus}(F_2/F^-) > E^{\ominus}(Cl_2/Cl^-) > E^{\ominus}(Br_2/Br^-) > E^{\ominus}(I_2/I^-)$。故 X_2 的氧化能力为：$F_2 > Cl_2 > Br_2 > I_2$；而作为还原剂的 X^-，其还原能力则为 $I^- > Br^- > Cl^- >$

[1] 萃取是利用物质在两个互不混溶的液相中分配不同，由一个液相转移到另一液相的过程。

F^-。因此，位于前面的卤素单质可从后面的卤化物中置换出卤素单质。如

$$Cl_2 + 2KBr \longrightarrow Br_2 + 2KCl$$

氟和氯气几乎能与所有金属直接化合，而溴和碘则只能与活泼金属化合。氟能与除氧、氮之外的非金属直接化合，甚至也能与某些稀有气体直接化合。氯不能与氧、氮、碳、稀有气体直接化合。溴和碘与非金属的反应性则更弱。

卤素与水反应有两种类型：一是置换水中的氧；二是被水分解。卤素置换水中的氧：

$$2X_2 + 2H_2O \longrightarrow 4HX + O_2$$

上式的反应，从 $F_2 \longrightarrow I_2$ 迅速减弱。氟与水猛烈反应放出氧气，而碘则不能置换出水中的氧。

卤素的水解反应：

$$X_2 + H_2O \rightleftharpoons H^+ + X^- + HXO$$

这是 X_2 的歧化反应，对氟来说无此反应。对其他卤素来说，则是可逆反应，其平衡常数依 Cl_2、Br_2、I_2 的顺序减小。它们的平衡常数小于 10^{-4}，说明 Cl_2、Br_2、I_2 在水中大部分仍以 X_2 形式存在。

由于卤素的化学性质活泼，在自然界中不能以单质形式存在。又由于正氧化态的卤素化合物大多不稳定，故卤素大多以卤化物的形式存在。一般制备卤素单质的方法，都归结为对卤离子的氧化。F^- 的还原性最弱，目前还没有氧化剂可以把它氧化成 F_2。因此，电解法是唯一制氟气的方法。电解是在溶有 HF 的 KF 熔盐中进行：

$$2HF \xrightarrow[77\sim100^\circ C]{\text{在熔融 KF·2HF 中电解}} H_2 + F_2$$

阳极析出氟气，阴极析出 H_2。

工业上采用电解食盐水制取氯气。除氟气之外，其他卤素单质的制备，可用氧化剂与氢卤酸或卤化物反应制得。例如：

$$MnO_2 + 4HCl(\text{浓}) \longrightarrow MnCl_2 + Cl_2\uparrow + 2H_2O$$

$$2KClO_3 + 12HCl \longrightarrow 2KCl + 6Cl_2\uparrow + 6H_2O$$

$$2KI + Br_2 \longrightarrow I_2 + 2KBr$$

11.12.3 卤化氢和卤化物

卤化氢均为无色气体，具有刺激性臭味。它们的熔点、沸点，除 HF 相对特别高外，按 HCl、HBr、HI 的顺序升高。HF 的熔点、沸点特别高是由于氢键的存在，分子发生了缔合所致。液态卤化氢（不含水）不导电，不显酸性。这表明它们不是离子化合物而是共价化合物。卤化氢溶于水生成 H^+ 和 X^-，其水溶液称为氢卤酸。纯的氢卤酸都是无色液体，具有挥发性。在氢卤酸中，HF 是弱酸，其余皆

是强酸。酸的强度顺序为：HF＜HCl＜HBr＜HI。氢氟酸虽是弱酸，但它能与 SiO_2 或硅酸盐反应，而其他氢卤酸则不能。

$$SiO_2 + 4HF \longrightarrow SiF_4\uparrow + 2H_2O$$

$$Na_2O \cdot CaO \cdot 6SiO_2 + 28HF \longrightarrow Na_2SiF_6 + CaSiF_6 + 4SiF_4\uparrow + 14H_2O$$

（玻璃的主要成分）

基于上述反应，氢氟酸可用于溶解各种硅酸盐、蚀刻玻璃以及制造毛玻璃。浓氢氟酸会灼伤皮肤，且难于痊愈，使用时应特别小心。

氢卤酸中的 X^- 具有还原性。但实际上 HF 不能被氧化剂所氧化，HCl 也较难被氧化，只有 HBr、HI 易被氧化：

$$2HBr + H_2SO_4(\text{浓}) \longrightarrow Br_2 + SO_2\uparrow + 2H_2O$$

$$8HI + H_2SO_4(\text{浓}) \longrightarrow 4I_2 + H_2S\uparrow + 4H_2O$$

即使是在空气中 HI 也易被 O_2 所氧化：

$$4HI + O_2 \longrightarrow 2I_2 + 2H_2O$$

氢碘酸溶液放置一段时间后会慢慢变黄就是因为析出碘之故。

卤化氢的制备，除 HCl 可用 H_2 和 Cl_2 直接合成外，其余的均可用卤化物制取相应的卤化氢。例如：

$$CaF_2 + H_2SO_4(\text{浓}) \xrightarrow{\triangle} CaSO_4 + 2HF\uparrow$$

$$NaCl + H_2SO_4(\text{浓}) \xrightarrow{\triangle} NaHSO_4 + HCl\uparrow$$

$$NaBr + H_3PO_4 \xrightarrow{\triangle} NaH_2PO_4 + HBr\uparrow$$

$$NaI + H_3PO_4 \xrightarrow{\triangle} NaH_2PO_4 + HI\uparrow$$

上述反应使用的酸都是难挥发酸 H_2SO_4、H_3PO_4。因浓硫酸具有氧化性，所以制备 HBr、HI 不用浓 H_2SO_4 而用 H_3PO_4。

此外 HBr、HI 还可用相应的 PX_3 水解而制得：

$$PX_3 + 3H_2O \longrightarrow H_3PO_3 + 3HX\uparrow$$

实际上并不一定要先制成 PX_3。如把溴滴加在磷与少许水中，或把水滴加在磷和碘的混合物中，均可产生 HBr 和 HI：

$$2P + 3Br_2 + 6H_2O \longrightarrow 2H_3PO_3 + 6HBr\uparrow$$

$$2P + 3I_2 + 6H_2O \longrightarrow 2H_3PO_3 + 6HI\uparrow$$

大多数金属卤化物溶于水，但 AgX（X＝Cl、Br、I^-）、PbX_2、Hg_2X_2、CuX 则难溶于水。大部分非金属卤化物遇水发生完全水解。例如：

$$PCl_5 + 4H_2O \longrightarrow H_3PO_4 + 5HCl$$

$$SiCl_4 + 3H_2O \longrightarrow H_2SiO_3 + 4HCl$$

但 NCl_3 水解比较特殊：

$$NCl_3 + 3H_2O \rightleftharpoons NH_3 + 3HClO$$

11.12.4 卤素含氧酸及其盐

氟的电负性最大，不能形成含氧酸，其他卤素均可形成下述通式的含氧酸：

分子式	HXO	HXO_2	HXO_3	HXO_4（H_5IO_6）
	次卤酸	亚卤酸	卤酸	高卤酸

结构式

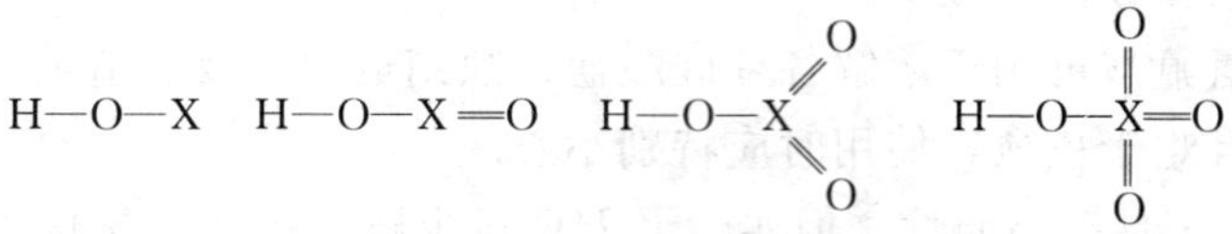

它们的酸性变化规律，以氯的含氧酸为例，随着氯的氧化态升高，酸性增强。次氯酸和亚氯酸属弱酸，氯酸和高氯酸属强酸。关于含氧酸的酸性强弱，有一种见解：认为含氧酸的通式可以写成 $(HO)_mRO_n$，如果成酸元素 R 相同，则 n 值越大，R 的正电性越高，H—O 键的极性就越大，因而在水分子的作用下，也就越易解离出 H^+，即酸性越强（见表 11-4）。

表 11-4　含氧酸 $(HO)_mRO_n$ 中 n 的数目与 $pK_a^\ominus$ 值的关系

n 的数目	$n=0$ $(HO)_mR$	$n=1$ $(HO)_mRO$	$n=2$ $(HO)_mRO_2$	$n=3$ $(HO)_mRO_3$
含氧酸的 $pK_a^\ominus$	$(HO)Cl$ 7.2	$(HO)ClO$ 2.0	$(HO)ClO_2$ −1	$(HO)ClO_3$(−7)①
	$(HO)Br$ 8.7			
	$(HO)I$ 10.0	$(HO)_5IO$ 1.6	$(HO)IO_2$ 0.8	
		(HO_2SO) 1.9	$(HO)_2SO_2$(−3)	
		$(HO)_2SeO$ 2.6	$(HO)_2SeO_2$(−3)	
	$(HO)_6Te$ 8.8	$(HO)_2TeO$ 2.7		
		$(HO)NO$ 3.3	$(HO)NO_2$(−1.4)	
		$(HO)_3PO$ 2.1		
	$(HO)_3As$ 9.2	$(HO)_2HPO$ 1.8		
	$(HO)_3Sb$ 11.0	$(HO)_3AsO$ 2.3		
		$(HO)_2CO$ 3.9		
	$(HO)_3B$ 9.2			
$pK_a^\ominus$ 大致平均值	9.16	2.42	−1.52	—

① 括号内是估计数据，$HClO_4$ 属最强酸，其 pK_a 没有定值。

卤素氧化态相同的含氧酸，随着卤素原子序数增大而酸性变弱。这是因为成酸的卤素原子半径随原子序数增大而增大，X 的正电性减弱，H—O 键极性减小，所以酸性减弱。

氯的含氧酸都是强氧化剂，但其氧化性随氯的氧化态增高而有减弱的趋势（亚氯酸不规则），这可从它们的标准电极电势得到说明。

$$HClO + H^+ + 2e \longrightarrow Cl^- + H_2O \qquad E_A^\ominus = 1.482V$$

$$HClO_2 + 3H^+ + 4e \longrightarrow Cl^- + 2H_2O \qquad E_A^\ominus = 1.570V$$

$$ClO_3^- + 6H^+ + 6e \longrightarrow Cl^- + 3H_2O \qquad E_A^\ominus = 1.4531V$$

$$ClO_4^- + 8H^+ + 8e \longrightarrow Cl^- + 4H_2O \qquad E_A^\ominus = 1.389V$$

在碱性溶液中，氯的含氧酸盐还原为 Cl^- 的标准电极电势分别为：

$$ClO^- + H_2O + 2e \longrightarrow Cl^- + 2OH^- \qquad E_B^\ominus = 0.841V$$

$$ClO_2^- + 2H_2O + 4e \longrightarrow Cl^- + 4OH^- \qquad E_B^\ominus = 0.76V$$

$$ClO_3^- + 3H_2O + 6e \longrightarrow Cl^- + 6OH^- \qquad E_B^\ominus = 0.62V$$

$$ClO_4^- + 4H_2O + 8e \longrightarrow Cl^- + 8OH^- \qquad E_B^\ominus = 0.56V$$

电极电势值随氯的氧化态升高而减小，说明氯的含氧酸盐在碱性介质中的氧化性，随氯的氧化态升高而减弱。

氯的含氧酸作氧化剂的氧化还原反应，有人曾应用 ^{18}O 标记的 HClO 与 NO_2^- 反应，结果 ^{18}O 连接在生成物 NO_3^- 上：

$$NO_2^- + H^{18}OCl \longrightarrow H^+ + [NO_2^{18}O]^- + Cl^-$$

这说明其反应机理是中心原子 Cl—O 键断裂并与还原剂结合（即 N—O 新键的生成）的过程。由于氯的含氧酸的还原产物均为 Cl^- 和 H_2O，故氧化性强弱主要决定于 Cl—O 键的断裂难易。表 11-5 列出了各种含氧酸根中 Cl—O 键的键能和键长的数据，足以说明 ClO^-、ClO_3^-、ClO_4^- 中，Cl—O 键的断裂依此顺序由易到难，这就是氧化性 $ClO^- > ClO_3^- > ClO_4^-$ 的主要原因。其次是随着氯的氧化态升高，中心氯原子的半径变小，结合的 O 原子数增多，因而中心氯原子被 O 原子屏蔽，不利于接受电子。

表 11-5 氯的含氧酸根中 Cl—O 键的键长和键能

项目	ClO^-	ClO_3^-	ClO_4^-
Cl—O 键长/pm	170	157	145
Cl—O 键能/kJ·mol^{-1}	209	244	364

11.12.4.1 次氯酸及其盐

由于 HClO 酸性弱于 H_2CO_3，故制备 HClO 是通氯气于 $CaCO_3$ 的悬浮液中而得：

$$CaCO_3 + 2Cl_2 + H_2O \longrightarrow 2HClO + CaCl_2 + CO_2$$

次氯酸对热很不稳定，易分解为 HCl 和 O_2，仅在稀溶液中存在。光能加速 HClO 分解，产生原子状态的氧具有强烈的氧化、漂白和杀菌的能力。HClO 受热会发生歧化反应：

$$3HClO \xrightarrow{\triangle} 2HCl + HClO_3$$

将 Cl_2 溶解在碱溶液中，可以生成次氯酸钠：

$$Cl_2 + 2NaOH \longrightarrow NaCl + NaClO + H_2O$$

次氯酸钠在溶液中倾向于歧化：

$$3NaClO \longrightarrow 2NaCl + NaClO_3$$

这种歧化反应，在常温下反应速率很慢，但在 75℃以下则进行得很快。这是工业上制造氯酸盐的反应。

11.12.4.2 氯酸及其盐

氯酸是强酸又是强氧化剂。通 Cl_2 于热水中，即有氯酸生成：

$$3Cl_2 + 3H_2O \xrightarrow{\triangle} 5HCl + HClO_3$$

通 Cl_2 于热的 KOH 溶液中生成 $KClO_3$：

$$3Cl_2 + 6KOH \xrightarrow{\triangle} 5KCl + KClO_3 + 3H_2O$$

由上述反应式可知，每生成 1mol $KClO_3$，同时生成 5mol KCl，致使大部分 KOH 原料未能生成 $KClO_3$，这是不经济的。因此，工业中首先在 75℃时，通 Cl_2 于价廉的石灰乳中，先制得 $Ca(ClO_3)_2$，再在溶液中加入 KCl，发生复分解反应，冷却至 15～20℃即析出 $KClO_3$ 结晶。

$$6Cl_2 + 6Ca(OH)_2 \xrightarrow{\triangle} 5CaCl_2 + Ca(ClO_3)_2 + 6H_2O$$

$$Ca(ClO_3)_2 + 2KCl \longrightarrow 2KClO_3 + CaCl_2$$

此外，电解 NaCl 热溶液产生的 $NaClO_3$ 与 K_2CO_3 反应也可制得 $KClO_3$。

$$2NaClO_3 + K_2CO_3 \longrightarrow 2KClO_3 + Na_2CO_3$$

上述反应能够进行，是由于 $KClO_3$ 溶解度较小的缘故。由于 $NaClO_3$ 具有潮解性，不适于制造火药和焰火。$KClO_3$ 不潮解，为强氧化剂，若与易燃物质如硫、磷、炭等混合，受到撞击就会发生爆炸，故用于制造炸药、火柴以及烟火。

11.12.4.3 高氯酸及其盐

高氯酸是最强酸之一，也是一种强氧化剂。当它与有机物接触时会因剧烈氧化而燃烧，甚至产生爆鸣声。无水高氯酸有时也会爆炸，可用作高能燃料的氧化剂。高氯酸和皮肤接触会感到剧烈的刺痛而被灼伤。

高氯酸钾难溶于水，而高氯酸钠则易溶于水，借此性质可以用来实现钠和钾的分离和检验出钾离子。高氯酸镁具有很强的吸水性，用作高效干燥剂。

思考题 11.17 能否用玻璃容器盛装氢氟酸？为什么？写出相关的反应方程式。

思考题 11.18 为什么不能用浓硫酸与 NaBr（或 KI）反应制备 HBr（或 HI）？

思考题 11.19 比较下列各组物质性质的强弱：

$HClO_3$ 和 $HClO_4$ 的酸性　　　　HF、HCl、HBr 和 HI 的还原性

$HClO_3$ 和 $HClO_4$ 的氧化性　　　HF、HCl、HBr 和 HI 的酸性

11.13 拟卤素

某些原子团，在自相结合成分子时，具有与卤素单质相似的性质；在成为阴离子时，也具有与卤素阴离子相似的性质。称这些原子团为拟卤素。拟卤素与卤素性

质的相似性见表 11-6。

表 11-6 拟卤素与卤素性质的相似性

拟卤素以两个原子团结合成原子团分子	拟卤素的氢化物,溶于水而成一元酸	拟卤素与金属结合成盐
$(CN)_2$ 氰 $(OCN)_2$ 氧氰 $(SCN)_2$ 硫氰	HCN 氰化氢、氢氰酸 HOCN 氰酸 HSCN 硫氰酸	NaCN 氰化钠 NaOCN 氰酸钠 NaSCN 硫氰酸钠
卤素单质 X_2	卤化氢 HX	卤化物 NaCl

拟卤素和卤素有类似的化学反应，例如：

$$Cl_2+2OH^- \longrightarrow Cl^- + ClO^- + H_2O$$

$$(CN)_2+2OH^- \longrightarrow CN^- + OCN^- + H_2O$$

拟卤素离子和卤离子相似，具有还原性，例如：

$$4H^+ + 2Cl^- + MnO_2 \longrightarrow Mn^{2+} + Cl_2 + 2H_2O$$

$$4H^+ + 2SCN^- + MnO_2 \longrightarrow Mn^{2+} + (SCN)_2 + 2H_2O$$

拟卤素和卤离子的还原性的顺序为：

$$I^- > SCN^- > CN^- > Br^- > Cl^- > OCN^- > F^-$$

氰是无色、有苦杏仁味的可燃性气体。氰化氢是带有苦杏仁味、有挥发性的液体（沸点 25.7℃），其水溶液为氢氰酸，是极弱的酸。最重要的氰化物有氰化钾和氰化钠。它们均溶于水，在工业上用于从矿石中提取金和银、电镀、钢的热处理、医药、农药和有机合成。

所有含氰物均是剧毒品，毫克剂量的氰化物就足以使人致命。含 CN^- 废水，可用漂白粉处理，变为无毒废水。其反应为：

$$4CN^- + 10OCl^- + 2H_2O \longrightarrow 10Cl^- + 2N_2\uparrow + 4HCO_3^-$$

硫氰为黄色液体，性质类似溴和碘。硫氰化氢的结构式为 H—S—C≡N，它的异构体 H—N═C═S 称作异硫氰酸。硫氰酸钾是由氰化钾与硫共熔制得：

$$KCN+S \xrightarrow{\triangle} KSCN$$

KSCN 是检验 Fe^{3+} 的灵敏试剂，在酸性溶液中它与 Fe^{3+} 生成血红色的化合物。

思考题 11.20 如何处理含有 CN^- 的废水？写出反应方程式。

11.14 稀有气体

稀有气体包括氦、氖、氩、氪、氙和氡。它们位于周期表最右边，属 18（ⅧA）族，又称为氦族元素。自 1868 年发现第一个稀有气体 He 至 1900 年发现 Rn 经历了 33 年，此后很长一段时间，未发现和合成出稀有气体化合物。因此，历史上曾一度称它们为惰性气体，定为零族元素。1962 年巴特利特（N. Bartlett）报道合成了第一个稀有气体化合物 $XePtF_6$，突破了稀有气体“惰性”的概念。迄今已合成了数以百计的稀有气体化合物，那种认为它们的原子价为零的说法已不符合事实。稀有气体原子的电子层结构，对化学键理论的建立起着重要的作用，而今稀有气体化合物的出现又动摇了最外电子层“八隅体”为绝对稳定结构的基石。正确认识稀有气体化合物的结构，必将推动化学键理论进一步发展。

稀有气体原子最外电子层均为 ns^2np^6 构型（He 除外）。这种“八隅体”的结构，使得它们既不容易获得电子，也不容易失去电子，表现出化学上的不活泼性。它们在自然界中均以单原子分子形式存在。

稀有气体的熔点和沸点都很低，且在族中自上而下递增。这是它们原子之间只存在弱的色散力，且自上而下色散力依次增强的结果。与同周期元素相比，稀有气体原子半径很大。这是因为稀有气体的晶体属于分子晶体，它们的半径是指范德华半径，分子晶体中原子之间没有紧密接触。

稀有气体有很多特殊的用途。氦是除氢之外最轻的气体，不能燃烧，使用安全，常用来代替氢气填充高空气球和飞船。氦的沸点（－268.9℃）是已知物质中最低的，可应用于超低温技术领域及超导的研究。氦在人体血液中的溶解度比氮气小。用氦气代替氮气，配成体积分数为 He 80％、O_2 20％的混合气体供潜水员在深水作业时呼吸之用，可避免“潜水病”。氦气还广泛用作保护性气体，用于焊接金属和保藏食品。

电流通过充氖的灯管发出红光，通过充氩的灯管发蓝光。因此氖灯、氩灯可用作霓虹灯、灯塔和信号灯。氩气也常用作保护性气体，用于硅和锗单晶的生长过程和焊接金属。

氙有极高的发光强度，可用于填充光电管和闪光灯。氙灯有“小太阳”之称。

氡在医学上用于恶性肿瘤的放疗。但人若吸进含有氡的粉尘，可能引起肺癌，缩短寿命。氡是普遍存在于泥土中的镭的衰变天然产物。氡可以穿过裂缝、接缝、混凝土板和通过管道进入千家万户，尤其是地下室里氡的含量更高。在美国，科学家们估计，每年有 2000～40000 人死于与氡有关的肺癌。随着现代化“密封”房屋的增多，氡也就成为危害人类健康的一员。为此，必须加强室内通风，以防氡越积越多，造成危害。

迄今合成的稀有气体化合物，仅限于稀有气体中电离势较小、原子半径较大的 Kr、Xe、Rn，其中主要是氙的氟化物和含氧化物。

将氙和氟气放在一只密闭的镍容器内，加热至 400℃，氙和氟便发生反应，产物决定于氙和氟气的配比：

$$Xe + F_2 \xrightarrow{2:1\ 混合} XeF_2$$
$$Xe + F_2 \xrightarrow{1:5\ 混合} XeF_4$$
$$Xe + F_2 \xrightarrow{1:20\ 混合} XeF_6$$

XeF_2、XeF_4 和 XeF_6 都是无色的固体共价化合物，其熔点依 XeF_2(129℃)、XeF_4(114℃) 和 XeF_6(49.6℃) 顺序降低。它们都是极强的氧化剂和氟化剂，例如，将氯离子氧化为氯：

$$2HCl + XeF_2 \longrightarrow 2HF + Xe + Cl_2$$

将苯氟化为氟苯：

$$C_6H_6 + XeF_2 \longrightarrow Xe + C_6H_5F + HF$$

氙的氟化物如同其他非金属卤化物一样，可以水解。其水解激烈程度随 Xe 的氧化态升高而剧增，水解产物也比较复杂：

$$XeF_2 + H_2O \xrightarrow{\text{缓慢}} Xe + 2HF + \frac{1}{2}O_2$$

$$3XeF_4 + 6H_2O \xrightarrow{\text{激烈}} 2Xe + XeO_3 + 12HF + \frac{3}{2}O_2$$

$$XeF_6 + 3H_2O \xrightarrow{\text{激烈}} XeO_3 + 6HF$$

XeF_6 和 $Ba(OH)_2$ 反应，可产生高氙酸钡：

$$4XeF_6 + 18Ba(OH)_2 \longrightarrow 3Ba_2XeO_6 + Xe + 12BaF_2 + 18H_2O$$

XeO_6^{4-} 是很强的氧化剂，其氧化性比 MnO_4^-、F_2 还强。Ba_2XeO_6 和无水 H_2SO_4 反应，生成 XeO_4：

$$Ba_2XeO_6 + 2H_2SO_4 \longrightarrow 2BaSO_4 + XeO_4 + 2H_2O$$

在通常情况下，XeO_4 是气体，它会慢慢地分解成 Xe、XeO_3 和 O_2。固体 XeO_4 在低温下有爆炸性，其爆炸后无固体残余物。因此，它用作炸药极为引人注目。

*11.15 大气污染及其防治

人类生存的环境主要包括大气层、水层、地壳和生物圈四大环境要素。大气层是指地壳上方 100km 厚的空间。在该空间中存在着空气（大气）。表 11-7 列出了洁净、干燥大气中各组分气体的体积分数。

表 11-7 洁净、干燥大气中各组分气体的体积分数（φ_B）

气 体	$\varphi_B/10^{-6}$	气 体	$\varphi_B/10^{-6}$	气 体	$\varphi_B/10^{-6}$
N_2	78.09×10^4	CH_4	1.4	O_3	0.025
O_2	20.94×10^4	Kr	1.14	NO_2	0.001
Ar	93×10^2	H_2	0.5	NO	0.006
CO_2	3.3×10^2	N_2O	0.25	SO_2	0.002
Ne	18.18	CO	0.1	H_2S	0.002
He	5.24	Xe	0.08	NH_3	0.006

在距海平面一定高度范围内，大气的主要组分如 N_2、O_2、Ar（氩）气体的含量相对恒定。一些微量组分如 CO_2，痕量组分如 Ne、He、CH_4、NO_x 等气体，它

们的含量则随地区的不同而略有变化。

人类及其他生物体生活在大气的下层。外层空间辐射的大部分宇宙射线，及太阳发射的高能电磁辐射均为大气所吸收，从而保护着包括人类在内的一切生物免受高能辐射的危害。大气提供生命必需的 O_2 及植物呼吸所需的 CO_2。在巨大的太阳能作用下，水从海洋转移到陆地。在这一过程中，大气起着冷凝介质的作用。因此，洁净的大气是生物体生存的必要条件。但是，随着人口的增长，人类频繁的生活和生产活动，特别是近代科技的巨大进步，带来了工农业的迅速发展，结果在给人类带来幸福的同时，也产生了大量的大气污染物，大气空间成为人类主要的排污场所。当这些排入大气的污染物，超过自然界自身的净化能力时，就会造成大气污染，大气中某些成分就会超过正常值（见表 11-7）。大气污染可以是在某些地方、某局部地区，也可能是全球性的。造成大气污染的物质主要是烟尘、硫氧化物、氮氧化物、碳氧化物和碳氢化物等。严重的大气污染造成光化学烟雾、酸雨、臭氧层破坏和全球气候变暖。大气污染对人类的危害是很大的。1952 年英国伦敦，产生的伦敦型烟雾（主要是 SO_2 与粉尘一起作用产生的），死亡约四千人。1970 年日本东京出现光化学烟雾（主要是汽车排放尾气中含氮氧化物及碳氢化合物在日光作用下形成的），受害者近万人。1977 年 12 月我国某大城市，由于冬天燃煤量剧增，排放出的烟尘和二氧化硫使该城市变成了一座黑雾笼罩的城市，致使 2000 多人先后急性中毒住院治疗，45 人死亡。据我国 20 个大中城市统计：每年因大气污染患慢性气管炎的有 150 万人，有 2.3 万人死于呼吸道疾病；有 17.7 万人患心肺病，死亡 1.3 万人。

酸雨是指 pH 低于 5.6 的降水。酸雨的形成是由于人类燃烧含硫的煤炭、冶炼硫化物矿、燃烧汽油等产生的 SO_2、NO_x 排入大气，在空气中被氧化并吸收水分形成硫酸和硝酸，随着雨水一起降落到地面。20 世纪 70 年代，北美和欧洲出现世界两大酸雨区时，我国对酸雨还了解甚少。但时隔 20 多年，酸雨就已侵袭了我国大部分地区。广东、广西、四川盆地和贵州大部分地区形成了我国西南和华南酸雨区，从而成为世界三大酸雨区之一。仅西南和华南酸雨区，每年因酸雨造成的林木死亡、农业减产、金属腐蚀的经济损失就达 140 亿元。

一部科幻影片描绘了若干世纪后的世界，摩天大楼处处耸立，车流滚滚，彩光流溢，物质文明高度发达，而那时人们已经无法呼吸到无污染的清新空气，每个人都戴着氧气面罩。这虽是一部科幻影片，然而 1995 年北京、广州各大城市相继出现了“氧吧”——一种专门供人呼吸纯氧的特殊场所。漫步街头，炎炎烈日下摩托骑士戴上口罩的也不乏其人。这说明大城市的大气污染已发展到了非常严重的程度。

大气污染物的来源主要来自燃料的燃烧，交通运输工具运行时排放的废气或颗粒物和工矿企业生产过程中产生的废气或颗粒物。

随着工农业的发展，人口不断增加，能源的消耗急剧上升。当今世界能源的来源主要是固体化石燃料（煤、褐煤等）、液体燃料（石油及其加工产品、液态天然气）及气体燃料。由于这些燃料除主要组分碳、氢、氧外还含有少量硫、氮等元素。当它们燃烧时，除了产生大量二氧化碳和水蒸气外，还有 SO_2 和 NO_x 排入大气。此时，如果燃烧不完全，还可产生大量 CO 和烟（主要成分是碳）以及燃烧后的极细的煤灰也可随烟气排入大气，造成大气污染。表 11-8 列出了燃料燃烧时产生 SO_2 和 NO_x 的估算量。

表 11-8 燃料燃烧时产生 SO_2 和 NO_x 的估计量

燃料	SO_2	NO_x
煤	$18kg/10^3kg$	$4\sim10kg/10^3kg$
天然气	$0.4kg/10^6m^3$	$1600\sim3200kg/10^6m^3$
原油	$20kg/m^3$	$1.5\sim8.6kg/m^3$

工矿企业排放的废气是大气污染物的另一重要来源。由于工矿企业种类繁多，排放的污染物种类也各不相同，这里不再一一列举。

防止大气污染最重要是减少和避免污染物的产生。例如，为了减少燃料燃烧时产生的污染物，可考虑将煤在使用之前进行水洗和脱硫；对加工的石油产品进行脱硫、脱氮处理。寻找新的能源代替燃料能源，一种名为 RAV4L 电动汽车已在日本研制成功。它使用密封型镍氢电池代替汽油发动汽车。一次充电后可行驶 215 公里，最高时速可达 125 公里。这种汽车在行驶时不排放废气，不会造成大气污染。化工行业被认为是排污的“大户”。据有关部门对化工行业的不完全统计，1994 年我国化工行业排出废气量 5259 亿立方米（标准）。在全国 300 家重点企业中，排放工业废气的企业，化工企业排在第三位。从环保的角度来看，化工企业走“清洁化工”将是化工企业发展的重要途径。所谓清洁化工是指无“三废”排出的化工生产过程。这就要求改变原有的工艺过程和利用化工来保护环境。企业的发展不应以牺牲环境为代价。在建厂或扩建工程中应与环保装置同时设计，同时施工，同时投入使用（即“三同时”）。

对 SO_2、NO_x 污染物进行有效的治理也是行之有效的方法。如烟道中的 SO_2 气体可用活性炭吸附法除去。还可用 NaOH、Na_2SO_3、氨水、石灰乳等碱性溶液吸收去除。这些方法中有的运行费用高，有的副产物价值低，产品滞销造成“二次污染”。而用 Na_2S 溶液来吸收 SO_2，则可产生价值较高的 $Na_2S_2O_3$ 副产品。

Na_2S 溶液吸收 SO_2 的反应十分复杂，在碱性条件下，会有大量的多硫化物和少量的硫代硫酸钠及单质硫生成；pH≈9 时，溶液中有大量的硫化氢逸出；在酸性条件下，吸收液中主要有硫代硫酸钠、亚硫酸钠、硫酸钠和单质硫存在；pH＜2 时，溶液中会有大量的 SO_2 和 H_2S 逸出。吸收过程的主要反应如下：

$$3SO_2(g)+2Na_2S \longrightarrow 2Na_2S_2O_3+S$$

$$Na_2S+(x-1)S \longrightarrow Na_2S_x$$

$$Na_2S+SO_2(g)+H_2O \longrightarrow Na_2SO_3+H_2S(g)$$

$$2SO_2(g)+O_2(g)+2Na_2S \longrightarrow 2Na_2S_2O_3 \quad (氧气不足)$$
$$3O_2(g)+2Na_2S_2O_3 \longrightarrow 2Na_2SO_4+2SO_2(g) \quad (氧气充足)$$
$$O_2(g)+2Na_2SO_3 \longrightarrow 2Na_2SO_4 \quad (氧气充足)$$
$$Na_2S_2O_3 \longrightarrow Na_2SO_3+S$$

由上可见，反应产物中除有单质硫外，还有各种含硫的阴离子。华南理工大学古国榜教授等研究出了用硫化钠吸收 SO_2，一步合成产品价值较高的 $Na_2S_2O_3$ 的工艺。方法是：在硫化钠吸收液中加入阻氧剂来控制反应的氧含量，使反应在氧气不足的条件下，朝着生成硫代硫酸钠的方向进行。

$$2Na_2S+2SO_2+O_2 \longrightarrow 2Na_2S_2O_3$$

整个吸收过程为吸收-浓缩-结晶-分离-再循环的闭路循环系统，因此无废水和废渣等二次污染物产生。

烟气中的 NO_x，可利用其氧化性，采用催化还原法除去。例如，用 NH_3 作还原剂，在催化剂 $CuO\text{-}CrO_3$ 的存在下，除 NO_x 气体，转化率可达 99%：

$$6NO+4NH_3 \longrightarrow 5N_2+6H_2O$$
$$6NO_2+8NH_3 \longrightarrow 7N_2+12H_2O$$

值得注意的是，对大气进行环境保护的极为有效的措施就是植树造林。植物不仅可以调节大气中 O_2 与 CO_2 的正常含量，还对粉尘、SO_2、光化学烟雾等有不同程度的吸收，从而提高自然界自身的净化能力。

*11.16 超临界流体

气体、液体因具有流动性，统称为流体。在一定条件下，气体和液体可以相互转化。如图 11-17 所示为某纯物质的相图。图中，B 点为气、液、固三态并存的平衡点，称为三相点。C 点为气液平衡端点，称为临界点。当温度 $T>T_c$，不论施加多大压力，气体都不会被液化，所以 T_c 是气体能被液化的最高温度，称为临界温度。在临界温度下气体液化所需的最小压力称为临界压力 p_c。所谓超临界流体是指物质的温度和压力分别处在其临界温度（$T>T_c$）和临界压力（$p>p_c$）之上的一种特殊状态的流体。它兼有气态、液态两者的特点。它不但具有液体的高密度、强溶解性和高传热系数，而且具有气体的低黏度和高扩散

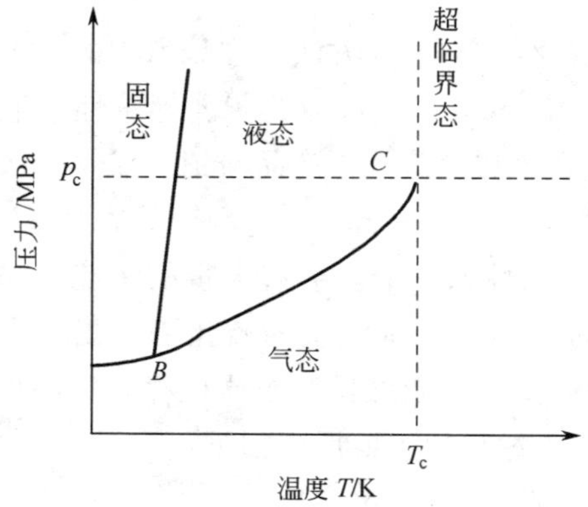

图 11-17 某纯物质的相图

系数。超临界流体内部的分子和原子处于激烈的高能量热运动状态，它能加速和促进反应物质在分子或原子水平上的化学反应和物理变化。部分物质的临界数据见表 11-9。

表 11-9 部分物质的临界数据

物 质	T_c/K	p_c/MPa	物 质	T_c/K	p_c/MPa
He	5.2	0.23	NH_3	405.6	112.7
H_2	33.0	1.29	Cl_2	417.2	7.71
N_2	126.3	3.40	C_2H_6	425.2	3.82
O_2	154.0	5.08	SO_2	430.3	7.86
CH_4	190.6	4.60	C_5H_{12}	469.7	3.38
CO_2	304.2	7.38	C_6H_6	562.2	4.90
HCl	324.6	8.27	H_2O	647.2	22.1

11.16.1 超临界 CO_2

由于 CO_2 的临界温度 $T_c=304.2$K（即摄氏温度 31.1℃）和临界压力 $p_c=7.38$MPa，比较合适，容易实现超临界状态，并且 CO_2 对人体和动、植物无害、不燃、没有腐蚀性、对环境友好、原料易得、价格便宜和处理方便的优点，是当前使用最为普遍的一种超临界流体，主要应用于热敏性物质和高沸点组分的萃取分离。例如，提取天然色素和香料、具有生物活性的生物制品的提纯、固体中有效成分的提取等方面。超临界 CO_2 可作为清洗溶剂代替挥发性有机溶剂应用于机械、电子、医药和干洗等行业的清洗。

超临界 CO_2 是一种非极性反应溶剂可代替脂溶性有机溶剂进行酶催化的酯化反应，发现所得酯的活性更高、稳定性更大，反应速率也大幅度提高，更为方便的是实现了反应-萃取一步到位。

此外，超临界 CO_2 在新材料的制备和加工方面也有应用。将物料溶解在超临界 CO_2 中制备成超临界溶液，然后在高压下通过喷嘴以极高的流速喷射进入常压空间，超临界溶液即可快速膨胀分离成气液两相，溶质在瞬间的相变激发下，形成超晶态，以微米级的超细粉末沉积下来。这种方法特别适用于热敏性、易分解、难分散、不能采用研磨粉碎的精细化工产品制备。例如，在含有乙醇的超临界 CO_2 中溶解聚合物和药物，利用上述方法，可以制出内核是药物、外面包裹聚合物的缓释微粒药剂。

11.16.2 超临界水

水是最常用的溶剂，也是进行化学反应常用的介质。水为强极性溶剂，对极性化合物有较大的溶解度，对非极性烃类有机物溶解度则很小。

水的临界温度为 374℃，临界压力为 22.1MPa。水在超临界状态下气液界面消失，成为气液合一混沌态的超临界流体。超临界水表现出很多独特的性质。表 11-10 列出了常态水、超临界水和过热水蒸气的物化性质。

表 11-10 常态水、超临界水和过热水蒸气的物化性质

物化性质	常态水 (25℃, 0.1MPa)	超临界水 (450℃, 27.6MPa)	过热水蒸气 (450℃, 1.4MPa)
密度/$kg \cdot m^{-3}$	988.0	128.0	4.2
黏度/$MPa \cdot s$	0.89	3.0×10^{-2}	2.6×10^{-5}
介电常数	78.0	1.8	1.0
H_2 溶解度/$mg \cdot L^{-1}$	—	∞	—
O_2 溶解度/$mg \cdot L^{-1}$	8	∞	∞

由表 11-10 可知，从超临界水的介电常数小，H_2、O_2 溶解度无限大的数据来看，超临界水表现出类似非极性溶剂的性质。也有实验表明，超临界水对非极性有机物的溶解能力强，而对无机盐的溶解能力却很弱。例如，在超临界温度以上，448℃，NaCl 的溶解度仅为 $100mg \cdot L^{-1}$；498℃，$CaCl_2$ 的溶解度为 $10mg \cdot L^{-1}$。另外，电解质在超临界水中的离解度也大大减小，使强电解质转变成弱电解质。

超临界水可作为溶剂代替挥发性、有毒有机溶剂的反应介质，用于有机合成；也可作为反应剂，超临界水和有机物可以互溶，可以获得高浓度的溶解氧，使超临界水的氧化力大大增强，将有害的有机物全部有效地分解转变为其成分元素的氧化物或单质气体，如 CO_2、H_2O、N_2、Cl_2 或 SO_2 等小分子。美国、日本等工业发达国家对二噁英类化合物、DDT、二氯乙烯、联苯等污染物进行了超临界水氧化实验，结果表明有毒物去除可达 99.99%，且无二次污染。

超临界水反应已涉及高效信息储备材料的制备，纳米级金属氧化物的制备，重油催化加氢脱硫，高分子材料的降解，天然纤维素的水解，葡萄糖和淀粉多糖的水解，有毒物的超临界水氧化治理等领域。但是超临界水技术的应用目前离工业化还有一段距离，其最大难题就是异常苛刻的安全要求和长期耐腐蚀、耐磨损、耐高温、耐高压的反应材质的研制。

习 题

11.1 为什么说石墨是混合型晶体？为什么石墨质地软而熔点、沸点高，这有无矛盾？

11.2 硅能与强碱反应，又能与 HF 反应，这是否说明硅具有两性？

11.3 BCl_3 和 BF_3 水解有何不同？

11.4 水晶、刚玉、红宝石、蓝宝石的化学成分是什么？

11.5 硼酸的分子式为 H_3BO_3，为什么它不是三元酸？

11.6 硅胶是否就是二氧化硅？变色硅胶的成分是什么？无水变色硅胶与其吸水之后的颜色如何变化？

11.7 完成下列反应式（必要时可自选介质配平）：

① $Si + NaOH \longrightarrow$

② $B_2H_6 + O_2 \longrightarrow$

③ $B_2H_6 + H_2O \longrightarrow$

④ $SiCl_4 + H_2O \longrightarrow$

⑤ $SiO_2 + HF \longrightarrow$

⑥ $H_3BO_3 + NaOH \xrightarrow{pH<9.6}$

⑦ $Na_2B_4O_7 + NiO \xrightarrow{共熔}$

⑧ $CaCO_3+CO_2 \longrightarrow$

⑨ $Sn+NaOH \longrightarrow$

⑩ $Mn(NO_3)_2+PbO_2 \longrightarrow$

⑪ $SnCl_2+H_2O \longrightarrow$

⑫ $SnCl_2+HgCl_2$(适量) $\longrightarrow$

⑬ $SnCl_4+Sn \longrightarrow$

⑭ $SnS_2+Na_2S \longrightarrow$

⑮ $Na_2SnS_3+HCl \longrightarrow$

⑯ $PbS+HNO_3 \longrightarrow$

11.8 如何理解铵盐热分解的规律？举例说明。

11.9 如何鉴别下列各对离子：

① NO_2^-、NO_3^-；② Sn^{2+}、Sn^{4+}

11.10 如何分离下列各组离子：

① Al^{3+}、Pb^{2+}；② Mg^{2+}、Al^{3+}、Sn^{2+}

11.11 氮的非金属性强于磷，但为什么白磷比氮气活泼？

11.12 磷酐为什么能作干燥剂？磷酐吸水和硅胶吸水有何不同？

11.13 为什么说亚磷酸 H_3PO_3 是二元酸？

11.14 完成下列反应式（必要时可自行加介质配平）。

① $NH_3+O_2 \longrightarrow$

② $N_2+O_2 \longrightarrow$

③ $NH_3+Na \xrightarrow{\triangle}$

④ $NH_4NO_3 \xrightarrow{\triangle}$

⑤ $(NH_4)_2SO_4 \xrightarrow{\triangle}$

⑥ $NH_4HCO_3 \xrightarrow{\triangle}$

⑦ $NO_2+H_2O \longrightarrow$

⑧ $HNO_3 \longrightarrow$

⑨ $Sb+HNO_3$(浓)$\longrightarrow$

⑩ $Cu+HNO_3$(稀)$\longrightarrow$

⑪ $Zn+HNO_3$(稀)$\longrightarrow$

⑫ $Au+HNO_3+HCl \longrightarrow$

⑬ $KNO_3 \xrightarrow{\triangle}$

⑭ $Mn(NO_3)_2 \xrightarrow{\triangle}$

⑮ $AgNO_3 \xrightarrow{\triangle}$

⑯ $H_2SO_4+P_4O_{10} \longrightarrow$

⑰ $H_3PO_4+Na_2CO_3 \longrightarrow$

⑱ $PCl_5+H_2O \longrightarrow$

⑲ $PCl_3+H_2O \longrightarrow$

⑳ $Sb_2S_3+O_2 \xrightarrow{\triangle}$

㉑ $AsH_3+Ag^+ \longrightarrow$

㉒ $AsCl_3+H_2O \longrightarrow$

㉓ $BiCl_3+H_2O \longrightarrow$

㉔ $Sb(NO_3)_3+H_2O \longrightarrow$

㉕ $AsCl_3+H_2S \longrightarrow$

㉖ $As_2S_3+Na_2S \longrightarrow$

㉗ $Sb_2S_5+Na_2S \longrightarrow$

㉘ $Na_3SbS_3+HCl \longrightarrow$

11.15 为什么说臭氧分子 O_3 是极性分子？

11.16 试计算 pH=0 时，在 $0.1mol \cdot L^{-1} Zn^{2+}$ 溶液中通入 H_2S 是否有 ZnS 沉淀？

11.17 试计算溶解 FeS 所需的 HCl 浓度是多少？

11.18 完成下列反应式（必要时可自行加介质平衡）：

① $PbS+H_2O_2 \longrightarrow PbSO_4$

② $KI+H_2O_2 \longrightarrow$

③ $CrO_2^-+H_2O_2 \longrightarrow$

④ $NaOH+H_2O_2 \longrightarrow$

⑤ $H_2S+I_2 \longrightarrow$

⑥ $H_2S+Cl_2 \longrightarrow$

⑦ $As_2S_3+Na_2S_2 \longrightarrow$

⑧ $FeS_2+SO_2 \longrightarrow$

⑨ $MgSO_3 + SO_2 \longrightarrow$

⑩ $Na_2SO_3 + Cl_2 \longrightarrow$

⑪ $KHSO_4 \xrightarrow{\triangle}$

⑫ $MnSO_4 + Na_2S_2O_8 \xrightarrow{Ag^+}$

⑬ $Na_2S_2O_3 + I_2 \longrightarrow$

⑭ $Na_2S_2O_3 + HCl \longrightarrow$

⑮ $KI + Br_2 \longrightarrow$

⑯ $KMnO_4 + HCl \longrightarrow$

⑰ $NaBr + H_2SO_4$(浓)$\longrightarrow$

⑱ $NaI + H_3PO_4 \longrightarrow$

⑲ $Cl_2 + KOH \xrightarrow{\triangle}$

⑳ $NaCN + NaOCl \longrightarrow$

11.19 无烟煤中含 S 0.89%，N 0.63%，试计算燃烧 10^3 kg 无烟煤产生多少 SO_2 和 NO_x（以 NO_2 计）废气？（计算时不包括高温时由空气中 N_2 产生的 NO_x）

12 配位化合物

配位化合物简称配合物。它是无机化合物中的一大类。

当在硫酸铜溶液中加入过量氨水，溶液会变为深蓝色。从该溶液中可以分离出化学式为 $[Cu(NH_3)_4]SO_4$ 的化合物。亦即上述过程发生了如下的反应：

$$CuSO_4 + 4NH_3 \longrightarrow [Cu(NH_3)_4]SO_4$$

$[Cu(NH_3)_4]SO_4$ 就是一种配合物。

仔细观察和分析上述这种配合物，会发现它是由化合价已经饱和的 $CuSO_4$ 分子与 NH_3 分子结合而成的。在早期，人们对这种由化合价已饱和的分子结合而成的化合物的结合力（化学键）及结构并不清楚，曾称它为络合物，即复杂化合物的意思。

随着科学的发展，人们对配合物的认识不断深入，尤其是进入 20 世纪 50 年代以来，由于原子能、半导体、火箭等尖端工业生产中稀有金属的分离技术、新材料的制取及分析化学、配位催化、有机金属化合物以及生物无机化学等方面的实际需要的推动，配合物化学的发展极为迅速，内容十分丰富。现在，配位化合物或配合物化学几乎渗透到化学学科的各个分支。因此，配合物化学的研究在整个化学领域具有极为重要的实际和理论意义。它本身已从无机化学学科中发展成为一门独立的学科。

本章将概括地介绍配合物的基本概念、化学键理论、稳定性及其应用。

12.1 配位化合物的基本概念

12.1.1 配合物的组成

配合物在组成上有其自身的特点。

12.1.1.1 不符合经典化合价理论

过去我们见过的许多化合物，如 HCl、H_2O、NH_3、AgCl、$CuSO_4$ 等，它们的形成都符合经典化合价理论，即这些化合物的分子中，原子间都有确定的简单整数比。如在 H_2O 分子中一个 O 原子只能与两个 H 原子结合。这些化合物称为简单化合物。

与简单化合物不同，配合物由上述简单化合物结合而成，例如：

$$CuSO_4 + 4NH_3 \longrightarrow [Cu(NH_3)_4]SO_4$$

$$AgCl + 2NH_3 \longrightarrow [Ag(NH_3)_2]Cl$$
$$CuCN + 2KCN \longrightarrow K_2[Cu(CN)_3]$$

在配合物的形成过程中，既没有电子得失而形成的离子键，也没有由两个原子相互提供单电子配对而形成的共价键。因此，配合物的形成并不符合经典化合价理论。

12.1.1.2　含有在水溶液中能够稳定存在的复杂离子

将前述配合物 $[Cu(NH_3)_4]SO_4$ 溶于水，该化合物在水中是如何解离的呢？请看下述实验现象。

将 $[Cu(NH_3)_4]SO_4$ 溶于水，得到深蓝色溶液。将该溶液分成两份：在一份中加入少量 $BaCl_2$ 溶液，有白色的 $BaSO_4$ 沉淀生成，说明溶液中有 SO_4^{2-}。在另一份中加入少量 NaOH 溶液，没有 $Cu(OH)_2$ 沉淀和 NH_3 气体产生，说明溶液中几乎不存在 Cu^{2+} 和 NH_3 分子。该实验说明，在水溶液中，$[Cu(NH_3)_4]SO_4$ 按下述方式解离：

$$[Cu(NH_3)_4]SO_4 \rightleftharpoons [Cu(NH_3)_4]^{2+} + SO_4^{2-}$$

即该配合物中含有能够稳定存在的复杂离子 $[Cu(NH_3)_4]^{2+}$。这种复杂离子称为配离子。

凡含有配离子的化合物称为配位化合物，或简称配合物。习惯上，配离子也称为配合物。

由配合物组成上的特点可知，配合物可分为两个组成部分。其中结合稳定而复杂的部分（如 $[Cu(NH_3)_4]^{2+}$）称为配位个体（又称内界）。配位个体由中心离子（如 Cu^{2+}）和配位体（如 NH_3，简称配体）结合而成。其中配体中与中心离子直接相连的原子（如 NH_3 分子中的 N 原子），称配位原子。配位原子的个数称配位数。配位个体是配合物的特征部分。在写化学式时，用方括号括起来。配位个体之外的其他离子，如 $[Cu(NH_3)_4]SO_4$ 中的 SO_4^{2-}、$K_4[HgI_4]$ 中的 K^+，它们距中心离子较远，构成配合物的外界，写在方括号的外面。表示为：

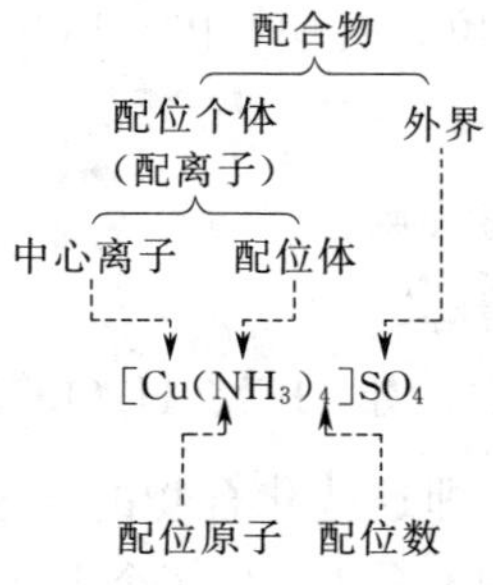

① 中心离子是配合物的形成体，它位于配位个体的中心。中心离子一般是金属离子，特别是过渡金属离子，但也有金属原子作为配合物形成体的。如 $[Ni(CO)_4]$ 和 $[Fe(CO)_5]$ 中的 Ni 和 Fe 都是电中性的原子，这类配合物没有外界。

$[Cu(NH_3)_4]SO_4$ 的结构如图 12-1 所示。

中心离子（或原子）在周期表中的位置见表 12-1。

② 配体位于中心离子周围，它可以是中性分子，如 NH_3、H_2O、CO 等，也可以是负离子，如 I^-、CN^-、OH^- 等。配体的最大特点是它的配位原子必含有孤电子对，如 $:NH_3$、$H_2\ddot{O}:$、$:\ddot{Cl}:^-$、$:C\ddot{N}^-$ 等。形成配合物时，由每个配位原子提供一孤电子对给予价层有空轨道的中心离子，形成配位键。能提供配体的化合物称为配合剂。配体的种类虽然很多，但能作为配位原子的元素主要是氮、氧、碳、硫及卤素等。只含有一个配位原子的配体称为单齿配体，如前述所提及的配体都是单齿配体。含有两个或两个以上可以与中心离子结合的配位原子的配体，则称为多齿配体，如乙二胺（$H_2\ddot{N}-CH_2-CH_2-\ddot{N}H_2$）就属于多齿配体。许多有机配体都是多齿配体。如常见的有草酸根、乙二胺四乙酸根（EDTA）、乙酰丙酮根、联吡啶等。

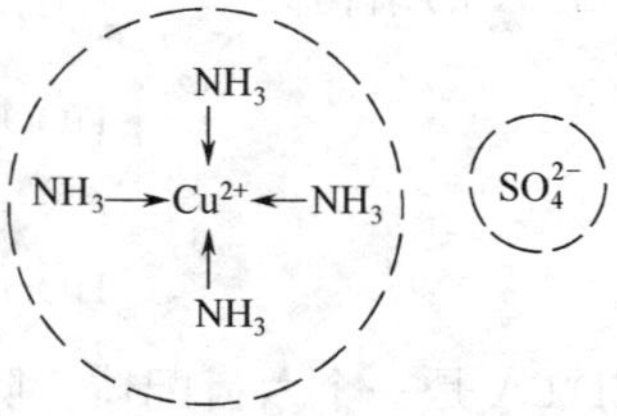

图 12-1 $[Cu(NH_3)_4]SO_4$ 结构示意图

表 12-1 中心离子（或原子）在周期表中的位置

H																
Li	Be											B	C	N	O	F
Na	Mg											Al	Si	P	S	Cl
K	Ca	Sc	Ti	V	Cr	Mn	Fe	Co	Ni	Cu	Zn	Ga	Ge	As	Se	Br
Rb	Sr	Y	Zr	Nb	Mo	Tc	Ru	Rh	Pd	Ag	Cd	In	Sn	Sb	Te	I
Cs	Ba	* Lu	Hf	Ta	W	Re	Os	Ir	Pt	Au	Hg	Tl	Pb	Bi	Po	At
Fr	Ra	** Lr														

注：﹏﹏ 以内形成稳定的非螯合物及螯合物；﹏﹏ 以外，□ 内形成稳定的螯合物；┆┆ 以内仅能生成少数螯合物。

③ 多齿配体通过两个或两个以上配位原子同时与一个中心离子配位所形成的具有环状结构的配合物，称为螯合物，其配位体又称螯合剂。如 Cu^{2+} 与乙二胺反应：

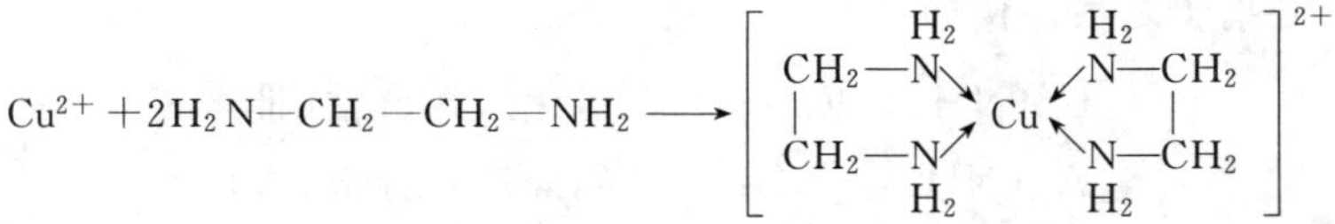

螯合物所具有的环状结构称为螯环。大多数螯合物具有五元环或六元环结构，这些螯合物具有特殊的稳定性。但一些具有四元环的螯合物不稳定，这与四元环内原子间的键角小，存在张力有关。螯合物的配位数不等于配体数，应为配体数乘以配体的齿数。

螯合物一般是有机物。最常见的螯合剂是一些胺、羧酸类的化合物。如乙二胺四乙酸及其二钠盐，是最常见的螯合剂之一，应用十分广泛。它们两者均可简写为

EDTA。在化学反应式中，通常用 H_4Y 表示其酸，而用 Na_2H_2Y 表示其二钠盐。EDTA 的结构为：

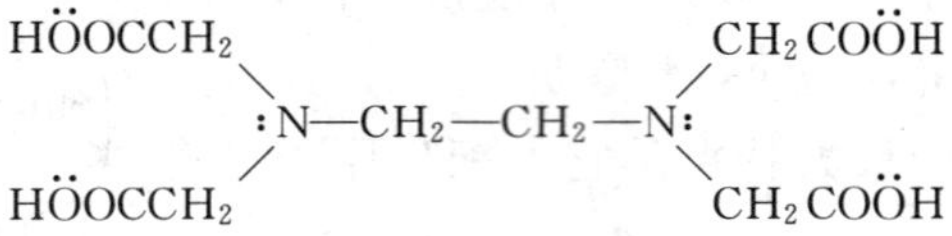

EDTA 是一个六齿配体。除 K^+、Rb^+、Cs^+ 等离子外，EDTA 可与任何金属离子螯合，所形成的螯合物大多数十分稳定，且易溶于水。正因为如此，分析化学中以配位滴定法测定金属离子含量时，常用 EDTA 作配位剂。硬水的软化中也以它来结合水中的 Ca^{2+}、Mg^{2+}。Ca^{2+} 是一个弱的配合物形成体，但它也可以与 EDTA 反应形成十分稳定的螯合物：

$$Ca^{2+} + H_4Y \rightleftharpoons CaY^{2-} + 4H^+$$

螯合离子 CaY^{2-} 是一个六配位的、含有 5 个五元环的离子。其空间结构如图 12-2 所示。

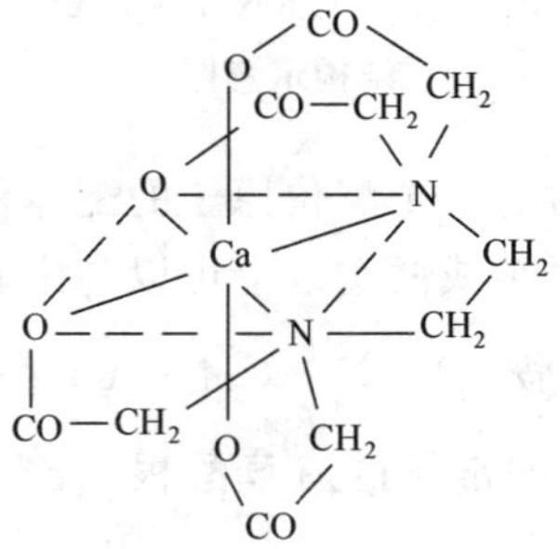

图 12-2 CaY^{2-} 的空间结构

螯合物具有特殊的性质。与具有相同配位原子的简单配合物相比，螯合物要稳定得多。此外，许多金属螯合物还具有特征颜色、难溶于水而易溶于有机溶剂等特性。后面将提到螯合物的这些特性在许多实际工作中得到了应用。

12.1.2 配合物的命名

根据“中国化学会无机化学命名原则”(1980)，现就一般配合物的命名，概括为以下几点。

12.1.2.1 配离子为阳离子的配合物

凡属于含配阳离子的配合物，无论是盐（可称为配盐）还是碱（可称为配碱），其命名次序为：外界阴离子；配体；中心离子。配体和中心离子之间加“合”字。配体个数用一、二、三、四等数字表示，中心离子的氧化态以加括号的罗马数字表示并置于中心离子之后。例如：

$[Co(NH_3)_6]Cl_3$	氯化六氨合钴(Ⅲ)
$[Ag(NH_3)_2]NO_3$	硝酸二氨合银(Ⅰ)
$[Pt(NH_3)_4](OH)_2$	氢氧化四氨合铂(Ⅱ)

12.1.2.2 配离子为阴离子的配合物

命名次序为：配体；中心离子；外界阳离子。在中心离子与外界阳离子的名称之间加一“酸”字，其余同上。例如：

$K_2[PtCl_6]$	六氯合铂(Ⅳ)酸钾
$K_3[Fe(CN)_6]$	六氰合铁(Ⅲ)酸钾

$H_2[PtCl_6]$ 六氯合铂(Ⅳ)酸

12.1.2.3 含有两种以上配体的配合物

配体的次序按先阴离子、后中性分子排列，不同的配体名称间以小圆点“·”分开。若配体同是阴离子或中性分子，则按配位原子元素符号的英文字母顺序排列。例如：

$[CoCl_2(NH_3)_4]Cl$ 氯化二氯·四氨合钴(Ⅲ)

$[Co(NH_3)_5H_2O]Cl_3$ 氯化五氨·水合钴(Ⅲ)

12.1.2.4 没有外界的配合物

命名方法与上述相同，只是没有外界而已。中心离子的氧化态为零的可不标出。例如：

$[Fe(CO)_5]$ 五羰基合铁

$[PtCl_2(NH_3)_2]$❶ 二氯·二氨合铂(Ⅱ)

12.1.2.5 配离子

配离子的命名与上述相同，只是没有外界部分的名称。例如：

$[Co(NH_3)_6]^{3+}$ 六氨合钴(Ⅲ)配离子

$[PtCl_6]^{2-}$ 六氯合铂(Ⅳ)配离子

命名中的“配”字也可省去。

在以上命名中，经常需要知道中心离子的氧化态。这可由配离子的电荷等于中心离子和配体电荷的代数和而求得。

思考题 12.1 配合物有哪些组成部分？它们之间有何关系？

思考题 12.2 下列说法是否正确：

(1) 中心离子的配位数就是配体的数目。

(2) 配离子的电荷数等于中心离子的电荷数。

(3) 只含有一个配位原子的配体称为单齿配体。

(4) 配位原子是多电子原子，常见的是C、N、S、O及卤素等非金属原子。

12.2 配位化合物中的化学键

前面我们已讨论了配合物的一些基本概念，得到了一些感性认识。更进一步的问题是：配合物中的化学键——配位键是如何形成的？其本质如何？配合物的空间结构如何？在实际当中，由同一中心离子与不同配体形成的配合物，它们的稳定性差别如何解释？它们的磁性质有时也不相同，如何解释？

现代配合物化学键理论能够很好地解释以上问题。它们主要有价键理论、晶体

❶ 某些配合物因习惯原因，不按此规定顺序写出，如把本例写成 $[Pt(NH_3)_2Cl_2]$。

场理论和分子轨道理论。这里只介绍价键理论。

我们已经知道，过渡元素最易形成配合物，而且形成的配合物最稳定。这一现象正是配合物化学键理论必须首先要解决的问题之一。过渡元素的价电子层以具有部分未填充电子的（$n-1$)d 轨道［或（$n-2$)f 轨道］和空的 ns、np、nd 轨道为特征。它们易于形成稳定的配合物显然与这一特征有着密切的关系。价键理论正是抓住了这一关键。现将价键理论的主要内容分述如下。

12.2.1 中心离子价轨道的杂化

大多数过渡金属离子如 Cu^{2+}、Fe^{3+}、Co^{2+}、Ni^{2+} 等，它们都具有部分填充的($n-1$)d 轨道和空的 ns、np 及 nd 轨道。价键理论认为：在配合物的形成过程中，当中心离子与配体接近时，在配体的作用下，中心离子空的价层轨道以一定的方式杂化。杂化后的空轨道接受来自配位原子的孤电子，形成配位共价键。

例如，Fe^{3+} 的 3d 轨道有 5 个电子，4s、4p 及 4d 轨道均是空着的。Fe^{3+} 在与 F^- 形成 FeF_6^{3-} 配离子的过程中，在配体 F^- 的作用下，4s、4p 的全部轨道与两个 4d 轨道杂化，形成 6 个等价的 sp^3d^2 杂化轨道，然后接受来自 6 个 F^- 的孤电子对，形成 6 个配位键：

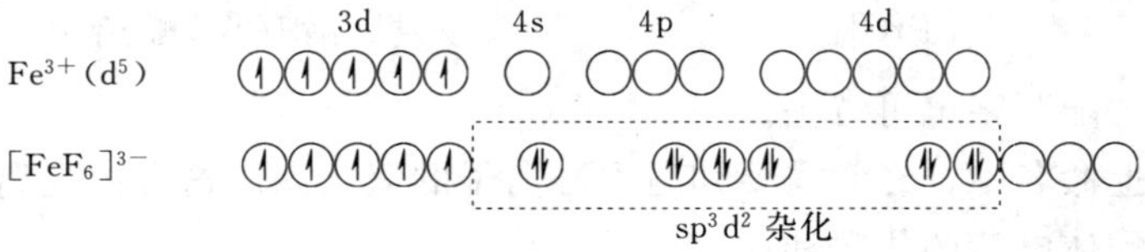

虚线内杂化轨道上的电子来自 6 个 F^-。这种中心离子以最外层 ns、np、nd 轨道杂化的杂化轨道接受配位原子的孤电子对形成的配价键称为外轨配位键。其对应的配合物称为外轨型配合物。值得注意的是，在配合物 FeF_6^{3-} 中，中心离子 Fe^{3+} 的($n-1$)d 轨道上电子排布状态没有变化，原有平行自旋（未成对）电子数保持不变。另一种情况是，中心离子的电子排布状态发生变化，如 $[Fe(CN)_6]^{3-}$ 配离子的形成：

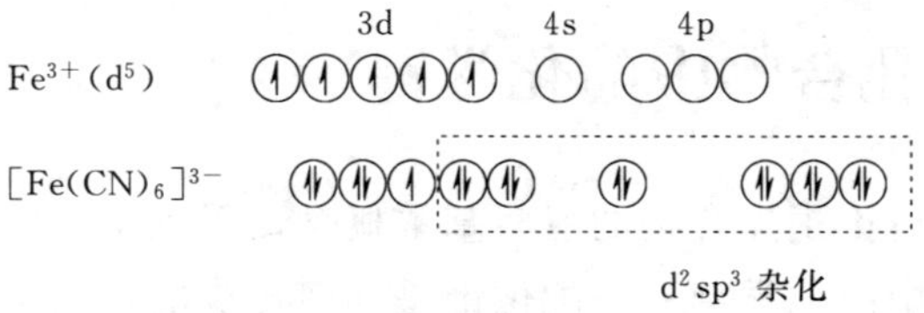

由于 CN^- 的配位作用较强，在 CN^- 的作用下，Fe^{3+} 的 3d 轨道电子发生重排，原有的 5 个平行自旋的电子排入 3 个轨道，腾出 2 个空的 3d 轨道与 4s、4p 轨道杂化，形成 6 个等价的 d^2sp^3 杂化轨道，接受来自 6 个 CN^- 的孤电子对形成配位键。这种中心离子以（$n-1$)d、ns、np 杂化形成的配价键称为内轨配位键。其对应的配合物称为内轨型配合物。由于在形成$[Fe(CN)_6]^{3-}$ 时，Fe^{3+}利用了内层的 3d 空轨道，中心离子平行自旋的电子数目减少了。

电负性大的配位原子如 F、O 等较电负性小配位原子 C，常不易给出孤电子对。因此，中心离子常以最外层轨道杂化与其形成外轨型配合物，如 $[FeF_6]^{3-}$；相反，C 原子作为配位原子时（如：CN^-）则易形成内轨型配合物如 $[Fe(CN)_6]^{3-}$。对同一种中心离子来说，内轨型配合物的稳定性大于外轨型配合物。

至此，我们可以这样认为：配体以孤电子对向中心离子空的杂化轨道配位所形成的化学键为配位键。配位键本质上属于共价键。

中心离子能形成的配位键的数目（亦即配位数）与中心离子的电子构型、电荷、半径以及配体的电荷、半径都有关系。因此，配位数不是任意的。各种中心离子都有其常见的特征配位数。例如：特征配位数为 2 的有 Ag^+、Cu^+ 等；特征配位数为 4 的有 Cu^{2+}、Zn^{2+}、Hg^{2+} 等；特征配位数为 6 的有 Fe^{2+}、Fe^{3+}、Co^{2+}、Co^{3+}、Ni^{2+} 等。

12.2.2 配合物的空间构型

早在 1891 年，现代配位理论的奠基人，瑞士的维尔纳（Werner）就指出：配位化合物具有一定的空间构型。

根据价键理论，配位键属共价键，因而具有一定的方向性和饱和性。中心离子不同的杂化形式，具有不同的空间构型。几种常见典型的杂化轨道及相应的空间构型见表 12-2。

表 12-2 常见配离子的空间构型

配位数	轨道杂化类型	空间构型	结构示意图	举 例
2	sp	直线型	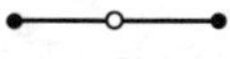	$[Ag(NH_3)_2]^+$、$[Cu(NH_3)_2]^+$、$[Cu(CN)_2]^-$
4	sp^3	四面体	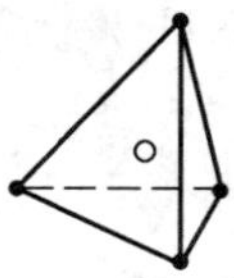	$[ZnCl_4]^{2-}$、$[FeCl_4]^-$、$[BF_4]^-$、$[Ni(NH_3)_4]^{2+}$
	$dsp^2(sp^2d)$	平面正方形	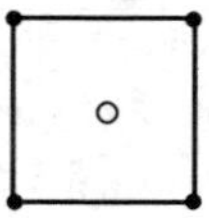	$[Pt(NH_3)_2Cl_2]$、$[Cu(NH_3)_4]^{2+}$、$[Ni(CN)_4]^{2-}$、$[PdCl_4]^{2-}$（为 sp^2d 型）
6	$d^2sp^3(sp^3d^2)$	正八面体	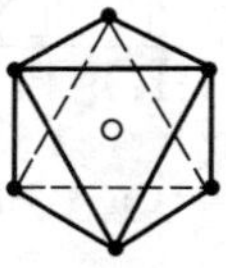	$[Fe(CN)_6]^{4-}$、$[Co(NH_3)_6]^{3+}$

思考题 12.3 试述配位键的形成。

思考题 12.4 判别内轨型与外轨型配合物的依据是什么？

12.3 配位反应

大多数无机配体（如 NH_3、F^-、Cl^-、CN^- 等）及部分有机配体（如 EDTA）的配合物在水中都有一定的溶解度。配合物的配离子和外界是以离子键结合的，与强电解质相似，溶于水中几乎完全解离为配离子和外界离子：

$$[Cu(NH_3)_4]SO_4 \longrightarrow [Cu(NH_3)_4]^{2+} + SO_4^{2-}$$

$$K_2[HgI_4] \longrightarrow 2K^+ + [HgI_4]^{2-}$$

解离出的配离子则与弱电解质相似，会发生部分解离，达成下述配位平衡：

$$[Cu(NH_3)_4]^{2+} \underset{\text{配合}}{\overset{\text{解离}}{\rightleftharpoons}} Cu^{2+} + 4NH_3$$

配离子的解离过程实际就是配位反应的逆反应。下面我们来讨论配位平衡。

12.3.1 配合物的不稳定常数和稳定常数

12.3.1.1 不稳定常数

前面曾提及，配离子在溶液中能够稳定存在。如在$[Cu(NH_3)_4]SO_4$溶液中加入少量稀 NaOH 溶液，并没有 $Cu(OH)_2$ 沉淀生成。但是，若改加 Na_2S 溶液，由于 CuS 的溶度积非常小（$K_{sp}^{\ominus}=6.3\times10^{-36}$），则能生成黑色的 CuS 沉淀。这说明 $[Cu(NH_3)_4]^{2+}$ 微弱地解离出 Cu^{2+}。

配离子在溶液中的解离是逐级进行的，以 $[Cu(NH_3)_4]^{2+}$ 为例：

第一级解离 $[Cu(NH_3)_4]^{2+} \rightleftharpoons [Cu(NH_3)_3]^{2+} + NH_3$

$$K_1^{\ominus}=\frac{[[Cu(NH_3)_3]^{2+}][NH_3]}{[[Cu(NH_3)_4]^{2+}]}$$

第二级解离 $[Cu(NH_3)_3]^{2+} \rightleftharpoons [Cu(NH_3)_2]^{2+} + NH_3$

$$K_2^{\ominus}=\frac{[[Cu(NH_3)_2]^{2+}][NH_3]}{[[Cu(NH_3)_3]^{2+}]}$$

第三级解离 $[Cu(NH_3)_2]^{2+} \rightleftharpoons [Cu(NH_3)]^{2+} + NH_3$

$$K_3^{\ominus}=\frac{[[Cu(NH_3)]^{2+}][NH_3]}{[[Cu(NH_3)_2]^{2+}]}$$

第四级解离 $[Cu(NH_3)]^{2+} \rightleftharpoons Cu^{2+} + NH_3$

$$K_4^{\ominus}=\frac{[Cu^{2+}][NH_3]}{[[Cu(NH_3)]^{2+}]}$$

将上述四级平衡式相加，得解离总平衡：

$$[Cu(NH_3)_4]^{2+} \rightleftharpoons Cu^{2+} + 4NH_3$$

根据多重平衡原则，各级解离常数的乘积为解离总平衡常数，称为不稳定常数：

$$K_1^{\ominus}K_2^{\ominus}K_3^{\ominus}K_4^{\ominus} = \frac{[Cu^{2+}][NH_3]^4}{[[Cu(NH_3)_4]^{2+}]} = K_{不稳}^{\ominus} \tag{12-1}$$

$K_1^{\ominus}$、$K_2^{\ominus}$……称为配离子的逐级不稳定常数。$K_{不稳}^{\ominus}$越大，表示配离子越易解离，即配离子越不稳定。所以，$K_{不稳}^{\ominus}$是配离子的特征常数。不同的配离子具有不同的不稳定常数。如 $[Cu(NH_3)_4]^{2+}$ 的$K_{不稳}^{\ominus}=4.79\times10^{-14}$，而$[Cd(NH_3)_4]^{2+}$ 的 $K_{不稳}^{\ominus}=7.59\times10^{-8}$，$[Zn(NH_3)_4]^{2+}$ 的 $K_{不稳}^{\ominus}=3.47\times10^{-10}$。说明这三种配离子的稳定性应该是 $[Cd(NH_3)_4]^{2+}<[Zn(NH_3)_4]^{2+}<[Cu(NH_3)_4]^{2+}$。常见配离子的不稳定常数见附录 6。

12.3.1.2 稳定常数

上面讨论的配位平衡，是以配离子的解离为正反应的。如果以形成配离子的配位反应作为正反应，则为：

$$Cu^{2+} + 4NH_3 \rightleftharpoons [Cu(NH_3)_4]^{2+}$$

相应的平衡常数称为 $K_{稳}^{\ominus}$，显然

$$K_{稳}^{\ominus} = \frac{[[Cu(NH_3)_4]^{2+}]}{[Cu^{2+}][NH_3]^4} = \frac{1}{K_{不稳}^{\ominus}} \tag{12-2}$$

配合物的稳定常数越大，说明生成配离子的倾向越大，而解离的倾向就越小，即配离子越稳定。但应指出，配位数不同的配合物，它们的 $K_{稳}^{\ominus}$（或 $K_{不稳}^{\ominus}$）表达式浓度的方次不同，不能直接用以比较它们的稳定性。

12.3.2 应用配合物不稳定常数的计算

应用配合物的稳定常数或不稳定常数都可进行一些计算。由于两者互为倒数关系，知道 $K_{稳}^{\ominus}$ 就可知 $K_{不稳}^{\ominus}$，可根据反应方程式的实际写法或计算的方便来选用。这里以不稳定常数来进行一些计算示例。

【例 12-1】 将 0.020mol·L^{-1} $CuSO_4$ 溶液和 1.08mol·L^{-1} 氨水等体积混合后，Cu^{2+} 浓度为多少？已知 $K_{不稳}^{\ominus}([Cu(NH_3)_4]^{2+})=4.8\times10^{-14}$。

解 两溶液等体积混合后，溶液的浓度为原来的 1/2。由于 NH_3 大大过量，且 $[Cu(NH_3)_4]^{2+}$ 的 $K_{不稳}^{\ominus}$ 较小故 Cu^{2+} 绝大部分转化为 $[Cu(NH_3)_4]^{2+}$，可近似认为 Cu^{2+} 全部转化为 $[Cu(NH_3)_4]^{2+}$，其浓度为：

$$0.020\text{mol}\cdot\text{L}^{-1}\times\left(\frac{1}{2}\right)=0.010\text{mol}\cdot\text{L}^{-1}$$

过量 NH_3 的浓度为：

$$1.08\text{mol}\cdot\text{L}^{-1}\times\left(\frac{1}{2}\right)-0.010\text{mol}\cdot\text{L}^{-1}\times4=0.50\text{mol}\cdot\text{L}^{-1}$$

然后考虑 $[Cu(NH_3)_4]^{2+}$ 的解离：

$$[Cu(NH_3)_4]^{2+} \rightleftharpoons Cu^{2+} + 4NH_3$$

设平衡时浓度/(mol·L^{-1})　　0.010$-x$　　　y　　0.50$+z$

因 $[Cu(NH_3)_4]^{2+}$ 分步解离，故 $x \neq y$，$z \neq 4y$，但由于解离很少，故可近似认为：

$$c([Cu(NH_3)_4]^{2+}) = 0.010 mol \cdot L^{-1} - x mol \cdot L^{-1} \approx 0.010 mol \cdot L^{-1},$$

$$即[[Cu(NH_3)_4]^{2+}] = 0.010$$

$$c(NH_3) = 0.50 mol \cdot L^{-1} + z mol \cdot L^{-1} \approx 0.50 mol \cdot L^{-1}，即[NH_3] = 0.50$$

$$K^{\ominus}_{不稳} = \frac{[Cu^{2+}][NH_3]^4}{[[Cu(NH_3)_4]^{2+}]} = \frac{y(0.50)^4}{0.010} = 4.8 \times 10^{-14}$$

解得　$[Cu^{2+}] = 7.7 \times 10^{-15}$，即 $c(Cu^{2+}) = 7.7 \times 10^{-15} mol \cdot L^{-1}$

【例 12-2】 在 1L 上例的溶液中加 0.0010mol NaOH，有无 $Cu(OH)_2$ 沉淀生成？若用 0.001mol Na_2S 代替 NaOH，有无 CuS 沉淀生成？

解　查得 $K^{\ominus}_{sp}(Cu(OH)_2) = 2.2 \times 10^{-20}$，$K^{\ominus}_{sp}(CuS) = 6.3 \times 10^{-36}$

加入 NaOH 后，$c(OH^-) = 0.0010 mol \cdot L^{-1}$，已知 $c(Cu^{2+}) = 7.7 \times 10^{-15} mol \cdot L^{-1}$，它们的离子积 $Q_i = 7.7 \times 10^{-15} \times (10^{-3})^2 = 7.7 \times 10^{-21} < K^{\ominus}_{sp}(Cu(OH)_2)$，故无 $Cu(OH)_2$ 沉淀产生。

当加入 Na_2S 后，若不考虑 S^{2-} 水解，则 $c(S^{2-}) = 0.0010 mol \cdot L^{-1}$。离子积 $Q_i = 7.7 \times 10^{-15} \times 10^{-3} = 7.7 \times 10^{-18} > K^{\ominus}_{sp}(CuS)$。故此时有 CuS 沉淀产生。

若考虑 S^{2-} 水解，易求得 $c(S^{2-}) \approx 9.1 \times 10^{-4} mol \cdot L^{-1}$，仍有 CuS 沉淀产生。

【例 12-3】 用 1L NH_3 溶液溶解 0.1mol AgCl 固体，若要使 AgCl 全部溶解，该 NH_3 水的浓度应为多少？

解　0.1mol 的 AgCl 全部溶解，会生成 0.1mol 的 $[Ag(NH_3)_2]^+$ 和 0.1mol 的 Cl^-。设 AgCl 刚好全部溶解时 $c(NH_3) = x$ mol·L^{-1}。总反应式及平衡浓度为：

$$AgCl(s) + 2NH_3 \rightleftharpoons [Ag(NH_3)_2]^+ + Cl^-$$

平衡浓度/mol·L^{-1}　　x　　　0.1　　　0.1

该反应的平衡常数为：

$$K^{\ominus} = \frac{[[Ag(NH_3)_2]^+][Cl^-]}{[NH_3]^2} = \frac{[[Ag(NH_3)_2]^+][Cl^-]}{[NH_3]^2} \times \frac{[Ag^+]}{[Ag^+]}$$

$$= \frac{K^{\ominus}_{sp}(AgCl)}{K^{\ominus}_{不稳}([Ag(NH_3)_2]^+)}$$

$K^{\ominus}_{sp}(AgCl) = 1.77 \times 10^{-10}$，$K^{\ominus}_{不稳}([Ag(NH_3)_2]^+) = 8.91 \times 10^{-8}$，代入上式得

$$K^{\ominus} = \frac{1.77 \times 10^{-10}}{8.91 \times 10^{-8}} = 1.99 \times 10^{-3}$$

即

$$\frac{[[Ag(NH_3)_2]^+][Cl^-]}{[NH_3]^2}=\frac{0.1\times0.1}{[NH_3]^2}=1.99\times10^{-3}$$

解得 $[NH_3]=2.2$，即 $c(NH_3)=2.2mol\cdot L^{-1}$
由于与 0.1mol AgCl 完全反应需 0.2mol NH_3，所以开始时 NH_3 的浓度应为 $2.4mol\cdot L^{-1}$（0.2+2.2=2.4）。

此题还可先由沉淀-溶解平衡求取 AgCl 完全溶解时的 $[Ag^+]$，再将该 $[Ag^+]$ 代入配位平衡式中求取 $[NH_3]$。读者可自行求解。

含有金属离子的电对的电极电势会因配合剂的存在而发生改变。如 $(Hg^{2+}/Hg)=+0.85V$。加入 CN^- 使 Hg^{2+} 形成 $[Hg(CN)_4]^{2-}$，Hg^{2+} 的浓度不断减小，直到 Hg^{2+} 全部配合。从 Hg^{2+} 与 Hg 之间的电极反应转变为 $[Hg(CN)_4]^{2-}$ 与 Hg 之间的电极反应。后者的标准电极电势（所有物质的浓度均为 $1mol\cdot L^{-1}$）下降为 −0.37V，下降了 1.22V。

$$Hg^{2+}+2e\longrightarrow Hg \qquad E^\ominus=+0.851V$$

$$[Hg(CN)_4]^{2-}+2e\longrightarrow Hg+4CN^- \qquad E^\ominus=-0.37V$$

由此可见，金属离子形成的配离子越稳定，其 E 值便变得更负，金属离子就越不易被还原。例如，在 $[HgCl_4]^{2-}$ 溶液中投入铜片，铜片上马上会镀上一层汞，而在 $[Hg(CN)_4]^{2-}$ 溶液中就不会发生这种现象，这是因为 $K^\ominus_{稳}([Hg(CN)_4]^{2-})>K^\ominus_{稳}([HgCl_4]^{2-})$。显然，配离子电对的电极电势与配位平衡密切相关。请看下面的实例。

12.3.3 配位反应

中心离子与配体反应生成配合物的反应，就属于配位反应。此外，配离子本身与另一种配体之间进行反应，如加合反应、取代反应等，也属于配位反应。以下简要介绍。

12.3.3.1 加合反应

配离子可与另一种配体结合，生成含两种配体的三元配合物（也称混配配合物）的反应称为配离子的加合反应。如铜的乙酰丙酮根（缩写为 acac）配合物与乙二胺（缩写为 en）的加合反应：

$$[Cu(acac)_2]+en\longrightarrow[Cu(acac)_2en]$$

三元配合物一般比相应的二元配合物更为稳定，颜色加深，而且在有机溶剂中有更好的溶解度。故三元配合物在分析化学及金属离子萃取中都有广泛的应用。

12.3.3.2 配体的取代反应

配离子中的配体被其他配体所取代的反应，称为配体的取代反应，这种取代反应具有普遍性。金属离子在水溶液中的配位反应，实际上是水合金属离子（金属离子的 H_2O 配合物）中的 H_2O 被配体取代的反应。如配位反应：

$$Fe^{2+} + 6CN^- \rightleftharpoons [Fe(CN)_6]^{4-}$$

实际为：

$$[Fe(H_2O)_6]^{2+} + 6CN^- \rightleftharpoons [Fe(CN)_6]^{4-} + 6H_2O$$

但习惯上不写出 H_2O，而采用前一反应式。

当一种配体可与配离子的中心离子形成更稳定的配合物时，取代反应即可发生。如

$$[Ag(NH_3)_2]^+ + 2CN^- \rightleftharpoons [Ag(CN)_2]^- + 2NH_3$$

$$(K^{\ominus}_{不稳} \approx 10^{-8}) \qquad (K^{\ominus}_{不稳} \approx 10^{-21})$$

当两种配离子稳定性差别很大时，取代反应可进行完全。若稳定性接近，取代反应会达成平衡。此时增大某些物质的浓度，可使平衡向一定的方向移动。

取代反应在一定的条件下也可以形成多元的混配配合物。

12.3.4 配位反应的应用

在本章开始时已提到，配位化学正是由于实际需要的推动，才得以迅速发展的。现代配位化学所涉及的领域非常多，应用十分广泛。科学实验及工业生产中的许多过程，如分析化学、生物化学、医药、配位催化、染料、电镀、湿法冶金等，都涉及配位反应。下面选择其中主要的方面做简要介绍。

12.3.4.1 在分析化学中的应用

许多配合物具有特征颜色，可用来鉴定某些离子的存在。如在含 Fe^{3+} 的溶液中滴入 KSCN 溶液，生成的 $[Fe(SCN)_6]^{3-}$ 呈血红色，借此可鉴定 Fe^{3+}。又如，丁二酮肟可与 Ni^{2+} 作用产生鲜红色沉淀，此为检验 Ni^{2+} 的特征反应。此外，$[Cu(NH_3)_4]^{2+}$ 为深蓝色，$[Co(SCN)_4]^{2-}$ 为鲜蓝色，$Fe_4[Fe(CN)_6]_3$（普鲁士蓝）和 $Fe_3[Fe(CN)_6]_2$（滕氏蓝）均为深蓝色沉淀等。它们形成时所产生的特征颜色都是有关离子存在的依据。这些在定性分析中都已得到了应用。此外，在定量分析中，配位滴定（曾称为络合滴定）是重要的分析方法之一。

12.3.4.2 在湿法冶金中的应用

所谓湿法冶金，就是用水溶液直接从矿石中将金属以化合物的形式浸取出来，然后再进一步还原成金属的方法。对于稀有金属的提取，湿法冶金最有效。例如，通过形成配合物可以从矿石中提取金。将黄金含量很低的矿石用 NaCN 溶液浸渍，并通入空气，可以将矿石中的金几乎完全浸出。反应为：

$$4Au + 8CN^- + 2H_2O + O_2 \longrightarrow 4[Au(CN)_2]^- + 4OH^-$$

再将含有 $[Au(CN)_2]^-$ 的浸出液，用 Zn 还原成单质金：

$$Zn + 2[Au(CN)_2]^- \longrightarrow 2Au + [Zn(CN)_4]^{2-}$$

再如，电解铜的阳极泥中含有 Au、Pt 等贵金属，可用王水使其生成配合物而溶解：

$$Au + 4HCl + HNO_3 \longrightarrow HAuCl_4 + NO + 2H_2O$$

$$Pt + 6HCl + 4HNO_3 \longrightarrow H_2PtCl_6 + 4NO_2 + 4H_2O$$

然后再从溶液中分离回收贵金属。

12.3.4.3 在元素分离中的应用

许多元素的性质十分相似，采用一般的方法难以分离。现代分离技术常利用它们形成的配合物的稳定性差别和溶解度的不同来进行分离。

例如，Zr 和 Hf 的离子半径几乎相等，性质很相似，用一般方法难以分离。若用配位剂 KF，使 Zr(Ⅳ) 和 Hf(Ⅳ) 分别生成 K_2ZrF_6 和 K_2HfF_6 配合物，则因 K_2HfF_6 的溶解度比 K_2ZrF_6 大 2 倍，即可将它们分离。

萃取分离是现代分离技术中最有效的方法之一。它是利用萃取剂（一般是含 O、N 配位原子的有机物）与被萃取的金属离子形成易溶于有机溶剂的配（萃）合物，进入有机相，其他离子仍留在水中，从而达到分离的目的。例如，稀土元素包括 17 种元素，它们的半径都很相近，稀土元素之间的分离一直是化学中的难题。但是，由于它们同一些含氧萃取剂形成配合物的能力不同，造成在两相中的分配不同，因此可以通过萃取分离法将它们分离。

12.3.4.4 在生物、医药方面的应用

生物机体中的许多金属离子都是以配合物的形式存在的。如与呼吸作用密切相关的血红素是铁的配合物，光合作用的关键物质叶绿素则是镁的配合物。人体必需的微量元素都是以配合物的形式存在于人体内。分子生物学的研究业已证明，生物体内发生的化学反应都是在一定的酶的催化作用下进行的，而其中金属酶（含金属配合物）约占 1/3，达数百种之多。这些酶都是温和条件下的高效催化剂。目前的一个重要课题就是研究这些生物大分子配合物的结构与性能的关系，采用简单的金属配合物来模拟酶的活性中心的结构和功能，即所谓生物模拟。可以预见，生物模拟一旦取得突破，将导致化学科学的一次革命。

配位反应在药物治疗中的作用也受到了人们的重视。如EDTA 的钙配合物是排除人体内的铅和放射性元素中毒的高效解毒剂。这是因为 $[CaY]^{2-}$ 解离出来的 Y^{4-} 可与这些有毒金属离子形成更稳定的配合物，并随尿从人体排出。20 世纪 70 年代以来，配合物抗癌功能的研究受到高度重视。顺$[Pt(NH_3)_2Cl_2]$(简称顺铂)能显著地抑制肿瘤作用已得到证实，并已应用于临床。随着抗癌配合物研究的深入，已发现多种水溶性大（易被人体吸收）、抗癌能力强的广谱抗癌配合物。顺铂的抗癌作用机制尚不清楚。但已确定，进入癌细胞后，顺铂解离出两个 Cl^-，继而进攻 DNA 的碱基，形成碱基-铂-碱基结构，从而抑制了 DNA 的复制，阻止癌细胞的分裂。

12.3.4.5 配位催化

在有机合成中，利用配合物的形成所起的催化作用，称为配位催化。配位催化在有机合成中极为重要，许多重要的有机合成包括有机高分子的合成，都涉及配位催化。例如，乙烯（C_2H_4）经 $PdCl_2$ 催化氧化成为乙醛 CH_3CHO，在常温常压下即可进行。它就是利用催化剂 Pd^{2+} 与乙烯形成配合物而实现的。

配位反应尚有其他许多方面的应用，如电镀、水质处理、染料、鞣革、照相技术、造纸工业、食品工业、植物的生长、除锈剂的使用、洗涤剂的生产等，这里就不再一一介绍了，需要时可参考有关书籍。

思考题 12.5 说明配合物的 $K^{\ominus}_{不稳}$ 和 $K^{\ominus}_{稳}$ 的意义。它们之间有何关系？

思考题 12.6 当金属离子形成配离子后，其电极电势将发生何种变化？为什么？

思考题 12.7 根据配离子的 $K^{\ominus}_{不稳}$ 数值，判断下列电对的电极电势哪个最大？哪个最小？

Ag^+/Ag $[Ag(NH_3)_2]^+/Ag$ $[Ag(S_2O_3)_2]^{3-}/Ag$

$[Ag(CN)_2]^-/Ag$

习 题

12.1 什么叫配合物？配合物与简单化合物有什么不同？简单配合物与螯合物有什么不同？

12.2 命名下列配合物，并指出中心离子的电荷数、配位数、配位体和配位原子。

(1) $K_2[Cu(CN)_3]$；(2) $K_2[HgI_4]$；(3) $[Fe(H_2O)_6]^{2+}$；

(4) $[CrCl(NH_3)_5]Cl_2$；(5) $[PtCl(NH_3)_4NO_2]CO_3$

12.3 写出下列配合物的化学式，并指出中心离子的配位体、配位原子和配位数。

(1) 氯化二氯·三氨一水合钴（Ⅲ）；

(2) 硫酸六氨合镍（Ⅱ）；

(3) 四硫氰·二氨合铬（Ⅲ）酸铵；

(4) 五氰·一羰合铁（Ⅱ）酸钾。

12.4 $PtCl_4$ 和氨水反应，生成的配合物化学式为 $Pt(NH_3)_4Cl_4$。将 1mol 该配合物用 $AgNO_3$ 处理，得到 2mol AgCl。试推断配合物的结构式。

12.5 根据价键理论指出下列配离子的成键情况和空间构型：

(1) $[Fe(CN)_6]^{3-}$；(2) $[FeF_6]^{3-}$；(3) $[Ni(CN)_4]^{2-}$；(4) $[Ag(CN)_2]^-$

12.6 已知 $[Fe(CN)_6]^{3-}$ 为内轨配合物，$[FeF_6]^{3-}$ 为外轨配合物，画出它们的中心离子电子分布情况，并指出各以何种杂化轨道成键？

12.7 已知 $[AlF_6]^{3-}$ 的逐级稳定常数的对数值分别为 6.13、5.02、3.85、2.74、1.63 和 0.47，试求它的 $K^{\ominus}_{稳}$ 和 $K^{\ominus}_{不稳}$。

12.8 根据配合物不稳定常数及难溶盐溶度积常数解释：

(1) AgCl 沉淀不溶于 HNO_3，但能溶于过量氨水；

(2) AgCl 沉淀溶于氨水，但 AgI 不溶；

(3) AgI 沉淀不溶于氨水，但可溶于 KCN 溶液中；

(4) AgBr 沉淀可溶于 KCN 溶液，但 Ag_2S 不溶。

12.9 试由 $K^{\ominus}_{不稳}$ 值判断下列配位反应可能进行的方向：

(1) $[Zn(NH_3)_4]^{2+} + Cu^{2+} \rightleftharpoons [Cu(NH_3)_4]^{2+} + Zn^{2+}$

(2) $[Hg(CN)_4]^{2-} + 4I^- \rightleftharpoons [HgI_4]^{2-} + 4CN^-$

12.10 在 1.0L、0.2mol·L^{-1} $[Ag(NH_3)_2]^+$ 溶液中，加入 0.15mol KI，是否会有 AgI 沉淀

产生？

12.11　试计算电极反应：$[Ag(NH_3)_2]^+ + e \rightleftharpoons Ag + 2NH_3$ 的标准电极电势。已知 $E^{\ominus}(Ag^+/Ag) = 0.799V$。$K^{\ominus}_{不稳}([Ag(NH_3)_2]^+) = 8.91 \times 10^{-8}$

12.12　试计算下列反应的平衡常数：

(1) $[Ag(NH_3)_2]^+ + 2CN^- \rightleftharpoons [Ag(CN)_2]^- + 2NH_3$

(2) $FeF_6^{3-} + 6CN^- \rightleftharpoons [Fe(CN)_6]^{3-} + 6F^-$

13 d 区元素（一）

d 区元素位于周期表第 3（ⅢB）族至第 12（ⅡB）族，共 10 个纵行有 30 多种元素。d 亚层最多只能容纳 10 个电子，故从第四周期起，每周期 d 区有 10 种元素，排成 10 个纵行（族）。因电子填充在 $(n-1)$d 轨道上，故称它们为 d 区元素。

d 区元素就是通常所说的过渡元素。它们都是金属元素，故又称为过渡金属。根据元素在周期表所处的周期不同，目前 d 区元素又分为三个过渡系：

第一过渡系　从 Sc（21）到 Zn（30）

第二过渡系　从 Y（39）到 Cd（48）

第三过渡系　从 Lu（71）到 Hg（80）

d 区元素中 11（ⅠB）、12（ⅡB）族的 Cu、Ag、Au 和 Zn、Cd、Hg 具有全充满的 $(n-1)d^{10}$ 轨道，它们的具体性质另辟一章讨论。本章除“通论”外，所讨论的是 $(n-1)$d 轨道未充满电子的元素（Pd 例外）。第一过渡系元素具有一定的代表性，故在讨论元素的通性和介绍个别元素的性质时，将以第一过渡系元素为主。

d 区元素在周期表中的位置如图 13-1 所示。

周期 \ 族	1	2	3	4	5	6	7	8	9	10	11	12	13	14……
1	H													
2	Li	Be											B	C……
3	Na	Mg											Al	Si……
4	K	Ca	Sc	Ti	V	Cr	Mn	Fe	Co	Ni	Cu	Zn	Ga	Ge……
5	Rb	Sr	Y	Zr	Nb	Mo	Tc	Ru	Rh	Pd	Ag	Cd	In	Sn……
6	Cs	Ba	Lu	Hf	Ta	W	Re	Os	Ir	Pt	Au	Hg	Tl	Pb……
7	Fr	Ra	Lr											

图 13-1　d 区元素在周期表中的位置

13.1　d 区元素通论

d 区元素由于电子层结构上的特点，使得它们具有许多共同性质，以下分别讨论。

13.1.1　原子的电子层构型和原子半径

主族元素的原子随核电荷增加，电子填充在最外层上，而 d 区元素的原子随着核电荷增加，电子依次填充在次外层的 d 轨道上，最外层只有 1～2 个 s 电子。它们的外围电子构型为 $(n-1)d^{1\sim10}ns^{1\sim2}$（Pd 为 $4d^{10}5s^0$ 外），见表 13-1。

表 13-1 d 区元素的某些性质

元素		价电子层构型	金属半径 /pm	第一电离能 /kJ·mol^{-1}	氧化态①
第一过渡系	钪(Sc)	$3d^14s^2$	161	631	$\underline{3}$
	钛(Ti)	$3d^24s^2$	145	661	2,3,$\underline{4}$
	钒(V)	$3d^34s^2$	132	648	2,3,4,$\underline{5}$
	铬(Cr)	$3d^54s^1$	125	653	2,$\underline{3}$,$\underline{6}$
	锰(Mn)	$3d^54s^2$	124	716	$\underline{2}$,3,$\underline{4}$,$\underline{6}$,$\underline{7}$
	铁(Fe)	$3d^64s^2$	124	762	$\underline{2}$,$\underline{3}$,6
	钴(Co)	$3d^74s^2$	125	757	$\underline{2}$,$\underline{3}$
	镍(Ni)	$3d^54s^2$	125	736	$\underline{2}$,3,4
	铜(Cu)	$3d^{10}4s^1$	129	745	$\underline{1}$,$\underline{2}$
	锌(Zn)	$3d^{10}4s^2$	133	908	$\underline{2}$
第二过渡系	钇(Y)	$4d^15s^2$	181	636	$\underline{3}$
	锆(Zr)	$4d^25s^2$	160	669	2,3,$\underline{4}$
	铌(Nb)	$4d^45s^1$	143	653	2,3,4,$\underline{5}$
	钼(Mo)	$4d^55s^1$	136	694	2,3,4,5,$\underline{6}$
	锝(Tc)	$4d^55s^2$	136	694	2,3,4,5,6,$\underline{7}$
	钌(Ru)	$4d^75s^1$	133	724	2,3,$\underline{4}$,5,6,7,8
	铑(Rh)	$4d^85s^1$	135	745	1,2,$\underline{3}$,$\underline{4}$,6
	钯(Pd)	$4d^{10}5s^0$	138	803	(1),$\underline{2}$,3,$\underline{4}$
	银(Ag)	$4d^{10}5s^1$	144	732	$\underline{1}$,2,3
	镉(Cd)	$4d^{10}5s^2$	149	866	$\underline{2}$
第三过渡系	镥(Lu)	$5d^16s^2$	173	524	$\underline{3}$
	铪(Hf)	$5d^26s^2$	156	531	2,3,$\underline{4}$
	钽(Ta)	$5d^36s^2$	143	577	2,3,4,$\underline{5}$
	钨(W)	$5d^46s^2$	137	770	2,3,4,5,$\underline{6}$
	铼(Re)	$5d^56s^2$	137	762	2,3,4,5,6,$\underline{7}$
	锇(Os)	$5d^66s^2$	134	841	(1),2,3,$\underline{4}$,5,6,7,$\underline{8}$
	铱(Ir)	$5d^76s^2$	136	887	2,$\underline{3}$,$\underline{4}$,5,6
	铂(Pt)	$5d^96s^1$	138	866	$\underline{2}$,$\underline{4}$,5,6
	金(Au)	$5d^{10}6s^1$	144	891	1,$\underline{3}$
	汞(Hg)	$5d^{10}6s^2$	160	1010	$\underline{1}$,$\underline{2}$

① 底部打“—”的氧化态为常见氧化态。

d 区元素的原子半径见表 13-1，其随周期和原子序数的变化如图 13-2 所示。

由图 13-2 可知，同一过渡系的元素，随着原子序数的增加，原子半径依次减小，但从第 5 族开始变化得很缓慢。到铜族（第 11 族）前后又逐渐回升。各

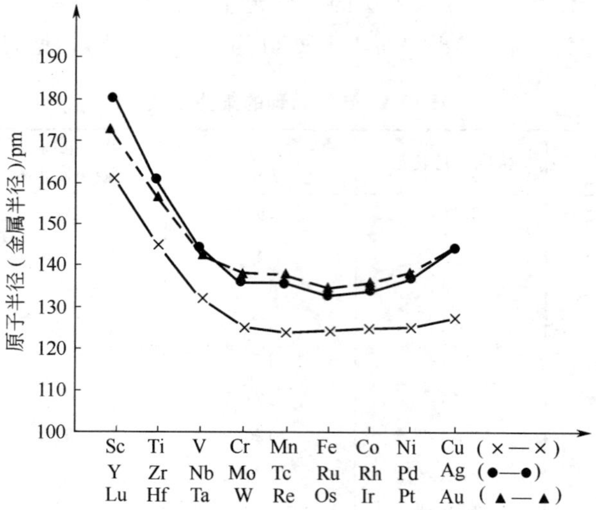

图 13-2 d 区元素的原子半径随周期和原子序数的变化

族元素原子半径从上到下逐渐增大，但第 5、6 周期同族元素的原子半径很接近，甚至铪的原子半径比锆的还小。这就使得第 4 族的 Zr 和 Hf、第 5 族的 Nb 和 Ta 以及第 6 族的 Mo 和 W 在性质上很相似，它们在自然界中共生在一起，较难分离。

同周期元素的原子半径变化规律与电子依次填充在 $(n-1)$d 轨道上有关。因 d 电子填充在次外层上，未填满 d^x 电子对核电荷的屏蔽效应比该电子进入最外层的较大，即有效核电荷增加不多。因而在同一周期自左向右，原子半径只略有减小。直到 d 亚层电子充满到 d^{10} 时，由于这种充满的结构具有更大的屏蔽效应，因而原子半径出现回升。至于第 5、6 周期同族元素原子半径相近，则是由“镧系收缩”(见 15.1.1) 所致。

d 区元素的离子半径变化规律与原子半径的变化相似。

13.1.2 氧化态

d 区元素有多种可变氧化态。这是它们的一个显著特征。具有多种氧化态的原因，是因为它们最外层的 s 电子与次外层的 d 电子的能级相近，除 s 电子可作为价电子外，次外层的 d 电子也可部分或全部作为价电子参与成键。氧化态一般可由 +2 依次增加到它对应的族数（第 8 族以后除外）。由表 13-1 可知，这种氧化态的变化以第一过渡系最为典型。

此外，同一周期从左到右，氧化态首先逐渐升高，随后又逐渐降低。这是因为 d 轨道达到半充满以后，便逐渐趋于稳定。因 d^6 构型以后便产生电子对，继续失去电子，就必须克服电子成对能。故周期的后半部分，最高氧化态逐渐降低。同一族中从上到下，高氧化态趋于稳定。即第一过渡系元素一般容易呈现低氧化态，而第二、三过渡系元素倾向于呈现高氧化态。

13.1.3 单质的物理性质

d区元素原子的最外层电子数仅有1～2个，因此，它们都是金属。由于除s电子参加形成金属键外，次外层的部分未成对d电子也能参加成键，从而增大了金属键的强度。再加上原子半径小、原子堆积紧密，以至多数过渡金属都有较高的硬度、较高的熔点和沸点。过渡金属的物理性质见表13-2。

表13-2 过渡金属的物理性质

第一过渡系	Sc	Ti	V	Cr	Mn	Fe	Co	Ni	Cu	Zn
颜色	银白	银灰	浅灰	银灰	灰红	银白	银白	银白	紫红	青白
密度/$g \cdot cm^{-3}$	2.99	4.50	4.93	7.19	7.44	7.86	7.83	7.85	8.92	7.14
熔点/℃	1359	1800	1726	1905	1247	1535	1492	1455	1083	419
沸点/℃	2727	3260	2300	2482	2095	3000	2900	2732	2595	907
莫氏硬度		4		9	6	4.5	5.5	4	3	2.5
第二过渡系	**Y**	**Zr**	**Nb**	**Mo**	**Tc**	**Ru**	**Rh**	**Pd**	**Ag**	**Cd**
颜色	暗灰	浅灰	钢灰	银白		灰	灰白	银白	银白	银白
密度/$g \cdot cm^{-3}$	4.47	6.52	8.56	10.23	11.50	12.30	12.42	12.03	10.49	8.64
熔点/℃	1509	1900	2415	2620	2140	2500	1966	1555	961	321
沸点/℃	2500	3578	4927	5560	—	3727	3727	3127	2212	767
莫氏硬度		4.5		6		6.5		5	2.5	2
第三过渡系	**Lu**	**Hf**	**Ta**	**W**	**Re**	**Os**	**Ir**	**Pt**	**Au**	**Hg**
颜色	银白	灰	灰黑	灰黑	银白	灰蓝	灰	银白	黄	银白
密度/$g \cdot cm^{-3}$	9.841	13.08	16.6	19.3	21.3	22.48	22.4	21.45	19.3	13.59
熔点/℃	1672	2207	3000	3370	3167	2700	2450	1773	1063	−38.9
沸点/℃		5400	5424	5627	5627	4230	4130	4300	2707	356.6
莫氏硬度			7	7		7	6.5	4.5		

由表13-2可知，过渡金属中密度最大的是锇，达到22.48$g \cdot cm^{-3}$。熔点最高的是钨，达到3370℃。硬度最大的是铬，其莫氏硬度达9。此外，过渡金属有较好的延展性和机械加工性能。彼此之间以及与非过渡金属可组成具有多种特殊性能的合金。它们都是电和热的较良好导体，如金属铜是重要的导电材料之一。

由于许多过渡元素的原子或离子具有未成对的d电子，它们的单质及化合物呈现顺磁性，其中铁、钴、镍还能强烈地被磁化而表现出铁磁性。

13.1.4 单质的化学性质

金属单质参与化学反应的能力，主要取决于其提供电子的倾向及金属表面的性质。这可由标准电极电势来度量。第一过渡系金属的标准电极电势见表13-3。

表13-3 第一过渡系金属的标准电极电势 $E^{\ominus}$ 单位：V

电对	Sc	Ti	V	Cr	Mn	Fe	Co	Ni	Cu	Zn
M^{2+}/M	—	−1.63	−1.18	−0.93	−1.18	−0.447	−0.28	−0.257	+0.342	−0.762
M^{3+}/M	−2.08	−1.37	−0.88	−0.74	−0.28	−0.037	+0.42	—	—	—

由表 13-3 可知，除铜外，第一过渡系都是比较活泼的金属。它们的标准电极电势（Zn 例外）从左至右逐渐增大趋势，金属性逐渐减弱的趋势。

与第一过渡系元素相比，第二、三过渡系元素（第 3 族除外）较不活泼，即同族元素自上而下，金属活泼性逐渐减弱。如镍能从稀酸中置换出氢，而钯、铂则不能。对这种变化规律的解释可从原子半径和核电荷来考虑。同族元素自上而下，原子半径增加不大，而核电荷却增加很多，核对最外层电子的吸引力增强。特别是第三过渡系元素，由于镧系收缩的影响，它们与第二过渡系相比，半径增大很小。

13.1.5 氧化物及其水合物的酸碱性

d 区元素高氧化态的氧化物（第 3、4 族除外）为酸性氧化物，相应的水合物为酸。低氧化态氧化物为碱性氧化物，其相应的水合物为碱。但一般低价氧化物溶解度很小，不能由氧化物直接与水作用得到相应的氢氧化物，一般采用可溶盐与强碱反应的方法来制备。

同一过渡系元素的氧化物及其水合物的碱性，从左至右逐渐减弱，高氧化态时表现为从碱到酸。如表 13-4 所示，$Sc(OH)_3$ 为中强碱，$Ti(OH)_4$ 为两性，而 H_2CrO_4 和 $HMnO_4$ 则为强酸。Fe、Co、Ni 不能生成稳定的高氧化态氧化物或其水合物。低氧化态的氧化物及其水合物，从左到右由碱性过渡到两性，如 $Cr(OH)_3$ 属两性氢氧化物。

表 13-4 d 区元素最高氧化态氧化物的水合物及其酸碱性

	3(ⅢB)	4(ⅣB)	5(ⅤB)	6(ⅥB)	7(ⅦB)	
碱性增强↓	$Sc(OH)_3$ 碱性	$Ti(OH)_4$ 两性	HVO_3 酸性	H_2CrO_4 强酸性	$HMnO_4$ 强酸性	酸性增强↑
	$Y(OH)_3$ 碱性	$Zr(OH)_4$ 两性、微碱性	$Nb(OH)_5$ 两性	H_2MoO_4 弱酸性	$HTcO_4$ 酸性	
	$Lu(OH)_3$ 碱性	$Hf(OH)_4$ 两性、微碱性	$Ta(OH)_5$ 两性	H_2WO_4 弱酸性	$HReO_4$ 弱酸性	
	$Lr(OH)_3$ 碱性					
	酸性增强 →					

在同一族中各元素自上而下，氧化态相同时酸性减弱而碱性增强。如 Sc、Y 和 Lu 的氢氧化物都是较强的碱，其中以 $Sc(OH)_3$ 碱性最弱。

13.1.6 配合物形成体

在配位化合物一章中已指出，配合物形成体主要是 d 区元素的离子。这与它们大部分具有部分填充的次外层 d 轨道及空的 *n*s、*n*p 轨道有关。许多情况下，最外层空的 *n*d 轨道也参与成键。这就使得它们具备接受配体孤电子对的必要条件。不仅如此，d 区元素的离子半径较小，有效核电荷较大，故对配体有较强的吸引力。

d 区元素作为配合物形成体的一个重要特点，是它们许多元素的原子能形成配合物。如［$Fe(CO)_5$］、［$Ni(CO)_4$］、［$Cr(C_6H_6)_2$］及 K［$Mn(CO)_5$］等，此时金属元素表现出异乎寻常的低氧化态 0 或－1。例如：上述配合物的 Fe、Ni、Cr 的氧化态均为 0，而 Mn 为－1。

13.1.7 水合离子的颜色

d 区元素的水合离子往往具有颜色。其大致规律是：凡无未成对 d 电子的水合离子都是无色的；相反，具有未成对 d 电子的水合离子一般都呈现明显的颜色。d 区元素水合离子的颜色见表 13-5。

表 13-5 d 区元素水合离子的颜色

未成对的 d 电子数	水合离子的颜色
0	Ag^+、Zn^{2+}、Cd^{2+}、Sc^{3+}、Ti^{4+} 等均无色
1	Cu^{2+}（天蓝色）、Ti^{3+}（紫色）
2	Ni^{2+}（绿色）、V^{3+}（绿色）
3	Cr^{3+}（蓝紫色）、Co^{2+}（粉红色）
4	Fe^{2+}（浅绿色）
5	Mn^{2+}（极浅粉红色）

13.1.8 催化性能

许多过渡金属及其化合物表现出催化性能。如五氧化二钒是 SO_2 氧化成 SO_3 的催化剂；烯烃的加氢反应常用钯作催化剂；铁和钼则是合成氨的催化剂等。此外，生物体内发生的化学反应都是在一定的酶催化作用下进行的，其中金属酶达几百种。如 Fe、Cu 是一系列氧化还原金属酶及金属蛋白的活性中心的组成部分。维生素 B_{12} 辅酶的中心有一个钴离子，而固氮酶中同时含有 Mo 和Fe 等。

过渡元素的催化作用显然与它们容易形成配合物和具有多种氧化态有着密切的关系。

思考题 13.1 比较下列物质酸性的强弱：

$Sc(OH)_3$ $Ti(OH)_4$ HVO_3 H_2CrO_4 $HMnO_4$

13.2 钛

钛在自然界中主要存在于钛铁矿和金红石中。我国有丰富的钛资源，主要分布在四川、湖南、海南、广西等地。

13.2.1 金属钛

金属钛具有银白色光泽，外观似钢。它具有钢的机械强度而又比钢轻。金属钛具有优越的抗腐蚀性能，这是由于在表面上能形成一层致密的氧化物薄膜，保护钛不与氧化介质起作用的缘故。

金属钛不被稀酸和稀碱侵蚀。它可溶于热盐酸和冷硫酸产生钛（Ⅲ）盐：

$$2Ti + 3H_2SO_4 \longrightarrow Ti_2(SO_4)_3 + 3H_2\uparrow$$

硝酸与钛反应后表面生成一层偏钛酸，因而使钛钝化。

$$Ti+4HNO_3 \longrightarrow H_2TiO_3+4NO_2\uparrow+H_2O$$

钛易溶于氢氟酸中生成：

$$2Ti+6HF \longrightarrow 2TiF_3+3H_2\uparrow$$

钛广泛地用于制造涡轮的引擎、喷气式飞机以及化学工业和航海事业的各种装备。在国防工业中，用于制造舰艇、导弹，钛是重要的国防战略物资。此外，在生物医学工程中，金属钛用于接骨。

13.2.2 钛的重要化合物

钛的价电子构型为 $3d^24s^2$。在形成化合物时，可表现+2、+3、+4 各种氧化态，其中以+4 氧化态最为重要。钛的化合物中比较重要的有二氧化钛、硫酸钛酰和四氯化钛。

二氧化钛 TiO_2，在自然界中以金红石或锐钛矿的形式出现，是钛的重要矿物之一。它因含有 Fe、Nb、Ta、V 等杂质而呈红色或黄红色的晶体。在制钛过程中用沉淀法制得的 TiO_2 为白色粉末，俗称"钛白"，它兼有铅白的掩盖和锌白的持久性，光泽好，是一种高级白色颜料。二氧化钛的重要用途是用来制造钛的其他化合物。

二氧化钛不溶于水，也不溶于稀酸。与浓硫酸共热生成 $Ti(SO_4)_2$ 和 $TiOSO_4$。后者称为硫酸钛氧基或硫酸钛酰，为白色粉末，可溶于冷水中，当完全水解时可生成"钛酸" $Ti(OH)_4$（或 H_4TiO_4）：

$$TiOSO_4+3H_2O \longrightarrow H_4TiO_4+H_2SO_4$$

将 TiO_2 与强碱共熔即得偏钛酸盐，如 Na_2TiO_3。故 TiO_2 具有两性。TiO_2 溶于氢氟酸中生成 H_2TiF_6。

钛酸可视为二氧化钛的水化物 $TiO_2 \cdot xH_2O$。钛酸有两种形式，在室温下以碱作用于四价钛盐溶液所得的是 α-钛酸；如煮沸四价钛盐使之水解，所得的是 β-钛酸。两种钛酸都是白色固体，不溶于水，具有两性。α-钛酸的反应活性比 β-钛酸大得多。两种形式的钛酸的不同之处是其粒子大小及聚结程度。

用强碱液溶解 α-钛酸，可得偏钛酸盐（如 Na_2TiO_3），偏钛酸盐易水解：

$$Na_2TiO_3+2H_2O \longrightarrow TiO(OH)_2+2NaOH$$

$TiO(OH)_2$ 称为偏钛酸，也可写成 H_2TiO_3，为白色沉淀。

纯 $TiCl_4$ 是无色透明的液体，沸点 136℃，易水解：

$$TiCl_4+(2+x)H_2O \longrightarrow TiO_2 \cdot xH_2O+4HCl$$

由于 TiO_2 很稳定，直接还原 TiO_2 制备金属钛很困难，所以，金属钛的生产不像其他金属那样可用矿石直接还原，而是先制备 $TiCl_4$，再还原为金属钛。

四氯化钛通常是以 TiO_2 的还原与氯化联合法来制备：

$$TiO_2+2C+2Cl_2 \longrightarrow TiCl_4+2CO$$

其制备方法是把二氧化钛和焦炭一起混合磨碎，并用煤焦油一类的物质作为黏结剂将混合物黏结，然后放在窑内加热，以除去挥发性物质。再将所得硬而多孔的物质压碎，做成团块，装入氯化器内进行氯化。由于反应是放热的，所以反应开始前加热之后，便可用释放的热来维持氯化温度。

生成的 $TiCl_4$ 可被熔融镁还原，但要在氩气氛中进行：

$$TiCl_4 + Mg \longrightarrow Ti + 2MgCl_2$$

蒸去 $MgCl_2$ 和残余的 Mg，可得海绵状钛。

*13.2.3 纳米 TiO_2

人们通常把粒径 1～100nm 的微粒统称为纳米粒子。科学家们发现同一种物质的纳米级粒子与微米级颗粒比较具有奇异特性。例如，平均粒径为 10～100nm 的纳米粒子的比表面积特别大（$10\sim70m^2 \cdot g^{-1}$）；催化效率高，用纳米镍粉作为火箭固体燃料反应催化剂的燃烧效率可提高 100 倍；氧化钛纳米陶瓷在 810℃（远低于 TiO_2 陶瓷熔点 1830℃）下经过 15h 加压，从最初高度为 3.5mm 圆筒变成小于 2mm 高度的小圆环，且不产生裂纹或破碎。

自 1972 年 Fujishima 和 Honda 在 Nature 刊物上发表关于 TiO_2 电极分解水的论文标志着光催化新时代的开始以来，人们对二氧化钛光催化，特别是在治理环境污染物方面的研究非常活跃。究其原因：

① 二氧化钛是一种无毒、稳定、来源较丰富、价廉、对环境友好的材料；

② 光催化过程可实现将有机物污染物彻底矿化，氧化分解为二氧化碳和无机物，将重金属离子还原成金属单质，实现资源的回收利用，达到无二次污染；

③ 光催化所用的光源为太阳光，这在能源日益紧张的今天，其意义十分深远；

④ 光催化技术既可用于废水处理，也可用于废气、污染空气的治理，甚至可用于污染土壤的治理。

利用传统的 TiO_2 生产方法，如硫酸法和氯化法不可能制得纳米 TiO_2。采用物理方法如机械粉碎方法将粗粒子经粉碎得到细粉体，虽然目前粉碎技术有所改进，但由于粉碎过程中容易混入杂质，因此采用物理方法很难有效地制备出纯净且具有活性的纳米 TiO_2。通常采用化学方法制备纳米 TiO_2 可分为气相法和液相法。

13.2.3.1 气相法

气相反应所用的前驱物有两类：$TiCl_4$ 和钛醇盐［$Ti(OR)_4$，R=—C_2H_5，—C_3H_7……—C_nH_{2n+1}］。

主要有以下方法。

① $TiCl_4$ 氢氧火焰法。该法将 $TiCl_4$ 气体导入高温氢氧火焰中（700～1000℃）进行高温水解而制得纳米 TiO_2，其基本化学反应方程式为：

$$TiCl_4(g) + 2H_2(g) + O_2(g) \longrightarrow TiO_2(s) + 4HCl(g)$$

该方法最早由德国迪高沙（Degussa）公司开发成功，生产出纳米 TiO_2 粉体的著名品牌之一 P25。一般，用 $TiCl_4$ 氢氧火焰生产的纳米 TiO_2 粉体为锐钛矿型和金红石型的混合晶型，产品纯度较高（99.5%）、粒径小、比表面积大、团聚程度较小。

② 钛醇盐气相水解法。该法是将金属醇盐水解反应移至气相反应中，

$Ti(OR)_4$经喷雾和惰性气体形成亚微米级的液滴，然后同水气反应，在较低温度下合成出纯度高、分散性能好的纳米 TiO_2。其化学反应方程式为：

$$Ti(OR)_4(g)+4H_2O(g) \longrightarrow Ti(OH)_4(s)+4ROH(g)$$

$$Ti(OH)_4(s) \longrightarrow TiO_2 \cdot H_2O(s)+H_2O(g)$$

$$TiO_2 \cdot H_2O(s) \longrightarrow TiO_2(s)+H_2O(g)$$

该工艺最早由美国麻省理工学院开发成功，通过改变反应区内各种蒸气的停留时间、摩尔比、流速、浓度及反应温度来控制纳米 TiO_2粒径和粒子形状。该工艺的特点是操作温度较低、能耗少，可以连续化生产。钛醇盐气相水解法是气相法中应用最多的一种方法。

③ 钛醇盐气相热解法。钛醇盐热分解是最简单的气相法，通常是将钛醇盐加热汽化后，用氮气、氦气或氧气作为载体将钛醇盐蒸气经预热后导入热分解炉，进行热分解反应，以钛酸丁酯为例，其化学反应式为：

$$Ti(OC_4H_9)_4(g) \longrightarrow TiO_2(s)+4C_4H_8(g)+2H_2O(g)$$

$$C_4H_8(g)+6O_2(g) \longrightarrow 4CO_2(g)+4H_2O(g)$$

④ $TiCl_4$气相氧化法。以 $TiCl_4$气体为原料，O_2为氧源，N_2、Ar 作为稀释气（或载气）。其化学反应式为：

$$TiCl_4(g)+O_2(g) \longrightarrow TiO_2(s)+2Cl_2(g)$$

利用 N_2携带 $TiCl_4$蒸气，预热至 435℃后经套管喷嘴的内管进入高温管式反应器，氧气经电预热器预热至 870℃后由套管喷嘴的外管进入反应器，$TiCl_4$和 O_2的反应温度为 1400℃，反应生成的纳米 TiO_2经粒子捕集系统，实现气固分离。该工艺原料易得、产品粒度小，但温度高，且副产品氯气腐蚀性大。

总的说来，气相法生产的纳米 TiO_2具有化学活性高、粒子呈球形、单分散性好及可见光透过性好等优点，但利用气相法生产纳米 TiO_2时，需解决粉体的收集和存放问题，而且气相法产量低、成本高，因此目前制备纳米 TiO_2多采用液相法。

13.2.3.2 液相法

液相法是在溶液中合成纳米 TiO_2的方法。主要有以下方法。

① $TiCl_4$水解法。以氯化法钛白粉厂的精制 $TiCl_4$为原料，将其配成一定浓度后，加碱中和水解，所得的 TiO_2水合物经洗涤、干燥和煅烧处理后即得纳米 TiO_2。

② 胶溶法。以纯净的硫酸氧钛 $TiOSO_4$为原料，稀释至一定浓度后，加碱中和，形成的水合 TiO_2经酸溶，称为水合 TiO_2溶胶，经有机溶剂处理、减压蒸馏、热处理，再经不同温度煅烧得到不同晶型的纳米 TiO_2，其化学反应式为：

沉淀反应 $$TiO^{2+}+OH^- \longrightarrow TiO(OH)^+$$

$$TiO(OH)^+ +OH^- \longrightarrow TiO(OH)_2 \downarrow$$

胶溶反应 $$TiO(OH)_2+H^+ \longrightarrow TiO(OH)^+ +H_2O$$

热处理 $$TiO(OH)_2 \longrightarrow TiO_2+H_2O$$

该工艺的优点是原料来源广，产品成本较低，粒径小且粒度可控；缺点是工艺流程长，自动化程度低，必须严格控制各工序的工艺参数，否则难以得到分散性好的纳米 TiO_2。

③ 溶胶-凝胶法（钛醇盐水解法）。该法以钛醇盐 $Ti(OR)_4$（R 为—C_2H_5、—C_3H_7、—C_4H_9等烷基）为原料，在有机介质中进行水解、缩合反应得到溶胶，进一步缩聚制得凝胶，凝胶经干燥、煅烧得到纳米 TiO_2，其化学反应式为：

水解　$Ti(OR)_4 + nH_2O \longrightarrow TiOR_{(4-n)}(OH)_n + nROH \quad (n=1,2,3,4)$

缩聚　$2TiOR_{(4-n)}(OH)_n \longrightarrow [TiOR_{(4-n)}(OH)_{(n-1)}]_2O + H_2O$

该法在整个工艺流程中的水解反应，不引入杂质离子，因此产品纯度高，而且可以通过严格控制工艺条件，制得粒径小、粒度分布窄的纳米 TiO_2。缺点是原料成本高，干燥、煅烧时凝胶体积收缩大，易造成纳米 TiO_2 颗粒间的团聚。

④ 水热合成法。该法是在内衬耐腐蚀材料的高压釜中加入前驱物如 $TiOSO_4$、$TiCl_4$ 或钛醇盐，以水为溶剂，密闭后按一定的升温速率加热，待高压釜内达到所需的温度时，恒温一段时间，卸压后经洗涤、干燥即可直接得到纳米 TiO_2。以水热法制备的纳米 TiO_2 具有结晶度高、粒径小、粒度分布均匀、颗粒团聚较少的优点。尤其是用水热法制备纳米 TiO_2 时，直接得到结晶度高、比表面积大的纳米 TiO_2，因此可以避免其他制备方法因需高温煅烧而造成的纳米 TiO_2 粒子间的团聚和晶粒长大。缺点是设备要经历高温、高压，因此对设备材质要求较高，而且晶化时间长，成本较高。

纯纳米 TiO_2 只能被波长等于或小于 387nm 的紫外线所激发才能起到光催化作用，氧化降解有机物。如果把它用于处理环境污染物，则存在两个难点：一是在太阳光中这部分紫外线只占一小部分（<5%），不能充分利用太阳光；二是光激发产生的电子，空穴也容易再复合，降低催化活性，因此如何制备出可以利用可见光和减少光生电子与空穴复合率的改性纳米 TiO_2 就成为当前必须解决的难题。

思考题 13.2　简述金属钛的主要性质和用途。

思考题 13.3　完成下列反应方程式：

(1) 金属钛溶于氢氟酸；

(2) 钛白粉还原-氯化法制备四氯化钛；

13.3 铬

铬在元素周期表中处在第 4 周期、第 6（ⅥB）族。价电子构型为 $3d^54s^1$，价电子层共有 6 个电子，故最高氧化态为+6。低氧化态主要表现为+2 和+3，其中+2 氧化态不够稳定。

自然界中，铬的主要矿物为铬铁矿，其组成为 $FeO \cdot Cr_2O_3$ 或 $Fe(CrO_2)_2$。我国的铬矿主要分布在青海柴达木和宁夏贺兰山等地。

13.3.1 金属铬

铬为银白色，带有光泽的金属。熔点为1857℃，是硬度最大的金属。

由于氧化物薄膜的生成，铬在空气、水中都很稳定。铬能缓慢地溶于稀盐酸、稀硫酸，生成蓝色溶液，与空气接触很快变为绿色。这是因为首先生成的 Cr^{2+}，很快被空气中的氧进一步氧化成绿色的 Cr^{3+}：

$$Cr + 2HCl \longrightarrow \underset{(蓝色)}{CrCl_2} + H_2\uparrow$$

$$4CrCl_2 + 4HCl + O_2 \longrightarrow \underset{(绿色)}{4CrCl_3} + 2H_2O$$

铬不溶于浓硝酸。这是因为表面生成致密的氧化物薄膜而钝化。铬与浓硫酸反应，生成硫酸铬（Ⅲ）：

$$2Cr + 6H_2SO_4(浓) \longrightarrow Cr_2(SO_4)_3 + 3SO_2\uparrow + 6H_2O$$

在高温下，铬与卤素、硫、氮、碳等非金属元素直接化合。

工业上冶炼铬的方法是将铬铁矿与碳酸钠在高温下煅烧进行氧化，使铬铁矿中的铬氧化成可溶性的铬酸钠：

$$4Fe(CrO_2)_2 + 7O_2 + 8Na_2CO_3 \longrightarrow 2Fe_2O_3 + 8Na_2CrO_4 + 8CO_2$$

用水浸取 Na_2CrO_4，经酸化，浓缩得到重铬酸钠结晶，再用碳还原得到 Cr_2O_3：

$$2Na_2CrO_4 + H_2SO_4 \longrightarrow Na_2Cr_2O_7 + Na_2SO_4 + H_2O$$

$$Na_2Cr_2O_7 + 2C \xrightarrow{\triangle} Cr_2O_3 + Na_2CO_3 + CO\uparrow$$

最后用铝热法自 Cr_2O_3 还原出金属铬：

$$Cr_2O_3 + 2Al \xrightarrow{\triangle} Al_2O_3 + 2Cr$$

铬主要用于制造合金钢和电镀。铬能增强钢的耐磨性、耐热性和耐腐蚀性能。含铬12%的钢称为“不锈钢”，具有极强的耐腐蚀性能。铬的镀层耐磨、耐腐蚀且极其光亮。因此，镀铬是汽车、自行车及其他精密仪器制造工业中主要的表面处理及装饰手段。

13.3.2 铬（Ⅲ）的化合物

铬的常见化合物是铬（Ⅲ）和铬（Ⅵ）的化合物。这里先介绍铬（Ⅲ）的化合物。

13.3.2.1 三氧化二铬和氢氧化铬

金属铬在氧气中燃烧，即可得到三氧化二铬：

$$4Cr + 3O_2 \longrightarrow 2Cr_2O_3$$

工业上制备 Cr_2O_3 时，常以重铬酸铵或铬酐（CrO_3）加热分解来得到：

$$(NH_4)_2Cr_2O_7 \xrightarrow{\triangle} Cr_2O_3 + N_2\uparrow + 4H_2O$$

$$2CrO_3 \xrightarrow{\triangle} Cr_2O_3 + \frac{3}{2}O_2\uparrow$$

Cr_2O_3 为两性氧化物，既溶于酸，也溶于强碱生成亚铬酸盐：

$$Cr_2O_3 + 3H_2SO_4 \longrightarrow Cr_2(SO_4)_3 + 3H_2O$$

$$Cr_2O_3 + 2NaOH \longrightarrow 2NaCrO_2 + H_2O$$

Cr_2O_3 为绿色固体，颜色鲜艳，着色力强且在高温下稳定，因而广泛用作陶瓷、玻璃及涂料的颜料。商品名为铬绿。

向铬（Ⅲ）盐溶液中加入氨水或氢氧化钠，即可得到蓝灰色的胶状 $Cr(OH)_3$ 沉淀。$Cr(OH)_3$ 为两性偏碱的氢氧化物，它与酸或碱的反应如下。

$$Cr(OH)_3 + 3HCl \longrightarrow CrCl_3 + 3H_2O$$

$$Cr(OH)_3 + NaOH \longrightarrow NaCrO_2 + 2H_2O$$

13.3.2.2 硫酸铬（Ⅲ）和铬矾

将 Cr_2O_3 溶于冷的浓硫酸中，得到深紫色的 $Cr_2(SO_4)_3 \cdot 18H_2O$。硫酸盐中还有绿色的 $Cr_2(SO_4)_3 \cdot 6H_2O$ 和桃红色的无水 $Cr_2(SO_4)_3$。硫酸铬（Ⅲ）与硫酸铝类似，易与碱金属硫酸盐形成矾，如 $KCr(SO_4)_2 \cdot 12H_2O$。

由于 $Cr(OH)_3$ 溶度积非常小（1.3×10^{-33}），故三价铬盐在水中易水解生成 $Cr(OH)_3$ 沉淀。此外，由标准电极电势：

$$CrO_4^{2-} + 2H_2O + 3e \rightleftharpoons CrO_2^- + 4OH^- \qquad E_B^{\ominus} = -0.12V$$

$$Cr_2O_7^{2-} + 14H^+ + 6e \rightleftharpoons 2Cr^{3+} + 7H_2O \qquad E_A^{\ominus} = 1.33V$$

可以看出，+3 氧化态的铬在碱性溶液中具有较强的还原性，例如：

$$2CrO_2^- + 3H_2O_2 + 2OH^- = 2CrO_4^{2-} + 4H_2O$$

相反，在酸性溶液中，Cr^{3+} 则表现为很稳定，只有用很强的氧化剂如 $(NH_4)_2S_2O_8$ 或 $KMnO_4$ 等，才能将其氧化为 Cr(Ⅵ)：

$$2Cr^{3+} + 3S_2O_8^{2-} + 7H_2O \xrightarrow[Ag^+ \text{催化}]{\triangle} Cr_2O_7^{2-} + 6SO_4^{2-} + 14H^+$$

硫酸铬和铬矾是最重要的铬（Ⅲ）化合物。铬矾在纺织工业和制革工业中用作媒染剂和鞣革剂。

13.3.2.3 铬（Ⅲ）的配合物

Cr(Ⅲ) 离子的外围电子构型为 $3d^34s^04p^0$，有 6 个空的价层轨道。同时，其离子半径也较小，有较强的正电场，因而易形成 d^2sp^3 型配合物。

Cr(Ⅲ) 离子在水溶液中实际是以六水合铬（Ⅲ）配离子$[Cr(H_2O)_6]^{3+}$存在。当有其他配体存在时，$[Cr(H_2O)_6]^{3+}$ 中的水分子可被取代。例如，在氯化铵存在下与浓氨水反应，$[Cr(H_2O)_6]^{3+}$ 中的 H_2O 可被部分取代或全部取代，形成一系列不同颜色的水-氨混配配离子或氨配离子：

$[Cr(H_2O)_6]^{3+}$	紫色
$[Cr(NH_3)_2(H_2O)_4]^{3+}$	紫红色
$[Cr(NH_3)_3(H_2O)_3]^{3+}$	浅红色
$[Cr(NH_3)_4(H_2O)_2]^{3+}$	橙红色

$[Cr(NH_3)_5(H_2O)]^{3+}$	橙黄色
$[Cr(NH_3)_6]^{3+}$	黄色

此外，铬（Ⅲ）还能与许多其他配体形成配合物，这里就不再一一介绍了。

13.3.3 铬（Ⅵ）的化合物

实验室和工业上常见的铬（Ⅵ）化合物是它的含氧酸盐。铬（Ⅵ）的氧化物为三氧化铬。

13.3.3.1 三氧化铬

三氧化铬 CrO_3 又称铬酐。向重铬酸钾（钠）的浓溶液中，加入过量的浓硫酸，则有橙红色的 CrO_3 晶体析出：

$$K_2Cr_2O_7 + H_2SO_4 \longrightarrow 2CrO_3\downarrow + K_2SO_4 + H_2O$$

CrO_3 易潮解，易溶于水得到其相应的铬酸 H_2CrO_4。溶于碱则得到铬酸盐。前已提及，CrO_3 对热不稳定，加热时会分解。此外，CrO_3 具有强氧化性，遇易燃有机物时易着火，本身还原为 Cr_2O_3。

13.3.3.2 铬酸盐

常见的可溶性铬酸盐是铬酸钾和铬酸钠，它们都是黄色晶体。碱土金属及铅、银等重金属的铬酸盐均难溶于水，且大多具有特殊的颜色。例如：

$$Pb^{2+} + CrO_4^{2-} \longrightarrow PbCrO_4\downarrow \text{（黄色）}$$

$$Ba^{2+} + CrO_4^{2-} \longrightarrow BaCrO_4\downarrow \text{（柠檬黄色）}$$

$$2Ag^{+} + CrO_4^{2-} \longrightarrow Ag_2CrO_4\downarrow \text{（砖红色）}$$

铬酸铅俗称铬黄，是涂料中重要的黄色颜料。实验室中常利用上述三个反应来检验 CrO_4^{2-} 的存在。

13.3.3.3 重铬酸盐

重铬酸钾和重铬酸钠均是橙色晶体。重铬酸钾在低温下溶解度小，且不含结晶水，很容易通过重结晶而提纯，常用作化学分析中的基准试剂。

在可溶性的铬酸盐或重铬酸盐的溶液中，都存在着 CrO_4^{2-} 和 $Cr_2O_7^{2-}$ 之间的平衡：

$$\underset{\text{（橙红色）}}{Cr_2O_7^{2-}} + H_2O \rightleftharpoons 2HCrO_4^{-} \rightleftharpoons \underset{\text{（黄色）}}{2CrO_4^{2-}} + 2H^{+}$$

加酸可使平衡向左移动，故在酸性条件下主要是以 $Cr_2O_7^{2-}$ 形式存在，而在碱性条件下主要是以 CrO_4^{2-} 形式存在。此外，在该平衡系统中加入 Ba^{2+}、Pb^{2+} 或 Ag^{+}，由于难溶铬酸盐的生成，也能使平衡向右移动。故当这些离子与重铬酸盐反应时，都生成相应的铬酸盐沉淀：

$$Cr_2O_7^{2-} + 2Ba^{2+} + H_2O \longrightarrow 2BaCrO_4\downarrow + 2H^{+}$$

$$Cr_2O_7^{2-} + 2Pb^{2+} + H_2O \longrightarrow 2PbCrO_4\downarrow + 2H^{+}$$

$$Cr_2O_7^{2-} + 4Ag^{+} + H_2O \longrightarrow 2Ag_2CrO_4\downarrow + 2H^{+}$$

工业上制取重铬酸钠，是向铬酸钠溶液中加入适量的硫酸，再经浓缩、冷却，则析出结晶 $Na_2Cr_2O_7$：

$$2Na_2CrO_4 + H_2SO_4 \longrightarrow Na_2SO_4 + Na_2Cr_2O_7 + H_2O$$

重铬酸钾的制备，则是利用它在低温下溶解度小的特点，由 $Na_2Cr_2O_7$ 与 KCl 或 K_2SO_4 进行复分解反应而得到：

$$Na_2Cr_2O_7 + 2KCl \longrightarrow K_2Cr_2O_7 + 2NaCl$$

重铬酸盐在酸性条件下为强氧化剂：

$$Cr_2O_7^{2-} + 14H^+ + 6e^- \rightleftharpoons 2Cr^{3+} + 7H_2O \qquad E_A^\ominus = 1.33V$$

因此，重铬酸钾是实验室中常用的氧化剂。例如：

$$Cr_2O_7^{2-} + 6Fe^{2+} + 14H^+ \longrightarrow 2Cr^{3+} + 6Fe^{3+} + 7H_2O$$

化学分析中常利用该反应来测定铁的含量。

工业上，重铬酸钾大量用于鞣革、印染、颜料和电镀等行业。

13.3.4 含铬废水的处理

电镀和制革工业是含铬废水的主要来源。由于这类工厂很多，故含铬废水的处理对于环境保护十分重要。

铬的化合物都有毒。Cr(Ⅲ) 的毒性和其他重金属离子一样，主要是造成血液中的蛋白质沉淀。Cr(Ⅵ) 的毒性比 Cr(Ⅲ) 大 100 倍，这主要是由于其强氧化性所致。吸入含铬粉尘或沉淀，会引起呼吸道发炎，甚至溃疡。饮用被铬污染的水会引起贫血、肾炎、神经炎等疾病。铬的化合物还被认为是致癌物质。我国规定废水中铬［以 Cr(Ⅵ) 计］的最高容许排放浓度为 $0.1mg \cdot L^{-1}$。

处理含铬污水的方法主要有还原法和离子交换法。

13.3.4.1 还原法

还原法主要是以还原剂如 $FeSO_4$、$NaHSO_3$、水合肼 $N_2H_4 \cdot 2H_2O$ 等，将 Cr(Ⅵ) 还原为 Cr(Ⅲ)，再以石灰乳调节 pH 使 Cr(Ⅲ) 沉淀为 $Cr(OH)_3$ 而除去。

13.3.4.2 离子交换法

Cr(Ⅵ) 在废水中主要以 CrO_4^{2-} 或 $Cr_2O_7^{2-}$ 形式存在。让废水流经阴离子交换树脂，由于离子交换而将 Cr(Ⅵ) 留在树脂上，然后以 NaOH 溶液处理树脂，将 Cr(Ⅵ) 洗脱并回收，同时树脂也得到再生。交换和再生的反应式为：

$$2R\text{—}OH + CrO_4^{2-} \underset{\text{再生}}{\overset{\text{交换}}{\rightleftharpoons}} R_2CrO_4 + 2OH^-$$

采用该方法可以处理大量的含 Cr(Ⅵ) 废水。

除以上两种主要方法外，还有电解法、生化法及萃取法等。

思考题 13.4 欲把 Cr（Ⅲ）氧化为 Cr（Ⅵ），在酸性还是碱性溶液中更易进行？如果要在酸性溶液中，把 Cr（Ⅲ）氧化为 Cr（Ⅵ），应采用什么氧化剂？

思考题 13.5 将 $K_2Cr_2O_7$ 溶液与 $BaCl_2$ 溶液混合，析出的是什么沉淀？

思考题 13.6 用浓 HCl 和稀 H_2SO_4 分别酸化 K_2CrO_4 溶液，得到的产物分别是什么？写出反应方程式。

13.4 锰

锰在周期表中处于第 4 周期，第 7（ⅦB）族。价电子构型为 $3d^5 4s^2$。由于失去两个 4s 电子后，最外层电子构型为 $3d^5$（半充满），故锰（Ⅱ）的化合物较稳定。这与第一过渡系元素易于形成低氧化态是一致的。锰的 3d 电子也能部分或全部参与成键，形成＋3 至＋7 的氧化态，其中以＋2、＋4 及＋7 氧化态最为常见。

锰在自然界中主要以软锰矿 $MnO_2 \cdot xH_2O$ 形式存在。此外还有黑锰矿 Mn_3O_4、水锰矿 MnO(OH) 及菱锰矿 $MnCO_3$ 等。近年来在深海海底发现大量的锰矿——锰结核，它是铁锰氧化物，且含有铜、钴、镍等重金属元素。

13.4.1 金属锰

锰为白色金属，质硬而脆，不能进行机械加工，故纯锰用途不大。但锰却是制造合金的重要材料。高锰钢既坚硬又强韧，用于轧制钢和架设桥梁。锰钢还有其他多种用途。故锰在钢铁工业中有着重要地位。

金属锰可由软锰矿经铝热法还原制得。先将软锰矿强热使之转变为 Mn_3O_4，然后与铝粉混合燃烧得到金属锰。

$$3MnO_2 \xrightarrow{\triangle} Mn_3O_4 + O_2 \uparrow$$

$$3Mn_3O_4 + 8Al \xrightarrow{\triangle} 9Mn + 4Al_2O_3$$

纯的金属锰是由电解法制备的。

块状的锰其表面在空气中能生成一层致密氧化物保护膜，但粉状的锰在空气中很易被氧化。加热时锰与卤素猛烈反应。在高温下，锰也能与硫、磷、碳等元素直接化合。单质锰的活泼性还反映在它不仅能溶于稀盐酸、稀硫酸中，还能与热水反应生成 $Mn(OH)_2$ 和 H_2。

13.4.2 锰的氧化物及氢氧化物

锰的氧化物和氢氧化物见表 13-6。

表 13-6 锰的氧化物和氢氧化物

氧化态	+2	+3	+4	+6	+7
氧化物	MnO （氧化锰）	Mn_2O_3 （三氧化二锰）	MnO_2 （二氧化锰）	—	Mn_2O_7 （高锰酸酐）
氢氧化物及其性质	$Mn(OH)_2$ ［氢氧化锰（Ⅱ）］ 碱性	$Mn(OH)_3$ ［氢氧化锰（Ⅲ）］ 碱性	$Mn(OH)_4$ ［氢氧化锰（Ⅳ）］ 两性	H_2MnO_4 （锰酸） 酸性	$HMnO_4$ （高锰酸） 酸性

MnO 为绿色粉末，不溶于水，能溶于酸形成锰（Ⅱ）盐。Mn_2O_3 和 MnO_2 在常温下稳定，不溶于水。但溶于酸后由于相应氧化态的盐不稳定，总是转变为锰（Ⅱ）盐。高锰酸酐具有强氧化性，是很不稳定的化合物。

与氧化物对应的氢氧化物或其含氧酸，随着氧化态的升高和离子半径的减小，碱性逐渐减弱而酸性逐渐增强。其氧化性也依此顺序增强。

13.4.3 锰（Ⅱ）的化合物

所有锰的化合物中，以锰（Ⅱ）最为稳定。

锰（Ⅱ）的强酸盐，如 $MnSO_4$、$MnCl_2$、$Mn(NO_3)_2$ 等均易溶于水。一些弱酸盐，如 $MnCO_3$、MnS 等则难溶于水。在水溶液中，Mn^{2+} 以淡红色的 $[Mn(H_2O)_6]^{2+}$ 水合离子存在。从溶液中结晶出来的锰（Ⅱ）盐是含有结晶水的粉红色晶体。

可溶性锰（Ⅱ）盐中以硫酸锰最为稳定，是常用的化工原料。它可用于电解锰生产金属锰和二氧化锰。其他许多锰的化合物的制备也以硫酸锰为原料。

将天然软锰矿溶于硫酸，即可得到粉红色的硫酸锰水合晶体 $MnSO_4 \cdot xH_2O$（x=1、4、5、7）。

$$2MnO_2 + 2H_2SO_4 \longrightarrow 2MnSO_4 + O_2\uparrow + 2H_2O$$

水合硫酸锰在常温下稳定，加热脱水为白色无水硫酸锰。

Mn^{2+} 在中性或酸性介质中比较稳定，不易被氧化，但在碱性介质中却易被氧化。这可由下述标准电极电势看出：

$$MnO_2 + 2H_2O + 2e \rightleftharpoons Mn(OH)_2 + 2OH^- \qquad E_B^{\ominus} = -0.0514V$$

$$MnO_2 + 4H^+ + 2e \rightleftharpoons Mn^{2+} + 2H_2O \qquad E_A^{\ominus} = 1.224V$$

向锰（Ⅱ）的盐溶液中加入强碱，可得到白色 $Mn(OH)_2$ 沉淀。它在碱性条件下很不稳定，与空气接触即被氧化生成棕色的 $MnO(OH)_2$（可看成是 $MnO_2 \cdot H_2O$）：

$$MnSO_4 + 2NaOH \longrightarrow Mn(OH)_2\downarrow + Na_2SO_4$$

$$2Mn(OH)_2 + O_2 \longrightarrow 2MnO(OH)_2$$

在酸性溶液中，把 Mn^{2+} 氧化成 MnO_4^- 是困难的。只有当锰（Ⅱ）盐与强氧化剂［如铋酸钠 $NaBiO_3$、二氧化铅 PbO_2、过硫酸铵 $(NH_4)_2S_2O_8$ 等］在高酸度的热溶液中反应时，Mn^{2+} 才能被氧化为紫红色的高锰酸根 MnO_4^-：

$$2Mn^{2+} + 5NaBiO_3 + 14H^+ \longrightarrow 2MnO_4^- + 5Bi^{3+} + 5Na^+ + 7H_2O$$

$$2Mn^{2+} + 5S_2O_8^{2-} + 8H_2O \xrightarrow[Ag^+\text{催化}]{\triangle} 2MnO_4^- + 10SO_4^{2-} + 16H^+$$

由于 MnO_4^- 颜色很深，即使在很稀的溶液中也可观察到它的存在，因而定性分析中常利用这一反应来检验溶液中的 Mn^{2+}。

13.4.4 锰（Ⅳ）的化合物

重要的锰（Ⅳ）化合物是二氧化锰 MnO_2。它是一种很稳定的黑色粉状物质，不溶于水。

二氧化锰在酸性介质中是强氧化剂，实验室常以它与浓盐酸在加热条件下反应，以制备氯气：

$$MnO_2 + 4HCl \xrightarrow{\triangle} MnCl_2 + Cl_2\uparrow + 2H_2O$$

二氧化锰大量用于制造干电池，用它来氧化电极上产生的氢。二氧化锰作为氧化剂，在玻璃及涂料工业中都有应用。同时，它也是制备锰盐的原料。

13.4.5 锰（Ⅵ）的化合物

锰（Ⅵ）的化合物中，比较稳定的是锰酸盐，如锰酸钠 Na_2MnO_4 和锰酸钾 K_2MnO_4。锰酸盐是制备高锰酸盐的中间产物。

将二氧化锰与碱混合，在空气中加热至 250℃共熔，可得到绿色的锰酸盐。也可以用 $KClO_3$ 等氧化剂代替空气中的氧：

$$2MnO_2 + 4KOH + O_2 \longrightarrow 2K_2MnO_4 + 2H_2O$$

$$3MnO_2 + 6KOH + KClO_3 \longrightarrow 3K_2MnO_4 + KCl + 3H_2O$$

由锰的元素电势图可知，锰酸盐只有在强碱性条件下（pH＞13.5）才是稳定的。在中性或酸性介质中，MnO_4^{2-} 易发生歧化反应而变为 MnO_4^- 和 MnO_2：

$$3K_2MnO_4 + 2H_2O \longrightarrow 2KMnO_4 + MnO_2 + 4KOH$$

$$3K_2MnO_4 + 2H_2SO_4 \longrightarrow 2KMnO_4 + MnO_2 + 2K_2SO_4 + 2H_2O$$

$$3K_2MnO_4 + 2CO_2 \longrightarrow 2KMnO_4 + MnO_2 + 2K_2CO_3$$

在锰酸盐溶液中加入氧化剂（如 Cl_2 或 $NaClO_4$ 等）或电解氧化，锰酸盐则转变为高锰酸盐：

$$2K_2MnO_4 + Cl_2 \longrightarrow 2KMnO_4 + 2KCl$$

$$2K_2MnO_4 + 2H_2O \xrightarrow{电解} 2KMnO_4 + 2KOH + H_2\uparrow$$

13.4.6 锰（Ⅶ）的化合物

锰（Ⅶ）的化合物中最重要的是高锰酸钾。它是深紫红色晶体，其水溶液呈紫红色。将固体 $KMnO_4$ 加热至 200℃以上，即分解放出氧气。这是实验室制取氧气的方法之一：

$$2KMnO_4 \xrightarrow{\triangle} K_2MnO_4 + MnO_2 + O_2\uparrow$$

$KMnO_4$ 的水溶液也不十分稳定。在酸性溶液中会缓慢地分解，析出棕色的 MnO_2：

$$4MnO_4^- + 4H^+ \longrightarrow 4MnO_2\downarrow + 3O_2\uparrow + 2H_2O$$

在中性或微碱性溶液中，这种分解更慢。光对高锰酸钾的分解起催化作用，故 $KMnO_4$ 溶液通常保存在棕色瓶中。

$KMnO_4$ 是最重要和常用的氧化剂之一。无论在酸性、中性或碱性介质中，都有很强的氧化性。在酸性介质中，其还原产物为 Mn^{2+}：

$$MnO_4^- + 5Fe^{2+} + 8H^+ \longrightarrow Mn^{2+} + 5Fe^{3+} + 4H_2O$$

$$2KMnO_4 + 5K_2SO_3 + 3H_2SO_4 \longrightarrow 2MnSO_4 + 6K_2SO_4 + 3H_2O$$

在中性、微酸性或微碱性溶液中，其还原产物为 MnO_2：

$$2MnO_4^- + 3SO_3^{2-} + H_2O \longrightarrow 2MnO_2\downarrow + 3SO_4^{2-} + 2OH^-$$

在强碱性介质中，其还原产物为 MnO_4^{2-}：

$$2MnO_4^- + SO_3^{2-} + 2OH^- \longrightarrow SO_4^{2-} + 2MnO_4^{2-} + H_2O$$

高锰酸酐 Mn_2O_7 为绿色油状物。它可由粉状的 $KMnO_4$ 与冷至－20℃的浓硫酸作用而制得。在0℃以下可以蒸馏，但10℃时即爆炸分解放出 O_2 和 O_3。若遇有机物则会发生燃烧。

将 Mn_2O_7 溶于水即生成高锰酸 $HMnO_4$。$HMnO_4$ 为强酸，但不稳定，只存在于溶液中。

锰（Ⅶ）化合物有实用价值的是 $KMnO_4$。由于它具有强氧化性，化学分析中常用它来测定一些金属离子如 Fe^{2+}、Ti^{3+}、VO_2^{2+} 以及过氧化氢、草酸盐、甲酸盐和亚硝酸盐等的含量。作为消毒和杀菌剂，高锰酸钾（俗称灰锰氧）的稀溶液可用于洗涤水果、碗、杯及创伤口。

思考题 13.7 为何 $KMnO_4$ 溶液要保存在棕色瓶中？

思考题 13.8 $KMnO_4$ 具有较强的氧化性，举例说明介质的酸碱性对其还原产物的影响。

13.5 铁、钴、镍

铁、钴、镍位于周期表中第4周期。它们性质相似统称为铁系元素。

铁、钴、镍原子的价层电子构型为：Fe $3d^64s^2$；Co $3d^74s^2$；Ni $3d^84s^2$。Fe 的常见氧化态为＋2、＋3，以＋3氧化态最稳定。Co 也有＋2、＋3两种氧化态，但与 Fe 相反，其＋2氧化态稳定。Ni 的稳定氧化态为＋2，其＋3氧化态具强氧化性，很不稳定。

铁的主要矿物有赤铁矿 Fe_2O_3、磁铁矿 Fe_3O_4 和硫铁矿 FeS_2。钴和镍在自然界中常共生，主要矿物有硫化镍矿和氧化镍矿。在我国甘肃的金昌，有大型的硫化镍矿。

13.5.1 铁、钴、镍的单质

铁、钴、镍均为白色且有光泽的金属。铁和镍有较好的延展性，而钴则硬而脆。它们都具有铁磁性，它们的许多合金都是优良的磁性材料。

铁在地壳中的丰度居第四位，仅次于铝。我国有丰富的铁资源。在常用金属中，铁最富有、最价廉，应用最广泛。钢铁产量是一个国家工业化水平的重要标志。

纯铁在空气中较稳定，但含有杂质的铁在潮湿的空气中易生锈。由于锈层疏松多孔，腐蚀可以继续深入。全世界将近1/4的钢铁制品由于锈蚀而报废。在钢中加入铬、锰、镍、钛等金属制成的合金钢、不锈钢，大大改善了普通钢的耐腐蚀性能。

铁、钴、镍均为中等活泼的金属。它们都能溶于稀酸，活泼性按 Fe、Co、Ni 的顺序降低。铁在冷的浓硫酸、浓硝酸中钝化。钴、镍在冷的浓硝酸中钝化。

在加热的情况下，铁、钴、镍可与 O_2、S、Cl_2、Br_2 等非金属发生剧烈反应。

13.5.2 铁、钴、镍的氧化物和氢氧化物

铁系元素可形成多种氧化物：

FeO(黑色)	CoO(灰绿色)	NiO(暗绿色)
Fe_2O_3(砖红色)	Co_2O_3(黑褐色)	Ni_2O_3(黑色)
Fe_3O_4(黑色)		

低氧化态的氧化物为碱性，溶于强酸而不溶于碱。Fe_2O_3 为两性偏碱的氧化物。与酸反应生成 Fe(Ⅲ) 盐。与碱性物质如 NaOH、Na_2CO_3 等共熔，则形成 Fe(Ⅲ) 酸盐：

$$Fe_2O_3 + 6HCl \longrightarrow 2FeCl_3 + 3H_2O$$

$$Fe_2O_3 + Na_2CO_3 \xrightarrow{\triangle} 2NaFeO_2 + CO_2\uparrow$$

氧化铁俗称铁红，有很强的着色力，广泛用作陶瓷、涂料的颜料，还可作为磨光剂和某些反应的催化剂。

Fe_3O_4 为黑色具有磁性的物质，故又称为磁性氧化铁。过去曾认为它是 FeO 和 Fe_2O_3 的混合物，但经 X 射线研究证明，Fe_3O_4 是一种铁（Ⅲ）酸盐：$Fe(FeO_2)_2$。

Co_2O_3 和 Ni_2O_3 具有强氧化性，它们与盐酸作用时会释放出氯气，如

$$Ni_2O_3 + 6HCl \longrightarrow 2NiCl_2 + 3H_2O + Cl_2\uparrow$$

但在通常条件下，Co_2O_3 及 Ni_2O_3 是稳定的。它们都是制备高温陶瓷颜料的重要原料。Al_2O_3 或 SiO_2 与 Co_2O_3 混合后，经高温煅烧，可得到蓝色颜料；而 Fe_2O_3、Cr_2O_3 与 Co_2O_3、Ni_2O_3 按一定比例混合，经高温煅烧，可得到具有光泽的黑色颜料。

在 Fe(Ⅲ)、Fe(Ⅱ)、Co(Ⅱ)、Ni(Ⅱ) 的盐溶液中加入碱，能得到相应的氢氧化物沉淀。但 $Fe(OH)_2$ 极不稳定，在空气中，立即被氧化为红棕色的 $Fe(OH)_3$：

$$4Fe(OH)_2 + O_2 + 2H_2O \longrightarrow 4Fe(OH)_3$$

$Co(OH)_2$ 也易被氧化成黑色的 $Co(OH)_3$，但速度较慢。$Ni(OH)_2$ 不能被空气氧化，只有在强氧化剂存在时，才能生成 $Ni(OH)_3$：

$$2Ni(OH)_2 + Br_2 + 2NaOH \longrightarrow 2Ni(OH)_3 + 2NaBr$$

实际上 $Fe(OH)_3$ 是含水量不定的水合氧化物。新沉淀的 $Fe(OH)_3$ 具有微弱的两性，能溶于浓热的 KOH 溶液：

$$Fe(OH)_3 + KOH \longrightarrow KFeO_2 + 2H_2O$$

$Co(OH)_3$ 和 $Ni(OH)_3$ 都具有强氧化性，它们与盐酸反应时，能将 Cl^- 氧化成 Cl_2：

$$2Co(OH)_3 + 6HCl \longrightarrow 2CoCl_2 + 6H_2O + Cl_2\uparrow$$

13.5.3 铁、钴、镍的盐

13.5.3.1 铁（Ⅱ）盐

铁（Ⅱ）盐又称亚铁盐。其强酸盐几乎都溶于水，溶液呈浅绿色。

工业上最常用的亚铁盐为 $FeSO_4 \cdot 7H_2O$，俗称绿矾。在钛白粉（二氧化钛 TiO_2）的生产过程中，有大量的副产品 $FeSO_4 \cdot 7H_2O$ 产出。纯净的硫酸亚铁可由纯铁与硫酸作用制得：

$$Fe + H_2SO_4 \longrightarrow FeSO_4 + H_2\uparrow$$

Fe(Ⅱ) 不稳定，在水溶液中易被空气氧化为 Fe(Ⅲ)：

$$4FeSO_4 + O_2 + 2H_2O \longrightarrow 4Fe(OH)SO_4 \quad \text{(棕色)}$$

因此，亚铁盐中常含有杂质 Fe^{3+}。

无水 $FeSO_4$ 为白色粉状物。$FeSO_4 \cdot 7H_2O$ 在空气中逐渐失去结晶水而风化，强热则分解成 Fe_2O_3 和硫的氧化物：

$$2FeSO_4 \cdot 7H_2O \longrightarrow \underset{\text{(砖红色)}}{Fe_2O_3} + SO_2\uparrow + SO_3\uparrow + 14H_2O$$

工业上可利用该反应制备铁红颜料。

硫酸亚铁能与碱金属或铵的硫酸盐形成复盐，如硫酸亚铁铵 $(NH_4)_2SO_4 \cdot FeSO_4 \cdot 6H_2O$。它比绿矾稳定得多，是分析化学中常用的还原剂，用于标定 $Cr_2O_7^{2-}$、MnO_4^- 或 Ce^{4+} 溶液的浓度。

13.5.3.2 铁（Ⅲ）盐

铁（Ⅲ）盐中以氯化铁 $FeCl_3$ 较为重要。铁屑与氯气直接作用可得到棕黑色的无水氯化铁：

$$2Fe + 3Cl_2 \longrightarrow 2FeCl_3$$

若将铁屑溶于盐酸，再通入氯气，经浓缩、冷却，即可得到黄棕色的六水氯化铁 $FeCl_3 \cdot 6H_2O$ 结晶。

无水 $FeCl_3$ 基本上属于共价型化合物。其熔点和沸点都较低，分别为 282℃ 和 315℃。它易溶于有机溶剂（如乙醚、丙酮）中。它能升华，在其蒸气中以双聚分子 Fe_2Cl_6 存在，其结构与 Al_2Cl_6 相似：

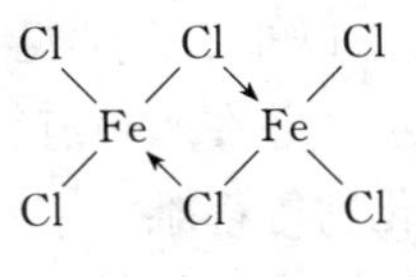

该双聚分子在 750℃ 以上分解为单分子。无水氯化铁在空气中易潮解。

氯化铁主要用于有机染料的生产，还可作为净水剂、有机合成催化剂。在印刷电路、印花滚筒的制作中，用作铜的刻蚀剂，即使铜版上需要去掉的铜部分和 $FeCl_3$ 作用，将 Cu 变成 $CuCl_2$ 而溶解：

$$Cu + 2FeCl_3 \longrightarrow CuCl_2 + 2FeCl_2$$

铁（Ⅲ）盐的一个显著特点是溶于水后都易水解。最初的水解平衡可表示为：

$$[Fe(H_2O)_6]^{3+} + H_2O \rightleftharpoons [Fe(H_2O)_5OH]^{2+} + H_3O^+$$

$$[Fe(H_2O)_5OH]^{2+} + H_2O \rightleftharpoons [Fe(H_2O)_4(OH)_2]^+ + H_3O^+$$

由上述水解平衡可知，在铁盐中加酸可抑制水解。故配制铁（Ⅲ）盐溶液时，往往需要加入一定量的酸。相反，如果 pH 增高，水解倾向就会增大，最后形成胶状的$Fe(OH)_3$（或$Fe_2O_3 \cdot nH_2O$）沉淀。在实际生产中，常利用水解的方法除去杂质铁。

在酸性溶液中，Fe^{3+}具有一定的氧化性，可被 H_2S、$SnCl_2$、KI 等还原：

$$2Fe^{3+} + Sn^{2+} \longrightarrow 2Fe^{2+} + Sn^{4+}$$

$$2Fe^{3+} + 2I^- \longrightarrow 2Fe^{2+} + I_2$$

$$2Fe^{3+} + S^{2-} \longrightarrow 2Fe^{2+} + S$$

在酸性溶液中，Fe^{3+}还能将单质铁氧化：

$$2Fe^{3+} + Fe \rightleftharpoons 3Fe^{2+}$$

该反应向右进行的趋势很大，平衡常数为 10^{41}。在配制亚铁盐时，加入铁屑以防止Fe^{2+}被氧化，正是基于这一原理。

在强碱性介质中，FeO_2^- 可以被一些氧化剂（如 Cl_2、NaClO）氧化，生成红紫色的高铁酸盐溶液：

$$2FeO_2^- + 3ClO^- + 2OH^- \longrightarrow 2FeO_4^{2-} + 3Cl^- + H_2O$$

也可将 Fe_2O_3 与 KNO_3 和 KOH 共熔，得到高铁酸钾：

$$Fe_2O_3 + 3KNO_3 + 4KOH \longrightarrow 2K_2FeO_4 + 3KNO_2 + 2H_2O$$

高铁酸盐中铁的氧化态为$+6$，在酸性介质中，FeO_4^{2-} 为强氧化剂，很不稳定。

硫酸铁（Ⅲ）是另一种重要的铁（Ⅲ）盐。无水硫酸铁（Ⅲ）是白色固体。从水溶液中可以结晶出$Fe_2(SO_4)_3 \cdot 9H_2O$。铁（Ⅲ）的硫酸盐与铝盐一样，易于成矾。铁铵矾 $NH_4Fe(SO_4)_2 \cdot 12H_2O$ 为紫蓝色晶体，与明矾同晶型。

由上述 Fe^{3+}的性质可看出，它和前述讨论过的 Al^{3+}、Cr^{3+}有许多类似之处，主要表现为：在水溶液中，它们都是含六个水分子的水合离子 $[M(H_2O)_6]^{3+}$；都易水解生成难溶的胶状沉淀；都易成矾。这与它们的电荷相同而半径相近有关。

13.5.3.3 钴盐和镍盐

钴盐和镍盐中的钴和镍氧化态以$+2$ 为常见。它们的强酸盐如硝酸盐、硫酸盐、氯化物及高氯酸盐均易溶于水，并在水中有微弱的水解而使溶液呈酸性。它们的弱酸盐如碳酸盐、磷酸盐及硫化物等都难溶于水。

它们的可溶性盐从溶液中析出时，常带有相同数目的结晶水。如 $CoSO_4 \cdot 7H_2O$ 和 $NiSO_4 \cdot 7H_2O$，$Co(NO_3)_3 \cdot 6H_2O$ 和$Ni(NO_3)_2 \cdot 6H_2O$，而且含结晶水的数目与相应的亚铁盐也是一样的。它们的水合离子都具有一定的颜色，这与它们都具有未成对的 d 电子有关。$[Co(H_2O)_6]^{2+}$为粉红色，$[Ni(H_2O)_6]^{2+}$为亮绿色。当从溶液中结晶时，水合离子中的水分子作为结晶水而析出，故它们的盐也具有相应的颜色。

钴（Ⅱ）盐以二氯化钴最为常见。当其分子中含结晶水的数目不同时，会呈现不同的颜色。它们的相互转变温度和特征颜色为：

$$\underset{\text{(粉红色)}}{CoCl_2\cdot 6H_2O} \xrightleftharpoons{52.3℃} \underset{\text{(紫红色)}}{CoCl_2\cdot 2H_2O} \xrightleftharpoons{90℃} \underset{\text{(蓝紫色)}}{CoCl_2\cdot H_2O} \xrightleftharpoons{120℃} \underset{\text{(蓝色)}}{CoCl_2}$$

作干燥剂用的变色硅胶常含有 $CoCl_2$，利用它在吸水和脱水时发生的颜色变化，来指示硅胶的吸湿情况。

镍（Ⅱ）盐以硫酸镍 $NiSO_4\cdot 7H_2O$ 最为常见。常利用金属镍与硫酸和硝酸的反应制备硫酸镍：

$$2Ni+2HNO_3+2H_2SO_4 \longrightarrow 2NiSO_4+NO_2+NO+3H_2O$$

$NiSO_4\cdot 7H_2O$ 为绿色结晶，大量用于电镀行业。

与硫酸亚铁一样，硫酸钴（Ⅱ）及硫酸镍（Ⅱ）都可以与碱金属或铵的硫酸盐形成复盐，如 $(NH_4)_2SO_4\cdot NiSO_4\cdot 6H_2O$。

13.5.4 铁、钴、镍的配合物

铁系元素能形成多种配合物。生物体内 Fe、Co 是重要的微量元素，它们大多以生物大分子的配合物形式存在，在生命过程中起重要作用。我们熟知的血红素，就是 Fe(Ⅱ) 与卟啉分子的配合物，而维生素 B_{12} 则是以 Co(Ⅲ) 为中心离子的大环配合物。血红素 b（天然血红素有 a、b、c 三种类型）的结构如图 13-3 所示。以下主要介绍氨、氰、硫氰以及羰基等的配合物。

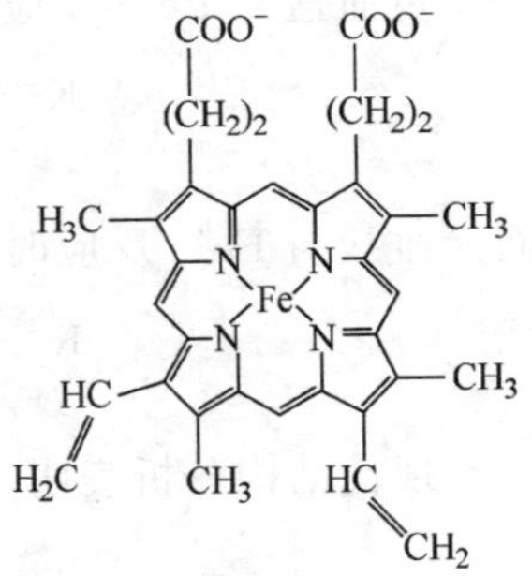

图 13-3 血红素 b 的结构

13.5.4.1 氨配合物

Fe(Ⅱ) 难以形成稳定的氨配合物，而 Fe(Ⅲ) 由于其水合离子发生强烈水解，在其水溶液中加入氨时，不是形成氨合物，而是形成 $Fe(OH)_3$ 沉淀。

将过量的氨水加入到 Co^{2+} 和 Ni^{2+} 的水溶液中，即可生成可溶性的配离子 $[Co(NH_3)_6]^{2+}$ 和 $[Ni(NH_3)_6]^{2+}$。但 $[Co(NH_3)_6]^{2+}$ 不稳定，易被空气中的氧氧化为 $[Co(NH_3)_6]^{3+}$。这与 Co^{3+} 在水溶液中不稳定恰恰相反。显然这与 $[Co(NH_3)_6]^{3+}$ 配离子的稳定性比 $[Co(NH_3)_6]^{2+}$ 配离子高得多有关。它们的电极电势发生了很大的变化：

$$Co^{3+}+e \rightleftharpoons Co^{2+} \qquad E_A^\ominus=1.82V$$

$$[Co(NH_3)_6]^{3+}+e \rightleftharpoons [Co(NH_3)_6]^{2+} \qquad E_A^\ominus=0.1V$$

以至空气中的氧就足以将 $[Co(NH_3)_6]^{2+}$ 氧化为 $[Co(NH_3)_6]^{3+}$。

13.5.4.2 硫氰配合物

在 Fe^{3+} 的酸性溶液中加入硫氰化钾或硫氰化铵，溶液立即呈现血红色：

$$Fe^{3+}+nSCN^- \longrightarrow \underset{\text{(血红色)}}{[Fe(SCN)_n]^{3-n}}$$

$n=1\sim6$，由 SCN^- 的浓度决定。该反应非常灵敏，可用来鉴定和比色测定 Fe^{3+}。该配合物能溶于乙醚和异戊醇。当 Fe^{3+} 浓度很低时，可用乙醚或异戊醇进行萃取，能得到更好的检出效果。

Co^{2+} 与 SCN^- 生成蓝色的 $[Co(SCN)_4]^{2-}$ 配离子，亦可用于检出和比色分析 Co^{2+}。$[Co(SCN)_4]^{2-}$ 也可溶于有机溶剂。

镍的硫氰配合物很不稳定。

13.5.4.3 氰配合物

Fe^{3+}、Fe^{2+}、Co^{3+}、Co^{2+}、Ni^{2+} 均可与 CN^- 形成配合物。

亚铁氰化钾的三水合物 $K_4[Fe(CN)_6]\cdot 3H_2O$ 为黄色晶体，俗称黄血盐。$[Fe(CN)_6]^{4-}$ 是极稳定的配离子，其溶液中几乎检验不出有 Fe^{2+} 的存在。

在黄血盐的溶液中通入氯气（或加入其他氧化剂），即得到铁氰化钾 $K_3[Fe(CN)_6]$：

$$2K_4[Fe(CN)_6]+Cl_2 \longrightarrow 2K_3[Fe(CN)_6]+2KCl$$

$K_3[Fe(CN)_6]$ 为深红色的无水晶体，俗称赤血盐。

黄血盐与 Fe^{3+} 反应，立即生成蓝色沉淀，称为普鲁士蓝：

$$K^+ + Fe^{3+} + [Fe(CN)_6]^{4-} \longrightarrow KFe[Fe(CN)_6]\downarrow$$

（蓝色）

而赤血盐与 Fe^{2+} 反应时，也可得到蓝色沉淀，称为滕氏蓝：

$$K^+ + Fe^{2+} + [Fe(CN)_6]^{3-} \longrightarrow KFe[Fe(CN)_6]\downarrow$$

（蓝色）

现代结构分析表明，普鲁士蓝和滕氏蓝具有相同的组成和结构，如图 13-4 所示，其最简式为：$KFe^{3+}Fe^{2+}(CN)_6$。

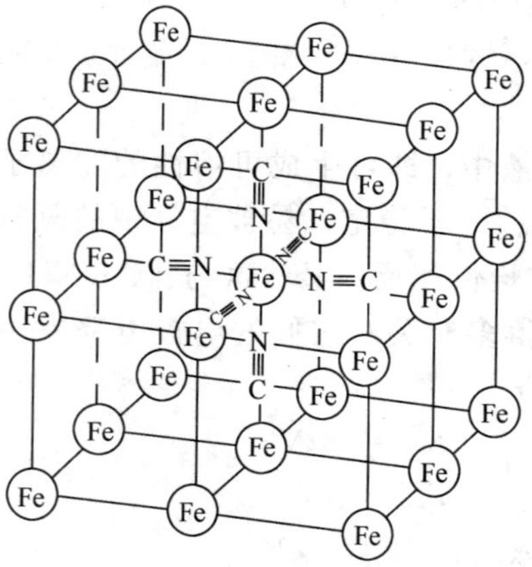

图 13-4 $KFe[Fe(CN)_6]$ 的结构（K 未标出）

普鲁士蓝主要用作涂料、油墨的颜料。

钴和镍也能形成氰配合物，而且 $[Co(CN)_6]^{4-}$ 配离子的还原性比相应的氨配合物更强，甚至可置换水中的氢：

$$2[Co(CN)_6]^{4-}+2H_2O \longrightarrow 2[Co(CN)_6]^{3-}+2OH^-+H_2\uparrow$$

这也说明 $[Co(CN)_6]^{3-}$ 非常稳定。

Ni^{2+} 与 CN^- 形成四配位的平面正方形结构的 $[Ni(CN)_4]^{2-}$ 配离子，且较稳定。

13.5.4.4 羰基配合物

铁、钴、镍都能形成羰基配合物，如 $Fe(CO)_5$、$Co_2(CO)_8$、$Ni(CO)_4$ 等。这

类配合物的特点是金属的氧化态为零。这类配合物的熔点、沸点都较低，易挥发，受热易分解而释放出CO，同时生成单质金属。例如，将$Ni(CO)_4$加热至200℃，即分解得到金属镍：

$$Ni(CO)_4 \xrightarrow{200℃} Ni + 4CO$$

利用羰基配合物的这些性质，可以制备高纯金属。如利用上述反应可制得纯度达99.99%的镍粉。

值得特别注意的是，羰基配合物有毒。例如，吸入$Ni(CO)_4$蒸气，可使人体中的红细胞与CO结合，血液将胶态镍带到全身各个器官。因此，这种中毒很难治疗。制备羰基配合物必须在与外界隔绝的系统中进行。

除以上几类配合物外，Fe^{3+}还能与F^-形成稳定无色的$[FeF_6]^{3-}$配离子：

$$Fe^{3+} + 6F^- \longrightarrow [FeF_6]^{3-}$$

分析化学中常以该反应来掩蔽Fe^{3+}，以消除Fe^{3+}对其他离子鉴定的干扰。

思考题 13.9 在配制的$FeSO_4$溶液中为什么要加入铁钉？

思考题 13.10 比较下列物质还原性的强弱：

$Ni(OH)_2$ $Co(OH)_2$ $Fe(OH)_2$

思考题 13.11 用KSCN检出Co^{2+}时，为何可以用KF消除Fe^{3+}的干扰？

思考题 13.12 在酸性条件下，下列各组离子能否共存？

（1）Fe^{3+}、I^-、Cl^-

（2）Fe^{2+}、Co^{2+}、MnO_4^-

13.6 铂系元素

铂系元素包括钌（Ru）、铑（Rh）、钯（Pd）和锇（Os）、铱（Ir）、铂（Pt）。根据它们密度的不同，前三种元素称为轻铂系元素，后三种称为重铂系元素。铂系元素又称为铂族金属，它们与金、银统称为贵金属。

元素	钌(Ru)	铑(Rh)	钯(Pd)	锇(Os)	铱(Ir)	铂(Pt)
密度/$g \cdot cm^{-3}$	12.45	12.41	12.03	22.61	22.65	21.45

铂系元素在地壳中的含量极微，通常以微量组分（金属或合金形态）存在于火成杂岩体（Igneous Complex）中或在Ni、Cu和Fe的硫化物矿石中以硫化物形式存在。全世界铂族金属资源集中在少数国家中，不少大国的资源和产量不能满足自己的需要。我国的铂族金属储量居世界第六位。

13.6.1 铂族金属的性质和用途概述

铂族元素不仅表现在相同过渡系横排元素性质的相似，而且由于镧系收缩的影响，同一纵行的元素，其性质也很相似。

元素氧化态的变化，遵守过渡元素氧化态变化的一般规律，即渡过了第 7（Ⅶ）族以后，同一过渡系从左向右，氧化态渐趋变低；同族元素从上至下，氧化态渐趋升高。例如，钌和锇都能生成氧化态为＋8 的 RuO_4 和 OsO_4，但后者稳定得多。钯与铂的氧化态，通常都是＋2 和＋4，但钯主要是＋2，而铂除了能生成稳定的 PtO_2 外还能生成不稳定的 PtO_3。

大多数铂系金属能吸收气体，特别是吸收氢气。其中又以钯最易，锇最难，块状的锇几乎不吸收氢气。由于铂系金属具有吸收气体的性能，因而具有高度的催化活性，是优良的氢化催化剂。钯和铂的催化剂已获得了广泛的应用。铑和钌也已制成了最好的氢化催化剂。铱和锇的应用较少。

由于铂族金属具有高熔点、高沸点、低蒸气压和高温抗氧化、抗腐蚀等优良性能，故可用作高温容器（坩埚、器皿）、发热体等。其精密合金材料广泛用于各种仪器、仪表。某些铂族金属及其合金具有高温热电性能和稳定的电阻温度系数，使其成为当今最好的高温热电偶和电阻测量材料。铂族金属由于其高化学惰性还可用于惰性电极材料。

铂族金属及其氧化物的超微细粉，具有良好的电学性质，用于微电子厚膜浆料，后者用丝网印刷在陶瓷基片上，经烧成后，可制得厚膜电路。一片基片上可印刷若干层厚膜电路，层与层之间用绝缘介质隔开，因而集成度加大。

铂族金属配合物作为抗癌药物引人注目。1967 年发现了顺式二氯二氨合铂（Ⅱ）（顺铂）能够治疗癌症。现已出现第二代铂族抗癌药物，如环已二氨铂等。

铂族金属由于其性能独特，除作为饰物和货币外，在工业上也得到了广泛的应用，素有“工业维生素”之称。近几十年来，铂族金属对新技术的发展更起着越来越大的作用，被许多国家列为战备物资。

13.6.2 铂、钯的重要化合物

13.6.2.1 氯铂酸及其盐

铂不溶于一般强酸和氢氟酸中，但能溶于王水生成氯铂酸：

$$Pt + 6HCl + 4HNO_3 \longrightarrow H_2PtCl_6 + 4NO_2 + 4H_2O$$

将该溶液蒸发，可得红棕色 $H_2PtCl_6 \cdot 6H_2O$ 柱状晶体。

在氯铂酸盐中，Na_2PtCl_6 易溶于水，而氯铂酸的铵盐、钾盐、铷盐、铯盐等均是难溶于水的黄色晶体。因此，加 NH_4Cl 或 KCl 至 H_2PtCl_6 溶液中，可沉淀出黄色晶体：

$$2NH_4Cl + H_2PtCl_6 \longrightarrow (NH_4)_2PtCl_6 \downarrow + 2HCl$$

在分析化学上，可利用该反应检验 NH_4^+、K^+ 等。

$(NH_4)_2PtCl_6$ 在加热的条件下，可溶于王水。

$$(NH_4)_2PtCl_6 + 6HCl + 4HNO_3 \xrightarrow{\triangle} 2NCl_3 + 4NO\uparrow + 8H_2O + H_2PtCl_6$$

将 $(NH_4)_2PtCl_6$ 加热至 360℃时开始分解，升温至 700～800℃可煅烧成海绵铂：

$$3(NH_4)_2PtCl_6 \xrightarrow{\triangle} 3Pt + 16HCl + 2NH_4Cl + 2N_2\uparrow$$

工业上，常用 NH_4Cl 沉淀法来提纯铂，不过需要经过 4 次重复操作才能达到要求。

氯铂酸或其盐与还原剂（如 SO_2、草酸）作用，可被还原成氯铂（Ⅱ）酸：

$$H_2PtCl_6 + SO_2 + 2H_2O \longrightarrow H_2PtCl_4 + H_2SO_4 + 2HCl$$

$$K_2PtCl_6 + H_2C_2O_4 \longrightarrow K_2PtCl_4 + 2HCl + 2CO_2\uparrow$$

13.6.2.2 氯钯酸及其盐

将钯溶于王水或通有 Cl_2 的盐酸溶液中，可以生成 H_2PdCl_6：

$$Pd + 6HCl + 4HNO_3 \longrightarrow H_2PdCl_6 + 4NO_2\uparrow + 4H_2O$$

$$Pd + 2HCl + 2Cl_2 \longrightarrow H_2PdCl_6$$

与 H_2PtCl_6 不同，H_2PdCl_6 只存在于溶液中，若加热或蒸发其溶液至干，则得到的是 H_2PdCl_4 或 $PdCl_2$：

$$H_2PdCl_6 \xrightarrow{\triangle} H_2PdCl_4 + Cl_2\uparrow$$

$$H_2PdCl_6 \xrightarrow{\triangle} PdCl_2 + 2HCl + Cl_2\uparrow$$

M_2PdCl_6（M= NH_4^+、K^+）与 M_2PtCl_6 相似也是难溶于水，可由 $PdCl_2$ 水溶液加入相应的 MCl 后，通入 Cl_2 而得：

$$PdCl_2 + 2MCl + Cl_2 \longrightarrow M_2PdCl_6\downarrow \ (M=NH_4^+、K^+)$$

生成的沉淀为红色晶体。M_2PdCl_6 比 M_2PtCl_6 的稳定性差，当加热 M_2PdCl_6 悬浮液至沸腾时，即产生分解而溶解：

$$(NH_4)_2PdCl_6 \xrightarrow{\triangle} (NH_4)_2PdCl_4 + Cl_2\uparrow$$

利用 $(NH_4)_2PdCl_6$ 的不稳定性，易分解为 $(NH_4)_2PdCl_4$，而后者通 Cl_2 又可氧化成 $(NH_4)_2PdCl_6$ 的性质，工业上用于铂与钯分离，以及和贱金属（Cu、Fe、Ni）离子的分离。这种氧化沉淀-溶解的操作要重复 4～5 次，才能达到铂、钯分离的要求。

13.6.2.3 铂、钯的氨配合物

+2 氧化态的铂、钯形成的配合物构型为平面四方形；+4 氧化态形成的配合物构型为八面体。下面介绍+2 氧化态的铂、钯氨配合物的生成。

在 $PtCl_4^{2-}$、$PdCl_4^{2-}$ 的酸性溶液中，逐渐加入氨水，则 NH_3 分子可逐步取代 Cl^-，形成 1～4 个 NH_3 取代的配合物。其中含 1、3 或 4 个 NH_3 的配合物易溶于水，而含 2 个 NH_3 的配合物则为不溶于水的黄色沉淀：

$$PtCl_4^{2-}(aq) + 2NH_3(aq) \xrightleftharpoons{pH=0.5} Pt(NH_3)_2Cl_2\downarrow + 2Cl^-(aq)$$

$$PdCl_4^{2-}(aq) + 2NH_3(aq) \rightleftharpoons Pd(NH_3)_2Cl_2\downarrow + 2Cl^-(aq)$$

生成的黄色沉淀，继续加入氨水，可以溶解：

$$Pt(NH_3)_2Cl_2 + 2NH_3(aq) \longrightarrow [Pd(NH_3)_4]^{2+}(aq) + 2Cl^-(aq)$$

$$Pd(NH_3)_2Cl_2 + 2NH_3(aq) + PdCl_4^{2-}(aq) \xrightleftharpoons{pH=5} [Pd(NH_3)_4]PdCl_4\downarrow + 2Cl^-(aq)$$

（玫瑰红色）

$$[Pd(NH_3)_4]PdCl_4 + 4NH_3(aq) \xrightleftharpoons{pH=8} 2[Pd(NH_3)_4]^{2+}(aq) + 4Cl^-(aq)$$

（无色或淡黄色）

当向$[Pd(NH_3)_4]^{2+}$溶液中加入 HCl 则上述反应逆转，pH 降低至2～0.5 时产生黄色沉淀：

$$[Pd(NH_3)_4]^{2+}(aq) + 2HCl(aq) \longrightarrow Pd(NH_3)_2Cl_2 \downarrow + 2NH_4^+(aq)$$

工业上，常利用配合、酸化的方法，使 Pd 与 Pt 和其他贵金属、贱金属离子分离，达到提纯的目的。该操作往往要重复 4～5 次。

值得注意的是，铂化合物有毒，能引起呕吐、腹泻、黑便，若吸入 0.02g 剂量便会出现中毒症状。有些人接触铂化合物或吸入其粉尘会出现“铂过敏症”，出现红色斑点、哮喘、流泪等，有些人佩戴铂金戒指也可能会出现接触性皮炎。

思考题 13.13 在氯化钯的酸性溶液中加入氨水至 pH＝0.5 时，出现什么现象？继续加入氨水至 pH＝5，又有什么现象？再继续加入氨水至 pH＝8，又出现什么现象？写出各现象的化学反应方程式。

13.7 金属的腐蚀与防腐

金属的腐蚀现象对于我们来说，是不陌生的。在我们身边就可以经常见到被腐蚀了的金属。金属的腐蚀是普遍的，损失是巨大的，其中又以钢铁的腐蚀最为严重。金属的防腐蚀一直是人们面临的一个重大课题。

13.7.1 金属的腐蚀

金属与周围介质接触并发生化学或电化学变化而逐渐损坏的过程，称为金属的腐蚀。根据金属与周围介质作用的机理不同，一般把金属腐蚀分为化学腐蚀和电化学腐蚀。

金属直接与介质起化学反应而引起的腐蚀称为化学腐蚀。在这种情况下，金属表面会生成相应的化合物，如氧化物、硫化物等。它们通常形成一层薄膜，而膜的性质对金属进一步腐蚀有很大影响。如金属铝表面形成的氧化铝薄膜较致密，它能保护金属铝不再与周围的氧继续作用。但氧化镁、氧化铁及硫化铁等薄膜就不具备这种保护性能。金属表面的化学腐蚀在常温时进行得比较缓慢，在高温时则较显著。

金属与电解质溶液接触时，因形成原电池而发生电化学反应所导致的腐蚀，称为电化学腐蚀。下面以钢铁在潮湿空气中的腐蚀为例说明。

在潮湿的空气中，金属表面吸附有一层水膜，该水膜中又溶解有 CO_2、SO_2、O_2 等，因而便含有 HCO_3^-、CO_3^{2-}、HSO_3^-、SO_3^{2-}、H^+、OH^- 等离子而使水膜的导电性增加。钢铁是铁和碳（石墨或 Fe_3C）的合金，这样就相当于铁和碳浸在一个有电解质的溶液中，形成了很多称为微电池的微小原电池。在微电池中，Fe比C活泼，故Fe作为负极，而石墨或Fe_3C作为正极。正极和负极是直接接触的，电子可在其中自由流动。负极的Fe失去电子成为Fe^{2+}进入水膜：

负极 $$Fe \longrightarrow Fe^{2+} + 2e$$

$$Fe^{2+} + 2H_2O \longrightarrow Fe(OH)_2 + 2H^+$$

Fe失去的电子直接转移给了不活泼的石墨或Fe_3C。若溶液中的酸性较强，则H^+从正极获得电子而变为H_2：

正极 $$2H^+ + 2e \longrightarrow H_2\uparrow$$

总腐蚀反应 $$Fe + 2H_2O \longrightarrow Fe(OH)_2 + H_2\uparrow$$

这种情况称为析氢腐蚀。

若水膜近于中性或偏碱性，则溶解在水中的氧从正极上获得电子：

负极 $$Fe \longrightarrow Fe^{2+} + 2e$$

正极 $$O_2 + 2H_2O + 4e \longrightarrow 4OH^-$$

总腐蚀反应 $$2Fe + O_2 + 2H_2O \longrightarrow 2Fe(OH)_2$$

这种情况称为吸氧腐蚀。生成的$Fe(OH)_2$可被空气中O_2氧化成铁锈。如图13-5所示为钢铁电化学腐蚀示意图。

电化学腐蚀在常温下便能发生，故会造成更大的损失。一般情况下，化学腐蚀和电化学腐蚀同时存在。

13.7.2 金属的防腐

了解金属腐蚀的机理后，便可有针对性地采取一系列措施来防止腐蚀。常用的防腐方法如下。

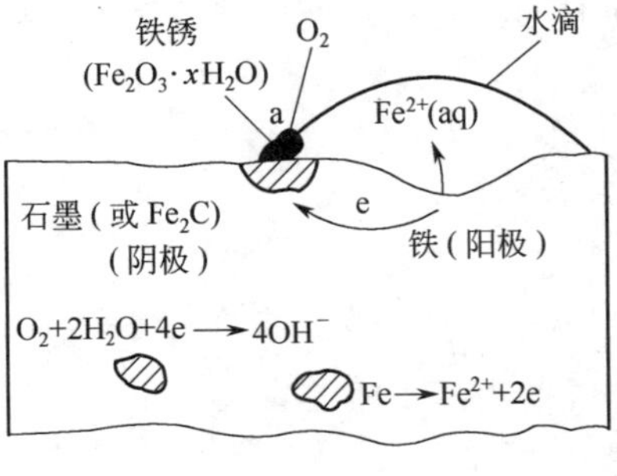

图13-5 钢铁电化学腐蚀示意图

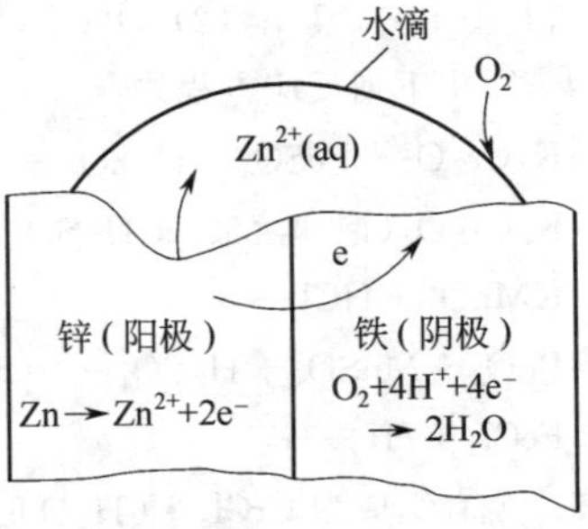

图13-6 镀锌铁腐蚀示意图

13.7.2.1 覆盖保护法

在金属表面覆盖各种涂层，使其与周围介质隔离，如在金属表面涂上涂料、搪瓷、塑料等。短期的保护还可涂上机油、凡士林等。还可在被保护的金属表面上覆盖一层更活泼的金属，如在铁皮上镀上一层锌。镀锌铁在腐蚀性介质中Zn为负极，而Fe为正极，这样铁便得到保护。如图13-6所示。

13.7.2.2 添加缓蚀剂

缓蚀剂是一种添加剂。在介质中添加少量缓蚀剂，能够减缓腐蚀速率。例如，在锅炉用水中添加少量磷酸钠，由于生成的磷酸亚铁能紧密地吸附在锅炉壁上，阻止了锅炉的腐蚀。

13.7.2.3 形成合金

某些金属（如铬、钼、钒、钛等）与钢铁形成合金时，从根本上改变了碳素钢的内部组织结构，起到防腐蚀的作用。不锈钢就是这样的例子。

13.7.2.4 阴极保护法

阴极保护法是在需要被保护的钢铁设备上连接一种比铁的电势更负，即更易失去电子的金属材料。如在远洋海轮的尾部及船体上装上一定数量的锌块，可以防止船体被腐蚀。

习　题

13.1 试讨论 d 区元素的下列性质：

（1）原子价电子层结构的特点；

（2）氧化态的表现及各族最高氧化态稳定性的变化规律；

（3）原子半径的变化；

（4）主要的物理性质。

13.2 选择适当的试剂，完成下列各步反应式。

$$K_2CrO_4 \longrightarrow K_2Cr_2O_7 \longrightarrow CrCl_3 \longrightarrow Cr(OH)_3 \longrightarrow KCrO_2$$

13.3 将 $K_2Cr_2O_7$ 溶液加入以下各溶液中，会发生什么变化（介质自选）？说明现象并写出反应式。

（1）Cl^-、Br^-、I^-；（2）OH^-；（3）NO_2^-；（4）H_2O_2

13.4 写出下列反应方程式：

（1）$K_2Cr_2O_7 + FeSO_4 + H_2SO_4 \longrightarrow$

（2）$K_2Cr_2O_7$(饱和溶液)$+ H_2SO_4$(浓)$\longrightarrow$

（3）$KMnO_4 + HCl \longrightarrow$

（4）$PbO_2 + MnSO_4 + H_2SO_4 \longrightarrow$

（5）$FeCl_3 + HI \longrightarrow$

13.5 今有组成为 $CrCl_3 \cdot 6H_2O$ 的一种化合物：

（1）当溶于水后，加入 $AgNO_3$ 溶液，其中 1/3 的氯可被沉淀；

（2）将固体 $CrCl_3 \cdot 6H_2O$ 置于盛有浓 H_2SO_4 的干燥器中，$CrCl_3 \cdot 6H_2O$ 可失去两分子水；

（3）实验测知该化合物在水溶液中能电离出两种主要离子。

根据上述试验，写出该化合物可能的结构式，并命名。

13.6 铬的某化合物 A 是橙红色溶于水的固体，将 A 用浓 HCl 处理产生黄绿色刺激性气体 B 并生成暗绿色溶液 C。在 C 中加入 KOH 溶液，先生成灰蓝色沉淀 D，继续加入过量的 KOH 溶液则沉淀消失，变成绿色溶液 E。在 E 中加 H_2O_2，加热则生成黄色溶液 F，F 用稀酸酸化，又变为原来的化合物 A 的溶液。问：A、B、C、D、E、F 各是什么物质？写出每步变化的反应方程式。

13.7　在酸性溶液中，用足够的 Na_2SO_3 与 MnO_4^- 反应时，为什么 MnO_4^- 总是被还原为 Mn^{2+}，而得不到 MnO_4^{2-}、MnO_2 或 Mn^{3+}？

13.8　完成下列反应的离子方程式：

（1）$MnO_4^- + SO_3^{2-} + H_2O \longrightarrow$

（2）$MnO_4^- + Fe^{2+} + H^+ \longrightarrow$

（3）$MnO_4^- + S^{2-} + H^+ \longrightarrow$

13.9　已知下列电对的标准电极电势值：

$$Mn^{3+} + e \rightleftharpoons Mn^{2+} \qquad E^{\ominus} = +1.51V$$

$$[Mn(CN)_6]^{3-} + e \rightleftharpoons [Mn(CN)_6]^{4-} \qquad E^{\ominus} = -0.244V$$

试说明锰的这两种氰配离子哪一种较稳定。形成氰配合物后氧化还原性质有何变化？

13.10　在 Mn^{2+} 和 Cr^{3+} 的混合溶液中，采取什么方法可使两者分离？

13.11　某绿色固体 A 可溶于水，其水溶液中通入 CO_2 即得棕黑色的沉淀 B 和紫红色溶液 C。B 与浓 HCl 溶液共热时放出黄绿色气体 D，所得溶液与溶液 C 混合，即得沉淀 B。将气体 D 通入 A 的溶液，可得 C。试判断 A、B、C、D 各是何物。写出有关反应方程式。

13.12　铁制容器能否用于装储浓硫酸、浓硝酸或稀盐酸、稀硫酸？为什么？

13.13　解释下列现象：

（1）新沉淀的 $Mn(OH)_2$ 是白色的，但在空气中慢慢变黑；

（2）制备 $Fe(OH)_2$ 时，如果试剂不除去氧，则得到的产物不是白色的。

13.14　现有 Al^{3+}、Cr^{3+} 和 Fe^{3+} 的混合液，试用化学方法分离。

13.15　用盐酸处理 $Fe(OH)_3$、$Co(OH)_3$ 和 $Ni(OH)_3$ 时各发生什么反应？为什么？

13.16　写出下列变化的各步反应式：

向含有 Fe^{2+} 的溶液中加入 NaOH 溶液后，生成白绿色沉淀，渐渐变为棕色。过滤后，用 HCl 溶解棕色沉淀，溶液呈黄色。加入几滴 KSCN 溶液，立即变红色。通入 SO_2 后，红色消失。滴加 $KMnO_4$ 溶液，紫色褪去。最后加入黄血盐溶液，生成蓝色沉淀。

13.17　$[Co(NH_3)_6]^{3+}$ 和 Cl^- 能共存于同一溶液中，而 Co^{3+} 和 Cl^- 不能共存于同一溶液中。试根据有关数据解释。

13.18　为什么埋在地下的铁管比地面上的铁管更易生锈？为什么工厂附近的铁轨比其他地方的容易生锈？

13.19　化学腐蚀与电化学腐蚀有何不同？

14 d 区元素（二）

在 d 区元素（一）中所介绍的元素，它们次外层的（$n-1$)d 轨道都未充满电子。本章介绍处于周期表第 11(ⅠB) 和 12(ⅡB) 族的元素。这两族元素原子的外围电子构型为（$n-1$)$d^{10}ns^{1\sim2}$，($n-1$)d 轨道上已充满了电子。第 11(ⅠB) 族元素包括铜、银、金，也称为铜族元素。第 12(ⅡB) 族元素包括锌、镉、汞，也称为锌族元素。许多教材也把 11(ⅠB) 族和 12(ⅡB) 族在周期表中的位置划为 ds 区，故也称它们为 ds 区元素。

14.1 铜族和锌族元素通论

14.1.1 铜族元素通论

铜族元素的基本性质见表 14-1。虽然铜族元素的价电子层结构为（$n-1$）d^{10} ns^1，最外层只有一个 s 电子，这与第 1(ⅠA) 族的碱金属元素最外层只有一个 s 电子相似。但第 11(ⅠB) 族元素与第 1(ⅠA) 族元素在性质上却有很大的差别。其根本原因在于它们次外层的电子数不同。铜族元素次外层为 18 个电子，而碱金属次外层为 8 个电子（锂只有 2 个电子）。由于 18 电子结构对核的屏蔽效应比 8 电子结构小得多，故铜族元素原子的有效核电荷较多，它们最外层的一个 s 电子受核电荷的吸引要比碱金属的强得多。与同周期的碱金属元素相比，铜族元素的电离能高得多，原子半径小得多，密度也大得多。铜族元素的一些基本性质以及与碱金属的差别主要表现在以下几个方面。

表 14-1 铜族元素的基本性质

项 目	元 素		
	铜(Cu)	银(Ag)	金(Au)
原子序数	29	47	79
电子层结构	$[Ar]3d^{10}4s^1$	$[Kr]4d^{10}5s^1$	$[Xe]5d^{10}6s^1$
金属半径/pm	128	145	144
$r(M^+)$/pm	96	126	137
$r(M^{2+})$/pm	69	—	—
I_1/kJ·mol^{-1}	745.5	731.1	890.2
I_2/kJ·mol^{-1}	1958.2	2073.8	1978.2
I_3/kJ·mol^{-1}	3554.1	3361.1	—
电负性	1.9	1.9	2.4
氧化态	+1,+2,+3	+1,+2,+3	+1,+2,+3

① 铜族金属远不如碱金属活泼。对同族元素而言，铜族元素自上而下，金属的活泼性减弱，而碱金属恰好与此相反。

② 铜族元素有几种氧化态，而碱金属仅表现为+1氧化态。这是因为铜族元素原子的 ns 电子与 $(n-1)$d 电子的能量差别不是太大，$(n-1)$d 电子在一定的条件下可以失去1～2个，故呈现变价。但碱金属的 ns 电子与 $(n-1)$p 电子在能量上差别很大，故只能有+1氧化态。

③ 铜族元素所形成的二元化合物，其键型具有相当程度的共价性，而碱金属的化合物绝大多数是离子型。

④ 铜族元素很易形成配合物，而碱金属则很难形成稳定的配合物。这是因为铜族元素 $(n-1)$d、ns、np 轨道能量差别不大，能级较低的空轨道较多，而碱金属则不具备这种成配条件。

14.1.2 锌族元素通论

锌族元素的价电子构型为 $(n-1)d^{10}ns^2$。与碱土金属一样，最外层只有两个s电子。但是，同样由于次外层电子数不同的原因，第12(ⅡB)族与第2(ⅡA)族在性质上有很大的差别，表现在锌族元素的金属半径比相应碱土金属小，金属性比碱土金属弱。两族元素性质的比较见表14-2。

表14-2 锌族元素与碱土金属元素性质的比较

项目	钙(Ca)	锌(Zn)	锶(Sr)	镉(Cd)	钡(Ba)	汞(Hg)
金属半径/pm	197	133	215	149	217	160
I_1/kJ·mol^{-1}	589.8	906.4	549.5	867.8	502.9	1007.2
I_2/kJ·mol^{-1}	1145.5	1733.3	1064.2	1631.6	965.3	1810
I_3/kJ·mol^{-1}	4912.4	3832.6	4200	3616.8	3453.6	3300.3
电负性	1.0	1.6	1.0	1.7	0.9	1.9
氧化态	+2	+1,+2	+2	+1,+2	+2	+1,+2

锌族元素的金属性依Zn-Cd-Hg的顺序减弱，与铜族元素递变的规律一致，而与碱土金属的递变规律相反。

锌族元素的二元化合物与铜族相似，也具有相当程度的共价性。它们的离子易形成配合物。这些也是与碱土金属的不同之处。

但是第12(ⅡB)族与第2(ⅡA)族在性质上的差别，比起第11(ⅠB)族与第1(ⅠA)族之间的差别要小一些。

锌族元素虽然有可变的氧化态，但Zn、Cd主要表现为+2氧化态，Hg的常见氧化态是+1和+2。

锌族元素单质的熔点、沸点都比相应的铜族金属低，而且导电性也较铜族金属差。这可能与最外层s电子全充满有关。而且这种稳定性随着原子序数增加而增强。在汞原子中，这一对s电子最稳定，所形成的金属键最弱，故汞在室温时为液体。

锌族元素比铜族元素活泼，它们的金属活泼顺序为：Zn＞Cd＞(H_2)＞Cu＞Hg＞Ag＞Au。

思考题 14.1 铜族和碱金属元素的原子结构和性质有何异同?

思考题 14.2 锌族和碱土金属元素的原子结构和性质有何异同?

14.2 铜、银、金

铜、银、金由于化学性质不活泼，在自然界中都有游离的单质存在。其中铜主要以多种形式的铜矿存在，如辉铜矿（Cu_2S）、黄铜矿（$CuFeS_2$）等。过去，我国以云南的东川铜矿最著名。在江西德兴也发现了特大型的铜矿。

银主要以闪银矿（Ag_2S）形式存在，硫化银常与方铅矿共生。我国含银的方铅矿非常丰富。

金主要以单质金形式分布于岩石和砂砾中。我国的黑龙江、山东和新疆都盛产金。近年又在甘肃发现了大型金矿。

14.2.1 单质的性质

铜、银、金依次是赤红色、白色及黄色且带有光泽。铜族单质的晶体结构和性质见表 14-3。

表 14-3 铜族单质的晶体结构和性质

项　目	单　质		
	铜	银	金
晶型	面心立方	面心立方	面心立方
颜色	赤红色	白色光泽	黄色光泽
固体密度(20℃)/g·cm^{-3}	8.96	10.5	19.3
熔点/℃	1083.4	961.9	1064.4
沸点/℃	2567	2212	3080
硬度	3	2.7	2.5
导电性(Hg=1)	56.9	59.0	39.6
升华焓 $\Delta_s H_m^\ominus$/kJ·mol^{-1}	339.7	284.5	354
$E^\ominus(M^+/M)$/V	0.521	0.7996	1.692

铜族单质具有密度较大、熔、沸点较高及优良的导电、传热性能等共同特性。它们的延展性好，尤其以金最为突出。1g 金能拉成长达 3km 的金丝，或压成约 0.0001mm 厚的金箔。铜的导电性较好，价格也适宜，被广泛用作导电材料。银的导电性和导热性在金属中占第一位，但其价格较贵，用途受到限制，主要用来制作器皿、饰物及货币等。金为贵金属，主要用于电镀和饰物。金还是国际通用货币。

铜、银、金之间以及与其他金属都易形成合金。如黄铜（60% Cu、40% Zn）是常用的铜锌合金，具有良好的抗腐蚀性能和机械加工性能，广泛用作仪器零件。

铜、银、金是人类最早使用的金属。我国是最早使用铜器的国家之一，并且是青铜（Cu-Sn-Zn）、黄铜及白铜（Cu-Ni-Zn）等合金的首创者。此外，据记载，我国远在商代已掌握了黄金的淘洗加工技术，春秋战国时期已有金饰工艺品，汉代开始有镀金法。

金属铜在干燥空气中是稳定的，但在含有 CO_2 的潮湿空气中，表面会逐渐生成绿色的铜锈（碱式碳酸铜）：

$$2Cu+O_2+H_2O+CO_2 \longrightarrow Cu_2(OH)_2CO_3$$

在空气中将铜加热，能生成黑色的 CuO。

铜不与稀盐酸或稀硫酸反应，但能溶于硝酸和浓硫酸：

$$Cu+4HNO_3(\text{浓}) \longrightarrow Cu(NO_3)_2+2NO_2\uparrow+2H_2O$$

$$3Cu+8HNO_3(\text{稀}) \longrightarrow 3Cu(NO_3)_2+2NO\uparrow+4H_2O$$

$$Cu+2H_2SO(\text{浓}) \xrightarrow{\triangle} CuSO_4+SO_2\uparrow+2H_2O$$

铜还能溶于浓的氰化钠溶液，并放出氢气：

$$2Cu+8CN^-+2H_2O \longrightarrow 2[Cu(CN)_4]^{3-}+2OH^-+H_2\uparrow$$

说明 $[Cu(CN)_4]^{3-}$ 配离子非常稳定。

常温下，银在空气中是很稳定的，即使加热也不与空气中的氧反应。银和硫有较强的亲和作用，当与含 H_2S 的空气接触时，表面生成黑色的 Ag_2S：

$$2Ag+H_2S+\frac{1}{2}O_2 \longrightarrow Ag_2S+H_2O$$

银与铜相似，能溶于硝酸或热的浓硫酸中。银还能溶于含有空气的氰化钠溶液中：

$$4Ag+8CN^-+2H_2O+O_2 \longrightarrow 4[Ag(CN)_2]^-+4OH^-$$

金在空气中极为稳定。它不溶于盐酸、硫酸或硝酸，但易溶于王水：

$$Au+4HCl+HNO_3 \longrightarrow HAuCl_4+NO\uparrow+2H_2O$$

金溶于含有空气的氰化钠溶液：

$$4Au+8NaCN+2H_2O+O_2 \longrightarrow 4Na[Au(CN)_2]+4NaOH$$

这是氰化法提取金的化学原理。

在氧化剂（如 Fe^{3+}）存在下，金能溶于酸性硫脲溶液：

$$Au+Fe^{3+}+2SC(NH_2)_2 \longrightarrow Au[SC(NH_2)_2]_2^+ +Fe^{2+}$$

这是硫脲法提取金的化学原理。由于硫脲无毒，且溶解金、银的速率比氰化物快，硫脲法提金的方法已引起人们的重视。

铜、银、金在强碱中均很稳定。

14.2.2 铜的主要化合物

铜有+1、+2、+3（如 $KCuO_2$）氧化态的化合物。其中+3 氧化态的铜化合物不稳定，故不常见，这里不予讨论。

铜在酸性溶液中的电势图为：

$$Cu^{2+} \xrightarrow{0.153} Cu^+ \xrightarrow{0.521} Cu$$
$$Cu^{2+} \xrightarrow{0.342} Cu$$

由电势图可知，$E^\ominus(Cu^+/Cu) > E^\ominus(Cu^{2+}/Cu^+)$，故在酸性溶液中，$Cu^+$ 是不稳定的，容易发生歧化反应。

$$2Cu^{+} \rightleftharpoons Cu^{2+} + Cu \quad K^{\ominus} = \frac{[Cu^{2+}]}{[Cu^{+}]^2} \approx 10^6 \ (298K)$$

该反应的平衡常数很大，故可溶性 Cu^{+} 的化合物溶于水即歧化为 Cu^{2+} 和 Cu。根据平衡移动原理，只有当形成难溶的 Cu^{+} 化合物或稳定的 Cu^{+} 配合物时，Cu^{+} 才能稳定。例如，在 $CuSO_4$ 溶液中加入 KI，由于生成难溶的碘化亚铜，使 Cu(Ⅰ) 稳定，反应得以进行：

$$2Cu^{2+} + 4I^{-} \longrightarrow 2CuI\downarrow + I_2$$

在过量 Cl^{-} 存在下，可得到稳定的 Cu(Ⅰ) 配合物：

$$Cu + CuCl_2 + 2HCl \longrightarrow 2H[CuCl_2]$$

由此可知，Cu(Ⅰ) 与 Cu(Ⅱ) 的化合物在一定条件下可以相互转化。

14.2.2.1 铜的氧化物和氢氧化物

铜的氧化物有 CuO 和 Cu_2O，铜的氢氧化物有 $Cu(OH)_2$ 和 CuOH。

加热分解硝酸铜或碳酸铜可得黑色的 CuO。CuO 不溶于水，但可溶于酸。加强碱于可溶性铜盐溶液中，可得到淡蓝色的 $Cu(OH)_2$ 沉淀。$Cu(OH)_2$ 对热不稳定，微热即分解为黑色 CuO：

$$Cu(OH)_2 \xrightarrow{\triangle} CuO + H_2O$$

氢氧化铜微显两性，但以碱性为主，故易溶于酸也能溶于浓的强碱：

$$Cu(OH)_2 + 2NaOH \longrightarrow Na_2CuO_2 + 2H_2O$$

或
$$Cu(OH)_2 + 2NaOH \longrightarrow Na_2[Cu(OH)_4]$$

$Cu(OH)_2$ 能溶于氨水，生成深蓝色的四氨合铜（Ⅱ）配离子 $[Cu(NH_3)_4]^{2+}$：

$$Cu(OH)_2 + 4NH_3 \longrightarrow [Cu(NH_3)_4]^{2+} + 2OH^{-}$$

铜氨溶液是很好的纤维素溶剂，工业上用于生产人造丝。

Cu_2O 在自然界中以赤铜矿形式存在。在 $CuSO_4$ 溶液中加入过量的 NaOH 和还原剂（如葡萄糖、羟胺等)，适当加热后可析出红色的 Cu_2O 沉淀：

$$2[Cu(OH)_4]^{2-} + CH_2OH(CHOH)_4CHO \xrightarrow{\triangle} Cu_2O\downarrow + 4OH^{-} + CH_2OH(CHOH)_4COOH + 2H_2O$$

分析化学上利用该反应测定醛，医学上利用该反应来检查尿糖。

Cu_2O 溶于稀硫酸，立即发生歧化反应：

$$Cu_2O + H_2SO_4 \longrightarrow CuSO_4 + Cu\downarrow + H_2O$$

CuOH 极不稳定，很容易脱水生成 Cu_2O。由于 Cu_2O 具有鲜艳的红色，在玻璃和搪瓷工业中被用作红色颜料。

14.2.2.2 氯化铜

卤化铜除碘化铜（Ⅱ）不存在外，其他的卤化铜均可由碳酸铜与氢卤酸反应制得。当 Cu^{2+} 与 I^{-} 作用时，I^{-} 能将 Cu^{2+} 还原为 Cu^{+}，得到的是难溶的 CuI。

卤化铜中以氯化铜最为常见。无水 $CuCl_2$ 呈棕黄色。X 射线研究证明，它是共价化合物，具有链状的分子结构：

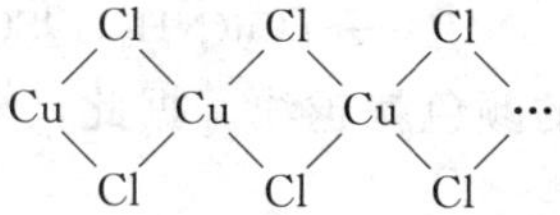

$CuCl_2$ 不但易溶于水，还易溶于乙醇和丙酮等有机溶剂。$CuCl_2$ 在水溶液中的颜色随浓度不同而发生变化。在很浓的溶液中，$CuCl_2$ 可形成黄色的 $[CuCl_4]^{2-}$：

$$Cu^{2+} + 4Cl^- \rightleftharpoons [CuCl_4]^{2-}$$

当溶液较稀时，Cu^{2+} 可与水分子形成蓝色的 $[Cu(H_2O)_6]^{2+}$：

$$Cu^{2+} + 6H_2O \rightleftharpoons [Cu(H_2O)_6]^{2+}$$

当 $CuCl_4^{2-}$ 与 $[Cu(H_2O)_6]^{2+}$ 并存时，溶液呈黄绿色或绿色。从溶液中结晶出来的氯化铜含有两个结晶水，$CuCl_2 \cdot 2H_2O$ 为绿色结晶，在潮湿的空气中易潮解，在干燥的空气中易风化。

在热盐酸溶液中，用铜粉还原 $CuCl_2$ 可制得难溶于水的氯化亚铜 CuCl：

$$Cu^{2+} + 2Cl^- + Cu \longrightarrow 2CuCl\downarrow$$

这是一个反歧化反应，显然是由于生成了难溶的 CuCl，使反应得以进行。

由于 CuCl 能够形成可溶性的 $[CuCl_2]^-$ 和 $[CuCl_3]^{2-}$ 等配离子，故可溶于盐酸或 KCl 溶液中。

氯化亚铜是亚铜盐中最重要的化合物，用作有机合成的催化剂和还原剂，石油工业的脱硫剂和脱色剂等。氯化亚铜的盐酸溶液能够吸收 CO 而形成氯化碳酰铜（Ⅰ）$Cu(CO)Cl \cdot H_2O$，分析化学上利用该性质测定混合气体中的 CO 含量。

14.2.2.3 硫酸铜

$CuSO_4 \cdot 5H_2O$ 俗称胆矾，为蓝色结晶，其结构式为 $[Cu(H_2O)_4]SO_4 \cdot H_2O$。将胆矾加热，随着温度升高逐步脱水，最后变为白色粉末状的无水硫酸铜。无水硫酸铜极易吸水，吸水后又变为蓝色的水合物。故无水硫酸铜可用来检验有机溶剂中的微量水分，也可用作干燥剂。

硫酸铜是制备其他含铜化合物的重要原料，工业上用于镀铜和制备蓝色颜料（如铜酞菁）等。硫酸铜与石灰乳混合得到波尔多液。波尔多液在农业上，尤其在果园中是最常用的杀虫剂。

14.2.2.4 铜的配合物

Cu^{2+} 是较好的配合物形成体，能与许多配体如 OH^-、Cl^-、F^-、SCN^-、H_2O、NH_3 等，以及一些有机配体形成配合物。由于 Cu^+ 只带有一个正电荷，因此 Cu^+ 的配位能力不如 Cu^{2+}。但也能与一些配体如 Cl^-、CN^- 及 NH_3 等形成低配位数的配合物。

当向 $CuSO_4$ 溶液中加入少量氨水时，得到的不是氢氧化铜，而是浅蓝色的碱式硫酸铜沉淀。继续加入氨水，碱式硫酸铜溶解，得到深蓝色的四氨合铜配离子，反应为：

$$2CuSO_4 + 2NH_3 \cdot H_2O \longrightarrow (NH_4)_2SO_4 + Cu_2(OH)_2SO_4\downarrow$$

$$Cu_2(OH)_2SO_4+8NH_3 \longrightarrow [Cu(NH_3)_4]SO_4+[Cu(NH_3)_4](OH)_2$$

溶液中 Cu^{2+} 含量越低，溶液的颜色就越浅。据此，分析化学上用来作比色分析以测定铜的含量。

在热的 Cu^{2+} 溶液中加入 CN^-，得到白色的 CuCN 沉淀，而不是 $Cu(CN)_2$ 沉淀：

$$2Cu^{2+}+4CN^- \longrightarrow 2CuCN\downarrow+(CN)_2\uparrow$$

继续加入过量的 CN^-，CuCN 溶解形成无色的 $[Cu(CN)_3]^{2-}$ 或 $[Cu(CN)_4]^{3-}$：

$$CuCN+2CN^- \longrightarrow [Cu(CN)_3]^{2-}$$

在电镀工业中，铜（Ⅰ）氰配离子溶液用作镀铜的电镀液。由于氰化物有剧毒，目前国内外无氰电镀工艺发展迅速，如以焦磷酸铜配离子 $[Cu(P_2O_7)_2]^{6-}$ 作电镀液来取代氰化法镀铜。

14.2.3 银的主要化合物

银以氧化态为+1 的化合物最为常见。除 $AgNO_3$、AgF、$AgClO_4$ 易溶，Ag_2SO_4 微溶外，其他银盐大多难溶于水。这是银盐的一个重要特点。

14.2.3.1 氧化银

在可溶性银盐溶液中加入强碱，可得到暗褐色的 Ag_2O 沉淀：

$$2Ag+2OH^- \longrightarrow Ag_2O\downarrow+H_2O$$

该反应可以认为先生成 AgOH，常温下立即脱水生成 Ag_2O。

Ag_2O 受热不稳定，加热至 300℃即完全分解为 Ag 和 O_2。

Ag_2O 可溶于硝酸，也可溶于氰化钠或氨水溶液中：

$$Ag_2O+4CN^-+H_2O \longrightarrow 2[Ag(CN)_2]^-+2OH^-$$

$$Ag_2O+4NH_3+H_2O \longrightarrow 2[Ag(NH_3)_2]^++2OH^-$$

Ag_2O 的氨水溶液在放置过程中，可能会生成一种爆炸性很强的物质（可能是 Ag_3N 或 Ag_2NH），因此，该溶液不宜久置。若要破坏银氨配离子，可以加入 HCl。

14.2.3.2 硝酸银

硝酸银是最重要的可溶性银盐。将银溶解于硝酸，然后蒸发结晶，便得到白色或无色的结晶硝酸银：

$$3Ag+4HNO_3 \longrightarrow 3AgNO_3+NO\uparrow+2H_2O$$

固体 $AgNO_3$ 受热易分解：

$$2AgNO_3 \xrightarrow{\triangle} 2Ag+2NO_2\uparrow+O_2\uparrow$$

如有微量的有机物存在或日光直接照射即逐渐分解，故 $AgNO_3$ 应保存在棕色玻璃瓶中。

硝酸银遇到蛋白质即生成黑色的蛋白银，因此它对有机组织有破坏作用，使用时不要接触皮肤。10% $AgNO_3$ 溶液在医疗上用作消毒剂和腐蚀剂。大量的 $AgNO_3$ 用于制造照相底片上的卤化银。

14.2.3.3 卤化银

AgCl、AgBr 及 AgI 可由相应的卤化物与硝酸银溶液作用而得到。它们都难溶于水，溶解度依 Cl、Br、I 的顺序降低。它们的颜色也依 Cl、Br、I 的顺序加深。AgF 为无色，易溶于水。AgCl 为白色，AgBr 为淡黄色，而 AgI 为黄色。

卤化银见光易分解：

$$2AgX \xrightarrow{光} 2Ag + X_2$$

基于卤化银的感光性，将其用于照相行业。照相底片和印相纸上有一薄层散布有细小溴化银的明胶。摄影时，强弱不同的光线照射到底片上时，便引起底片上 AgBr 不同程度的分解：

$$AgBr \xrightarrow{光} Ag + Br$$

分解产物溴与明胶结合，银成为极细小的银晶核析出。底片上感光越强的部分，AgBr 分解越多，颜色也越黑。然后将底片经显影剂（如对苯二酚、米吐尔等）显影和定影剂（硫代硫酸钠）定影，上面的影像就被固定下来。这时影像与实物的明暗度是相反的。为了得到与实物一致的像，须将底片放在印相纸上，再感光一次。然后经同样的显影和定影处理，即得到与实物一致的相片。

14.2.3.4 银的配合物

Ag^+ 有空的 5s5p 轨道，容易形成配合物是它的一个重要特征。Ag^+ 通常以 sp 杂化轨道与配体形成配位数为 2 的配离子。常见的银配离子及相应的不稳定常数如下。

$AgCl_2^-$　$K^\ominus_{不稳} = 1.76\times10^{-5}$；$[Ag(NH_3)_2]^+$　$K^\ominus_{不稳} = 8.91\times10^{-8}$

$[Ag(S_2O_3)_2]^{3-}$　$K^\ominus_{不稳} = 3.47\times10^{-11}$；$[Ag(CN)_2]^-$　$K^\ominus_{不稳} = 7.94\times10^{-22}$

通常，我们都知道 AgCl 难溶于水，但在浓盐酸或氯离子浓度很高的溶液中，会因形成 $AgCl_2^-$ 配离子而显著地溶解。根据一些难溶银盐溶解度的不同和配离子稳定性的差异，沉淀的溶解和生成以及配离子的形成和解离，可以在一定条件下相互转化。

① AgCl 可溶于氨水，形成 $[Ag(NH_3)_2]^+$ 配离子：

$$AgCl(s) + 2NH_3(aq) \rightleftharpoons [Ag(NH_3)_2]^+(aq) + Cl^-(aq)$$

$$K^\ominus = \frac{[[Ag(NH_3)_2]^+][Cl^-]}{[NH_3]^2} = \frac{K^\ominus_{sp}(AgCl)}{K^\ominus_{不稳}([Ag(NH_3)_2]^+)}$$

$$= \frac{1.77\times10^{-10}}{8.91\times10^{-8}} = 1.99\times10^{-3}$$

② 在 $[Ag(NH_3)_2]^+$ 溶液中加入 Br^-，则因 AgBr 沉淀的生成而使 $[Ag(NH_3)_2]^+$ 解离：

$$[Ag(NH_3)_2]^+ + Br^- \rightleftharpoons AgBr\downarrow + 2NH_3$$

$$K^\ominus = \frac{[NH_3]^2}{[[Ag(NH_3)_2]^+][Br^-]} = \frac{K^\ominus_{不稳}([Ag(NH_3)_2]^+)}{K^\ominus_{sp}(AgBr)}$$

$$K^{\ominus}=\frac{8.91\times10^{-8}}{5.35\times10^{-13}}=1.67\times10^{5}$$

③ AgBr 可溶于含有 $S_2O_3^{2-}$ 的溶液中，形成 $[Ag(S_2O_3)_2]^{3-}$ 配离子：

$$AgBr(s)+2S_2O_3^{2-}(aq)\rightleftharpoons[Ag(S_2O_3)_2]^{3-}(aq)+Br^-(aq)$$

$$K^{\ominus}=\frac{[[Ag(S_2O_3)_2]^{3-}][Br^-]}{[S_2O_3^{2-}]^2}=\frac{K_{sp}^{\ominus}(AgBr)}{K_{不稳}^{\ominus}([Ag(S_2O_3)_2]^{3-})}$$

$$K^{\ominus}=\frac{5.35\times10^{-13}}{3.47\times10^{-11}}=1.54\times10^{-2}$$

④ 在 $[Ag(S_2O_3)_2]^{3-}$ 溶液中加入 I^-，则因 AgI 沉淀的生成而使 $[Ag(S_2O_3)_2]^{3-}$ 解离：

$$[Ag(S_2O_3)_2]^{3-}+I^-\rightleftharpoons AgI\downarrow+2S_2O_3^{2-}$$

$$K^{\ominus}=\frac{[S_2O_3^{2-}]^2}{[[Ag(S_2O_3)_2]^{3-}][I^-]}=\frac{K_{不稳}^{\ominus}([Ag(S_2O_3)_2]^{3-})}{K_{sp}^{\ominus}(AgI)}$$

$$K^{\ominus}=\frac{3.47\times10^{-11}}{8.52\times10^{-17}}=4.1\times10^{5}$$

⑤ AgI 可溶于含有 CN^- 的溶液中，形成 $[Ag(CN)_2]^-$ 配离子：

$$AgI(s)+2CN^-\rightleftharpoons[Ag(CN)_2]^-+I^-$$

$$K^{\ominus}=\frac{[[Ag(CN)_2]^-][I^-]}{[CN^-]^2}=\frac{K_{sp}^{\ominus}(AgI)}{K_{不稳}^{\ominus}([Ag(CN)_2]^-)}$$

$$K^{\ominus}=\frac{8.52\times10^{-17}}{7.94\times10^{-22}}=1.07\times10^{5}$$

⑥ 在 $[Ag(CN)_2]^-$ 溶液中加入 S^{2-}，则因生成 Ag_2S 沉淀而使 $Ag(CN)_2^-$ 解离：

$$2[Ag(CN)_2]^-+S^{2-}\rightleftharpoons Ag_2S\downarrow+4CN^-$$

$$K^{\ominus}=\frac{[CN^-]^4}{[[Ag(CN)_2]^-]^2[S^{2-}]}=\frac{K_{不稳}^{\ominus 2}([Ag(CN)_2]^-)}{K_{sp}^{\ominus}(Ag_2S)}$$

$$K^{\ominus}=\frac{(7.94\times10^{-22})^2}{6.3\times10^{-50}}=1.00\times10^{7}$$

从以上各步转化反应的平衡常数 $K^{\ominus}$ 的大小，可知各步转化反应的完全程度。利用上述各步反应，可将 Cl^-、Br^-、I^- 等离子分离。

银配离子在实际生产、生活中有较广泛的应用，例如，用于电镀、照相、制镜等方面。制造热水瓶时，瓶胆上镀银就是利用银氨配离子与甲醛或葡萄糖的反应：

$$2[Ag(NH_3)_2]^++RCHO+2OH^-\longrightarrow 2Ag+RCOONH_4+3NH_3\uparrow+H_2O$$

该反应称为银镜反应。

思考题 14.3 说明 Cu^{2+}、Ag^+ 分别与过量的 NaCN 溶液反应时的情况。用反应方程式来表示。

思考题 14.4 解释下列现象：

(1) 铜器在含有CO_2的潮湿空气中表面会产生一层铜绿；

(2) $AgNO_3$溶液应保存在棕色瓶中；

(3) 在含有H_2S的空气中银器的表面会慢慢变黑。

思考题 14.5 $CuCl_2$的浓溶液逐渐加水稀释时，溶液的颜色是如何变化的？为什么？

14.3 锌、镉、汞

14.3.1 单质的性质

锌族元素在自然界中多以硫化物形式存在。锌和汞的主要矿石是闪锌矿 ZnS、菱锌矿 $ZnCO_3$ 和辰砂（又名朱砂）HgS。锌矿常与铅、银、镉等共存，成为多金属矿。大部分镉是在炼锌时以副产品形式得到的。我国铅锌矿蕴藏量极为丰富，湖南省的水口山和桃林是著名的铅锌矿产地。锌族单质的性质见表 14-4。

表 14-4 锌族单质的性质

性质	元素		
	锌(Zn)	镉(Cd)	汞(Hg)
密度/$g \cdot cm^{-3}$	7.133	8.642	13.545
熔点/℃	419.58	320.9	−38.87
沸点/℃	907	765	356.58
$E^{\ominus}(M^{2+}/M)$/V	−0.7618	−0.403	+0.851
$E^{\ominus}(M_2^{2+}/M)$/V	−0.7618		+0.7973

锌族元素是位于过渡系的最后一族元素。它们在物理性质上的一个特点，是其单质的熔点、沸点都比同一过渡系其他金属单质低。其中金属汞是熔点最低的金属，常温下为液体。

锌和镉的金属活泼性相近，而汞与它们差别较大。在干燥的空气中，锌、镉、汞单质都较稳定。受热时，锌和镉燃烧生成氧化物，汞则氧化得很慢。由它们的电极电势可知，锌和镉都能溶于盐酸和稀硫酸中，汞则完全不溶解，而只能溶于硝酸或热的浓硫酸：

$$3Hg + 8HNO_3 \longrightarrow 3Hg(NO_3)_2 + 2NO\uparrow + 4H_2O$$

$$Hg + 2H_2SO_4(浓) \xrightarrow{\triangle} HgSO_4 + SO_2\uparrow + 2H_2O$$

过量的汞与冷的稀硝酸反应，得到硝酸亚汞：

$$6Hg + 8HNO_3 \longrightarrow 3Hg_2(NO_3)_2 + 2NO\uparrow + 4H_2O$$

锌与含有CO_2的潮湿空气接触时，表面会生成一层碱式碳酸锌薄膜，它能阻止锌进一步被氧化：

$$4Zn + 2O_2 + 3H_2O + CO_2 \longrightarrow ZnCO_3 \cdot 3Zn(OH)_2$$

由于锌具有这种性质，而且锌又比铁活泼，故常把锌镀在铁片上，构成镀锌铁（俗称白铁皮），以防止铁片生锈。当镀锌铁的锌层被破坏而使铁皮裸露时，在裸露的地方则会形成原电池。由于锌比铁活泼，锌是原电池的负极，铁是正极，所以锌被腐蚀，而铁仍得到保护。

锌与铍、铝相似，为两性金属，能溶于强碱中：

$$Zn + 2NaOH \longrightarrow Na_2ZnO_2 + H_2\uparrow$$

由于 Zn^{2+} 能与 NH_3 形成较稳定的配合物，故金属锌还能溶于氨水，而铝则不能。

$$Zn + 2H_2O + 4NH_3 \longrightarrow [Zn(NH_3)_4](OH)_2 + H_2\uparrow$$

汞为银白色的液态金属，具有流动性，故有“水银”之称。汞受热时均匀地膨胀且不湿润玻璃，可用于制造温度计。汞的密度很大，蒸气压又低，可用于制造压力计。汞具有挥发性，室内空气中即使含有微量的汞蒸气，也对人体有害。如果不小心撒落汞，必须尽可能地将汞收集起来。凡有可能遗留汞的地方，要覆盖上硫黄粉，以使 Hg 变为极难溶的 HgS。

汞能溶解许多金属，如 K、Na、Ag、Au、Zn、Cd、Sn、Pb 等，形成汞齐。汞齐是汞的合金，因组成不同而呈液态或固态。汞齐在化工和冶金中有着重要的用途。钠汞齐与水反应，缓慢地释放出氢气，在有机合成中常用作还原剂。铊汞齐（含 8.5%的 Tl）在－60℃才凝固，可制作低温温度计。混汞法提金，就是利用汞与金矿中的金形成汞齐，而与金矿中的其他杂质成分分离。

14.3.2 锌的主要化合物

锌在化合物中的氧化态常为＋2。Zn^{2+} 无色。锌的卤化物（除氟化物外）、硝酸盐、硫酸盐及乙酸盐均易溶于水。氧化锌、氢氧化锌、硫化锌及碳酸锌等难溶于水。

14.3.2.1 氧化锌和氢氧化锌

纯度高的氧化锌为白色粉末，可作为白色颜料，称为锌白。氧化锌不仅可溶于酸，还可溶于强碱，形成各种锌盐或锌酸盐。氧化锌无毒，有适度的收敛作用和微弱的防腐性，在医疗上用它来治疗溃烂的表皮和各种皮肤病。

在锌盐溶液中加入适量的强碱，可析出氢氧化锌沉淀。氢氧化锌为两性，溶于酸成锌盐，溶于碱则成锌酸盐：

$$Zn(OH)_2 + 2NaOH \longrightarrow Na_2ZnO_2 + 2H_2O$$

氢氧化锌可溶于氨水：

$$Zn(OH)_2 + 4NH_3 \longrightarrow [Zn(NH_3)_4]^{2+} + 2OH^-$$

由于氢氧化铝不溶于氨水，故可利用氨水来分离溶液中的 Al^{3+} 和 Zn^{2+}。

氢氧化锌加热至 125℃时，即脱水生成 ZnO：

$$Zn(OH)_2 \xrightarrow{\triangle} ZnO + H_2O$$

14.3.2.2 硫化锌

在锌盐溶液中加入 $(NH_4)_2S$，则析出白色的 ZnS 沉淀。ZnS 能溶于 0.1mol·L^{-1} 的盐酸，故在锌盐的酸性溶液中通入 H_2S 得不到 ZnS 沉淀，只有在碱性条件

下通入 H_2S，才能沉淀出 ZnS。

硫化锌中加入微量的 Cu、Mn 或 Ag 作活化剂，经光照后能发出不同颜色的荧光。这种材料称为荧光粉，可用于制作荧光屏、夜光表等。

硫化锌可用作白色颜料，它同硫酸钡共沉淀所形成的混合物 $ZnS \cdot BaSO_4$ 称为锌钡白（俗称立德粉），是一种优良的白色颜料，广泛应用于涂料和油墨中。制造立德粉的反应为：

$$ZnSO_4(aq) + BaS(aq) \longrightarrow ZnS \cdot BaSO_4 \downarrow$$

14.3.2.3　氯化锌

卤化锌中以氯化锌最为重要。从溶液中结晶出来的氯化锌含有一分子结晶水 $ZnCl_2 \cdot H_2O$。水合氯化锌 $ZnCl_2 \cdot H_2O$ 加热时不易脱水，而易水解形成碱式盐：

$$ZnCl_2 \cdot H_2O \xrightarrow{\triangle} Zn(OH)Cl + HCl$$

$ZnCl_2$ 在水中的溶解度很大，10℃时，每 100g 水可溶解 330g 无水盐。其浓溶液有显著的酸性，这是由于生成了“二氯·羟基合锌（Ⅱ）酸”：

$$ZnCl_2 + H_2O \longrightarrow H[ZnCl_2(OH)]$$

因此，它能溶解金属氧化物，如

$$FeO + 2H[ZnCl_2(OH)] = Fe[ZnCl_2(OH)]_2 + H_2O$$

焊接金属时，用 $ZnCl_2$（焊药）清除金属表面的氧化物，就是根据这一性质。

14.3.3　汞的主要化合物

汞在化合物中的氧化态有+1 和+2。所有 Hg（Ⅰ）化合物无论固态或溶液都是反磁性的。这是由于汞原子最外层的两个 6s 电子很稳定，所以含有一个成单电子的 Hg^+，它强烈地趋向形成二聚体，其结构式为 $^+Hg:Hg^+$，简写为 Hg_2^{2+}。因此，氯化亚汞的分子式为 Hg_2Cl_2，而不是 HgCl。汞的+2 氧化态化合物除硫酸盐和硝酸盐在固态时是离子型以外，其余大多数化合物如硫化物、卤化物等，均为共价化合物。

汞的电势图为：

$$E^{\ominus}/V \qquad Hg^{2+} \xrightarrow{0.920} Hg_2^{2+} \xrightarrow{0.797} Hg^0 \qquad (Hg^{2+} \xrightarrow{0.851} Hg^0)$$

由电势图可知，左边 $E^{\ominus}(Hg^{2+}/Hg_2^{2+})$ > 右边 $E^{\ominus}(Hg_2^{2+}/Hg)$，故在溶液中，$Hg^{2+}$ 可氧化 Hg 生成 Hg_2^{2+}：

$$Hg^{2+} + Hg \rightleftharpoons Hg_2^{2+} \quad K^{\ominus} = [Hg_2^{2+}]/[Hg^{2+}] \approx 160\ (298K)$$

该反应的平衡常数较大，平衡时 Hg^{2+} 基本上都转变为 Hg_2^{2+}。但如果 Hg^{2+} 生成难溶的沉淀或难解离的配合物，就会降低溶液中 Hg^{2+} 的浓度，上述平衡便向左移动，即此时 Hg_2^{2+} 容易发生歧化反应。如：

$$Hg_2^{2+} + 2OH^- \longrightarrow HgO\downarrow + Hg\downarrow + H_2O$$

$$Hg_2^{2+} + S^{2-} \longrightarrow HgS\downarrow + Hg\downarrow$$

$$Hg_2^{2+} + 2CN^- \longrightarrow \underset{(弱电解质)}{Hg(CN)_2} + Hg\downarrow$$

14.3.3.1 氧化汞

汞的氢氧化物极不稳定。在可溶性汞盐溶液中加碱，得到的是氧化物沉淀而不是氢氧化物：

$$Hg(NO_3)_2 + 2NaOH \longrightarrow 2NaNO_3 + H_2O + \underset{(黄色)}{HgO}\downarrow$$

黄色的 HgO 受热可转变为红色 HgO，冷后又复原。由硝酸汞热分解可得到红色 HgO：

$$2Hg(NO_3)_2 \xrightarrow{300\sim330℃} 4NO_2\uparrow + O_2\uparrow + \underset{(红色)}{2HgO}$$

氧化汞可用作医药制剂、分析试剂及陶瓷颜料等。

14.3.3.2 氯化汞和氯化亚汞

汞可形成两种氯化物，即氯化汞（$HgCl_2$）和氯化亚汞（Hg_2Cl_2）。

氯化汞为共价化合物，熔点低，易升华，故又称为升汞。升汞有剧毒，口服 0.2～0.4g 可致死。汞的有效解毒剂是 1,2-二巯基丙醇（缩写为 BAL）。它能与 Hg(Ⅱ) 形成稳定的配合物而从人体中排除。BAL 也是镉化合物中毒的有效解毒剂。

$HgCl_2$ 可溶于水，但解离度很小：

$$HgCl_2 \rightleftharpoons HgCl^+ + Cl^- \quad K_1^{\ominus}=3.2\times10^{-7}$$

$$HgCl^+ \rightleftharpoons Hg^{2+} + Cl^- \quad K_2^{\ominus}=1.8\times10^{-7}$$

$HgCl_2$ 在水溶液中稍有水解：

$$HgCl_2 + H_2O \rightleftharpoons Hg(OH)Cl + HCl$$

$HgCl_2$ 遇到氨水，即析出白色的氯化氨基汞：

$$HgCl_2 + 2NH_3 \longrightarrow Hg(NH_2)Cl\downarrow + NH_4Cl$$

在酸性溶液中，$HgCl_2$ 是一种较强的氧化剂，如加入适量的 $SnCl_2$，可将 $HgCl_2$ 还原为白色的 Hg_2Cl_2：

$$2HgCl_2 + SnCl_2 + 2HCl \longrightarrow Hg_2Cl_2\downarrow + H_2SnCl_6$$

加入过量的 $SnCl_2$，则析出黑色的金属汞：

$$Hg_2Cl_2 + SnCl_2 + 2HCl \longrightarrow 2Hg\downarrow + H_2SnCl_6$$

利用上述反应，可以检验 Hg^{2+}，也可借此检验 Sn^{2+}。

氯化亚汞略带甜味，故俗称甘汞，无毒，医药上作轻泻剂，化学上用作甘汞电极，它是一种不溶于水的白色粉末。

将 Hg 与 $HgCl_2$ 固体一起研磨，可制得白色的 Hg_2Cl_2：

$$HgCl_2 + Hg \longrightarrow Hg_2Cl_2$$

Hg_2Cl_2 在光照下易分解为 Hg 和 $HgCl_2$：

$$Hg_2Cl_2 \xrightarrow{光} HgCl_2 + Hg$$

故应把氯化亚汞贮存在棕色瓶中。

Hg_2Cl_2 与氨水反应，即歧化为氯化氨基汞和金属汞：

$$Hg_2Cl_2 + 2NH_3 \longrightarrow Hg(NH_2)Cl\downarrow + Hg\downarrow + NH_4Cl$$

$Hg(NH_2)Cl$ 是白色的，由于其中分散有黑色的金属汞而呈灰色。该反应可用来检验 Hg_2^{2+}。

14.3.3.3 硝酸汞和硝酸亚汞

硝酸汞 $Hg(NO_3)_2$ 和硝酸亚汞 $Hg_2(NO_3)_2$ 都易溶于水，并水解成碱式盐：

$$Hg(NO_3)_2 + H_2O \longrightarrow Hg(OH)NO_3 + HNO_3$$

$$Hg_2(NO_3)_2 + H_2O \longrightarrow Hg_2(OH)NO_3 + HNO_3$$

$Hg(NO_3)_2$ 与过量的 KI 反应，首先生成红色的碘化汞沉淀，然后沉淀溶于过量的 KI 中，生成无色的四碘合汞（Ⅱ）配离子：

$$Hg(NO_3)_2 + 2KI \longrightarrow HgI_2\downarrow + 2KNO_3$$

$$HgI_2 + 2KI \longrightarrow K_2[HgI_4]$$

$K_2[HgI_4]$ 和 KOH 的混合溶液，称为奈斯特试剂。当溶液中有微量的 NH_4^+ 存在时，滴入该试剂则立即生成特殊的红棕色碘化氨基氧汞沉淀：

$$2K_2[HgI_4] + 4KOH + NH_4Cl \longrightarrow \left[\mathrm{O}\begin{matrix}\diagup^{\mathrm{Hg}}\diagdown \\ \diagdown_{\mathrm{Hg}}\diagup\end{matrix}\mathrm{NH_2}\right]I\downarrow + KCl + 7KI + 3H_2O$$

该反应常用于检验 NH_4^+。

14.3.4 含镉、汞废水的处理

随着化学、冶炼、电镀等工业生产的不断发展，所需镉、汞及其化合物的用量也日趋增多，随之排放出来含镉、汞的废水也愈加严重，现已成为世界上危害较大的工业废水之一。镉和汞都是有毒的重金属，其中镉容易累积在人的肾脏和肝脏内，首先引起肾脏损害，导致肾功能不良。积累在人体内的镉能破坏人体内的钙，导致骨骼疏松和软化，使人患骨痛症。镉还可以通过置换锌酶里的锌而破坏锌酶的作用，引起高血压、心血管等疾病。最早发生于日本的“骨痛病”，就是由于当地居民长期饮用含镉的水，食用镉污染的稻米和水产品引起的中毒。

汞的毒性也很大，汞蒸气可通过呼吸道吸入，或经过消化道随饮食而误食，也可以经皮肤直接吸收而中毒。汞急性中毒症状表现为严重口腔炎、恶心、呕吐、腹痛、腹泻、尿量减小或尿闭，很快死亡。慢性中毒以消化系统与神经系统症状为主，口腔黏膜溃烂、头痛、记忆力减退、语言失常，严重者可有各种精神障碍。有机汞化合物比金属汞或无机汞化合物中毒更危险。1952 年日本的“水俣灾害”造成 52 人丧生，其病因是甲基汞离子 $HgMe^+$ 中毒。

14.3.4.1 含镉废水的处理

① 中和沉淀法。在含镉废水中投入石灰或电石渣，使 Cd^{2+} 变为难溶的$(OH)_2$

沉淀：

$$Cd^{2+} + 2OH^{-} \longrightarrow Cd(OH)_2 \downarrow$$

此法适用于处理冶炼含镉废水和电镀含镉废水。

② 氧化法。若废水中除镉外还含有较多的 CN^{-}，镉则以配离子的形式存在于废水中，如 $[Cd(CN)_4]^{2-}$，上述沉淀法将会因可溶性配离子的存在，而不能达到有效去除镉的目的。此时应加入漂白粉，使镉生成沉淀 $Cd(OH)_2$，CN^{-} 被氧化为无毒的 HCO_3^{-} 和 N_2。

$$Ca(OCl)_2 + 2H_2O \longrightarrow Ca(OH)_2 \downarrow + 2HClO$$

$$[Cd(CN)_4]^{2-} \longrightarrow Cd^{2+} + 4CN^{-}$$

$$2CN^{-} + 5ClO^{-} + H_2O \longrightarrow 5Cl^{-} + N_2 \uparrow + 2HCO_3^{-}$$

$$Cd^{2+} + Ca(OH)_2 \longrightarrow Cd(OH)_2 \downarrow + Ca^{2+}$$

③ 离子交换法。基本原理是利用 Cd^{2+} 比水中其他离子与阳离子交换树脂有较强的结合力，能优先交换。

含镉废水的处理还有气浮法、碱性氯化法等。

14.3.4.2 含汞废水的处理

① 化学还原法。利用 Fe 粉、Cu 屑、Al 粉、Zn 粒、$Na_2S_2O_3$、Na_2SO_3、$NaBH_4$、肼等作还原剂，可将废水中的 Hg^{2+} 还原为金属汞，并加以回收利用。

如用紫铜屑、铅黄铜屑、铝屑等废料回收电池车间排放出的强酸性含汞废水中的汞。反应式：

$$Cu + Hg^{2+} \longrightarrow Cu^{2+} + Hg \downarrow$$

电池车间废水中还含有硫酸亚汞等，进水含汞浓度为 $1 \sim 400mg \cdot L^{-1}$，经过三组铜屑，一组铝屑过滤置换，出水含汞量小于 $0.05\ mg \cdot L^{-1}$，回收率达 99%。

也可用硼氢化钠进行还原：

$$BH_4^{-} + Hg^{2+} + 2OH^{-} \longrightarrow BO_2^{-} + 3H_2 \uparrow + Hg \downarrow$$

② 化学沉淀法。此法适用于不同浓度、不同种类的汞盐。缺点是含汞泥渣较多，后处理麻烦。该法一般又分为：硫氢化钠、硫酸亚铁共沉淀；电石渣、三氯化铁沉淀等。现以硫氢化钠沉淀为例，用硫氢化钠加明矾凝聚沉淀，可以处理多种汞盐洗涤废水，除汞率可达 99%，反应方程式为：

$$Hg^{2+} + S^{2-} \longrightarrow HgS \downarrow$$

经过滤后，可使 Hg^{2+} 达到国家允许排放标准（Hg 不超过 $0.05\ mg \cdot L^{-1}$）。

含汞废水处理方法还有活性炭吸附法、电解法、离子交换法、微生物法等。

思考题 14.6 不慎将水银洒落在地面上，应如何处理？

思考题 14.7 焊接金属时，为何可以用浓 $ZnCl_2$ 溶液来处理金属的表面？

思考题 14.8 用适当的方法区别下列各组物质：

镁盐与锌盐　锌盐与铝盐　　甘汞和升汞

*14.4 微量元素与人体健康

一个活的机体具有储存和传递信息、繁衍后代、调节和适应、利用来自环境的物质和能量等功能。现代生物化学和生物无机化学的研究结果表明，人体的生物功能是许多生物分子之间有组织的化学反应的表现。自然界巧妙安排的这种反应组合，具有高度选择性和准确性。物质与能量的合理利用，而且以极高的灵敏度被控制，从而实现了由低级运动形式到高级运动形式的转化。在实现上述反应以及反应组合的过程中，金属离子起着至关重要的作用。业已证明，生物体内发生的化学反应，都是在一定的酶的催化下进行的，其中金属酶约占1/3，达数百种之多。这些金属酶要靠金属离子来表现其活性。此外，血液的凝固、肌肉的收缩，都与金属离子有关。可以这样说，所有的生物功能都直接或间接地依靠金属离子。没有金属离子，就没有生命。

人体必需的元素，按其含量高低，分为宏量元素和微量元素。宏量元素有C、H、O、N、Na、K、Ca、Mg、S、P、Cl 11种。其中C、H、O、N占人体重量的95%，是构成人体有机物和水的成分。其余宏量元素约占4%。微量元素有Fe、Co、Mn、Mo、Cr、V、Se、Zn、Cu、Ni、As、F、I等。微量元素的总量约占人体的1%。微量元素大多是金属元素，它们的含量虽然很少，但在生命过程中起着至关重要的作用。表14-5列出了生命必需元素在周期表中的分布。

表14-5 生命必需元素在周期表中的分布

H*																	He
Li	Be											$\underline{\mathrm{B}}$	C*	N*	O*	$\underline{\mathrm{F}}$	Ne
Na*	Mg*											Al	$\underline{\mathrm{Si}}$	P*	S*	Cl*	Ar
K*	Ca*	Sc	Ti	$\underline{\mathrm{V}}$	$\underline{\mathrm{Cr}}$	$\underline{\mathrm{Mn}}$	$\underline{\mathrm{Fe}}$	$\underline{\mathrm{Co}}$	$\underline{\mathrm{Ni}}$	$\underline{\mathrm{Cu}}$	$\underline{\mathrm{Zn}}$	Ga	Ge	$\underline{\mathrm{As}}$	$\underline{\mathrm{Se}}$	Br	Kr
Rb	Sr	Y	Zr	Nb	Mo	Tc	Ru	Rh	Pd	Ag	Cd	In	$\underline{\mathrm{Sn}}$	Sb	Te	$\underline{\mathrm{I}}$	Xe
Cs	Ba	Lu	Hf	Ta	W	Re	Os	Ir	Pt	Au	Hg	Tl	Pb	Bi	Po	At	Rn
Fr	Ra	Lr															

注：“*”宏量元素；“—”微量元素。

近年来，人们越来越重视微量元素与人体健康的关系。这些元素在人体中的含量会因人因地略有差别，但平均正常值基本上是恒定的。因为人体内有一套控制系统使其量出为入，缺则取之，多则排之。但在患病时，控制系统功能降低或变化，某些元素的含量或分布情况就会出现不同程度的变化。值得指出的是，这种变化可能是致病的原因，也可能是病理变化的结果。此外，由于地区性差别，可能引起某些生命元素的缺乏或过剩，这样的情况都会影响人体健康。所谓地方病就是这样引起的。表14-6列出了一些生命必需元素与疾病的关系。

表 14-6　一些生命必需元素与疾病的关系

必需(有益)元素	元素缺乏引起的疾病	元素过剩引起的疾病
Ca	骨骼畸形、手足抽搐、惊厥	白内障、胆结石、动脉硬化
Co	贫血、心血管病	红细胞增多症
Cu	贫血、冠心病	威尔逊病(动作震颤、精神失常)
Cr	糖尿病、动脉硬化	肺癌
Fe	贫血	血色素病、铁质沉着病、肝硬化
Li	躁狂症	
Mg	惊厥	麻木
Mn	骨骼畸形、性腺机能障碍	机能失调、头痛
K	肌肉松弛、无力	肾上腺皮质机能减退
Na	肾上腺皮质机能衰退	高血压
Zn	侏儒症、性腺机能减退	金属烟雾发烧症、致癌作用(动物实验)
F	骨骼病、龋齿	氟骨病、氟斑牙
I	甲状腺肿、克汀病	甲状腺肿
Se	克山病、大骨节病	

由此可知，即便是生命必需元素，也不能过剩，缺乏和过剩都对人体健康不利。

习　题

14.1　完成下列反应方程式：

(1) $Cu + H_2SO_4$(浓)$\xrightarrow{\triangle}$

(2) $Cu + NaCN + H_2O \longrightarrow$

(3) $Cu_2O + H_2SO_4 \longrightarrow$

(4) $CuSO_4 + NaI \longrightarrow$

(5) $Cu^{2+} + CN^-$(过量)$\longrightarrow$

(6) $Cu^{2+} + NH_3$(过量)$\longrightarrow$

(7) $Ag^+ + OH^- \longrightarrow$

(8) $Ag^+ + NH_3$(过量)$\longrightarrow$

(9) $AgCl + Na_2S_2O_3$(过量)$\longrightarrow$

14.2　铁能使 Cu^{2+} 还原，而铜能使 Fe^{3+} 还原，这两种现象有无矛盾？试说明理由。

14.3　试解释，AgI 能溶于 NaCN 溶液，所得溶液加入 Na_2S 又会生成 Ag_2S 沉淀。

14.4　在含有 Zn^{2+} 和 Al^{3+} 的溶液中，分别加入过量的 NaOH 和过量的氨水，各有何变化？

14.5　为什么 Cu^+ 不稳定，易歧化，而 Hg_2^{2+} 较稳定？试用电极电势和化学平衡的观点说明。

14.6　举例说明在什么情况下可使 Cu^{2+} 转化为 Cu^+，Hg_2^{2+} 转化为 Hg^{2+}？

14.7　如何用化学方法区别 Hg^{2+} 和 Hg_2^{2+} 盐？

14.8　将 H_2S 通入 $Hg_2(NO_3)_2$ 溶液中，得到的沉淀是什么化合物？

14.9　完成下列反应方程式：

（1）$Zn+NaOH$(过量)$\longrightarrow$

（2）$Zn+NH_3 \cdot H_2O$(过量)$\longrightarrow$

（3）$Hg+HNO_3$(浓)$\longrightarrow$

（4）$HgCl_2+Hg \xrightarrow{研磨}$

（5）$Hg(NO_3)_2+KI$(适量)$\longrightarrow$

（6）$Hg_2(NO_3)_2+KI$(过量)$\longrightarrow$

（7）$Hg_2Cl_2+NH_3 \cdot H_2O \longrightarrow$

14.10 利用汞盐与 Sn^{2+} 的反应可检验 Hg^{2+} 或 Sn^{2+}。写出反应式并说明反应中出现的现象。

14.11 利用奈斯特试剂，可检验 NH_4^+ 的存在。试写出各步反应式并说明反应过程中出现的现象。

15　f 区元素

周期表中 f 区元素出现在 s 区与 d 区之间，共有 28 种元素。即镧系元素包括从 57 号元素镧到 70 号元素镱的 14 种元素以及锕系元素包括从 89 号元素锕到 102 号元素锘的 14 种元素。由于它们的价电子填充在外数第三层的 f 轨道上，电子构型为（$n-2$）$f^{0\sim14}(n-1)d^{0\sim2}ns^2$，故称为 f 区元素或内过渡系元素。

第 3（ⅢB）族的钇（Y）、镥（Lu）和镧系共 16 种元素合称为稀土元素❶。由于钇和镥的原子半径和离子半径与镧系 14 种元素相近，性质相似故钇和镥在矿物中与镧系共生。通常，稀土元素以 RE(Rare Eerth）表示，而镧系元素则以 Ln 表示。

15.1　镧系元素的通性

15.1.1　价电子层结构

镧系元素外围电子构型的特点是随着核电荷的增加，电子依次填充在外数第三层的 4f 轨道上，次外层和最外层基本保持不变。镧系和镥元素电子构型和性质见表 15-1。

表 15-1　镧系和镥元素电子构型和性质

原子序数	元素	符号	原子价电子构型	金属半径/pm	Ln^{3+}半径/pm	氧化态
57	镧	La	$5d^16s^2$	187.7	106	+3
58	铈	Ce	$4f^15d^16s^2$	182.5	103	+2,+3,+4
59	镨	Pr	$4f^36s^2$	182.8	101	+3,+4
60	钕	Nd	$4f^46s^2$	182.1	100	+2,+3,+4
61	钷	Pm	$4f^56s^2$	181.0	98	+3
62	钐	Sm	$4f^66s^2$	180.2	96	+2,+3
63	铕	Eu	$4f^76s^2$	204.2	95	+2,+3
64	钆	Gd	$4f^75d^16s^2$	180.2	94	+3
65	铽	Tb	$4f^96s^2$	178.2	92	+3,+4
66	镝	Dy	$4f^{10}6s^2$	177.3	91	+3,+4
67	钬	Ho	$4f^{11}6s^2$	176.6	89	+3
68	铒	Er	$4f^{12}6s^2$	175.7	88	+3
69	铥	Tm	$4f^{13}6s^2$	174.6	87	+2,+3
70	镱	Yb	$4f^{14}6s^2$	194.0	86	+2,+3
71	镥	Lu	$4f^{14}5d^16s^2$	173.4	85	+3

❶ 以前资料和教科书也有把钪归为稀土。

从镧开始，增加的电子填充在内层的4f轨道上。当4f轨道填满以后再填入5d轨道。f层有7个轨道，每个轨道可容纳2个电子。因此，从镧开始出现14个元素。由表15-1可知，4f轨道上电子的填充是依 $(n-2)f^x ns^2$ 次序递增的，只是在La和Gd出现洪德规则的特例。即等价轨道全充满、半充满或全空是比较稳定的状态。La的价电子层结构为 $4f^0 5d^1 6s^2$（全空），Gd为 $4f^7 5d^1 6s^2$（半充满）。至于Lu为 $4f^{14} 5d^1 6s^2$，则是因为4f轨道已充满，电子填充在5d轨道上，属d区元素。

在同周期中，随着原子序数的增加，原子半径逐渐缩小，这是一个普遍的规律。由于镧系元素随原子序数增加时，新增的电子填入外数第三层，对外层电子的屏蔽效应更大，因而有效核电荷增加幅度很小（与p区、d区元素相比较），它们的半径减小得极其平缓。例如相邻 Ln^{3+} 平均缩小1.5pm，但是经过14种镧系元素后，半径缩小累计则较多（缩小20pm），这种现象称为镧系收缩。

镧系收缩是无机化学中的一个重要现象。其结果使得钇的原子半径和离子半径落在稀土元素中间，造成它与镧系元素性质上的相似且与之共生。此外，由于镧系收缩，也使得镧系以后的镥（Lu）、铪（Hf）、钽（Ta）、钨（W）等元素的原子半径和离子半径相应缩小，分别与第五周期的同族元素钇（Y）、锆（Zr）、铌（Nb）、钼（Mo）的半径非常相近，造成Y与Lu、Zr与Hf、Nb与Ta及Mo与W的性质非常相似，常常共生，分离非常困难。

15.1.2 氧化态

镧系元素的特征氧化态为+3。+2和+4氧化态的化合物都不太稳定。+4氧化态的化合物具有相当强的氧化性。如 Ce^{4+} 在酸性溶液中的标准电极电势为：

$$Ce^{4+} + e \rightleftharpoons Ce^{3+} \qquad E^{\ominus} = 1.61V$$

相反，+2氧化态的化合物则具有明显的还原性。

15.1.3 离子的颜色

一些镧系元素的三价离子具有不同的颜色，见表15-2。

表15-2 镧系元素三价离子的颜色

离 子	未成对电子数	颜 色	未成对电子数	离 子
La^{3+}	$0(4f^0)$	无色	$0(4f^{14})$	Lu^{3+}
Ce^{3+}	$1(4f^1)$	无色	$1(4f^{13})$	Yb^{3+}
Pr^{3+}	$2(4f^2)$	绿色	$2(4f^{12})$	Tm^{3+}
Nd^{3+}	$3(4f^3)$	淡紫色	$3(4f^{11})$	Er^{3+}
Pm^{3+}	$4(4f^4)$	粉红色，黄色	$4(4f^{10})$	Ho^{3+}
Sm^{3+}	$5(4f^5)$	黄色	$5(4f^9)$	Dy^{3+}
Eu^{3+}	$6(4f^6)$	无色	$6(4f^8)$	Tb^{3+}①
Gd^{3+}	$7(4f^7)$	无色	$7(4f^7)$	Gd^{3+}

① Tb为略带淡粉红色。

由表15-2可知，Ln^{3+} 的颜色变化很有规律性。若以 Gd^{3+} 为中心，从 La^{3+} 到 Gd^{3+} 的颜色变化规律又在从 Gd^{3+} 到 Yb^{3+} 的过程中重现。这就是 Ln^{3+} 颜色的周期性变化。

从表15-2中不难看出，具有$4f^n$和$4f^{14-n}$($n=1\sim7$)电子构型的每对Ln^{3+}的颜色是相同或相近的。这是由于这两种离子的成单电子基态相近的缘故。离子的颜色与基态和激发态的能量差有关，只要能差相同或相近，它们就会呈现出相同或相近的颜色。

15.1.4 磁性

除镧外，其他镧系元素都具有顺磁性。实践证明，Dy、Ho、Er等元素具有铁磁性，和Fe、Co、Ni一样，这些金属可作为生产磁性材料的原料。

15.1.5 化学活泼性

镧系元素都是活泼金属，它们的活泼性与镁相似，比铝、锌强。因此，保存稀土金属时，均在其表面涂蜡，以避免与空气接触，发生氧化，甚至着火。从整个镧系来看，其化学活泼性相近，但随原子序数增加而有所减弱。这可从Ln^{3+}/Ln电对的标准电极电势比较出来（表15-3）。

表15-3 稀土元素的电极电势表①

稀土元素	La^{3+}	Ce^{3+}	Pr^{3+}	Nd^{3+}	Pm^{3+}	Sm^{3+}	Eu^{3+}	Gd^{3+}	Tb^{3+}
$E^\ominus/V$ $Ln^{3+}+3e \rightleftharpoons Ln$	−2.37	−2.48	−2.47	−2.44	−2.42	−2.41	−2.41	−2.40	−2.39
稀土元素	Dy^{3+}	Ho^{3+}	Er^{3+}	Tm^{3+}	Yb^{3+}	Lu^{3+}	Y^{3+}	Sc^{3+}	
$E^\ominus/V$ $Ln^{3+}+3e \rightleftharpoons Ln$	−2.35	−2.32	−2.30	−2.28	−2.29	−2.25	−2.37	−2.08	

① 本表摘自Guilio Milazzo and Sergio Caroli Tables of Standard Electrode Potentials (1978)。

15.1.6 镧系元素的相似性

由于镧系元素的离子半径、电荷及电子构型均相近，因此镧系元素Ln^{3+}化合物的性质极为相似，它们在自然界中总是共生在一起。钇离子（Y^{3+}）的半径介于Dy^{3+}和Ho^{3+}之间，因此钇元素也和镧系元素共生。从稀土矿提取的混合稀土中，分离提纯单一稀土元素，在化学工艺上是比较困难的。

根据它们相互之间某些性质的不同，稀土元素可分为两组，即铈组（轻稀土）和钇组（重稀土）。铈组元素包括：La、Ce、Pr、Nd、Pm、Sm、Eu；钇组元素包括：Gd、Tb、Dy、Y、Ho、Er、Tm、Yb、Lu（Sc）。

15.2 稀土元素的重要化合物

与其他过渡元素一样，稀土元素可以形成多种化合物。以下择其重要者进行介绍。

15.2.1 氧化物和氢氧化物

稀土元素氧化物RE_2O_3的颜色基本上与RE^{3+}的颜色一致。所有稀土元素氧化物RE_2O_3均具有较高的化学稳定性。它们不溶于水，但能和水反应生成水合氧化物。RE_2O_3都具有碱性，易溶于酸，并能从空气中吸收CO_2生成碱式碳酸盐。它们的碱性随原子序数递增而减弱。同时，碱性越弱，也越难溶于酸。

稀土氧化物通常由焙烧相应的氢氧化物、草酸盐或碳酸盐而得到。但焙烧铈盐时，生成的不是 Ce_2O_3，而是淡黄色的 CeO_2。在空气中焙烧镨和铽的盐类时，也生成高氧化物，如 Pr_6O_{11}（$Pr_2O_3\cdot 4PrO_2$）和 Tb_4O_7（$Tb_2O_3\cdot 2TbO_2$）。若与强氧化剂作用，可以得到 PrO_2 和 TbO_2。

稀土元素的氢氧化物除 $Sc(OH)_3$ 外，都不溶于水。在稀土盐溶液中加入氨水即可得到稀土氢氧化物沉淀。它们氢氧化物的碱性由 La 到 Lu 逐渐减弱。

15.2.2 盐类

稀土元素的盐类多数都含有结晶水，其中碳酸盐、氟化物、草酸盐等在水中的溶解度很小。硝酸盐和氯化物溶解度很大。硫酸盐也是可溶性盐。轻稀土元素和重稀土元素的很多盐类在溶解度上存在较大差别，这正是稀土元素分为铈组和钇组的依据。

15.2.2.1 碳酸盐

将稀的碱金属碳酸盐或碳酸铵溶液加入到可溶性稀土盐溶液中，即可沉淀出稀土元素碳酸盐 $RE_2(CO_3)_3\cdot nH_2O$。在过量的碱金属碳酸盐作用下，即生成可溶性碳酸复盐 $M_2CO_3\cdot RE_2(CO_3)_3\cdot 12H_2O$。钇组稀土元素的碳酸复盐比铈组的容易生成，且溶解度也较大。

15.2.2.2 草酸盐

稀土元素草酸盐难溶于水和稀的无机酸中。将草酸加入到含有游离无机酸的稀土元素可溶性盐溶液中时，即沉淀出稀土元素草酸盐 $RE_2(C_2O_4)_3\cdot nH_2O$。利用这一性质有可能将稀土离子和与其共存的非稀土金属离子如 Fe^{3+} 分离开来。

稀土草酸盐不溶于过量的草酸中，但草酸铵及草酸钾能把钇组稀土草酸盐溶解而生成 $(NH_4)_3[RE(C_2O_4)_3]$，而铈组稀土元素则不生成这种配合物。

工业上生产稀土化合物多是先沉淀成草酸盐，然后灼烧得到氧化物。

15.2.2.3 氯化物

稀土元素氯化物可由相应的氧化物与盐酸作用而得到。它们都易溶于水，是常用的可溶性盐。在水溶液中结晶出水合物，La 至 Nd 的氯化物常含有七个结晶水，而 Sm 至 Lu（包括 Y）的氯化物常含有六个结晶水。无水氯化物不易由加热水合物得到，因加热时易水解形成氯氧化物 REOCl。加热氧化物与 NH_4Cl 可制得无水氯化物：

$$RE_2O_3+6NH_4Cl\xrightarrow{\text{约 }300^\circ C}2RECl_3+3H_2O+6NH_3\uparrow$$

15.2.2.4 硫酸盐

稀土硫酸盐可由相应的氧化物与硫酸作用而得到。稀土硫酸盐在水中的溶解度随温度的升高而降低。利用该现象可把稀土元素与其他金属元素分离。

稀土硫酸盐与碱金属硫酸盐可形成硫酸复盐，其溶解度由镧至镥依原子序数的增加而增大。因此，稀土工业常根据其硫酸盐在饱和硫酸钠或硫酸钾溶液中溶解度的差别，又把稀土元素分为轻、中、重三组：难溶的铈组或轻稀土（La、Ce、Pr、Nd、Sm）；微溶的铽组或中稀土（Eu、Gd、Tb、Dy）；易溶的钇组或重稀土（Y、

Ho、Er、Tm、Yb、Lu)。

除以上介绍的化合物外，稀土离子还与许多配体尤其是有机螯合配体形成配合物。稀土配合物的稳定性一般随原子序数增加而增大。稀土配合物的稳定性差别及变化规律，已广泛应用于溶剂萃取法和离子交换法分离稀土元素。

15.3 稀土元素的提取和分离

稀土元素在地壳中的含量与常见元素锌、锡、钴的含量相近。已发现的稀土矿物有250种以上。最具有开采价值和最重要的稀土矿是：氟碳铈镧矿（Ce、La）FCO_3，独居石 $CePO_4 \cdot Th_3(PO_4)_4$，磷钇矿 YPO_4。此外，我国还有独特的含有丰富稀土元素的铁矿和离子吸附型稀土矿。后者的稀土是以离子形式被高岭土等黏土矿物吸附在其表面上。

我国是世界上稀土资源最丰富的国家，储量是国外稀土总储量的2.2倍。

15.3.1 稀土元素的提取

根据矿物性质的不同，可采用酸法、碱法、氯化法及电解质溶液浸取法等，从稀土矿中提取混合稀土化合物。下面简单介绍从离子吸附型稀土矿中提取混合稀土氧化物的方法。

从露天开采出来的离子吸附型稀土矿［$w(\mathrm{REO})=0.1\%\sim0.15\%$］，直接放入浸矿池，用 $(NH_4)_2SO_4$ 溶液浸泡，使吸附的稀土离子 RE^{3+} 被 NH_4^+ 交换出来。浸出液加入草酸使 RE^{3+} 沉淀为草酸盐，然后过滤、洗涤沉淀。最后将沉淀在850～900℃灼烧成氧化物。这种混合稀土氧化物的质量分数 $w(\mathrm{REO})$❶ $>92\%$，可作为稀土分离用原料。其工艺流程如图15-1所示。

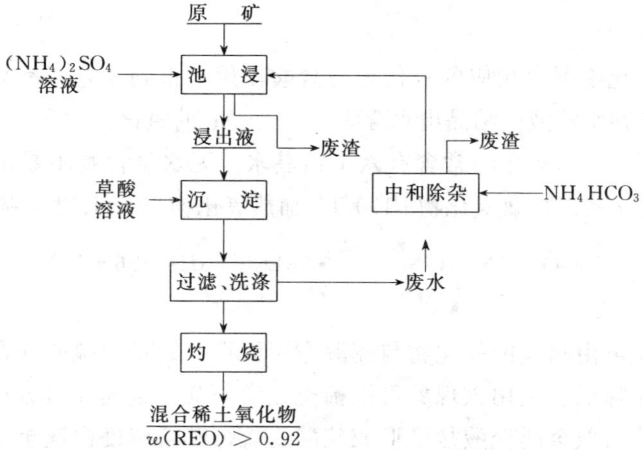

图15-1 从离子吸附型稀土矿中提取稀土氧化物的工艺流程

❶ REO代表混合氧化稀土，不代表化学式。$w(\mathrm{REO})$ 表示氧化稀土的质量分数。

*15.3.2 稀土元素的分离

由于稀土元素的化学性质极其相似，彼此分离很困难，过去工业生产上，即使经过上千次分级沉淀或分级结晶的操作，也难于达到现代高科技中所需要的单一稀土的纯度要求。目前，国内外稀土分离采用的近代分离技术中有溶剂萃取法和离子交换法。

① 溶剂萃取法。RE^{3+}具有稀有气体最外电子层构型，电荷多，因而不易被极化变形。它们对氧和氮的配位能力较强，所以绝大多数的稀土萃取剂是含氧配体。例如，国内常用的稀土萃取剂有磷酸三丁酯（TBP）、二-2-乙基己基磷酸（P204）、环烷酸、2-乙基己基膦酸单2-乙基己酯（P507）等。

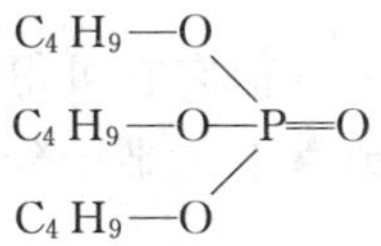

（TBP）

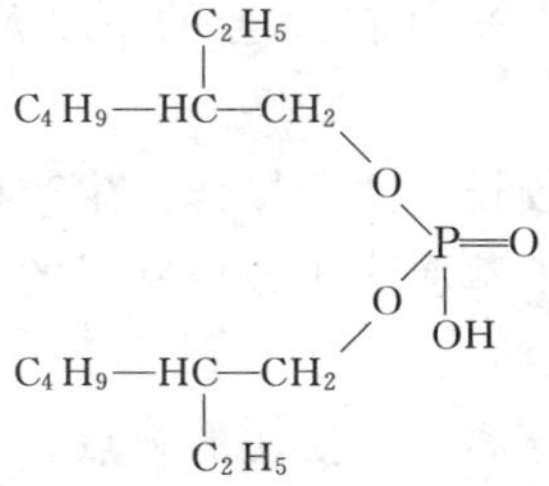

（P204）

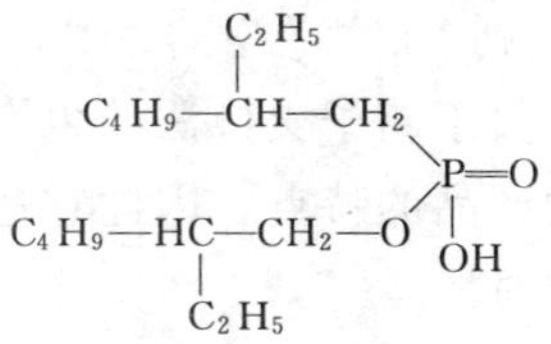

（P507）

其中酸性磷萃取剂P204、P507是有机弱酸，能在酸性溶液中进行萃取。其分配比和萃取性能随稀土原子序的增加而增加。它们是目前稀土工业生产上应用最广的萃取剂。主要用于稀土分组、制取二元或多元富集物和纯单一稀土。徐光宪等发明一种具有我国特色的稀土分离新工艺。这工艺把混合稀土氧化物溶于盐酸后作为萃取用的料液（水相），用P507-磺化煤油作为萃取的有机相，两相逆流动，经萃取、洗涤、反萃等历程。在455个混合澄清槽中进行串级分馏萃取，从10个水相出口处分别可以得到La、Ce、Pr、Nd、Sm、Gd、Dy七种单一稀土和富Eu、富Tb、富Y三种稀土。

其过程的主要化学反应如下：

料液制备　　$RE_2O_3 + 6HCl \longrightarrow 2RECl_3 + 3H_2O$

有机相制备　　$(HA)_2 + NH_3 \longrightarrow NH_4(HA_2)$

式中，$(HA)_2$代表二聚分子。

萃取：　　$3NH_4(HA_2) + RECl_3 \longrightarrow RE(HA_2)_3 + 3NH_4Cl$

反萃：　　$RE(HA_2)_3 + 3HCl \longrightarrow 3(HA_2) + RECl_3$

溶剂萃取法具有处理量大，工艺过程连续化，产品成本低等特点，因此发展较快。

② 离子交换法。20世纪50年代中期，离子交换法已成为最有效的、唯一能将所有稀土元素制成高纯单一稀土化合物的分离方法。目前，离子交换法在生产上仍不失为重要手段之一。

离子交换反应是在固相和液相中进行的。首先使稀土离子吸附于阳离子交换树脂的上部；接着用配合剂依次淋洗出个别稀土离子。

离子交换剂一般采用磺基苯乙烯阳离子交换树脂，至于选用 H^+ 型、NH_4^+ 型、Cu^{2+}、Zn^{2+} 型或其他，则视淋洗时采用的配合剂的种类而定。装料比（待分离的混合物和柱中树脂的质量比）一般取 1%～2%。用于淋洗的配合剂大都用柠檬酸的 NH_4^+ 盐或 Na^+ 盐、EDTA 的 NH_4^+ 盐或 Na^+ 盐、氮三乙酸。

离子交换剂的吸附顺序主要决定于水化稀土离子半径的大小。离子半径最小的 Lu^{3+} 有最大的水化离子半径；最大的 La^{3+} 有最小的水化离子半径。因此，水化的 La^{3+} 和树脂结合得较牢，而水化的 Lu^{3+} 和树脂结合得较弱。因为稀土离子和配合剂生成的配阴离子的稳定常数一般随原子序数的增加而增加，所以，当用配合剂淋洗时，Lu^{3+} 首先被配合剂淋洗出来（在适当的 pH 范围内）。淋洗的顺序是从 Lu^{3+} 到 La^{3+} 倒序。

由于离子交换法的生产周期较长，间断操作，生产成本较高，但它有可得到高纯度产品的特点，因此它适合用于萃取法粗分离制得的富集物或萃取法难于分离的稀土对。

近几十年来，为了克服或改善离子交换法的缺点，有人已用高压离子交换法来强化生产过程。也有人把萃取剂分子接枝（或吸附）在人工合成树脂上做成萃淋树脂，以提高分离效率，均取得可喜的进展。例如，用 P507 萃淋树脂，从富 Tb 溶液中制取纯 $TbCl_3$ 已用于生产。

*15.4 稀土元素的应用

稀土在国民经济的各个部门和国防尖端技术中有着十分广泛的用途。

(1) 在冶金工业中的应用。稀土在钢中的作用主要是精炼、脱氧、变性、中和低熔点有害杂质以及固溶体合金化和形成新的化合物而使钢强化。铈组元素氧化物有很好热稳定性，因而铈组稀土是较好的脱氧剂。同理，稀土金属也是较好的脱硫剂。稀土与易熔组分结合成为难熔的二元或多元化合物，和熔渣一起从液体金属中排出，从而消除易熔杂质在钢中所引起的热脆性，并提高钢的塑性和韧性。

(2) 在石油化工方面的应用。在石油工业中，稀土主要用作制备分子筛型裂化催化剂。稀土 Y 型分子筛催化剂中含 RE_2O_3 质量分数 0.02，其他成分是 Na_2O、Al_2O_3 等。此种催化剂用于石油裂化与原硅铝催化剂相比，在相同转化率条件下，可使装置能力提高到 1.3～1.5 倍或在相同焦炭产率下，可多生产 1.15～1.2 倍的汽油。在化学工业中，稀土可用作合成氨、合成橡胶催化剂等。此外，复合稀土氧化物可用作内燃机尾气净化剂，它可使尾气中的有害成分 CO 及糖类化合物氧化成 CO_2 和水蒸气，把部分氮氧化物还原成氮和氧，从而达到控制环境污染的目的。

(3) 在玻璃陶瓷工业中的应用。混合稀土氧化物广泛用作玻璃抛光材料，用作玻璃的脱色剂、着色剂、澄清剂，还可以用来制造国防工业中用的耐辐射玻璃和激光玻璃等。在陶瓷方面，目前以氧化钇、氧化镝为主，再配以其他氧化物，能制造出比日用陶瓷、无线电陶瓷性能优良得多的耐高温透明陶瓷。这种透明陶瓷可用作火箭的红外窗和高温炉窗，还可在微波技术、电真空技术、激光技术、红外光学以及陀螺仪上使用。

（4）在新材料方面的应用。几十年来，稀土在激光材料上的应用发展非常迅速，已成为激光材料中的一类很重要的元素。最常用的稀土激光材料有掺钕的钇铝石榴石和钕玻璃。稀土作为荧光材料已用于彩色电视和油漆的荧光剂。稀土永磁材料的发展也极为迅速，用钐-钴合金或钕-铁-硼合金制成的永磁体是重要的永磁材料。

稀土贮氢材料是20世纪70年代新发展的功能材料。已经发现 $LaNi_5$ 合金，在常温下，1kg合金可吸收172L氢气。稀土贮氢材料一般具有吸氢量大，吸氢放氢速率快，而且可以反复使用，并可在常温条件下使用，既方便又安全，是一种很有前途的贮氢材料。

稀土在超导材料方面的应用也极引人注目。科学家们一直致力于有实用价值的高温超导的研究，直至1986年贝德奥兹（J. D. Bednorz）和摩罗利亚（K. A. Miiller）用共沉淀法制得临界温度高达35K含有稀土的陶瓷超导材料 $Ba_xLa_{5-x}Cu_5O_{5(3-y)}$（$x=10.75$，$y>0$）才有所突破。他们因此也获得了1987年诺贝尔物理学奖。

此外稀土在农业上作为微量化肥，施于农田可以使田间作物增产。在医药上稀土药物的研究也很活跃。

习　题

15.1 什么叫做“镧系收缩”？引起“镧系收缩”的原因何在？

15.2 镧系元素的稳定氧化态是多少？为什么铈常呈现+4氧化态，而铕却能呈现+2氧化态？

15.3 从 Ln^{3+} 的电子构型、离子电荷及离子半径来说明它们性质上的相似性。

15.4 稀土草酸盐有什么特性？它在稀土提取及分离过程中有何重要性？

*16　无机化工与环境

16.1　无机化工的门类

无机化工是指生产无机化学产品的工业。它包括无机化肥、酸、碱、无机盐、无机化学试剂和无机精细化工等。

16.1.1　无机化肥工业

氮、磷、钾是植物生长所需的三大营养元素。此外，还有植物生长所需的中量元素钙、镁、硫和微量元素锌、硼、钼、铁、铜、锰等。所以化肥品种很多，主要包括以合成氨为基础的氮肥工业；以磷灰石为原料的磷肥工业；生产氯化钾的钾肥工业；以及氮、磷、钾二元或三元复合肥料和混配复合肥料工业。

16.1.2　酸碱工业

酸碱工业主要指三酸（硫酸、盐酸、硝酸）、磷酸、两碱（烧碱、纯碱 Na_2CO_3）。

16.1.3　无机盐工业

无机盐工业不仅包括各种无机盐的生产，而且还包括其他无机产品（如无机酸——H_3BO_3、HF 等；无机碱——KOH 等；非金属单质——I_2、Br_2 等氧化物和过氧化物——TiO_2、SiO_2、ZrO_2、CuO、H_2O_2 等）。据 1990 年统计，我国已能生产 400 多种无机盐，其中钡盐（$BaCO_3$、$BaCl_2$、$BaSO_4$）的出口量居世界第二位，许多产品如碳酸锶、氯化锌、钨酸、磷酸、硫酸锰、五氧化二钒等在国际市场上公认为名牌产品。

16.1.4　无机化学试剂工业

化学试剂是用来研究物质的组成、性质及变化的比较纯净的药品，其特点是品种多、纯度高、应用面广、用量小、更新快。对化学试剂的质量标准，我国定为四个级别，见表 16-1。

表 16-1　化学试剂的级别

等　级	化　学　纯	分　析　纯	优　级　纯	高　纯
标记	C. P. 三级品，蓝色标签	A. R. 二级品，红色标签	G. R. 一级品，绿色标签	U. P.
纯度要求	杂质含量不影响一般化学反应	杂质含量不影响化学分析	杂质含量很少，可用作化学分析、鉴定	>99.999%

新中国建立以来，由于国民经济和科技教育事业迅速发展，迫切需要各种化学试剂。至 1997 年我国已能生产近七千种化学试剂。

16.1.5 无机精细化工

无机精细化工是指生产批量小，具有特定功能、专用性质的无机产品。主要包括食品添加剂、饲料添加剂、阻燃剂、催化剂、精密陶瓷、水处理剂等。精细化工是高技术密集产业。一个国家精细化工的发展水平往往是其发达程度的标志之一。它反映出这个国家的化工行业的综合水平、科技水平和生产的集约化程度。我国从 20 世纪 80 年代开始重视精细化工的生产。其中无机精细化工也得到了快速的发展。目前，我国无机精细化工生产企业有 1000 多家，生产能力占无机盐产品总产能的 10%左右，产品品种达 700 多种，年产值在 300 亿元左右。无机盐产品精细化率已达 35%左右。一些无机精细化学品不仅可以满足国内需要，也是重要的创汇产品。相当数量的无机精细化工产品在国际市场上占有重要地位。无机精细化工的发展，促进和带动了我国无机盐行业的发展。

16.2 无机化工“三废”对环境的污染

就目前科学技术水平而言，化工产品的生产还不能达到无废生产水平。因此生产过程中必然会排放出许多“废”物（废气、废水、废渣），或多或少造成对环境的污染，威胁着人们的健康，乃至人类的生存环境。无机化工的主要污染物见表 16-2。

表 16-2 无机化工的主要污染物

废气		废水		废渣	
污染物	主要来源	污染物	主要来源	污染物	主要来源
SO_2	硫酸厂、锅炉	H_2SO_4	硫酸及硫酸盐厂、钛白粉厂	硫铁矿渣	硫酸厂
NO_x	硝酸厂、锅炉	其他含酸废水	硝酸及其盐厂、磷肥厂、盐酸及其盐厂	电石渣	化工厂、氯碱厂
Cl_2、HCl	氯碱厂			磷石膏	磷酸厂
HF、SiF_4	磷肥厂、氟制品厂	氰化物	HCN 生产、氰化物制备、电镀废水、冶炼金银厂	盐泥	氯碱厂
NH_3	氮肥厂、焦化厂			煤渣	合成氨厂
H_2S、硫醇	煤气厂	氟化物	磷肥厂、HF 生产	铬渣	铬盐厂
烟、尘	化工厂、钢铁厂、有色冶炼厂、水泥厂	氨水、铵盐	氮肥厂、化工厂	硼镁渣	硼砂厂
		重金属	相应重金属盐厂		

应当说明，不是任何废弃物都能引起环境污染。因为，大自然是一个开放系统，当废弃物进入自然环境后，受到大气或水的稀释、微生物的作用或氧化还原作用、植物的光合作用，有可能使废弃物的浓度不断下降，或逐渐转化为无害性物质，逐渐恢复环境原来的状态，这就是自然界的自净化过程。只有当废弃物的浓度超过自然界的自净化能力时，才会造成环境污染。一般来说，化工生产排出的废物

毒性较大。例如，重金属的污染，主要是指汞、镉、铬、铅、锌、铜、镍等对环境的污染，其中以汞的毒性最大，镉次之。汞中毒轻者头发脱落，重者造成脑血管损伤、头痛失语、视野缩小、听觉失灵等。镉进入人体后主要引起动脉硬化、肾萎缩、骨骼疏松，还能致癌。铬、镍等也是致癌物质。

16.3 “三废”污染的一般防治方法

防止化工生产产生污染，最理想的办法是采用无废排出的工艺，或尽量减少污染物的排放（采用闭路循环、废弃物综合利用）。对无法回收利用的废物应进行适当的处理后再排放。

16.3.1 采用新技术、改革旧工艺

采用新技术，改革旧工艺是防止产生污染的根本措施。例如，过去接触法生产硫酸，采用一次转化、一次吸收的流程，SO_2 转化率约 97%。20 世纪 60 年代以来采用先进技术，将一次转化、一次吸收后的气体，再一次通过催化床，使未氧化的 SO_2 进一步转化为 SO_3，再经浓 H_2SO_4 吸收。这样 SO_2 转化率提高到 99.7%，排放尾气中 SO_2 浓度从 0.6%下降到 0.05%～0.1%，达到直接排放标准。又如，硝酸盐的生产，如用硝酸直接溶解金属会产生大量 NO_x 气体；如先把金属氧化成氧化物，再用硝酸溶解，就可避免产生大量 NO_x 气体。

16.3.2 综合利用

在化工生产中某个厂的废料常常是另一个厂的原料。因此，综合利用可以变废为宝，消除污染。例如，利用生产硫化钠的下脚料和烟道气中的 SO_2 做原料，可制得硫代硫酸钠，其反应为：

$$2Na_2S+Na_2CO_3+4SO_2 \longrightarrow 3Na_2S_2O_3+CO_2$$

16.3.3 “三废”的处理

对化工厂排出的“三废”，可按“三废”性质的不同，采用不同的处理方法。

16.3.3.1 废气处理

废气的处理大致可分为两类：一是将废气中的悬浮固体或液体除去；二是将废气中的有害气体除去。除去悬浮物或液体，可采用机械除尘、过滤除尘、洗涤除尘、静电除尘和旋风分离等方法。对于废气中的有害气体，可根据气体的物理和化学性质的不同，采用适当的方法除去。例如，溶液吸收、固体吸附、催化转化等。

① 溶液吸收法。根据气体的酸碱性和氧化还原性分别采用不同的溶液来吸收。例如，SO_2 为酸性气体，可用碱液来吸收它；SO_2 具有氧化性，可用 Na_2S 溶液吸收，将 SO_2 还原为硫或硫代硫酸钠。

② 固体吸附法。此法利用分子筛、硅胶、活性炭等作为吸附剂吸附气体，当吸附剂失效后，利用热空气或水蒸气将被吸附的气体解吸下来，使吸附剂再生回用。因吸附剂的吸附容量有限，使用周期短，不适于处理大量气体。

③ 催化转化法。此法利用气体的氧化还原性。在催化剂的作用下与还原性或氧化性气体反应转化成有用的物质。例如，烟气中的 SO_2，通过 V_2O_5 催化剂被 O_2 氧化成 SO_3，制取硫酸；也可以在铝矾土的催化作用下，用 CO 还原制取硫：

$$SO_2+2CO\xrightarrow[650℃]{\text{铝矾土}}2CO_2+S$$

总之，治理 SO_2 控制其排放量的方法很多，选择哪种方法，应考虑以下因素：SO_2 净化率是否达到排放标准；设备装置能否稳定长期运转；是否易于操作、维修及检查；治理过程中是否会产生二次污染；运行费用是否合理。

16.3.3.2　废水处理

化工生产的废水成分复杂。总的原则是处理后的废水要能回用或达到排放标准。废水处理的方法一般可归纳为物理法、化学法、生化法和膜法。

① 物理法。水中悬浮物质主要利用物理的机械方法处理。最常用的有重力分离法、过滤法等。

② 化学法。主要利用废水中所含的溶解物质或胶体物质与其他物质发生化学反应，而从废水中分离出去。化学法主要有以下五种。

a. 中和法。此法的目的是调节废水的 pH。酸性废水可采用石灰、石灰石、电石渣等来中和。碱性废水可通入烟道气（含 CO_2、SO_2 等酸性气体）或用酸性废水来中和。

b. 氧化还原法。此法利用氧化还原反应使溶解在水中的有毒物质转化为无毒或毒性较小的物质。例如，用漂白粉处理含氰废水；用硫酸亚铁或亚硫酸钠溶液处理含 Cr(Ⅵ) 废水，使 Cr(Ⅵ) 变为毒性较小的 Cr(Ⅲ)，然后加碱变为 $Cr(OH)_3$ 沉淀，过滤除去。

c. 沉淀法。此法利用沉淀反应使有害物质转化为沉淀而与水分离。例如，调节 pH 使水中的重金属离子生成氢氧化物沉淀而与水分离。

d. 化学絮凝法（混凝法）。此法是通过加入凝聚剂破坏胶体的稳定性，使胶体粒子发生凝聚，产生絮凝物，并发生吸附作用，将废水中的污染物吸附在一起，然后经沉降（或上浮）而与水分离。常用的凝聚剂有：硫酸铝、明矾、硫酸铁、聚氯化铝等无机凝聚剂；聚丙烯酰胺、聚氧化乙烯、纤维素、淀粉、聚丙烯酸钠盐、聚乙烯亚胺等有机聚合物凝聚剂。与无机凝聚剂相比，有机聚合物凝聚剂具有处理废水的适应性较宽、腐蚀性小、投量小、去除效果好、絮凝物沉降快，体积小、脱水速率快、污泥处理比较容易等优点。

e. 离子交换法。此法主要用来回收废水中的有价金属。处理后的水质纯净，可以回用。

③ 生化法。此法利用微生物作用来处理废水，使水中可生化的有机污染物转化为无害物质。

④ 膜法。此法是利用膜分离技术处理废水。膜主要分为四类，即微滤膜

(MF)、超滤膜（UF)、纳滤膜（NF）和反渗透膜（RO)。

微滤是指滤除微米级粒子（0.1～10μm)，而透过水及少量小分子溶质和大分子溶质。操作压力约 0.01～0.2MPa。

超滤是指滤除 1～20nm 大分子溶质，而透过小分子溶液，操作压力约 0.1～0.5MPa。

纳滤是指膜具有纳米级的孔径，它能滤除相对分子质量 200～1000 的分子，而透过水分子等溶剂。操作压力一般为 0.5～2.0MPa。

反渗透能截留 0.1～1nm 小分子溶质，而透过水分子等溶剂。它的分离传质过程常用溶解扩散机理来解释。既透过组分（水）选择性溶解在膜料液，然后在膜二侧静压差推动下，扩散透过膜。操作压力 1～10MPa。

对废水处理来说，反渗透、纳滤等膜技术是极佳的选择，例如，从电镀漂洗水中回收重金属离子和清洗水（回用）已成功用于生产，规模可达 $2300m^3 \cdot d^{-1}$。国外已有几百套。

一般废水处理步骤可划分为一级、二级和三级处理。一级处理采用物理法。二级处理常采用生化法和絮凝法。生化法主要去除一级处理后废水中的有机物。絮凝法主要去除一级处理后废水中的无机悬浮物和胶体颗粒物或低浓度的有机物。三级处理可以采用多种物理和化学方法。例如，曝气、吸附、化学凝聚和沉淀、离子交换、电渗析、反渗透、氯消毒等。工厂内的废水处理，需根据各种处理方法的特点和适用条件、废水的水质和数量，以及预期达到的处理效果，做出处理方案。

16.3.3.3 废渣处理

废渣的处理比较复杂。长期以来多用作填坑、铺路或制水泥，利用率仅为 24%。近年来我国对于氯碱厂的盐泥、铬盐厂的铬渣、硼砂厂的硼镁泥、硫酸厂的矿渣以及磷肥厂的废渣等都有了较好的治理方案，并加以综合利用。例如，硼镁泥渣用作微量元素肥料、饲料以及建筑材料，也可从中制备七水硫酸镁；硫铁矿渣，经过适当处理，使废渣中的铁转变为适合作炼铁原料的四氧化三铁。

16.3.4 绿色化学和清洁生产技术

16.3.4.1 绿色化学简介

化学科学的发展为社会的进步和人类生活水平的提高奠定了丰富的物质基础。然而传统化学在研发新化合物时主要看重的是化学反应的高选择性和高产率，常常忽视了反应物分子中原子的有效利用率问题，以及反应完成后废物处理的问题。因此，许多已有的化工过程，虽然具有满意的经济效益，却不能有效地利用资源，对人类的健康和生存环境造成了极大的负面影响。面对环境保护、充分利用资源的挑战，应该如何更有效地利用原料分子中的原子，使反应实现废物“零排放”，或尽可能减少废物的排放？这是摆在化学家面前的一项十分迫切的任务。因此，传统化学向绿色化学转变就成了化学发展的必然趋势。

绿色化学，又称为环境无害化学，是运用现代化学的原理和方法，减少或消除化学产品在设计、生产、应用和最终处置的全过程中有毒有害物质的使用和产生的一门学科。绿色化学是对传统化学思维的更新和发展，它着眼于对环境友好的化学过程，其目的是使可对环境产生的污染消除在产品生产和化学过程的源头，并最大限度地减少对原材料和能源的消耗，因而对环境保护和社会的可持续发展有着十分重要的意义，并受到世界各国政府的关注，成为推动化学发展的重要研究领域。

绿色化学的最终目标是在生产可造福人类的化学产品的同时，从源头防止污染的产生，研究的是与环境友好的化学反应和技术，利用化学来预防污染。它与目前的环境化学是有区别的，环境化学研究影响环境的化学问题，是对已经造成的污染进行治理。因此，绿色化学是更高层次的化学，有利于人类社会与自然环境的协调发展。

根据绿色化学的研究特点，可总结出以下 12 条基本原则。

① 从源头防止污染的产生，而不是污染形成后再治理。

② 设计能够最大限度地将反应过程中使用的所有材料转化为最终产品的合成方法，即提高反应的原子经济性。

③ 合成过程中应尽可能使用和产生无毒或低毒性的物质。

④ 设计具有良好功效，但毒性较低的化学产品。

⑤ 尽可能避免使用溶剂、助剂等辅助性物质，如需使用时应选用无毒物质。

⑥ 考虑到能源消耗对环境和经济的影响，应最大限度地降低能耗。合成应在常温常压的条件下进行。

⑦ 技术上和经济上可行时，尽可能使用可再生资源。

⑧ 尽量避免不必要的衍生步骤，减少副产物的生成。

⑨ 使用高选择性催化剂。

⑩ 设计在使用终结后能够降解为无毒物质的化学产品。

⑪ 实现分析方法的实时监测，使有害物质在形成前得以控制。

⑫ 在化学过程中，选择和使用安全的物质，以降低发生泄漏、爆炸、火灾等意外事故的可能性。

16.3.4.2 清洁生产技术

绿色合成反应是绿色化学即环境友好化学的核心内容，在其基础上发展起来的技术又称为环境友好技术或清洁生产技术。联合国环境规划署工业与环境活动中心对清洁生产给出的定义是："清洁生产是指将综合预防的环境保护策略持续应用于生产过程和产品使用过程中，以期减少对人类和环境的风险。"其中包含了对生产全过程和产品整个生命周期全过程的控制。对生产过程而言是节约原材料、降低能耗，尽可能不使用有毒的原材料，最大限度减少有害物质的排放和毒性；对产品而言是从原材料的提取到产品最终处置的整个过程都尽可能地减少对环境的影响。清洁生产技术的主要内容就是使传统的化学过程绿色化，即通过设计环境友好的化学反应路线，物质和能量构成封闭循环的化学工艺流程，生产绿色产品，将传统的化学工业改造成可持续发展的绿色化学工业。

传统化学对一个合成过程的效率的评价，通常使用产率。常会出现一个合成路线的产率可达到 100%，而在生成目标产品的同时，还产生比目标产物更多的废物。这是因为产率是实际得到的目标产物的质量与理论上相同数量原料转化为目标产物的质量之比，其中并没有体现出合成中可能产生的废物。因此用产率来评价一个合成过程的效率是不完全的。

按照绿色化学的标准，一个合成过程或化工过程是否绿色化可从三个方面来衡量：原子利用率、环境因子 E 和产品的环境商 EQ。

用原子利用率可以衡量在一个化学反应中，生产一定量目标产物能够生成多少废物，其定义为：

$$原子利用率=\frac{目标产品的量}{化学方程式中按计量所得物质的量的总和}\times 100\%$$

理想的原子利用率是 100%，即在化学反应中，参加反应的分子所发生的变化，只是原子的重新组合，参加化学反应的所有原子都转化到了目标产物中。按照绿色化学的要求，所有化学反应都应该是：既要最大限度利用原料，又要最大限度减少废物排放，也就是要提高“原子利用率”。

通常，制备同一个产品，采用的路线不同，就会有不同的原子利用率。例如，以乙烯为原料合成环氧乙烷可采用以下两种方法：

① 经典氯代乙醇法

$$CH{=\!=}CH_2+Cl_2+H_2O \longrightarrow ClCH_2CH_2OH+HCl$$

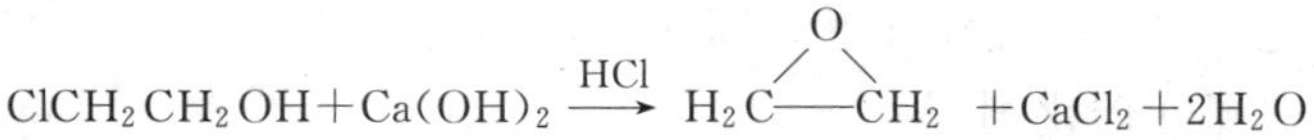

总反应：

$$C_2H_4+Cl_2+Ca(OH)_2 \longrightarrow C_2H_4O+CaCl_2+H_2O$$

摩尔质量/$g \cdot mol^{-1}$　　44　　111　　18

$$原子利用率=\frac{44}{173}=25\%$$

② 以银作催化剂的一步催化法

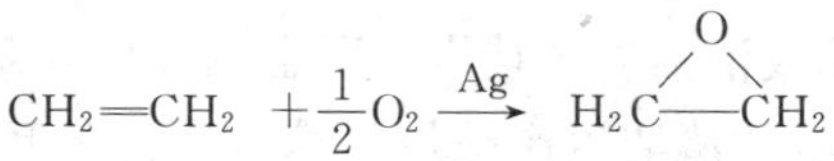

$$原子利用率=100\%$$

后一方法不产生废物，既节约了资源，又消除了副产物对环境的污染，更符合清洁生产的要求。

原子利用率只是从反应路线去考察合成方法或生产过程，而根据绿色化学的观点，还必须同时考虑对环境造成的影响。1992 年荷兰有机化学家 Roger. A. Sheldon 提出了环境因子（E-因子）的概念，用以衡量生产过程对环境的影响程度，其定义为：

$$E=\frac{\text{废物质量}}{\text{目标产品质量}}$$

其中的废物是指除目标产品外的所有物质。对一个合成反应来说，E-因子越小，产生的废物就越少，对环境的污染也就越少。原子利用率为100%的反应，由于没有废物产生，因而E-因子为零。目前，石油化工工业 $E\approx0.1$，化学工业 $E=1\sim5$，精细化工 $E=5\sim50$，医药品 $E=55\sim100$。

E-因子只是单位目标产品产生的废物的量，而废物排放到环境中后，其对环境的影响和污染程度还与相应废物的性质以及废物在环境中的毒性行为有关。为了更全面地分析和评价一个合成反应对环境造成的影响，还应综合考虑废物在环境中的行为对环境产生的危害程度。这个综合评价可用环境熵（EQ）来衡量。

$$EQ=EQ$$

其中 E 为E-因子，Q 为废物在环境中的行为对环境产生的不友好度。例如，无害的NaCl的 Q 值定为1，则不同重金属离子的盐类的 Q 值为100～1000。因此，EQ 可以作为评价和选择合成工艺的重要参数。

对于化学合成而言，从生态经济的角度出发，研究绿色合成反应和清洁生产工艺，对提高生产效益，节约资源和能源，有效改善环境，促进社会、经济和环境的和谐发展都具有十分重要的意义，已成为当前化学研究和化工技术的热点和重要科技前沿。

习　题

16.1 试以工业烟气中含 SO_2 为例，说明采用什么方法可以降低排放烟气中 SO_2 的含量？

16.2 有一含铜废料（含铜屑、铁屑、酸不溶物等杂质），试提出由该废料制备硫酸铜和金属铜的方案。

附　　录

附录1　本书所用的有关单位

1984年2月27日国务院发布了《关于在我国统一实行法定计量单位的命令》。其中规定，我国采用以国际单位制单位为基础，保留少数国内外习惯或通用的非国际单位制单位。1993年12月27日，国家技术监督局发布了中华人民共和国国家标准（GB 3100—93～GB 3102—93）。为了贯彻执行国家标准，本书全部执行我国法定计量单位。

国际单位制是1960年第11届国际计量大会通过的，其国际代号为SI。

（一）国际单位制基本单位

国际单位制基本单位共有7个（见附表1），其中关于物质的量单位——摩尔的定义摘录如下。

① 摩尔是一系统的物质的量，该系统中所包含的基本单元数与0.012kg ^{12}C 的原子数目相等。

② 在使用摩尔时，基本单元应予指明，可以是原子、分子、离子、电子及其他粒子，或是这些粒子的特定组合。

（1971年第14届国际计量大会通过）

附表1　国际单位制基本单位

量的名称	单位名称	单位符号	量的名称	单位名称	单位符号
长度	米	m	热力学温度	开[尔文]	K
质量	千克(公斤)	kg	物质的量	摩[尔]	mol
时间	秒	s	光强度	坎[德拉]	cd
电流	安[培]	A			

（二）国际单位制中具有专门名称的导出单位（见附表2）

附表2　国际单位制导出单位（摘录）

物理量	名称	代号	
		中文	国际
面积	平方米	米^2	m^2
体积	立方米	米^3	m^3
密度	千克每立方米	千克/米^3	kg/m^3
(物质的量)浓度	摩[尔]每立方米	摩/米^3	mol/m^3

续表

物　理　量	名　称	代　号	
		中　文	国　际
压力(压强)	帕[斯卡]	帕	Pa
电量、电荷	库[仑]	库	C
能、功、热量	焦[耳]	焦	J
电位、电压、电动势	伏[特]	伏	V
热容、熵	焦[耳]每开[尔文]	焦/开	J/K
摄氏温度	摄氏度		℃
偶极矩		库[仑]米	C·m

(三) 国家选定的非国际单位制单位 (见附表 3)

附表 3　国家选定的非国际单位制单位 (摘录)

量的名称	单位名称	单位符号	换算关系和说明
时间	分	min	1min=60s
	[小]时	h	1h=60min=3600s
	天(日)	d	1d=24h=86400s
平面角	度	(°)	$1° = (\pi/180)$rad
	分	(′)	$1' = (1/60)° = (\pi/10800)$rad
	秒	(″)	$1'' = (1/60)' = (\pi/648000)$rad
体积	升	L,(l)	$1L = 1dm^3 = 10^{-3}m^3$
质量	吨	t	$1t = 10^3 kg$
	原子质量单位	u	$u \approx 1.6605655 \times 10^{-27}$kg
能	电子伏	eV	$1eV \approx 1.6021892 \times 10^{-19}$J

(四) 用于构成十进倍数和分数单位的词头 (见附表 4)

附表 4　表示倍数或分数的词冠

所表示的因数	词头名称	词头符号	所表示的因数	词头名称	词头符号
10^{12}	太[拉](t′era)	T	10^{-1}	分(d′lci)	d
10^{9}	吉[咖](giga)	G	10^{-2}	厘(centi)	c
10^{6}	兆(m′ega)	M	10^{-3}	毫(milli)	m
10^{3}	千(kilo)	k	10^{-6}	微(micro)	μ
10^{2}	百(hecto)	h	10^{-9}	纳[诺](nano)	n
10^{1}	十(d′lca)	da	10^{-12}	皮[可](pico)	p

(五) 一些基本的物理常数 (见附表 5)

附表 5　一些基本的物理常数

物　理　量	符号	国际单位数值
基本电荷	e	1.60217733(49)① $\times 10^{-19}$C
Avogadro 常数	N_A	6.0221367(36) $\times 10^{23} mol^{-1}$
摩尔气体常数	R	8.314510(70) $J \cdot mol^{-1} \cdot K^{-1}$
标准压力	$p^{\ominus}$	100kPa
标准压力和 273.15K 摩尔理想气体的体积	$V_m^{\ominus}$	$22.41383 \times 10^{-3} m^3 \cdot mol^{-1}$

① ( ) 符号中的数字表示前面给定值的一个标准差的一个不确定度。

(六) 几种单位的换算

从过去常用的单位换算为本书现用单位主要有以下几个。

① 卡 (cal)×4.184 化为焦耳 (J)。

② 电子伏特 (eV)×1.602×10^{-19}化为焦耳 (J)×96.5 化为 kJ · mol^{-1}。

③ 埃 (Å)×100 化为皮米 (pm)×10^{-1}化为纳米 (nm)。

④ 波数 (cm^{-1})×1.986×10^{-23}化为焦耳 (J)×1.240×10^{-4}化为 eV。

附录 2 一些物质的标准摩尔生成焓

一些物质的标准摩尔生成焓 (298.15K、$p^{\ominus}$=100kPa)

物 质	$\Delta_f H_m^{\ominus}$/kJ · mol^{-1}	物 质	$\Delta_f H_m^{\ominus}$/kJ · mol^{-1}
Ag(cr)	0	Be(cr)	0
Ag_2O(cr)	−31.05	Bi(cr)	0
AgF(cr)	−204.6	$BiCl_3$(cr)	−379.1
AgCl(cr)	−127.068	BiOCl(cr)	−366.9
AgBr(cr)	−100.37	Br_2(l)	0
AgI(cr)	−61.84	Br_2(g)	30.907
$AgNO_3$(cr)	−124.39	HBr(g)	−36.40
Al(cr)	0	C(cr,石墨)	0
Al_2O_3(cr,刚玉)	−1675.7	C(cr,金刚石)	1.895
AlF_3(cr)	−1504.1	CO(g)	−110.525
$AlCl_3$(cr)	−704.2	CO_2(g)	−393.509
Ar(g)	0	CH_4(g)	−74.81
As(cr)	0	C_2H_6(g)	−84.68
$AsCl_3$(l)	−305.0	C_2H_4(g)	52.26
As_2S_3(cr)	−169.0	C_2H_2(g)	226.73
Au(cr)	0	C_6H_6(l)	49.1
B(cr)	0	CH_3OH(l)	−238.66
B_2O_3(cr)	−1272.77	CH_3OH(g)	−200.66
B_2H_6(g)	35.6	C_2H_5OH(l)	−277.6
H_3BO_3(cr)	−1094.33	$(CH_3)_2O$(g)	−184.05
BF_3(g)	−1137.00	CH_3CHO(g)	−166.19
BCl_3(l)	−427.2	HCOOH(l)	−424.72
BBr_3(l)	−239.7	CH_3COOH(l)	−484.3
BN(cr)	−254.4	$(NH_2)_2CO$(cr)	−333.51
Ba(cr)	0	CCl_4(l)	−135.44
BaO(cr)	−553.5	CS_2(l)	89.70
$BaCl_2$(cr)	−858.6	HCN(g)	135.1
$BaSO_4$(cr)	−1473.2	Ca(cr)	0
$BaCO_3$(cr)	−1216.3	CaH_2(cr)	−186.2
$BaCrO_4$(cr)	−1446.0	CaO(cr)	−635.09
$Ba(NO_3)_2$(cr)	−992.07	$Ca(OH)_2$(cr)	−986.09

续表

物　质	$\Delta_f H_m^\ominus$/kJ·mol^{-1}	物　质	$\Delta_f H_m^\ominus$/kJ·mol^{-1}
CaF_2(cr)	−1219.6	H_2(g)	0
$CaCl_2$(cr)	−795.8	H_2O(l)	−285.830
$CaCO_3$(cr,方解石)	−1206.92	H_2O(g)	−241.818
$CaSO_4$(cr,无水石膏)	−1434.11	H_2O_2(l)	−187.78
$CaSO_4\cdot 2H_2O$(cr,透石膏)	−2022.63	He(g)	0
$CaC_2O_4\cdot H_2O$(cr)	−1674.86	Hg(l)	0
Cd(cr,γ)	0	Hg(g)	61.317
CdO(cr)	−258.2	HgO(cr,黄)	−90.46
CdS(cr)	−161.9	HgO(cr,红)	−90.83
$CdCO_3$(cr)	−750.6	$HgCl_2$(cr)	−224.3
Cl_2(g)	0	Hg_2Cl_2(cr)	−265.22
HCl(g)	−92.307	HgI_2(cr 红)	−105.4
Co(cr,α)	0	Hg_2I_2(cr)	−121.34
$Co(OH)_2$(cr,桃红色,沉淀的)	−539.7	HgS(cr,红)	−58.2
$CoCl_2$(cr)	−312.5	HgS(cr,黑)	−53.6
Cr(cr)	0	I_2(cr)	0
Cr_2O_3(cr)	−1139.7	I_2(g)	62.438
Ag_2CrO_4(cr)	−731.74	HI(g)	26.48
Cs(cr)	0	K(cr)	0
Cu(cr)	0	KH(cr)	−57.74
CuO(cr)	−157.3	K_2O(cr)	−361.5
Cu_2O(cr)	−168.6	KO_2(cr)	−284.93
CuCl(cr)	−137.2	K_2O_2(cr)	−494.1
$CuCl_2$(cr)	−220.1	KOH(cr)	−424.764
CuI(cr)	−67.8	KF(cr)	−567.27
CuS(cr)	−53.1	KCl(cr)	−436.747
Cu_2S(cr)	−79.5	KBr(cr)	−393.798
$CuSO_4$(cr)	−771.36	KI(cr)	−327.900
$CuSO_4\cdot 5H_2O$(cr)	−2279.65	$KClO_3$(cr)	−397.73
CuCN(cr)	96.2	$KClO_4$(cr)	−432.75
F_2(g)	0	K_2SO_4(cr)	−1437.79
HF(g)	−271.1	$K_2S_2O_8$(cr)	−1916.1
Fe(cr)	0	KNO_3(cr)	−494.63
Fe_2O_3(cr,赤铁矿)	−824.2	K_2CO_3(cr)	−1151.02
Fe_3O_4(cr,磁铁矿)	−1118.4	$KHCO_3$(cr)	−963.2
$Fe(OH)_2$(cr,沉淀的)	−569.0	KCN(cr)	−113.0
$Fe(OH)_3$(cr,沉淀的)	−823.0	$KMnO_4$(cr)	−837.2
$FeCl_3$(cr)	−399.49	K_2CrO_4(cr)	−1403.7
FeS_2(cr,黄铁矿)	−178.2	$K_2Cr_2O_7$(cr)	−2061.5
FeS(cr)	−100.0	$KAl(SO_4)_2\cdot 12H_2O$(cr)	−6061.8
$FeSO_4$(cr)	−928.4	Kr(g)	0
$FeSO_4\cdot 7H_2O$(cr)	−3014.57	Li(cr)	0
$Fe(CO)_5$(l)	−774.0	LiH(cr)	−90.54

续表

物　质	$\Delta_f H_m^{\ominus}$/kJ·mol^{-1}	物　质	$\Delta_f H_m^{\ominus}$/kJ·mol^{-1}
Li_2O(cr)	−597.94	$NaNO_3$(cr)	−467.85
LiOH(cr)	−484.93	Na_3PO_4(cr)	−1917.40
LiF(cr)	−615.97	Na_2HPO_4(cr)	−1748.1
LiCl(cr)	−408.61	Na_2CO_3(cr)	−1130.68
Li_2CO_3(cr)	−1215.9	Na_2HCO_3(cr)	−950.81
Mg(cr)	0	Na_2SO_4(cr)	−1387.08
MgH_2(cr)	−75.3	$Na_2SO_4 \cdot 10H_2O$(cr)	−4327.26
MgO(cr,方镁石)	−601.70	$Na_2S_2O_3 \cdot 5H_2O$(cr)	−2607.93
$Mg(OH)_2$(cr)	−924.54	$Na_2B_4O_7 \cdot 10H_2O$(cr)	−6288.6
MgF_2(cr)	−1123.4	Ne(g)	0
$MgCl_2$(cr)	−641.32	Ni(cr)	0
$MgCO_3$(cr)	−1095.8	$Ni(OH)_2$(cr)	−529.7
Mn(cr)	0	NiS(cr)	−82.0
MnO_2(cr)	−520.03	O_2(g)	0
$MnCl_2$(cr)	−481.29	O_3(g)	142.7
$MnSO_4$(cr)	−1065.25	P(cr,白磷)	0
Mo(cr)	0	P(cr,红磷)	−17.6
N_2(g)	0	P_4O_{10}(cr,六方晶的)	−2984.0
NO(g)	90.25	PH_3(g)	5.4
NO_2(g)	33.18	PCl_3(l)	−319.7
N_2O(g)	82.05	PCl_5(cr)	−443.5
N_2O_3(g)	83.72	Pb(cr)	0
N_2O_4(g)	9.16	PbO(cr,黄)	−217.32
N_2O_5(g)	11.3	PbO_2(cr)	−277.4
NH_3(g)	−46.11	Pb_3O_4(cr)	−718.4
HNO_3(l)	−174.10	$PbCl_2$(cr)	−359.41
N_2H_4(l)	50.63	$PbBr_2$(cr)	−278.7
NH_4NO_3(cr)	−365.56	PbI_2(cr)	−175.48
NH_4Cl(cr)	−314.43	PbS(cr)	−100.4
NH_4ClO_4(cr)	−295.31	$PbSO_4$(cr)	−919.94
$(NH_4)_2SO_4$(cr)	−1180.85	$PbCO_3$(cr)	−699.1
$(NH_4)_2S_2O_8$(cr)	−1648.1	Rb(cr)	0
Na(cr)	0	S(cr,正交)	0
NaH(cr)	−56.275	SO_2(g)	−296.830
Na_2O(cr)	−414.22	SO_3(g)	−395.72
Na_2O_2(cr)	−510.87	H_2S(g)	−20.63
NaO_2(cr)	−260.2	SF_6(g)	−1209.0
NaOH(cr)	−425.609	$SbCl_3$(cr)	−382.17
NaF(cr)	−573.647	Sc(cr)	0
NaCl(cr)	−411.153	Se(cr,黑,六方晶)	0
NaBr(cr)	−361.062	Si(cr)	0
NaI(cr)	−287.78	SiO_2(cr,石英)	−910.94
$NaNO_2$(cr)	−358.65	SiO_2(无定形)	−903.49

续表

物　质	$\Delta_f H_m^\ominus$/kJ·mol^{-1}	物　质	$\Delta_f H_m^\ominus$/kJ·mol^{-1}
SiF_4(g)	−1614.94	TiO_2(cr,金红石)	−944.7
$SiCl_4$(l)	−687.0	$TiCl_4$(l)	−804.2
$SiBr_4$(l)	−457.3	V(cr)	0
Sn(cr,白)	0	V_2O_5(cr)	−1550.6
Sn(cr,灰)	−2.09	W(cr)	0
SnO(cr)	−285.8	WO_3(cr)	−842.87
SnO_2(cr)	−580.7	Xe(g)	0
$SnCl_4$(l)	−511.3	Zn(cr)	0
SnS(cr)	−100.0	ZnO(cr)	−348.28
Sr(cr,α)	0	$ZnCl_2$(cr)	−415.05
Ti(cr)	0	ZnS(cr,闪锌矿)	−205.98
TiO_2(cr,锐钛矿)	−939.7	$ZnCO_3$(cr)	−812.78

注：1. 括号内的英文字母表示物质的状态。cr表示结晶固体、l表示液体、g表示气体。

2. 本表数据取自 Wagman D D，Evans W H，Parker V B，et al，NBS化学热力学性质表. 刘天和、赵梦月译. 北京：中国标准出版社，1998。

附录3　标准电极电势（298.15K）

（1）在酸性溶液中

氧化-还原电对	电极反应		$E^\ominus$/V
	氧化型	$+ne \rightleftharpoons$ 还原型	
Li^+/Li	Li^+	$+e \rightleftharpoons Li$	−3.0401
Cs^+/Cs	Cs^+	$+e \rightleftharpoons Cs$	−3.026
Rb^+/Rb	Rb^+	$+e \rightleftharpoons Rb$	−2.98
K^+/K	K^+	$+e \rightleftharpoons K$	−2.931
Ba^{2+}/Ba	Ba^{2+}	$+2e \rightleftharpoons Ba$	−2.912
Sr^{2+}/Sr	Sr^{2+}	$+2e \rightleftharpoons Sr$	−2.89
Ca^{2+}/Ca	Ca^{2+}	$+2e \rightleftharpoons Ca$	−2.868
Na^+/Na	Na^+	$+e \rightleftharpoons Na$	−2.71
Mg^{2+}/Mg	Mg^{2+}	$+2e \rightleftharpoons Mg$	−2.372
H_2/H^-	$1/2H_2$	$+e \rightleftharpoons H^-$	−2.23
Sc^{3+}/Sc	Sc^{3+}	$+3e \rightleftharpoons Sc$	−2.077
$[AlF_6]^{3-}$/Al	$[AlF_6]^{3-}$	$+3e \rightleftharpoons Al+6F^-$	−2.069
Be^{2+}/Be	Be^{2+}	$+2e \rightleftharpoons Be$	−1.847
Al^{3+}/Al	Al^{3+}	$+3e \rightleftharpoons Al$	−1.662
Ti^{2+}/Ti	Ti^{2+}	$+2e \rightleftharpoons Ti$	−1.630
Ti^{3+}/Ti	Ti^{3+}	$+3e \rightleftharpoons Ti$	−1.37
$[SiF_6]^{2-}$/Si	$[SiF_6]^{2-}$	$+4e \rightleftharpoons Si+6F^-$	−1.24
Mn^{2+}/Mn	Mn^{2+}	$+2e \rightleftharpoons Mn$	−1.185
V^{2+}/V	V^{2+}	$+2e \rightleftharpoons V$	−1.175

续表

氧化-还原电对	电极反应			$E^{\ominus}$/V
	氧化型	$+ne \rightleftharpoons$	还原型	
Cr^{2+}/Cr	Cr^{2+}	$+2e \rightleftharpoons$	Cr	−0.913
H_3BO_3/B	$H_3BO_3/B+3H^+$	$+3e \rightleftharpoons$	$B+H_2O$	−0.8698
Zn^{2+}/Zn	Zn^{2+}	$+2e \rightleftharpoons$	Zn	−0.7618
Cr^{3+}/Cr	Cr^{3+}	$+3e \rightleftharpoons$	Cr	−0.744
As/AsH_3	$As+3H^+$	$+3e \rightleftharpoons$	AsH_3	−0.608
Ga^{3+}/Ga	Ga^{3+}	$+3e \rightleftharpoons$	Ga	−0.549
H_3PO_2/P	$H_3PO_2+H^+$	$+e \rightleftharpoons$	$P+2H_2O$	−0.508
TiO_2/Ti^{2+}	TiO_2+4H^+	$+2e \rightleftharpoons$	$Ti^{2+}+2H_2O$	−0.502
H_3PO_3/P	$H_3PO_3+3H^+$	$+3e \rightleftharpoons$	$P+3H_2O$	−0.454
Fe^{2+}/Fe	Fe^{2+}	$+2e \rightleftharpoons$	Fe	−0.447
Cr^{3+}/Cr^{2+}	Cr^{3+}	$+e \rightleftharpoons$	Cr^{2+}	−0.407
Cd^{2+}/Cd	Cd^{2+}	$+2e \rightleftharpoons$	Cd	−0.403
PbI_2/Pb	PbI_2	$+2e \rightleftharpoons$	$Pb+2I^-$	−0.365
$PbSO_4/Pb$	$PbSO_4$	$+2e \rightleftharpoons$	$Pb+SO_4^{2-}$	−0.3588
Co^{2+}/Co	Co^{2+}	$+2e \rightleftharpoons$	Co	−0.28
H_3PO_4/H_3PO_3	$H_3PO_4+2H^+$	$+2e \rightleftharpoons$	$H_3PO_3+H_2O$	−0.276
Ni^{2+}/Ni	Ni^{2+}	$+2e \rightleftharpoons$	Ni	−0.257
AgI/Ag	AgI	$+e \rightleftharpoons$	$Ag+I^-$	−0.1522
Sn^{2+}/Sn	Sn^{2+}	$+2e \rightleftharpoons$	Sn	−0.1375
Pb^{2+}/Pb	Pb^{2+}	$+2e \rightleftharpoons$	Pb	−0.1262
P(红)/PH_3(g)	P(红)$+3H^+$	$+e \rightleftharpoons$	PH_3(g)	−0.111
WO_3/W	WO_3+6H^+	$+6e \rightleftharpoons$	$W+3H_2O$	−0.090
Fe^{3+}/Fe	Fe^{3+}	$+3e \rightleftharpoons$	Fe	−0.037
H^+/H_2	$2H^+$	$+2e \rightleftharpoons$	H_2	0.0000
$AgBr/Ag$	$AgBr$	$+e \rightleftharpoons$	$Ag+Br^-$	0.07133
$S_4O_6^{2-}/S_2O_3^{2-}$	$S_4O_6^{2-}$	$+2e \rightleftharpoons$	$2S_2O_3^{2-}$	0.08
S/H_2S	$S+2H^+$	$+2e \rightleftharpoons$	H_2S	0.142
Sn^{4+}/Sn^{2+}	Sn^{4+}	$+2e \rightleftharpoons$	Sn^{2+}	0.151
Sb_2O_3/Sb	$Sb_2O_3+6H^+$	$+6e \rightleftharpoons$	$2Sb+3H_2O$	0.152
Cu^{2+}/Cu^+	Cu^{2+}	$+2e \rightleftharpoons$	Cu^+	0.153
SO_4^{2-}/H_2SO_3	$SO_4^{2-}+4H^+$	$+2e \rightleftharpoons$	$H_2SO_3+H_2O$	0.172
$AgCl/Ag$	$AgCl$	$+e \rightleftharpoons$	$Ag+Cl^-$	0.2223
Hg_2Cl_2/Hg	Hg_2Cl_2	$+2e \rightleftharpoons$	$2Hg+2Cl^-$	0.2681
Bi^{3+}/Bi	Bi^{3+}	$+3e \rightleftharpoons$	Bi	0.308
VO^{2+}/V^{3+}	$VO^{2+}+2H^+$	$+e \rightleftharpoons$	$V^{3+}+H_2O$	0.337
Cu^{2+}/Cu	Cu^{2+}	$+2e \rightleftharpoons$	Cu	0.3419
$[Fe(CN)_6]^{3-}/[Fe(CN)_6]^{4-}$	$[Fe(CN)_6]^{3-}$	$+e \rightleftharpoons$	$[Fe(CN)_6]^{4-}$	0.358
$2H_2SO_3/S_2O_3^{2-}$	$2H_2SO_3+2H^+$	$+4e \rightleftharpoons$	$S_2O_3^{2-}+3H_2O$	0.4101
Ag_2CrO_4/Ag	Ag_2CrO_4	$+2e \rightleftharpoons$	$2Ag+CrO_4^{2-}$	0.447
H_2SO_3/S	$H_2SO_3+4H^+$	$+4e \rightleftharpoons$	$S+2H_2O$	0.449
Cu^+/Cu	Cu^+	$+e \rightleftharpoons$	Cu	0.521
I_2/I^-	I_2	$+2e \rightleftharpoons$	$2I^-$	0.5355
MnO_4^-/MnO_4^{2-}	MnO_4^-	$+e \rightleftharpoons$	MnO_4^{2-}	0.558

续表

氧化-还原电对	电极反应		$E^{\ominus}$/V
	氧化型	$+ne \rightleftharpoons$ 还原型	
H_3AsO_4/H_3AsO_3	$H_3AsO_4+2H^+$	$+2e \rightleftharpoons H_3AsO_3+H_2O$	0.560
$S_2O_6^{2-}/H_2SO_3$	$S_2O_6^{2-}+4H^+$	$+2e \rightleftharpoons 2H_2SO_3$	0.564
Sb_2O_5/SbO^+	$Sb_2O_5+6H^+$	$+4e \rightleftharpoons 2SbO^++3H_2O$	0.581
O_2/H_2O_2	O_2+2H^+	$+2e \rightleftharpoons H_2O_2$	0.695
Fe^{3+}/Fe^{2+}	Fe^{3+}	$+e \rightleftharpoons Fe^{2+}$	0.771
Hg_2^{2+}/Hg	Hg_2^{2+}	$+2e \rightleftharpoons 2Hg$	0.7973
Ag^+/Ag	Ag^+	$+e \rightleftharpoons Ag$	0.7996
NO_3^-/N_2O_4	$2NO_3^-+4H^+$	$+2e \rightleftharpoons N_2O_4+2H_2O$	0.803
Hg^{2+}/Hg	Hg^{2+}	$+2e \rightleftharpoons Hg$	0.851
SiO_2/Si	SiO_2+4H^+	$+4e \rightleftharpoons Si+2H_2O$	0.857
N_2O_4/NO_2^-	N_2O_4	$+2e \rightleftharpoons 2NO_2^-$	0.867
Hg^{2+}/Hg_2^{2+}	$2Hg^{2+}$	$+2e \rightleftharpoons Hg_2^{2+}$	0.920
NO_3^-/HNO_2	$NO_3^-+3H^+$	$+2e \rightleftharpoons HNO_2+H_2O$	0.934
NO_3^-/NO	$NO_3^-+4H^+$	$+3e \rightleftharpoons NO+2H_2O$	0.957
HNO_2/NO	HNO_2+H^+	$+e \rightleftharpoons NO+H_2O$	0.983
HIO/I^-	$HIO+H^+$	$+2e \rightleftharpoons I^-+H_2O$	0.987
N_2O_4/NO	$N_2O_4+4H^+$	$+4e \rightleftharpoons 2NO+2H_2O$	1.035
N_2O_4/HNO_2	$N_2O_4+2H^+$	$+2e \rightleftharpoons 2HNO_2$	1.065
Br_2/Br^-	Br_2	$+2e \rightleftharpoons 2Br^-$	1.066
IO_3^-/I^-	$IO_3^-+6H^+$	$+6e \rightleftharpoons I^-+3H_2O$	1.085
SeO_4^{2-}/H_2SeO_3	$SeO_4^{2-}+4H^+$	$+2e \rightleftharpoons H_2SeO_3+H_2O$	1.151
ClO_3^-/ClO_2	$ClO_3^-+2H^+$	$+e \rightleftharpoons ClO_2+H_2O$	1.152
ClO_4^-/ClO_3^-	$ClO_4^-+2H^+$	$+2e \rightleftharpoons ClO_3^-+H_2O$	1.189
IO_3^-/I_2	$IO_3^-+6H^+$	$+5e \rightleftharpoons I_2+3H_2O$	1.195
MnO_2/Mn^{2+}	MnO_2+4H^+	$+2e \rightleftharpoons Mn^{2+}+2H_2O$	1.224
O_2/H_2O	O_2+4H^+	$+4e \rightleftharpoons 2H_2O$	1.229
$Cr_2O_7^{2-}/Cr^{3+}$	$Cr_2O_7^{2-}+14H^+$	$+6e \rightleftharpoons 2Cr^{3+}+7H_2O$	1.232
$ClO_2/HClO_2$	ClO_2+H^+	$+e \rightleftharpoons HClO_2$	1.277
HNO_2/N_2O	$2HNO_2+4H^+$	$+4e \rightleftharpoons N_2O+3H_2O$	1.297
$HBrO/Br^-$	$HBrO+H^+$	$+4e \rightleftharpoons Br^-+H_2O$	1.331
Cl_2/Cl^-	Cl_2	$+2e \rightleftharpoons 2Cl^-$	1.3583
ClO_4^-/Cl^-	$ClO_4^-+8H^+$	$+8e \rightleftharpoons Cl^-+4H_2O$	1.389
ClO_4^-/Cl_2	$ClO_4^-+8H^+$	$+7e \rightleftharpoons 1/2Cl_2+4H_2O$	1.39
BrO_3^-/Br^-	$BrO_3^-+6H^+$	$+6e \rightleftharpoons Br^-+3H_2O$	1.423
HIO/I_2	$2HIO+2H^+$	$+2e \rightleftharpoons I_2+2H_2O$	1.439
ClO_3^-/Cl^-	$ClO_3^-+6H^+$	$+6e \rightleftharpoons Cl^-+3H_2O$	1.4531
PbO_2/Pb^{2+}	PbO_2+4H^+	$+2e \rightleftharpoons Pb^{2+}+2H_2O$	1.455
ClO_3^-/Cl_2	$ClO_3^-+6H^+$	$+5e \rightleftharpoons 1/2Cl_2+3H_2O$	1.47
$HClO/Cl^-$	$HClO+H^+$	$+2e \rightleftharpoons Cl^-+H_2O$	1.482
BrO_3^-/Br_2	$2BrO_3^-+12H^+$	$+10e \rightleftharpoons Br_2+6H_2O$	1.482
Au^{3+}/Au	Au^{3+}	$+3e \rightleftharpoons Au$	1.498
MnO_4^-/Mn^{2+}	$MnO_4^-+8H^+$	$+5e \rightleftharpoons Mn^{2+}+4H_2O$	1.507
$HClO_2/Cl^-$	$HClO_2+3H^+$	$+4e \rightleftharpoons Cl^-+2H_2O$	1.570

续表

氧化-还原电对	电极反应		$E^{\ominus}$/V
	氧化型	$+ne \rightleftharpoons$ 还原型	
NO/N_2O	$2NO+2H^+$	$+2e \rightleftharpoons N_2O+H_2O$	1.591
$NaBiO_3/Bi^{3+}$	$NaBiO_3+6H^+$	$+2e \rightleftharpoons Bi^{3+}+Na^++3H_2O$	1.60
H_5IO_6/IO_3^-	$H_5IO_6+H^+$	$+e \rightleftharpoons IO_3^-+3H_2O$	1.601
$HClO/Cl_2$	$2HClO+2H^+$	$+2e \rightleftharpoons Cl_2+2H_2O$	1.611
$HClO_2/HClO$	$HClO_2+2H^+$	$+e \rightleftharpoons HClO+H_2O$	1.645
NiO_2/Ni^{2+}	NiO_2+4H^+	$+2e \rightleftharpoons Ni^{2+}+2H_2O$	1.678
Au^+/Au	Au^+	$+2e \rightleftharpoons Au$	1.692
MnO_4^-/MnO_2	$MnO_4^-+4H^+$	$+3e \rightleftharpoons MnO_2+2H_2O$	1.696
H_2O_2/H_2O	$H_2O_2+2H^+$	$+2e \rightleftharpoons 2H_2O$	1.776
Co^{3+}/Co^{2+}	Co^{3+}	$+e \rightleftharpoons Co^{2+}$	1.92
$S_2O_8^{2-}/SO_4^{2-}$	$S_2O_8^{2-}$	$+2e \rightleftharpoons 2SO_4^{2-}$	2.010
O_3/O_2	O_3+2H^+	$+2e \rightleftharpoons O_2+H_2O$	2.076
F_2/F^-	F_2	$+e \rightleftharpoons 2F^-$	2.866
F_2/HF	F_2+2H^+	$+2e \rightleftharpoons 2HF$	3.053

(2) 在碱性溶液中

氧化-还原电对	电极反应		$E^{\ominus}$/V
	氧化型	$+ne \rightleftharpoons$ 还原型	
$Ca(OH)_2/Ca$	$Ca(OH)_2$	$+2e \rightleftharpoons Ca+2OH^-$	−3.02
$Ba(OH)_2/Ba$	$Ba(OH)_2$	$+2e \rightleftharpoons Ba+2OH^-$	−2.99
$Sr(OH)_2/Sr$	$Sr(OH)_2$	$+2e \rightleftharpoons Sr+2OH^-$	−2.88
$Mg(OH)_2/Mg$	$Mg(OH)_2$	$+2e \rightleftharpoons Mg+2OH^-$	−2.690
$[Al(OH)_4]^-/Al$	$[Al(OH)_4]^-$	$+e \rightleftharpoons Al+4OH^-$	−2.328
$Al(OH)_3/Al$	$Al(OH)_3$	$+3e \rightleftharpoons Al+3OH^-$	−2.31
SiO_3^{2-}/Si	$SiO_3^{2-}+3H_2O$	$+4e \rightleftharpoons Si+6OH^-$	−1.697
$Mn(OH)_2/Mn$	$Mn(OH)_2$	$+2e \rightleftharpoons Mn+2OH^-$	−1.56
$Cr(OH)_3/Cr$	$Cr(OH)_3$	$+3e \rightleftharpoons Cr+3OH^-$	−1.48
ZnO/Zn	$ZnO+H_2O$	$+2e \rightleftharpoons Zn+2OH^-$	−1.260
$Zn(OH)_2/Zn$	$Zn(OH)_2$	$+2e \rightleftharpoons Zn+2OH^-$	−1.249
$SO_3^{2-}/S_2O_4^{2-}$	$2SO_3^{2-}+2H_2O$	$+2e \rightleftharpoons S_2O_4^{2-}+2OH^-$	−1.12
PO_4^{3-}/HPO_3^{2-}	$PO_4^{3-}+2H_2O$	$+2e \rightleftharpoons HPO_3^{2-}+3OH^-$	−1.05
$Sn(OH)_6^{2-}/HSnO_2^-$	$Sn(OH)_6^{2-}$	$+2e \rightleftharpoons HSnO_2^-+3OH^-+H_2O$	−0.93
SO_4^{2-}/SO_3^{2-}	$SO_4^{2-}+H_2O$	$+2e \rightleftharpoons SO_3^{2-}+2OH^-$	−0.93
$Fe(OH)_2/Fe$	$Fe(OH)_2$	$+2e \rightleftharpoons Fe+2OH^-$	−0.8914
P/PH_3	$P+3H_2O$	$+3e \rightleftharpoons PH_3+3OH^-$	−0.87
NO_3^-/N_2O_4	$2NO_3^-+2H_2O$	$+2e \rightleftharpoons N_2O_4+4OH^-$	−0.85
H_2O/H_2	$2H_2O$	$+2e \rightleftharpoons H_2+2OH^-$	−0.8277
$Co(OH)_2/Co$	$Co(OH)_2$	$+2e \rightleftharpoons Co+2OH^-$	−0.73
$Ni(OH)_2/Ni$	$Ni(OH)_2$	$+2e \rightleftharpoons Ni+2OH^-$	−0.72
AsO_4^{3-}/AsO_2^-	$AsO_4^{3-}+2H_2O$	$+2e \rightleftharpoons AsO_2^-+4OH^-$	−0.71
AsO_2^-/As	$AsO_2^-+2H_2O$	$+3e \rightleftharpoons As+4OH^-$	−0.68
$SO_3^{2-}/S_2O_3^{2-}$	$2SO_3^{2-}+3H_2O$	$+4e \rightleftharpoons S_2O_3^{2-}+6OH^-$	−0.571

续表

氧化-还原电对	电极反应		$E^{\ominus}$/V
	氧化型	$+ne \rightleftharpoons$ 还原型	
$Fe(OH)_3/Fe(OH)_2$	$Fe(OH)_3$	$+e \rightleftharpoons Fe(OH)_2+OH^-$	−0.56
S/S^{2-}	S	$+2e \rightleftharpoons S^{2-}$	−0.4763
NO_2^-/NO	$NO_2^-+H_2O$	$+e \rightleftharpoons NO+2OH^-$	−0.46
$Cu(OH)_2/Cu$	$Cu(OH)_2$	$+2e \rightleftharpoons Cu+2OH^-$	−0.222
$CrO_4^{2-}/Cr(OH)_3$	$2CrO_4^{2-}+4H_2O$	$+3e \rightleftharpoons Cr(OH)_3+5OH^-$	−0.13
$Cu(OH)_2/Cu_2O$	$2Cu(OH)_2$	$+2e \rightleftharpoons Cu_2O+2OH^-+H_2O$	−0.08
O_2/HO_2^-	O_2+H_2O	$+2e \rightleftharpoons HO_2^-+OH^-$	−0.076
$MnO_2/Mn(OH)_2$	MnO_2+2H_2O	$+2e \rightleftharpoons Mn(OH)_2+2OH^-$	−0.0514
NO_3^-/NO_2^-	$2NO_3^-+H_2O$	$+2e \rightleftharpoons NO_2^-+2OH^-$	0.01
$[Co(NH_3)_6]^{3+}/[Co(NH_3)_6]^{2+}$	$[Co(NH_3)_6]^{3+}$	$+e \rightleftharpoons [Co(NH_3)_6]^{2+}$	0.108
IO_3^-/IO^-	$IO_3^-+2H_2O$	$+4e \rightleftharpoons IO^-+4OH^-$	0.15
$Mn(OH)_3/Mn(OH)_2$	$Mn(OH)_3$	$+e \rightleftharpoons Mn(OH)_2+OH^-$	0.15
NO_2^-/N_2O	$2NO_2^-+3H_2O$	$+4e \rightleftharpoons N_2O+6OH^-$	0.15
$Co(OH)_3/Co(OH)_2$	$Co(OH)_3$	$+e \rightleftharpoons Co(OH)_2+OH^-$	0.17
IO_3^-/I^-	$IO_3^-+3H_2O$	$+6e \rightleftharpoons I^-+6OH^-$	0.26
Ag_2O/Ag	Ag_2O+H_2O	$+2e \rightleftharpoons 2Ag+2OH^-$	0.342
ClO_4^-/ClO_3^-	$ClO_4^-+H_2O$	$+2e \rightleftharpoons ClO_3^-+2OH^-$	0.36
O_2/OH^-	O_2+2H_2O	$+4e \rightleftharpoons 4OH^-$	0.401
BrO^-/Br_2	$2BrO^-+2H_2O$	$+2e \rightleftharpoons Br_2+4OH^-$	0.45
IO^-/I^-	IO^-+H_2O	$+2e \rightleftharpoons I^-+2OH^-$	0.485
$NiO_2/Ni(OH)_2$	NiO_2+2H_2O	$+2e \rightleftharpoons Ni(OH)_2+2OH^-$	0.490
MnO_4^-/MnO_2	$MnO_4^-+2H_2O$	$+3e \rightleftharpoons MnO_2+4OH^-$	0.595
MnO_4^{2-}/MnO_2	$MnO_4^{2-}+2H_2O$	$+2e \rightleftharpoons MnO_2+4OH^-$	0.60
BrO_3^-/Br^-	$BrO_3^-+3H_2O$	$+6e \rightleftharpoons Br^-+6OH^-$	0.61
ClO_3^-/Cl^-	$ClO_3^-+3H_2O$	$+6e \rightleftharpoons Cl^-+6OH^-$	0.62
ClO_2^-/Cl^-	$ClO_2^-+H_2O$	$+2e \rightleftharpoons ClO^-+2OH^-$	0.66
$H_3IO_6^{2-}/IO_3^-$	$H_3IO_6^{2-}$	$+2e \rightleftharpoons IO_3^-+3OH^-$	0.7
ClO_2^-/Cl^-	$ClO_2^-+2H_2O$	$+4e \rightleftharpoons Cl^-+4OH^-$	0.76
NO/N_2O	$2NO+H_2O$	$+2e \rightleftharpoons N_2O+2OH^-$	0.76
BrO^-/Br^-	BrO^-+H_2O	$+2e \rightleftharpoons Br^-+2OH^-$	0.761
ClO^-/Cl^-	ClO^-+H_2O	$+2e \rightleftharpoons Cl^-+2OH^-$	0.841
HO_2^-/OH^-	$HO_2^-+H_2O$	$+2e \rightleftharpoons 3OH^-$	0.878
O_3/O_2	O_3+H_2O	$+2e \rightleftharpoons O_2+2OH^-$	1.24

附录 4　弱酸、弱碱在水中的解离常数（298K）

酸或碱	电离方程式	电离常数 $K^{\ominus}$	p$K^{\ominus}$
HAc	$CH_3COOH \rightleftharpoons H^+ + CH_3COO^-$	1.75×10^{-5}	4.75
HCN	$HCN \rightleftharpoons H^+ + CN^-$	6.17×10^{-10}	9.21
HF	$HF \rightleftharpoons H^+ + F^-$	6.31×10^{-4}	3.20
H_3BO_3	$H_3BO_3+H_2O \rightleftharpoons H^++[B(OH)_4]^-$	5.8×10^{-10}	9.24
HNO_2	$HNO_2 \rightleftharpoons H^+ + NO_2^-$	5.62×10^{-4}	3.25
HClO	$HClO \rightleftharpoons H^+ + ClO^-$	3.98×10^{-8}	7.40
$H_2C_2O_4$	$H_2C_2O_4 \rightleftharpoons H^++HC_2O_4^-$	$K_1^{\ominus}$　5.62×10^{-2}	1.25
	$HC_2O_4^- \rightleftharpoons H^++C_2O_4^{2-}$	$K_2^{\ominus}$　1.55×10^{-4}	3.81

续表

酸或碱	电离方程式	电离常数 $K^{\ominus}$	$pK^{\ominus}$
H_2S	$H_2S \rightleftharpoons H^+ + HS^-$	$K_1^{\ominus}$ 9.1×10^{-8}	7.04
	$HS^- \rightleftharpoons H^+ + S^{2-}$	$K_2^{\ominus}$ 1.1×10^{-12}	11.96
H_2O_2	$H_2O_2 \rightleftharpoons H^+ + HO_2^-$	$K_1^{\ominus}$ 2.4×10^{-12}	11.62
	$HO_2^- \rightleftharpoons H^+ + O_2^{2-}$	$K_2^{\ominus}$ 1.0×10^{-25}	25.00
H_2SO_3	$H_2SO_3 \rightleftharpoons H^+ + HSO_3^-$	$K_1^{\ominus}$ 1.4×10^{-2}	1.86
	$HSO_3^- \rightleftharpoons H^+ + SO_3^{2-}$	$K_2^{\ominus}$ 6.31×10^{-8}	7.20
H_2CO_3	$CO_2 + H_2O \rightleftharpoons H^+ + HCO_3^-$	$K_1^{\ominus}$ 4.47×10^{-7}	6.35
	$HCO_3^- \rightleftharpoons H^+ + CO_3^{2-}$	$K_2^{\ominus}$ 4.68×10^{-11}	10.33
H_3PO_4	$H_3PO_4 \rightleftharpoons H^+ + H_2PO_4^-$	$K_1^{\ominus}$ 6.92×10^{-3}	2.16
	$H_2PO_4^- \rightleftharpoons H^+ + HPO_4^{2-}$	$K_2^{\ominus}$ 6.17×10^{-8}	7.21
	$HPO_4^{2-} \rightleftharpoons H^+ + PO_4^{3-}$	$K_3^{\ominus}$ 4.79×10^{-13}	12.32
$NH_3 \cdot H_2O$	$NH_3 \cdot H_2O \rightleftharpoons HN_4^+ + OH^-$	1.79×10^{-5}	4.75
$Ca(OH)_2$	$CaOH^+ \rightleftharpoons Ca^{2+} + OH^-$	$K_2^{\ominus}$ 3.1×10^{-2}	1.50
$Ba(OH)_2$	$BaOH^+ \rightleftharpoons Ba^{2+} + OH^-$	$K_2^{\ominus}$ 2.3×10^{-1}	0.64
$Pb(OH)_2$	$Pb(OH)_2 \rightleftharpoons PbOH^+ + OH^-$	$K_1^{\ominus}$ 9.6×10^{-4}	3.02
	$PbOH^+ \rightleftharpoons Pb^{2+} + OH^-$	$K_2^{\ominus}$ 3.0×10^{-8}	7.52
$Zn(OH)_2$	$Zn(OH)_2 \rightleftharpoons ZnOH^+ + OH^-$	$K_1^{\ominus}$ 4.4×10^{-5}	4.36
	$ZnOH^+ \rightleftharpoons Zn^{2+} + OH^-$	$K_2^{\ominus}$ 1.5×10^{-9}	8.82

附录 5 难溶电解质的溶度积（298K）

难溶电解质	溶度积 $K_{sp}^{\ominus}$	难溶电解质	溶度积 $K_{sp}^{\ominus}$	难溶电解质	溶度积 $K_{sp}^{\ominus}$
AgBr	5.35×10^{-13}	β-CoS	2.0×10^{-25}	α-NiS	3.2×10^{-19}
AgCl	1.77×10^{-10}	$Cr(OH)_3$	6.3×10^{-31}	β-NiS	1.0×10^{-24}
AgCN	1.2×10^{-16}	CuBr	6.3×10^{-9}	$PbBr_2$	6.6×10^{-6}
Ag_2CO_3	8.1×10^{-12}	CuCl	1.2×10^{-6}	$PbCO_3$	1.5×10^{-13}
$Ag_2C_2O_4$	5.4×10^{-12}	CuCN	3.2×10^{-20}	PbC_2O_4	8.5×10^{-10}
Ag_2CrO_4	2.0×10^{-12}	CuI	1.27×10^{-12}	$PbCl_2$	1.6×10^{-5}
AgI	8.52×10^{-17}	$Cu(OH)_2$	2.2×10^{-20}	$PbCrO_4$	2.8×10^{-13}
Ag_2S	6.3×10^{-50}	CuOH	1.0×10^{-14}	PbI_2	9.8×10^{-9}
$Al(OH)_3$	1.3×10^{-33}	$Cu_2(OH)_2CO_3$	1.7×10^{-34}	$Pb(IO_3)_2$	3.7×10^{-13}
$BaCO_3$	5.1×10^{-9}	CuS	6.3×10^{-36}	$Pb(OH)_2$	2.0×10^{-15}
BaC_2O_4	1.6×10^{-7}	Cu_2S	2.5×10^{-48}	PbS	8.0×10^{-28}
$BaCrO_4$	1.2×10^{-10}	$Fe(OH)_2$	4.87×10^{-17}	$PbSO_4$	2.53×10^{-8}
$BaSO_4$	1.08×10^{-10}	$Fe(OH)_3$	2.79×10^{-39}	$Sb(OH)_3$	4.0×10^{-42}
$Bi(OH)_3$	4.0×10^{-31}	FeS	6.3×10^{-18}	Sb_2S_3	2.9×10^{-59}
Bi_2S_3	1×10^{-97}	Hg_2Cl_2	1.43×10^{-18}	$Sn(OH)_2$	1.4×10^{-28}
$CaCO_3$	3.36×10^{-9}	HgI_2	2.8×10^{-29}	$Sn(OH)_4$	1.0×10^{-56}
$CaC_2O_4 \cdot H_2O$	2.3×10^{-9}	Hg_2I_2	5.3×10^{-29}	SnS	1.0×10^{-25}
CaF_2	5.3×10^{-9}	HgS(黑)	1.6×10^{-52}	SnS_2	2.0×10^{-27}
$Ca_3(PO_4)_3$	2.07×10^{-33}	Hg_2S	1.0×10^{-47}	$SrCO_3$	1.1×10^{-10}
$Ca(OH)_2$	5.02×10^{-6}	$MgCO_3$	6.82×10^{-6}	SrC_2O_4	5.6×10^{-8}

续表

难溶电解质	溶度积 $K_{sp}^{\ominus}$	难溶电解质	溶度积 $K_{sp}^{\ominus}$	难溶电解质	溶度积 $K_{sp}^{\ominus}$
$CaSO_4$	4.93×10^{-5}	$Mg(OH)_2$	5.61×10^{-12}	$SrCrO_4$	2.2×10^{-5}
$CdCO_3$	6.2×10^{-12}	$MnCO_3$	2.2×10^{-11}	$SrSO_4$	3.4×10^{-7}
CdS	8.0×10^{-27}	$Mn(OH)_2$	1.9×10^{-13}	$TiO(OH)_2$	1.0×10^{-29}
$Co(OH)_2$（新析出）	1.6×10^{-15}	MnS（无定形）	2.5×10^{-10}	$Zn(OH)_2$	3.0×10^{-17}
$Co(OH)_3$	1.6×10^{-44}	$Ni(OH)_2$（新析出）	2.0×10^{-15}	α-ZnS	1.6×10^{-24}
α-CoS	4.0×10^{-21}				

附录 6　一些配离子的不稳定常数（298K）

配离子	$K_{不稳}^{\ominus}$值（$pK_{不稳}^{\ominus}$）	配离子	$K_{不稳}^{\ominus}$值（$pK_{不稳}^{\ominus}$）
$[Ag(CN)_2]^-$	7.94×10^{-22} (21.10)	$[Fe(SCN)]^{2+}$	1.120×10^{-3} (2.95)
$[Ag(NH_3)_2]^+$	8.91×10^{-8} (7.05)	$[FeF_6]^{3-}$	1.0×10^{-16} (16.00)
$[Ag(SCN)_2]^-$	2.69×10^{-8} (7.57)	$[Hg(CN)_4]^{2-}$	4.0×10^{-42} (41.40)
$[Ag(S_2O_3)_2]^{3-}$	3.47×10^{-14} (13.46)	$[HgCl_4]^{2-}$	8.51×10^{-16} (15.07)
$[Au(CN)_2]^-$	5.01×10^{-39} (38.30)	$[HgI_4]^{2-}$	1.48×10^{-30} (29.83)
$[Cd(CN)_4]^-$	1.66×10^{-19} (18.78)	$[Ni(CN)_4]^{2-}$	5.0×10^{-32} (31.3)
$[Cd(NH_3)_4]^{2+}$	7.59×10^{-8} (7.12)	$[Ni(NH_3)_4]^{2+}$	1.82×10^{-9} (8.74)
$[Cu(CN)_2]^-$	1.0×10^{-24} (24.00)	$[PbCl_4]^{2-}$	2.51×10^{-2} (1.60)
$[CuCl_2]^-$	3.1×10^{-6} (5.51)	$[PbI_4]^{2-}$	3.39×10^{-5} (4.47)
$[Cu(NH_3)_4]^{2+}$	4.79×10^{-14} (13.32)	$[PtCl_4]^{2-}$	1.0×10^{-16} (16.00)
$[Co(NH_3)_6]^{2+}$	7.76×10^{-6} (5.11)	$[Pt(NH_3)_6]^{2+}$	5.01×10^{-36} (35.30)
$[Co(NH_3)_6]^{3+}$	6.31×10^{-36} (35.20)	$[SnCl_4]^{2-}$	3.3×10^{-2} (1.48)
$[Co(SCN)_4]^{2-}$	1.0×10^{-3} (3.00)	$[Zn(CN)_4]^{2-}$	2.0×10^{-17} (16.70)
$[Fe(CN)_6]^{4-}$	1.26×10^{-37} (36.90)	$[Zn(NH_3)_4]^{2+}$	3.47×10^{-10} (9.46)
$[Fe(CN)_6]^{3-}$	1.3×10^{-44} (43.89)	$[Zn(OH)_4]^{2-}$	2.19×10^{-18} (17.66)

参考文献

［1］ 华南理工大学无机化学教研室. 无机化学. 第 3 版. 北京：高等教育出版社，1994.

［2］ 古国榜等. 无机化学 . 第 2 版. 北京：化学工业出版社，2006.

［3］ 古国榜主编. 大学化学教程 . 第 2 版. 北京：化学工业出版社，2004.

［4］ 朱裕贞等. 现代基础化学 . 第 2 版. 北京：化学工业出版社，2004.

［5］ 大连理工大学无机化学教研室. 无机化学 . 第 5 版. 北京：高等教育出版社，2006.

［6］ 宋天佑等. 无机化学 . 第 2 版. 北京：高等教育出版社，2009.

［7］ 刘新锦，朱亚先，高飞. 无机元素化学 . 第 2 版. 北京：科学出版社，2010.

［8］ 戴安邦等. 配位化学. 北京：科学出版社，1987.

［9］ 陈军，袁华堂. 新能源材料. 北京：化学工业出版社，2003.

［10］［法］J . M. Lehn. 超分子化学——概念和展望. 沈兴海等译. 北京：北京大学出版社，2002.

［11］ 唐有祺等. 化学与社会. 北京：高等教育出版社，1997.

［12］ 唐宗薰. 中级无机化学. 北京：高等教育出版社，2003.

［13］ 徐如人. 无机合成与制备化学. 北京：高等教育出版社，2001.

［14］ 杨华明等. 新型无机材料. 北京：化工出版社出版，2005.

［15］ 王佛松等. 展望 21 世纪的化学. 北京：化学工业出版社，2000.

［16］ 江玉和等. 非金属材料化学. 北京：科学技术文献出版社，1992.

［17］ 盛连喜主编. 现代环境科学导论. 第 2 版 . 北京：化学工业出版社，2011.

［18］ 刘荣娥等. 膜分离技术应用手册. 北京，化学工业出版社，2001.

［19］ 朱裕贞等. 化学原理史实. 北京：高等教育出版社，1992.

［20］ 周公度. 化学词典. 北京：化学工业出版社，2004.

［21］ 李华昌，符斌. 实用化学手册. 北京：化学工业出版社，2006.

［22］ 沈敦瑜等. 生物无机化学. 成都：成都科技大学出版社，1993.

［23］ 唐小真等. 材料化学导论. 北京：高等教育出版社，1997.